Commentaria in Aristotelem Graeca Versiones latinae temporis resuscitatarum litterarum (CAGL)

Herausgegeben von
Charles Lohr

Band 15

frommann-holzboog

Alexander von Aphrodisias
In libros meteorologicorum

Übersetzt von Alexander Piccolomineus

Neudruck der Ausgabe Venedig 1561
mit einer Einleitung von
Cristina Viano

Stuttgart-Bad Cannstatt 2010

Dem vorliegenden Neudruck liegt das
Exemplar der Universitätsbibliothek München
(Sig. W 2 A.gr. 98) zugrunde.
Herausgeber und Verlag danken der Bibliothek
für die freundliche Überlassung der Vorlage.

Bibliografische Information der Deutschen Nationalbibliothek
Die Deutsche Nationalbibliothek verzeichnet diese Publikation in der Deutschen
Nationalbibliografie; detaillierte bibliografische Daten sind im Internet
über <http://dnb.d-nb.de> abrufbar
ISBN 978-3-7728-2537-8

www.frommann-holzboog.de
Satz und Druck: Offizin Scheufele, Stuttgart
Einband: Litges & Dopf, Heppenheim
Gedruckt auf alterungsbeständigem Papier
mit neutralem pH-Wert

INTRODUCTION

Les quatre livres des *Météorologiques* d'Aristote

Le traité en quatre livres qui nous est parvenu sous le titre de *Météorologiques* est de nos jours l'un des ouvrages les moins lus de tout le corpus aristotélicien. Considéré par les historiens de la philosophie comme un ouvrage marginal par rapport aux grands enjeux théoriques de la pensée aristotélicienne, il rencontre plutôt l'intérêt des historiens des sciences en raison de la richesse d'informations qu'il offre sur l'état de l'art, non seulement de la météorologie au sens moderne du terme, mais aussi d'autres disciplines comme la physique, la chimie, l'astronomie, la géographie, la géologie et la séismologie. Cet ouvrage suscita en revanche, un grand intérêt proprement philosophique dans l'Antiquité et au Moyen Âge, où il était considéré comme la réponse aristotélicienne au *Timée* de Platon, l'autre grand ouvrage de philosophie naturelle de référence. Ainsi, à partir des premiers commentateurs d'Aristote, autour des *Météorologiques* se constitua une riche et importante tradition exégétique qui se poursuivit ininterrompue jusqu'à la Renaissance.

Comme le montre Aristote dans le proème du premier livre, la météorologie occupe un rôle clé dans son programme de recherche sur la nature. Elle est précédée par: l'étude des premiers principes de la physique et des différents types de mouvements naturels; celle des corps célestes incorruptibles; la théorie générale des éléments et de leurs transformations. Ces arguments correspondent à la suite *Physique, De caelo, De generatione et corruptione*. La météorologie est ensuite suivie par la zoologie et la botanique. Dans ce programme, la recherche météorologique apparaît donc placée comme un point de raccord entre l'analyse des principes généraux de la physique et l'enquête sur les êtres vivants.

Aristote définit l'objet de la météorologie comme suit: «tout ce qui se produit naturellement, mais avec moins de régularité que le premier élément des corps, dans le lieu le plus proche de la translation des astres» (I, 1, 338 b 20). Il délimite ici, pour la première fois, la frontière entre le monde incorruptible des astres, composés du premier corps, l'éther, et la région terrestre, composée des quatre éléments, soumise à la génération et à la corruption, où règne un ordre moins régulier. Avant Aristote, le terme *meteôros* (ou *metarsios,* de *meta* et *aeirô*, *airô* = soulever) désignait aussi bien les phénomènes astronomiques que les phénomènes atmosphériques, comme la pluie et les vents.

Or, dans l'espace météorologique, que l'on peut appeler atmosphère, les éléments s'interpénètrent et se mélangent continuellement. Cet espace, qui est le lieu naturel de l'air, est en effet rempli essentiellement d'eau, sous une forme décomposée et vaporisée, l'exhalaison humide ou vaporeuse (*anathumiasis atmitodês*), et d'une sorte de feu ou de fumée, qui contient des résidus de terre, l'exhalaison sèche ou fumeuse (*anathumiasis kapnodês*). Ces deux phénomènes premiers produits par l'action de l'échauffement du soleil sur les différents lieux de la surface terrestre, sont à leur tour la cause matérielle de tous les autres phénomènes météorologiques. Ainsi, la variété de phénomènes qui occupent ce lieu sublunaire, et qui dépasse de loin le nombre de *nos* phénomènes météorologiques, se réduit en dernière instance à un nombre restreint de principes: la double exhalaison, sèche et humide, qui joue le rôle de cause matérielle et la translation du soleil, qui joue le rôle de cause efficiente.

De fait, Aristote, tout en insérant explicitement la météorologie dans une tradition déjà existante, definit les paramètres de cette discipline en lui donnant un nouveau statut et en unifiant l'étude d'un très grand nombre de phénomènes.

Les phénomènes météorologiques proprement dits sont analysés dans les livres I–III, selon une succession qui va des altitudes les plus élevées jusqu'à l'intérieur de la terre. On peut en distinguer cinq groupes: (1) Les phénomènes de la haute atmosphère, provoqués par la combustion de l'exhalaison sèche: il s'agit essentiellement de phénomènes lumineux, comme les étoiles filantes, les comètes, la Voie lactée (I, 4–8). (2) Les phénomènes de la basse atmosphère, dus à la condensation de l'exhalaison humide, comme la pluie, les nuages, la rosée, la grêle (I, 9–12). (3) Les phénomènes produits par les deux exhalaisons à la surface ou à proximité immédiate de la terre, comme les fleuves, la mer, les vents, les tremblements de terre, la foudre (I, 13–III, 1). (4) L'arc-en-ciel et les autres phénomènes de réflexion (III, 2–5). (5) Les produits des deux exhalaisons lorsqu'elles sont enfermées à l'intérieur de la terre, à savoir les pierres et les métaux (III, 6–fin). Le livre III se termine par le projet d'étudier chaque métal en particulier, projet qu'Aristote, semble-t-il, n'a jamais réalisé et qui, selon les commentateurs, sera réalisé par Théophraste. On pourrait observer que, du point de vue terminologique, le fait d'appeler *meteora* des corps souterrains semble un paradoxe. En réalité, c'est la cause matérielle unifiante, représentée par les exhalaisons, qui permet d'inclure la géologie dans la météorologie.

Les livres I–III, en dépit de la variété des phénomènes traités, constituent un ensemble unitaire, aussi bien du point de vue des principes que du point de vue méthodologique. Le livre IV semble traiter, en revanche, un domaine totalement différent: Aristote y aborde les transformations physico-chimiques des corps et les différentes propriétés de la matière sensible. Son intérêt n'est plus proprement météorologique, mais ‹chimique› ou bien ‹physico-chimique›. Les exhalaisons ne sont plus mentionnées, à l'exception d'un seul passage, qui a été considéré par de nombreux interprètes comme une addition successive (IV, 8, 384 b 30–34). Le début même du livre IV ne présente aucun lien apparent avec la fin du troisième: Aristote semble plutôt commencer une nouvelle recherche, qui prend comme point de départ la doctrine des quatre éléments et notamment la distinction des qualités actives et passives du *De generatione et corruptione.*

De fait, la ‹chimie› du livre IV représente vraiment quelque chose de nouveau. Sa terminologie en est la preuve: d'une part, Aristote dénonce l'absence d'une terminologie adéquate pour décrire les processus et les phénomènes, de l'autre, il emploie un certain nombre de termes techniques nouveaux, qui ne se retrouvent pas dans les autres textes du corpus.

Le développement du livre IV peut être résumé ainsi: (1) Après la reprise de la doctrine des quatre qualités et des quatre éléments, Aristote décrit les opérations ou effets des qualités actives (chaud et froid) sur les corps naturels (IV, 1–3); (2) Ensuite il décrit les propriétés passives, à savoir les qualités dérivées (*pathêmata*) de l'action des qualités actives (chaud et froid) sur les qualités passives (sec et humide), qui entrent dans la constitution de tous les corps physiques. Sur cette base, tous les corps homogènes sont classés selon 18 couples de propriétés contraires (par exemple: solidifiables et non solidifiables, fusibles et non fusibles, etc.) (IV, 1–3); (3) Les corps homogènes sont ensuite analysés selon la prééminence du sec ou de l'humide, du chaud ou du froid (IV, 10–11); (4) Aristote définit le rôle de la cause formelle-finale dans les corps homogènes, où elle apparaît moins évidente que dans les corps complexes. Il conclut avec le projet d'étudier d'abord chaque corps homéomère en particulier, comme le sang ou la chair, et ensuite les anhoméomères et les organismes animaux et végétaux, annonçant ainsi les traités biologiques (IV, 12).

Cette discontinuité entre l'analyse des phénomènes ‹météorologiques› proprement dits des livres I – III et les transformations ‹physico-chimiques› des corps décrits dans le livre IV a été relevée très tôt par les commentateurs, qui ont tenté de l'expliquer de différentes manières: Alexandre d'Aphrodise pensait que ce livre n'était pas à la bonne place et qu'il aurait dû plutôt être relié au *De generatione et corruptione*; Ammonius (*apud* Olympiodore), Olympiodore et Philopon défendaient, au contraire, sa collocation après les trois premiers livres. D'autres encore ont mis en doute l'authenticité de ce livre, ou encore soutenu qu'il constitue un traité indépendant. Le débat sur l'authenticité de cet ouvrage a été tranché en faveur de la paternité aristotélicienne par Furley en 1983, qui le considère comme un *prolegomenon* aux œuvres biologiques. Quant à la question de la place et de l'appartenance thématique de ce traité ‹chimique›, la solution la plus vraisemblable consiste à le considérer comme un traité autonome, un *excursus* sur les transformations des corps homogènes en général, qui aurait été placé par Andronicus ou quelqu'un d'autre parmi les éditeurs du corpus aristotélicien à la suite de l'enquête météorologique proprement dite, et avant les œuvres biologiques, de manière cohérente avec le programme général sur la nature esquissé dans le proème du premier livre des *Météorologiques* et, plus précisément, avec le programme sur les éléments (pour le débat critique sur le livre IV, cf. C. Viano, *La matière des choses*, 80 suiv.).

Le commentaire d'Alexandre d'Aphrodise aux *Météorologiques* d'Aristote

Les commentaires d'Alexandre représentent la plus haute expression d'une tradition d'analyse et de commentaire des œuvres aristotéliciennes, qui commença au Ier siècle après J.-C. et qui se développa de manière plus intense dans le siècle suivant avec Adraste, Aspasius et les maîtres d'Alexandre, Sosigène et Erminos.

De la vie de Titus Aurèle Alexandre, plus connu sous le nom d'Alexandre d'Aphrodise, nous savons très peu de choses. Le premier chapitre de son *De fato* nous fournit quelques informations: Alexandre dédie ce livre à Septimius Sévère et à Antonin (Caracalla), ce qui permet de le dater entre le IIe et le IIIe siècle; il déclare avoir été nommé par les empereurs à la tête de l'école péripatéticienne, il était donc le titulaire de l'une des quatre chaires de philosophie fondées par Marc Aurèle. Cela est confirmé par l'inscription à la base d'une statue découverte récemment à Karacasu en Turquie et publiée en 2004 par Chaniotis. La statue, perdue, était dédiée à un certain Titus Aurèle Alexandre, ‹philosophe›, par son fils, portant le même nom et se définissant lui-aussi ‹philosophe, l'un des successeurs [des philosophes] à Athènes›. Il y a très peu de doutes que ce deuxième Alexandre est ‹notre› Alexandre: l'usage des trois noms latins prouve que le père et le fils étaient des citoyens romains, le terme ‹successeur› (*diadochos*) indique que le fils était titulaire de l'une des chaires impériales de philosophie et notamment de l'école fondée par Aristote.

Alexandre a été appelé ‹l'exégète› ou bien ‹le second Aristote›. Son œuvre est très dispersée: il y a une tradition directe, une autre indirecte, avec des versions syriaques, arabes, hébraïques et latines. On lui a attribué, outre les ouvrages authentiques, une série d'écrits appartenant vraisemblablement à son école.

La tradition directe comprend les commentaires aux ouvrages d'Aristote, qui constituent la partie la plus célèbre de sa production. Nous possédons les commentaires à: *Analytiques premiers* I, *Topiques*, *Météorologiques*, *De sensu et sensato*, *Métaphysique* (seulement le commentaire aux livres I–V est considéré comme authentique). Les commentaires aux autres ouvrages d'Aristote sont perdus; quelques fragments seulement ont été publiés de: *Analytiques seconds*, *De caelo*, *De generatione et corruptione.* Aux commentaires, il faut ajouter des ouvrages personnels, des monographies destinées à défendre la philosophie d'Aristote et à polémiquer contre d'autres écoles: *De anima*, *De fato*, *De mixtione*. On doute de l'authenticité d'autres écrits, qui sont en partie l'ouvrage de son école : *Questions physiques*, *Questions éthiques*, *De anima liber alter* ou *Mantissa.* D'autres écrits ont été transmis en langue arabe comme *De sensu* et *De providentia.*

Le commentaire d'Alexandre est l'un des trois commentaires grecs aux *Météorologiques* qui nous sont parvenus. Les deux autres sont celui de Philopon (V^e^–VIe siècles), limité à I, 1–12, et celui d'Olympiodore (VIe siècle), qui s'arrête brusquement avec l'explication de IV, 10, 388 a 10. Le commentaire d'Alexandre que nous possédons est, en revanche, complet. Son authenticité fut mise en doute par les éditeurs parce que les citations d'Alexandre que l'on trouve dans le commentaire d'Olympiodore ne correspondent pas à ce texte. Ideler (*Aristotelis Meteorologicorum*, 1834, 1, XVI–XVIII) l'attribuait à Alexandre d'Egée. Martin («Questions connexes», 1879, 183 suiv.) supposait que notre version est une version abrégée du texte original d'Alexandre d'Aphrodise cité par Olympiodore. Capelle («Die Alexanderzitate», 1911) soutenait, en revanche, qu'Olympiodore citait Alexandre *via* un intermédiaire. A présent, on considère le commentaire que nous possédons comme authentique et les citations d'Olympiodore comme provenant d'une version intermédiaire (cf. Moraux, «Der Aristotelismus», III, 265–66).

Alexandre nous offre un compte-rendu fidèle de l'ouvrage d'Aristote selon son attitude habituelle, qui consiste à construire un Aristote systématique et cohérent. Son commentaire est très détaillé et analytique, les découpages des lemmes sont nombreux et cherchent à refléter très précisément la scansion des arguments d'Aristote. En général, il ne s'agit pas d'un commentaire particulièrement critique et innovant: l'intention d'Alexandre est celle d'expliquer Aristote de la manière la plus aristotélicienne et objective possible. Selon Moraux («Der Aristotelismus», III, 274), cette objectivité et ce manque d'intervention personnelle montrent qu'Alexandre n'avait pas, pour la matière traitée dans les *Météorologiques,* le vif intérêt qu'il avait, par exemple, pour les questions de logique, de cosmologie ou de psychologie.

Cette attitude est particulièrement remarquable à l'égard de certaines thèses qui avaient été considérées comme des arguments contre l'authenticité de ce traité en raison de leur incompatibilité avec d'autres passages du corpus ou avec les phénomènes mêmes, comme: la théorie de la vision conçue comme une émission allant de l'œil vers son objet, la chaleur de l'air expliquée par le frottement des rayons lumineux, la Voie lactée expliquée comme une affection de l'air.

Alexandre (*in Meteor.*, 141,3–20) remarque, en effet, que la doctrine de la vision décrite dans *Meteorologica* II, 2 n'est pas conforme à la théorie d'Aristote, mais il essaie, comme le fera Olympiodore, d'effacer la contradiction en disant qu'Aristote adopte ici des raisonnements propres à l'optique mathématique. L'explication aristotélicienne de la chaleur de l'air par le frottement des rayons lumineux du soleil a été vue comme en contradiction avec l'impossibilité d'un rapport d'action et réaction entre deux corps hétérogènes comme les astres, qui sont faits du cinquième élément, et l'air qui est un élément corruptible du monde sublunaire. Alexandre se demande, comment le mouvement de la sphère du soleil peut chauffer l'atmosphère par friction, alors qu'il y a la sphère de la lune entre les deux. Mais il adhère, en fin de compte, à la thèse aristotélicienne, disant que la sphère de la lune transmet simplement l'effet sans être affectée elle-même, comme un miroir, sans être chaud lui-même, transmet les rayons qui sont capables de brûler un corps (18,8 – 19,13). Quant à la Voie lactée, Alexandre est le seul à ne pas mettre en discussion la conception aristotélicienne, selon laquelle il s'agit d'une affection (*pathos*) de l'air et donc d'un phénomène météorologique et pas astronomique. Olympiodore (*in Meteor.*, 72,24 – 76,5) et Philopon (*in Meteor.*, 113,34 – 116,35) considèrent, en revanche, cette thèse comme contraire au phénomène, car on peut observer que la Voie lactée n'a jamais changé d'apparence.

Si Alexandre ne met jamais en doute la véracité des thèses aristotéliciennes, il introduit pourtant des explications et précisions, en faisant souvent appel à Théophraste, au sujet des vents, de la structure de l'atmosphère, des précipitations et de certains phénomènes optiques comme le halo. Le développement le plus ‹critique› concerne l'explication d'Aristote sur le mouvement horizontal des vents sur la surface de la terre. Selon Aristote, le vent n'est pas d'air en mouvement, mais il provient de l'exhalaison sèche, qui naît de la terre chauffée par le soleil. Les vents se meuvent de façon horizontale puisque l'exhalaison se meut avec le mouvement de l'air supérieur, qui lui se meut avec le mouvement circulaire de la sphère céleste. Aucun des auteurs tardifs ne suivra cette explication. Alexandre se limite à remarquer que cela signifierait que les vents se meuvent dans la même direction, de l'est à l'ouest, mais nous savons que les vents se meuvent dans d'autres directions. Alexandre fait appel à la thèse de Théophraste, qui pense que le mouvement horizontale est le résultat du mouvement vers le haut de l'exhalaison sèche et du mouvement vers le bas de l'exhalaison humide (*in Meteor.* 93,32 – 94,2). Et encore, pour expliquer les pluies d'été en Ethiopie, Alexandre combine la théorie aristotélicienne de l'*antiperistasis* (le froid est concentré par la chaleur qui l'entoure) avec la théorie de la compression de Théophraste (53,5 – 16). Alexandre s'interroge, comme tous les commentateurs, sur la place du livre IV: il considère ce livre comme authentique mais il dit qu'il traite de sujets qui n'appartiennent pas à la météorologie et qu'il faudrait le considérer plutôt comme une continuation du *De generatione et corruptione*: «Celui qui est intitulé le quatrième livre des *Météorologiques* d'Aristote est bien d'Aristote, mais il n'appartient pas à la discipline (*pragmateia*) météorologique. En effet, son contenu n'est pas conforme à celle-ci. Par rapport à son contenu, il devrait plutôt suivre les livres du *De generatione et corruptione.* Car dans ceux-là, il a parlé des quatre puissances tangibles (chaud, froid, humide et sec) et il a démontré que les éléments sont engendrés de l'accouplement de telles puissances, disant que certaines d'entre elles sont actives et les autres passives. Dans ce livre, il dit quels effets chacune de ces puissances produit ou subit, et quelles sont les choses qui sont engendrées par elles» (179,3 – 11). De fait, Alexandre n'effectue aucun déplacement réel du livre IV ni ne prétend remanier l'ordre des traités aristotéliciens sur les éléments. Il se limite à établir un lien théorique privilégié entre les contenus du *De generatione et corruptione*, notamment du livre II, et le livre IV des *Meteorologica*, ce qui va donner l'orientation de toute son exégèse de ce livre. Cette interprétation, partagée par la suite par Avicenne et par Averroès, sera présente aussi pendant le Moyen Âge latin et la Renaissance, mais toujours au niveau théorique, et sans se proposer jamais comme une alternative à la succession traditionnelle des quatre livres des *Météorologiques*, déjà établie aux temps d'Alexandre.

Les traductions latines et les éditions grecques du commentaire d'Alexandre aux *Météorologiques*

Les *Météorologiques* d'Aristote furent connus par le monde latin dans la *translatio vetus*, dont les premiers trois livres avaient été traduits par Gérard de Crémone en latin à partir de la version arabe de Ibn al-Bitriq datant de la seconde moitié du XIIe siècle. Le quatrième livre avait été traduit en latin à partir du grec par Henri Aristippe. A ce livre IV fut ajoutée la traduction d'Alfred de Sareshel d'un compendium de la partie géologique de l'encyclopédie-commentaire d'Avicenne à Aristote (le *Kitab al-Shifa*). Ce bref texte, intitulé en latin *De congelatione et conglutinatione lapidum*, acquit immédiatement l'autorité d'un texte aristotélicien, puisqu'il se présentait comme la conclusion du livre IV des *Météorologiques*, et constitua par la suite un *topos* célèbre de toutes les attaques contre l'alchimie. La première traduction latine complète des quatre livres des *Météorologiques*, fondée complètement sur la version grecque, est la *translatio nova* de Guillaume de Moerbeke. Selon une note dans un manuscrit du XIIIe siècle (Oxford, Bodleian Library, Digby 153, f.28, *Arist. Lat.* I, 57), elle fut rédigée en 1260 à Nicée, en même temps que la traduction du commentaire d'Alexandre. Guillaume insère les lemmes aristotéliciens dans sa traduction du commentaire, mais ceux-là ne correspondent pas à la *translatio nova*, ce qui fait supposer qu'il les avait traduits directement à partir du commentaire d'Alexandre. Par la suite, le commentaire d'Alexandre deviendra partie intégrante de l'enseignement universitaire de Paris. Tous les philosophes latins du haut Moyen Âge, jusques et y compris Saint Thomas, seront influencés par lui. Cette influence est particulièrement sensible dans la plus ancienne traduction française des *Météores*, réalisée vers 1270 par Mahieu le Vilain.

Au XVe siècle, avec la Renaissance philosophique et les *humanae litterae*, dans l'espace de cinquante ans environ, la presque totalité de l'œuvre d'Alexandre, en grec et en traduction latine, put être connue par le monde occidental. Tous les ouvrages d'Alexandre, à l'exception de la *Métaphysique*, furent publiés à Venise chez Aldus Manutius. Le commentaire aux *Météorologiques* fut publié en 1527 avec le commentaire de Philopon au *De generatione et corruptione* et le traité *De mixtione* du même Alexandre. Des nouvelles traductions latines accompagnèrent les éditions. En 1556, on compte cinq traductions latines du commentaire d'Alexandre aux *Météorologiques*: la *translatio nova* de Guillaume de Moerbeke (1260), celle de Franciscus Portinarius (1515), celle de Ludovicus Nogarola (1536), celle de Alexander Piccolomineus (1540) et celle de Joannes Baptista Camotius (1556).

La traduction d'Alexander Piccolomineus

Alexander Piccolomineus (Sienne, 1508 – 1578), humaniste et homme de lettres, fit ses études à l'Université de Sienne, où il acquit le titre de *magister theologiae* en 1538. Il continua à étudier la philosophie sous la conduite de M. A. Januae et V. Madius à Padoue, où il fut lecteur de philosophie morale en 1539 et devint membre de l'*Accademia degli Infiammati* en 1540. Ensuite il étudia avec L. Buccaferrea à Bologne, fut lecteur de philosophie morale à Sienne, fut en exil volontaire à Rome et puis encore à Sienne. En 1574, il fut nommé archevêque de Patras et *coadjutor* de l'archevêque de Sienne.

La production de Piccolomineus comprend deux comédies et des poèmes en italien, une *Istituzione di tutta la vita dell'huomo nato nobile e in città libera libri X* (paraphrases issues de l'*Ethique* et de la *Politique* d'Aristote), des traductions latines de la *Rhétorique* et de la *Poétique* d'Aristote, ainsi que des paraphrases de ces mêmes œuvres, sur l'*Ethique*, la *Politique* et les *Questions mécaniques*. Il est l'auteur d'un certain nombre de traités sur la philosophie naturelle, en particulier sur des thèmes d'astronomie et de ‹météorologie›, comme *De la sfera del mondo libri IV, Delle stelle fisse libro I, Della grandezza della terra e dell'acqua*.

En 1540, il publia à Venise, *apud* Hyeronimum Scotum, la traduction latine du commentaire d'Alexandre aux quatre livres des *Météorologiques* d'Aristote, avec son traité *De iride*, dans lequel il se propose d'expliquer les passages d'Aristote sur l'arc-en-ciel ainsi que les commentaires d'Alexandre et d'Olympiodore sur ce thème.

BIBLIOGRAPHIE

Textes

Aristotelis Opera omnia, adhibitis I. Velsii, M. Flacci et P. Victorii castigationibus (Basel 1550).

Aristotelis Meteorologica, ex recensione I. Bekkeri, dans *Opera*, 1831–1870, vol. I (Berlin 1829).

Aristotelis Meteorologicorum libri IV, avec des extraits d'Alexandre, Olympiodore et Philopon, éd. I.L. Ideler, 2 vol. (Leipzig 1834–1836).

Aristotelis Meteorologicorum libri quattuor, recensuit indicem verborum addidit F.H. Fobes (Cambridge (Mass.) 1919).

Aristoteles, *Meteorologica*, trad. de E.W. Webster (Oxford 1923).

Aristote, *Météorologiques*, nouvelle trad. et notes de J. Tricot (Paris 1941).

Aristote, *Météorologiques*, prés. et trad. de J. Groisard (Paris 2008).

Aristotle, *Meteorologica*, trad. de H.D.P. Lee (Cambridge (Mass.) – London 1952).

Aristoteles, *Meteorologie*, trad. de P. Gohlke (Paderborn 1955).

Aristoteles, *Meteorologie. Über die Welt*, trad. de H. Strohm (Darmstadt 1970, 1979).

Baffioni, C., *Il IV Libro dei* Meteorologica *di Aristotele* (Napoli 1981).

Aristotele, *Meteorologica*, introd., trad. et notes de L. Pepe (Napoli 1982); nouvelle éd. (mise à jour, accompagnée du texte grec) de Fobes (Milano 2003).

Aristoteles, *Meteorologica*, trad. de G. de Morbeka, Praefatio-Editio textus G. Vuillemin-Diem (éd.) (2008), Aristoteles Latinus X 2.1–2.

Alexandri in Aristotelis Meteorologicorum libros commentaria, éd. M. Hayduck (Berlin 1899) (CAG, III, 2).

Alexander of Aphrodisias, *Commentary on book IV of Aristotle's* Meteorologica, trad., introd. et notes de W.C.B. Coutant, Dissertation, Faculty of Philosophy, Columbia University (New York City 1936).

Alexander of Aphrodisias, *On Aristotle Meteorology 4*, trad. de E. Lewis (London 1996).

Alexander of Aphrodisias, *Commentaire sur les* Météores *d'Aristote*, trad. de G. de Moerbeke, éd. critique A.J. Smet (Louvain–Paris 1968) (Centre De Wulf-Mansion-Corpus latinus commentariorum in Aristotelem graecorum, IV).

Alexander Piccolomineus, *In IV libros Meteorologicorum Aristotelis commentatio*, quam latinitate donavit Alexander Piccolomineus. Accedit insuper eiusdem Alexandri Piccolominei *tractatus De iride noviter impressus, in quo quam plurima tum Aristotelis tum etiam Alexandri et Olympiodori dicta dilucidantur* (Venezia 1540).

Olympiodori in Aristotelis Meteora commentaria, éd. G. Stüve (Berlin 1900) (CAG, XII, 2).

Ioannis Philoponi in Aristotelis Meteorologicorum librum primum commentarium, éd. M. Hayduck (Berlin 1901) (CAG, XIV, 1).

Etudes

Capelle, W., «Die Alexanderzitate bei Olympiodor», dans *Charites. Friedrich Leo zum sechzigsten Geburtstag* (Berlin 1911), 220–248.

Cranz, F.E., «Alexander Aphrodisiensis» dans P.O. Kristeller et al. (éd.), *Catalogus translationum et commentariorum*, I (Washington DC 1960), 77–135, en part. 96–100.

Chaniotis, A., «Epigraphic evidence for the philosopher Alexander of Aphrodisias», dans *Bulletin of the Institute of Classical Studies* 47 (2004), 79–81.

Ducos, J., *La Météorologie en français au Moyen Age (XIIIe–XIVe siècles)* (Paris 1998).

Düring, I., *Aristotle's Chemical Treatise, Meteorologica Book IV* (Göteborg 1944, repr. New York–London 1980).

Fobes, F.H., « Mediaeval versions of Aristotle's *Meteorology* », dans *Classical Philology* 10 (1915), 297–314, en part. 299–300.

Furley, D., «The Mechanics of *Meteorologica* IV: A Prolegomenon to Biology», dans P. Moraux et J. Wiesner (éd.), *Zweifelhaftes im Corpus Aristotelicum: Studien zu einigen Dubia*. Akten des 9. Symposium Aristotelicum (Berlin 1983), 73–93.

Happ, H., «Der chemische Traktat des Aristoteles. Meteorologie IV», dans H. Flashar et K. Gaiser (éd.), *Synusia. Festgabe für W. Schadewaldt im Namen Seiner Tübinger Schüler* (Pfullingen 1965), 289–322.

Lettinck, P., *Aristotle's Meteorology and its reception in the arab world,* avec une éd. et trad. de Ibn Suwar, *Treatise on Meteorological Phenomena* et de Ibn Bajja, *Commentary on the Meteorology* (Leiden 1999).

Lohr, Ch., *Latin Aristotle Commentaries II: Renaissance Authors* (Firenze 1988), en part. 329–330.

Martin, Th.-H., «Questions connexes sur deux Sosigène, l'un astronome et l'autre péripatéticien, et sur deux péripatéticiens Alexandre, l'un d'Egée et l'autre d'Aphrodise», dans *Annales de la faculté de Lettres de Bordeaux* 1 (1879), 174–187.

Minio-Paluello, L., «Henry Aristippe, Guillaume de Moerbeke et les traductions latines médiévales des *Météorologiques* et du *De generatione et corruptione* d'Aristote», dans *Revue Philosophique de Louvain* 15 (1947), 206–235.

Moraux, P., «Der Aristotelismus bei den Griechen, III: Alexander von Aphrodisias», dans J. Wiesner (éd.), *Kommentar zu den Meteorologica* (Berlin 2001), 264–314.

Natali, C., «Il commento di Alessandro di Afrodisia a *Meteorologica* IV», dans C. Viano (éd.), *Aristoteles chemicus. Il IV libro dei* Meteorologica *nella tradizione antica e medievale* (Sankt Augustin 2002), 35–57.

Sharples, R.W., «Alexander of Aphrodisias: Scholasticism and Innovation», dans W. Haase et al. (éd.), *Aufstieg und Niedergang der römischen Welt* II, 36.2 (Berlin–New York 1987), 1176–1243.

Taub, L., *Ancient Meteorology* (London 2006), 77 – 93.

Viano, C., *La matière des choses. Le livre IV des* Météorologiques *d'Aristote, et son interprétation par Olympiodore*, avec le texte grec révisé et une traduction inédite de son Commentaire au Livre IV (Paris 2006) (Collection «Tradition de la pensée classique»).

Abréviations

ꝯ	com-, con-, cum (ꝯ cl'o = conclusio)
'	-er- (v'o = vero)
⁊	et (sꝫ = sed)
¯	-m, -n (enī = enim; nō = non)
ꝝ	-rum (eoꝝ = eorum)
˜	-ur (igit˜ = igitur)
ꝰ	-us (eiꝰ = eius)
aia	anima
aut	autem
cois	communis
ddm	dicendum
diffo	diffinitio
dr	dicitur
ee	esse
et	etiam
exns	existens
gra	gratia
ħ	hoc
hꝫ	habet
hns	habens
hmoi	huiusmodi
ho	homo
hois	hominis
impol'e	impossibile
lꝫ	licet
ma	materia
mo	modo
necia	necessaria
ois	omnis
opꝫ	oportet
oro	oratio
ꝑ	per
p̄	prae
p̉	pri
p°	primo
ꝓ	pro
Phi	Philosophi
phia	philosophia
pn^a	principia
pot	potest
ꝓpo	propositio
q̂	qua
q̄	quae
q̃ꝫ	quam
qꝫ	que
ꝗ	qui
q°	quo
ꝙ	quod
qð	quod
qm	quoniam
qn	quando
quo	quomodo
rndeo	respondeo
ro	ratio
.ſ.	scilicet
ſm	secundum
scia	scientia
sil'is	similis
sol'o	solutio
spes	species
sb⁊a	substantia
sub⁊a	substantia
sub⁊tum	subiectum
suppo	suppositio
syll's	syllogismus
un̄	unde
vl'is	universalis
vꝫ	videlicet

ALEXANDRI APHRODISIENSIS maximi Peripatetici,

IN QVATVOR LIBROS METEOROLOGICORVM *Aristotelis*, *Commentatio lucidissima*,

ALEXANDRO PICCOLOMINEO INTERPRETE.

Cui accessit eiusdem Alexandri Piccolominei DE IRIDE Breuis tractatus:
in quo quamplurima Aristo. & Alexandri Aphrodisiensis,
ac Olympiodori dicta planissime explicantur.

Quæ omnia nuper maxima sunt diligentia castigata:

ADDITO INDICE ETIAM EORVM,
quæ in commentatione Alexandri obseruatione
digna annotatu sunt.

Venetijs, Apud Hieronymum Scottum.
M D LXI.

INDEX EORVM

Quæ in Commentatione Alexandri, in Primum Librum Meteorologicorum maxime digna notatu sunt.

ORDO omnium librorum naturalium Aristo côm. 1
Intentio librorum de Physico auditu, de Cœlo, & de Generatione. cô. 1
Intentio in libris Meteorologicorum. cô. 1
Ordo eorũ q̃ ĩ Meteorologicis ꝑtractañt. c. 1
De causis quatuor elementorum, & eorum motu. c. 2
De quo considerandum in Meteorologicis, & de qua mundi parte. cô. 3
Mundus hic inferior, quare est cõtinuus cœlesti corpori. cô. 4
Motus cœlestis corporis, quare perpetuus est, motus vero inferiorum minime. cô. 4
De causa materiali & effectiua accidentium contra ipsum inferiorem mundum. cô. 5
Elementa quare adinuicem generantur & corrumpuntur. cô. 6
De ordine elemẽto. & precipue aeris. c. 7. 14
Quanta sit terra relata ad astra. cô. 7
Corpus cœleste non esse igneum, & quare appellatur æther. cô. 7. 17
Quòd totum illud spatiũ quod ĩter aquã & terrã est, igne plenũ non sit neq; aere. c. 8
Quod dictum spatium non ex aere & igne constat. cô. 8
Improbatio opinionis Empedoclis, ꝙ elementa adinuicẽ intrãsmutabilia sint. cô. 9
De ordine aeris & ignis ad primum corpus cœleste. cô. 11
Quare à superioribus astris cãtur caliditas ĩ his iferiorib⁹, cũ calida ipsa nõ sint. c. 11. 16
Vbi nã maximus sit calor, & vbi minor. c. 11
Vbi fiunt nubium congregationes. cô. 11
In cœlis esse aliquid purius, & aliquid impurius. cô. 13
De centro grauitatis & totius mundi. cô. 14
Quid vapor, & quid exhalatio, & in quo differant. cô. 14
Vbi incipiat rapi aer à motu cœli. cô. 15
De consistentia nubium, vbi non possit fieri. cô. 16
Cur à motu solis maior fiat caliditas, q̃ ab aliorum astrorum motu. cô. 16
Q̃m modo passibilia sint corpa cœlestia. 17
De duplici exhalatione, ac vtriusq; generatione. c. 18
De impressionibus meteorologicis inflammabilibus, & earum differentia. cô. 19
De flammis, halis, dalis, & stellis cadentibus, & earum differentiis. côm. 19
Stellarum cadentium duplex causa, & quare moueantur obliquè. cô. 20. 21
Impressiones ignitas sub luna fieri. cô. 21
De phalmatibus quæ noctu apparent. cô. 22
Aer q̃uo representet multos colores. cô. 22
Hiatus & voragines quare appareant in cœlo. cô. 23
Album coniunctum nigro multas facit differentias colorum. cô. 23
Opinio Anaxagoræ & Democriti, de Cometis. cô. 24
Pythagoricorum opinio, ac Hippocratis opinio de Cometis. cô. 24
Diodoti dictum de refractione visus. cô. 24
Improbatio dictarum opinionum de cometis, scd̃m plures rationes. cô. 25. 26. 27. 28
Opinio propria de Cometis. cô. 29
Vera causa Cometarum, ac de stella barbata. cô. 29
De accidentibus Cometarum, & presertim de motu ipsarum & loco. c. 29
Duplex mod⁹ apparitionis Cometarũ. c. 29
Opinio Pythagoricorum de lacteo circulo, & opinionis improbatio. c. 30
Anaxagoræ opinio de lacteo circulo, & opinionis improbatio. cô. 31
Tertia de lacteo circulo opinio, & eius improbatio. cô. 32
Opinio propria de lacteo circulo. cô. 33
Lacteus circulus, vbi sit, & ei⁹ diffinitio. c. 33
De loco communi aeri & aquæ. cô. 34
De causa materiali & effectiua impressionũ aquearũ q̃ fiũt ĩ media regione aeris. c. 34.
Quòd sint nebulæ. cô. 34
Quomodo generetur aqua pluens. cô. 34
Ros & pruina q̃uo generentur. cô. 35
De loco & tpe gñonis roris & pruinæ. cô. 35
De pluuia, niue, & grandine. côm. 36
De loco generationis grandinis. cô. 36
Proportio roris & pruinæ, & roris ad pruinam. cô. 36
De quibusdam accidentibus circa grandinem. cô. 37
De magnitudine grandinis, & cur quandoque non est rotunda. cô. 37
Assignat causam generationis grandinis, ac propria opinio de ipsa. cô. 38
Labroteræ quid. cô. 38
Fontes & terræ viscera, quare hyeme calidiora quàm æstate. cô. 38
De tempore generationis grandinis. cô. 39
Inchoat de ventis per similitudinem ad fluuios. côm. 40
Opiniones antiquorum de ventis, & earum improbatio. cô. 40
Homeri fabula de ventis. cô. 40
De generatione fluuiorum secundum opinionem aliquorum, ac improbatio. cô. 41
Propria opinio de gñone fluuiorũ. côm. 42
Quia fluuii ex montibus oriantur. cô. 43
Plurima flumina fontibus fluunt. cô. 44
Multa flumina in terra absorbentur. côm. 44
De duratione fluuiorum, & ꝑmutatione locorũ ex aquoso in aridum, & è cõtra. c. 45
Terra suo modo senescit sicut aïalia. cô. 45
Quæ vera causa diuturnitatis fontium & fluuiorum. cô. 46

IN SECVNDO LIBRO.

OPinio antiquorũ Theologorum de mari. cô. 1
Opiniones naturalium Philosophorum de mari. cô. 1
Diogenis opĩo & aliorum de salsedine maris. cô. 1
Improbatio opinionis Theologorum. c. 2
Aquarum diuersæ species. cô. 2
Quòd mare non habeat fontes. cô. 3. 4
De causa fluxus maris. cô. 5
Quare maria ad arctũ ꝑfunda nõ sunt. côm. 5
Quã cãm antiq noctis ipsi⁹ existimarẽt. c. 5
De opinione antiquorũ, quod mare sit principium omnis aquæ. cô. 6
Quòd sol non alatur humido. cô. 6
Flãma non manet eadẽ, sed semp fluit. cô. 6
Contra eos qui dicunt eleuatos vapores nõ amplius descendere. cô. 6
Quòd locus quem mare occupat, est locus naturalis aquæ nõ maris. cô. 7
Quare mare ex fluxu fluuiorum non crescat. c. 7
Ponit opinionem Platonis de tonitruo atq; aquarum principio. cô. 8
Impedit opinionẽ prædictam pluribus rationibus. cô. 9
Contra eos q ponũt gñationem maris. c. 10
Destruit opiniones antiquorum de defectu maris. cô. 10
De æternitate maris scd̃m spẽm. cô. 10. 13
Quod ponit generationem maris, causam salsedinis assignare non potest. cô. 11
Destruit opiniones aliorum, de salsedine maris. cô. 11
Terræ admixtionem non sufficere ad salsedinem maris. cô. 11
Sudorem terræ non esse mare. cô. 12
Propria opinio de salsedine maris. côm. 14
Quomodo fiat sapor salsus, & quomodo fiat salsedo maris. cô. 14
Quare calidus sit Auster ventus. cô. 14
Quare calidum mare, & quare aqua pluta salsa non sit. cô. 15
Colligit verã cã de salsedine maris. cô. 16
Quare non deficiat mare scd̃m totũ. cô. 16
Manifestat pluribus rõnibus ꝙ ex mixtione terrestris causatur sapor salsus. c. 17
De principio materiali ventorum. côm. 18
De principio efficienti ventorum & generatione eorum. côm. 18
Non esse eandẽ naturam pluuiæ & ventorũ, & non esse ventũ aerem motum. côm. 19
Quare imbres cessare faciunt vẽtos, & è contra. cô. 19
De motu vẽtorum & quare moueantur obliquè. cô. 20
Q̃uo venti procedunt à suo principio. cô. 21
Q̃uo sol sit cã diminutionis ventorũ. cô. 23
Venti quare non fiant in intensis calore & frigore. c. 23
Qualiter sol concitet ventos. cô. 24
Quod ĩ permutationibus temporum multæ accidunt perturbationes. cô. 24
De ventis annualibus qui Etesiæ dñr. cô. 25
Quare Etesiæ noctu non spirent. cô. 25
De Leuconotis ventis, siue Ornithiis q sunt quasi Etesiæ australes. côm. 26
Auster vnde flat. cô. 27
Ostendit dispõnem terræ habitabilis. cô. 28
Descriptio zonarum ac partium terræ siue habitabilium, siue non. cô. 28
Contra describentes terram habitatã à nobis circularem. c. 29
Lõgitudo terræ quæ sit, & quæ latitudo. c. 29
Quòd auster non flat ab altero Polo. cô. 30
Austrum non flare à tropico hyemali, sed ab æstiuo. cô. 31
De positione atq; ordine ventorum. côm. 32
Qui venti sint contrarii adinuicem, ac de denominatione ventorum. cô. 32
Cur plures venti ab vrsa flent quàm à Meridie. côm. 33
Quare venti ab oriente calidiores sint, quàm qui ab occidente. côm. 34
Qui venti boreales, & qui australes. côm. 34
Qui venti possint simul flare, & qui non. c. 35
De incidẽtia ventorũ, & qui venti alios cessare faciant. cô. 36
De diuersis effectibus ventorum. cô. 36
Qui venti coruscationes faciãt & q̃uo. c. 37
Qui venti magis ecnephias faciunt. cô. 37
Anaxagoræ de terræ motu opinio, & eius improbatio. cô. 38
Opinio Democriti de terræ motu. c. 39
Anaximenidis de terræ motu opinio & eius improbatio. c. 40
Quid sit radicabile principiũ, & quid formale, & quid totale terræ motus. c. 41
Propria opinio, & vera cã terræ motus. c. 41
Manifestat per signa assignatam causam de terræ motu. c. 41
Terræmotus cur maximè fiunt in locis cauernosis, ac mari coniunctis. c. 42
Quibus anni temporibus maximi fiant terræmotus. c. 42
De tremore & pulsu animalium per comparationem ad terræmotus. cô. 42

Quanta

Quanta magnitudo spūs in mouendo. c.42
De sono in cauernis terrę. c.42
Solem obscurari sine nube, tempore terræ motus. 43
De signis ante terræ motum. cõ.43
Terræ motus quæ quandoque fiant tempore eclipsis lunę. c.44
De accidentibus consequentibus terræ motum. cõ.45
De duratione terræmotus. cõ.45
Quare quandoque fit sonus ante terræ motum. cõ.46
Quomodo venti sint causa diluuij, & terræ motus sequantur magnæ inūdationes. c.46
Cur terræ motus non fiunt in tota regione sicut venti, sed in parte. cõ.47
De differentiis terrę motuum, & ꝙ terræ motus fit dupliciter. c.48
De generatione corruscationis, & tonitrui, ac typhonis, incēsionis ac fulminis in vniuersali. cõ.49
Causa & modus generationis tonitrui. c.50
Causa & modus generationis corruscationis. c.51
Comparat tonitruum & corruscationem inter se. cõ.51
Ponit opiniones Empedoclis & Anaxagorę de tonit.& corrusc.& īprobat eas. c.52.53
Clidemi opinio de corruscatione, & improbat eam. cõ.54.55

IN TERTIO LIBRO.

Quid sint Ecnephiæ. cõm.1
De principio Ecnephiæ & quomodo generatur. c.2
Causa magnitudinis & continuitatis Ecnephiæ. c.2.3
De typhone & pricipio gn̄ationis eius. cõ.4
Comparat typhonem ad Ecnephiā. c.4.5
De motu typhonis, & de loco, & tempore generationis eius. cõ.5
Typhonis effectus mirabiles. c.6
De incensione & ipsius generatione. c.7
Fulmē quomodo generatur, & de efficacia, siue effectu fulminis. cõ.8
De duplici fulmine ac vtriusque effectibus. cõ.8
Quare percussa à fulmine videntur moueri ante percussionem. cõ.8
Comparat fulmen ad tonitruum. cõ.8
De accidentibus Halo & Iridis. cõ.9
Accidentia Iridis, quantum ad tempus apparitionis, & quantum ad colores. cõ.9
De accidētibus circa virgas & parelios. c.10
De causis dictarum emphanticarum ipressionum. cõ.10
De refractione visus, & à quibus, & quomodo fiat. cõ.11
Quæ sit sententia Arist. in modo visionis, ac refractionis visus, & quare ī hoc tertio sequatur opinionem mathematicorū. c.11
De radio visuali & representatione colorū per specula. cõ.11
De Halo magis in spāli, & qūo gn̄etur. cõ.12
Quādo Halo est signum pluuię, aut serenitatis, aut ventorum. cõ.12
Qūo & qualiter se habente nube ad astrum fiat refractio, ac Halo ipsius phātasia. c.13
De figura Halo, ex demonstratione lineari, seu mathematica. cõm.14
De colore Halo, & cūr frequentius fit circa lunam, quàm circa solem. c.14
De Iride in spāli. cõ.15
Quòd radius visualis refrangatur ab aere, multis signis ostendit. cõ.15
Quare maiora apparent, quę per medium crassum videntur. c.16
Quamplurima accidentia in visione, tum longè, tū è propinquo notatu digna. c.16
Quòd ab aqua fiat refractio. cõ.17
De mō gn̄onis colorum Iridis in gn̄ali. c.17
De puniceo colore, & eius causa. cõm.18
Fulgidum per nigrum visum apparere puniceum. cõ.18
De Iride, tum circa lucernas, tum quę in mari, quinetiam & quę ex rotatione. cõ.18
Suppositiones quædā ad ostēdendā generationem aliorum colorum Iridis. cõ.19
Nigrum esse priuationem seu negationem visus. c.19
Cur visa p refractionē apparēt nigriora. c.19
Concludit causam aliorum colorum apparentium in Iride. c.20
Tres colores ī iride, & rō numeri huius. c.20
De ordine & positione colorū Iridis. cõ.21
De quarto colore Iridis minꝰ pricipali. c.21
Colores iuxta se positi, coloris diuersificant phantasiam. cõm.21
De secunda Iride, siue Iride exteriori, & quo modo generetur. c.22
De coloribus secundę Iridis, ac ordine ipsorum, & ratione ordinis. cõm.22
Quomodo pictores nō possint pingere colores Iridis. c.23
De figura Iridis, & ꝙ maior semicirculo esse non potest. cõ.24
Quòd existente sole in horizonte Iris fiat semicircularis, ex demonstratione lineari, & mathematica ostendit. cõ.25.26.27
Quòd visus, sol, & centrum Iridis, & eius polus, & in eadem sint recta linea. c.27
Quòd existente sole supra horizontem, minor semicirculo fiat Iris, & quāto magis eleuatur tanto minor. cõ.28
Quibus nam temporibus possit omni hora diei fieri Iris, & quibus non. cõ.29
De generatione virgarum. cõ.30
De modo generationis pareliorum. cõ.31
De causis accidentium circa virgas & parelios. cõm.32
De loco pareliorum & virgarum & situ earum ad solem. cõ.33
De generatione metallicorū corporum, & fossibilium, & causis eorum in vlī. c.34
Metalla sunt duplicia & quæ. cõ.34
De mō & loco generationis metallorū. c.34
Aurum solum nō minoratur in igne. cõ.34

IN QVARTO LIBRO.

Quartū Librum non esse meteorologicum. In proœmio.
De quatuor primis causis, & virtutibus corporum tangibilium. cõ.1
Quæ sint primæ virtutes & causæ actiuæ, & quæ passiuę. cõm.1
Definitio calidi, frigidi, humidi, & sicci. cõ.1
Aggreditur ptractare de operationibꝰ prædictarū primarū qualitatū & virtutū c.2
Generatio simplex, & naturalis quid sit. c.2
Corruptio secundū naturam quæ sit. cõ.2
Quando fiat simplex generatio vel simplex corruptio. cõ.3
De putrefactione & quid sit. cõm.4.5
Cur ignis non putrescat. cõ.4
Cur ī frigoribus minor fiat putrefactio. c.5
Quare neq; congelatum putrefit, neq; valde feruens. c.5
Digestio quid sit, & qn̄, & qūo fiat. cõ.7.
De indigestione quid sit, & qūo fiat. cõ.8
Pepansis quid, & qūo & à quo fiat. cõ.9
De pepansi metaphoricè dicta. cõ.9
De Omote ꝯria pepāsi qd sit, & à quo c.10
De multiplici Omote. cõ.11
De Hepsesi quid sit, & quo modo fiat. cõ.12
Quare humidiora sunt quæ assantur quàm quę elixantur. cõ.12
Quę corpora elixabilia sint, ꝗ verò nō, c.13
De Hepsesi metaphoricè dicta. cõm.13.14
Non idem est finis in omnibus elixatis. c.14
De molynsi opposita hepsesi. c.15
De optesi quid sit, & quomodo fiat. cõm.16
Difficilius est assare ꝗ elixare. c.16
Elixata extrinsecus humida, intimè sicca, assata verò è contrà. cõ.16
De Stateusi quæ opponitur Optesi. cõ.17
Quæ prima principia sint passionum ī corporibus tangibilibus. c.18
In terra & in aqua aīalia solùm sunt. cõ.19
Qualiter mixtio humidi cū sicco fiat. cõ.19
De duro & molli, quidnam sint, tū simpliciter, tum ad aliud. cõ.20
Quibus virtutibus agat agens. cõ.21
Quomodo frigidum sit actiuum. cõ.22
Fontes calidiores in hyeme. cõ.22
De desiccatione & quæ sint ea quæ desiccantur. cõ.23
Qūo & à quo desiccabilia desiccentur. c.23
De humectatione quomodo fiat. c.24
De coagulatione, atque ipsis coagulabilibus. cõ.23
A quo & quomodo fiat coagulatio. cõm.25
De liquatione & liquabilibus, & à quo & quo modo liquatio fiat. cõm.26
Quæ sint icoagulabilia & illiquabilia. c.26
De ingrossatione olei, & quare neq; à calido neq; à frigido coaguletur. cõ.27
De ingrossabili & non ingrossabili. cõ.28
De mollificabili & non mollificabili. cõ.30
De ferri coagulatione & liquatione. cõ.30
Ex aqua & terra constituta sunt omnia corpora tam homœomera quàm non. cõ.31
De differentiis corporum tangibilium, quatenus actiua sunt, & quatenꝰ passiua. c.32
De coagulabili, & non coagulabili, liquabili, & non liquabili. cõ.33
Quę incoagulabilia sunt, & de mollificabili & non mollificabili. c.34
De intelligibili & non intelligibili. cõ.34
De flexibili & inflexibili, frangibili & comminuibili. c.35
De impressibilibus, formabilibus, capibilibus, trahibilibus, & ductibilibus. c.35
De fissibilibus, & detruncabilibus, cōmassabilibus, & vstibilibus. c.35
De exhalabilibus, & vaporabilibus. cõ.36
Quæ vstibilia, & quæ inflammabilia. cõ.37
Quæ sint homœomera corpora, & quæ anomœomera. c.39
Quæ corpora magis humida, & quæ magis sicca à prædominio. c.39
Quæ corpora magis aquea & quæ magis terrea. cõm.40
Quæ corpora sint calida, & quæ frigida à prædominio. c.40
De homœomeris quidnam sint tam secundum materiam ꝗ secundum substantiam. c.41.44
De æquiuocatione in homœomeris & in anomœomeris. c.41
Quod tam homœomera ꝗ anomœomera alicuius gratia sint. cõ.41
Quidnā sit illud cuius gratia homœomera, & anomœomera sint. cõm.42
De optima diffinitione qualisnam sit. c.44
Continuatio librorum Meteorologicorū ad alios libros. cõ.44
Quisnam liber sequatur ad libros Meteorologicos. cõ.44

Explicit Index eorum quæ in Alexandri Commentariis notatu digna sunt.

SERIES CHARTARVM,

A B C D E F G H I

Omnes quaterniones, I uero Duernus.

Tabula per se patet.

Venetijs, Apud Hieronymum Scottum.

M D LXI.

ARISTOTELIS STAGIRITAE METEOROLOGICORVM, LIBER PRIMVS.

Cum Alexandri Aphrodisiensis Cõmentarijs, Alexandro Picholomineo interprete.

SVMMA LIBRI.

Exponuntur aliqua veluti principia, eorum quæ in his libris tractantur. Ea item exponit, quæ in superioribus sphæris generantur, & in inferiori loco ipsi terræ propinquiori. De fluminibus demum ac fontibus agit.

Cap. primum. Ea rememorantur, quæ in præcedentibus libris dicta sunt, & dicenda proponuntur.

Tex. 1. DE PRIMIS *igitur causis naturæ, & de om̃i motu naturali, adhuc autem de rectè dispositis secundum superiorem lationem astris, & de elementis corporalibus, & quot, et quæ, & de ea, quæ inuicem fit generatione & corruptione cõmuni, dictum est prius. Reliqua autẽ pars huius method. est adhuc consideranda, quam omnes priores Meteorologiam vocabant. Hæc autem sunt quæcunque accidunt secundum naturam quidem inordinatiorem tamen, primi elementi corporum, circa locum maximè propinquum lationi astrorum: vt & de Lacte, & Cometis, & ignitis & motis phasmatibus, & quæcunq; ponemus vtique aeris esse communes passiones & aquæ. Adhuc autem quæcunque species terræ, & partes, & passiones partium: ex quibus & de spiritibus & terræmotibus considerabimus vtiq; causas, & de omnibus, quæ fiunt secundum motus horum: in quibus hæc quidem dubitamus, hæc autem attingimus quodammodo. Adhuc autem & de fulminum casu, & typhonibus, & incensionibus, & alijs circularibus quæcunque propter coagulationem accidunt passiones eorundem corporum. Pertranseuntes autem de his, speculabimur si quid possimus secundum inductum modum dicere de animalibus et plantis vniuersaliter & sigillatim. Ferè enim his dictis, finis vtique factus erit omnis, eius quę à principio nobis electionis.*

Cõm. 1. AGGREDIENS de Meteorologicis pertractare, primùm in memoriam nobis reuocat quæcunque iam usque circa physicum negotium determinauit: simul autem & totius theoriæ naturalis ordinem ac seriem describit, non solùm earum partium, quas iam peregit, sed etiam illarum, quæ posterius tractabuntur. Ac quidem librorum meminit primùm, qui de Physica Auscultatione inscribũtur: quoniam quæ in ipsis pertractantur, totum negotium naturale præcedere habent. Ibi enim de primis principijs & causis naturæ disputauit, ac de omnibus uniuersaliter naturalem concernentibus motum. Horum igitur hic meminit primo, secundo autem loco intentionem repetit Libro de cœlo. Ibi nãque de secũdum sursum lationem dispositis astris determinauit, & de corporeis elementis quot & qualia sint. Per sursum autem lationem intelligit supremam cœlestis corporis circulationem, in quo quidem astra ipsa sunt sita, atque disposita. De quo corpore, & quod aliud sit ab ipsis simplicibus quatuor corporibus siue elementis, & ꝙ ingenitum sit, atque incorruptibile, quinetiam & alterationis expers & augmentationis, in primo quidem Libro satis abunde determinauit. Dehinc & in eisdem libris de cœlo, de corporeis elementis, quot & quæ sint pertractauit. Quot, quoniam uniuersa quinque. Quę autem, quoniam quatuor una cum superiori corpore, quod circulariter fertur: hæc enim totius mundi partes & elementa sunt. Per qualia autem, quæ sint intelligit. Corpora uerò uocauit ipsa elementa, quasi innuens, quòd non essent uera elementa. Nam propriè & simpliciter elementa sunt, materia ipsa, {siue omnino subiectum,} & forma: hæc enim simplicium ac primorum corporum uera sunt principia & elementa. Tertio loco cum dicit. {de generatione & corruptione.} tangit intentionem librorũ de generatione: ibi nãque de primorum corporum mutua adinuicem transmutatione pertractauit. De istis enim corporibus, cùm in Tertio de cœlo inquisisset, in libris de Generatione de ipsis sermonem persoluit: quinetiam & de Generatione & Corruptione in uniuersali pertractauit, ostendens & quod sit, & quid sit, & quomodo à cæteris differat transmutationibus. Quartum in ordine obtinet locum præsens negotium, quod Meteorologicum inscribit: quoniam (ut inquit) & qui ante ipsum extiterũt, hanc philosophiæ partem Meteorologiam omnes nuncuparunt. Per methodum autem, physicum negotium intelligit, siue scientiam ipsam naturalem. Attinet autem ad hanc philosophiæ partem considerare quæcunque accidunt & fiunt secundum naturam quidem, minus autem ordinatam, quàm sit primi elementi corporum latio. Per primum elementum, intelligens corpus ipsum æthereum ac circulariter latum, & per minus ordinatam. naturam, ꝙ huiusmodi corporis latio sit, significare intendit, ꝙ non similem ordinem regulariter seruet. Non enim simili modo rectus & regularis est ordo naturæ in corpore ipso cœlesti, ac etiam in his, quæ sub ipso. Illud uerò quod dicit, {circa cõterminum maxime locũ.} idem est ac si diceret, inordinata quidem ac generata maximè circa cõterminum locum lationi astrorum. Quis autem sit iste locus, & quæ sint illa, ꝙ magis inordinatè fiant, his quæ secundum naturam, ostendit, cum inquit: Veluti de lacte, & cometis, & ignitis ac motis phasmatibus. qualia sunt quas uocamus stellas emicantes & præsilientes. Hæc enim omnia in regione diuino corpori propinqua, inordinatè generant̃ & fiunt. Post hæc deinceps sequuntur quæcunque aeris & aquæ communes passiones esse uidentur: hæc autẽ sunt, perlustrationes & transparentiæ: harum enim utraque & in aere accidunt & in aqua, ex quibus manifesta fiunt, quæ de uocatis uirgis ac parelijs apparent, quinetiam & de Halone, & de Iride, & si quid aliud est tale. Adhuc & terræ ipsius, inquit, quæcunque partes sunt & species, & passiones partium. Per partes terræ, fortè intelligit quæ ad ortum ad occasum ad ursam ac meridiem: sed per species, innuit aliquam terræ partem esse cauernosam & mollem, aliquam uerò planam & durã, siue alijs huiuscemodi differentijs terræ partes ab inuicem distinguantur. Per passiones terræ, intelligit tum euaporationes eleuatas ab ipsa, tum aquarum ac spirituum reliquias: euaporationes.n. ipsæ nubium & pluuiarum sunt principia, adhuc & grandinis etiam, niuis, pruinę, & roris: amplius & tonitruorum & corruscationum, quinetiam & uentorum, & ipsius insuper uentorum & spirituum differentiæ: cũ sm̃ terrę partium differentias, uenti ipsi etiam differant ac distinguantur. Si autem ex aquis reliquiæ remanent, hæ fontes producunt: si uerò ex spiritibus, terræmotuum sunt causæ. Illud uerò, {& de cunctis quæ fiunt sm̃ motus horum.} est ac si diceret, & de alijs, quæ fiunt secundum passiones partium ac specierum terræ, non.n. solum spiritus & terræmotus, quorum mentionem fecit. Vel {sm̃ motus horum} dixit, uidelicet & spirituum & terræmotuum: accidentia enim aliqua propria ipsorum fiunt, ueluti terrarũ disruptiones & ruinæ, maximi strepitus, ac matutinæ tranquillitates, hæc quidem ad terræmotus sequantur. Ad uẽtos autem, ueluti quod Calcias qua flat, illinc nubes compellat: cæteri etiam uenti ab illis terræ partibus, à quibus spirent, nubiũ consistentias abducant. Vel dixit {sm̃ motus horum.} non solùm partes ac species intelligens ipsius terræ, sed etiam corpora omnia, quæ post diuinum ipsum corpus disposita sunt ac ordinata. circa.n. cometas & stellas prosilientes, insuper & circa uirgas & parelios aliqua accidentia est uidere, quæ ad eorum motus consequuntur. Nãque aliqua ex his dubitamus, ueluti circa Iridem qũo fiat, & quare salsæ sint aquæ maris: aliqua uerò attingimus aliquo modo, sicut de nubium consistentia, ac ipsarum in aquas permutatione, quorum, si omnino exquisitam ac absolutam rationem nõ habemus, saltem nec penitus circa eorum generationem inscitia laboramus, Adhuc de fulminum casu, & typhonibus, & flammis, & alijs circulationibus quæcunq; propter firmitatem accidunt, fieri passiones dicit. Non autem dixit, per firmitatem fieri, ut fulmina, typhones, & flammas intelligeret, sed cum illa posuerit quæcunq; per motum passibilium corporum fiunt, (qm̃ & aliqua etiam ꝓpter firmitatem passiones fiunt) iccirco & de his inquit, opus esse pertractare, sicut etiam & de illis: fiunt autem propter firmitatem, nix, grando, & pruina. Dixit uerò circulationes, seu circulariter facta, intelligens siue ipsa quatuor corpora, qm̃ circulo ex ipsis mutua fit generatio: siue ipsas passiones circulariter factas, quia & ipse circulo fiunt per singulos annos, Pertransiens autem hæc aliqua rursus post meteorologicum ipsum negotium subdit, quæ ad physicã cõsiderationem reliqua sunt, {De animalibus enim, inquit, & de plantis, uľr & sigillatim speculabimur} Ordinat autem atq; includit considerationẽ de anima, intrat ipsam de animalibus theoriam, adhuc etiã & simul Libros de Sensu & Sensili, de Memoria, de Somno, de Diuinatione per somnum, amplius & de Senectute & Iuuentute, de Lõgitudine & Breuitate uitæ: & quæuis alia quæ scripta reliquit ad aĩalia ipsa rationem habentia: quorum aliqua uľem theoriam continent ac cõmunem omnibus animalibus, ueluti historia animalium, & quæ de generatione & partibus ipsorum pertractauit, quinetiam & de progressu & motu ipsorum scripta reliquit. Aliqua autem magis sigillatim & ĩ particulari, ueluti de Memoria, de Somno, & de Diuinatione ꝑ somnum: quæ.n. de his scribuntur, quãplurima soli homini inesse uidentur: per ipsam.n. quæ in principio, electio est, siue institutum, totius scientiæ naturalis progressum intelligit: hoc.n. erat quod propositum fuerat. Dixit autem {sm̃ iam inductum modum.} qm̃ in his quę iam prius sunt pertractata, tenuem ac simplicem nõ tradidit historiam. Sicut igitur, prius uniuscuiusq; iam propositorum proprias causas ac determinationes assignauit, propriasq; de ipsis tradidit demonstrationes, sic etiam de his quæ restant dicenda, eadem ratione tractandum, æquum censet.

Cap. secundum. Quòd eorum, quæ circa elementa ꝓtingunt, Cœlum causa sit effectiua, elementum uero, sicut materia, exponit.

Tex. 2. *SIc igitur incipientes, dicamus de ipsis primò. Qm̃.n. determinatum est prius à nobis, unum quidem principium corporum, ex quibus constat circulariter latorum corporum natura: alia autem corpora quatuor, propter quatuor principia, quorum duplicem esse dicimus motum, hunc quidem ad medium, hunc autem à medio. Quatuor autem existentibus his, igne, & aqua, & aere, & terra; omnibus quidem his supereminens esse ignem, substans autem terram, duo autem quæ ad seipsa his proportionaliter se habent. Aer enim igni est propinquior quàm alia, aqua autem terræ.*

Elementa quem situm habeant in mundo.

Cõm. 2. Cum præsentis negotij intentionem proposuerit, primum inquit ex his, quæ proposita sunt, tale principiũ sumentes dicamus. Dicit uerò {primùm,} ut ea nobis in mentem reuocet, quæ prius determinata sunt, quæ tanquam principia esse ostendet eorum, quæ sequuntur. Sunt autem quorum mentionẽ facit, enarrata in Libris de Cœlo, & in Libris de Generatione & Corruptione: hæc uidelicet, ꝙ unum sit principium eorum corporum, ex quibus constat circulariter latorum corporum natura. Per principiũ quidem corporum, intelligens simplex ipsum corpus, siue elementum, atq; aliorum principium: uel ꝑ unum aliorum corporum principium, innuit unum ipsum corporum principium. Illud uerò quod inquit, {ex quibus constat natura corporum circulo latorum.} idem est ac si corpora hæc intelligeret, ex quibus constat totum corpus, quod circulo fertur, ac diuina ipsa natura: hæc aũt sunt octo ipsæ sphæræ, atq; astra, quæ in illis sunt. Cum uerò inquit, {alia uerò corpora quatuor, propter quatuor principia.} intelligit quatuor corpora, quæ infra cœlum sunt, ignem uidelicet, aerem, aquam, & terram. Per quatuor autem hæc principia in memoriam nobis reuocat, quæ in Secundo de Generatione determinauit: ibi.n. accipiens corpus esse id, quod triplici distat dimensione, ac cum hoc corpora, de quibus ibi loquitur, esse generabilia & corruptibilia, ostendidit quod cum ex hoc quod tangibilia sint, esse habeant, necesse est per aliquas tangibiles contrarietates specificari. Ex quibus primas inquirens tangibiliũ contrarietates, cùm binas tm̃ inuenerit, caliditatem.s. cum frigiditate, & siccitatem cum humiditate, ex harum adinuicem mutua connexione, quatuor fieri corporum species demonstrauit: quas nunc intelligit cùm inquit, {propter quatuor principia.} Propter hoc enim quod quatuor tangibilium, ut tangibilia sunt corporum sunt species, sequitur, quod & quatuor etiam sub diuino corpore simplicia tãtum sint corpora. Quòd autem & horũ quatuor corporum

rum duplex sit motus, & hoc etiam accipit ab his q̃ in libris de Cœlo determinantur: ibi nãque declaratum est quod aliqua ex ipsis à medio, hoc est sursum mouentur s̃m naturam, & hæc sunt ignis & aer: aliqua uerò ad medium, hoc est deorsum, ut terra & aqua. Quinetiam & quod leuissimus sit ignis, & cũctis alijs supernatans quæ in rectum mouentur grauissima autem terra & cæteris omnibus subiecta, q̃ uerò inter hæc, uidelicet aer & aqua, adinuicem secundum proportionem habent id, quod inest extremis simpliciter. Nãque ex his alterum quidem simpliciter leue cùm cæteris omnibus supernatet, alterum uerò simpliciter graue ꝙ omnibus substat, istorum aũt quæ inter media sunt, aer quidem ad aquam leuis est cum aquæ ipsi supernatet, aqua uerò ad aerem est grauis cum ipsi subiiciatur & substet: atque hinc est quod aer ꝓpinquissimus omnium est igni, aqua uero ipsi terræ.

Tex. 3. *Qui itaque circa terram est, totus mundus, ex his constat corporibus, de quo accidentes passiones dicimus esse sumendum.*

Cōm. 3. Cum acceperit quatuor esse corpora simplicia, quæ in rectum mouentur, esse autem & quintũ corpus, quod æthereum est & circulo latũ, his acceptis utitur ad considerationem eoꝝ, quæ proposita sunt, & inquit, {mundus, qui circa terrã.} non totũ ipsum mundum intelligens, sed eum, qui circa terrã, in quo est generatio & corruptio, & ex secũdis corporibus constat, terra. s. aqua, aere, & igne, de quo accidentes passiones, inquit esse sumendum & speculandũ, quæ uidelicet sint, & propter quas accidunt causas. Qm̃ autem in mundo, aliud est totum mundum ipsum ꝯsiderare, aliud uerò aliquam eius partem, ostendere uolens quod non de toto, sed de parte præsens erit consideratio, subdit, {qui circa terram.} innuens, ꝙ non totius mundi, sed eius duntaxat erit sermo, in quo generatio & corruptio reperitur.

Tex. 4. *Est autem ex necessitate continuus iste superioribus lationibus, vt omnis ipsius virtus inde gubernetur. Vnde. n. motus principium omnibus inest, illam causam putãdum primam. Ad hæc autem, hic quidem perpetuus est, & finem motus nõ habens loco, sed semper in fine: hæc autem corpora omnia finitis distant locis abinuicem.*

Deus igitur mũdi huius curã habet.

Cōm. 4. Mundum, qui circa terrã est, & de quo passiones in illo accidentes quærimus, continuum inquit esse superioribus lationibus, hoc est, ipsi corpori diuino, quod circulo fertur. Pro tanto autem dicit, ꝙ mundus, qui circa terram, cœlesti corpori sit continuus. pro quanto oĩs uirtus huius mũdi, gubernari ac regi habet ab illo. Continuitatem aũt pro contactu accipit, cùm continua nunc intelligat, quæ se contingãt: quare in aliquibus exẽplaribus sic iacet, {continuus quoquomodo est hic.} cùm non simpliciter continuus dici posit. Subdidit autem, {ex necessitate.} qm̃ cùm demonstratum iam sit nullum esse uacuum, necesse est corpora ista adinuicem cõtingi. Amplius & addidit, {ex necessitate.} quia non posset modus iste nec esse, nec conseruari, si ab ipso diuino corpore non regeretur. Atq; hinc manifestè accipi potest de mente ipsius, ꝙ mundi huius generabilis & corruptibilis, dij ipsi curam ac prouidentiam habent. Quod autem cõuenienter dictum sit, mundum istũ inferiorem à diuino illo gubernari, causam assignauit dum dixit: {unde. n. motus principium omnibus est, illam causam putandum est esse primam.} Prima. n. causa effectiua omnium, quæ fiunt, illud est quod primum est principium motus eorum, hoc est prima ipsorum motus causa. nãque cœlum & diuinum illud corpus dum mouetur, mouet & illa corpora, q̃ sibi propinqua sunt, ex quibus motis, & quæ post ipsa sunt mouentur & gubernantur: atque hinc prouenit causa, qua mundus hic non solum sit, sed etiam & perpetuo maneat & conseruetur: cuius permanẽtia ab ipsa oritur mutua ac ordinata transmutatione quatuor corporum, ex quibus constat. Quòd autem rationabiliter diuini corporis motus, causa sit motus & transmutationis aliorum corporum, confirmat cùm inquit, motum illum esse perpetuum & indefatigabilem, & qui finem motus in loco non habeat, hoc est finem motus secundùm locum: non. n. aliquis est locus, ad quem cum peruenerit desistat, sicut accidit in his, quæ mouentur in rectum, siue secundùm aliam speciem motus. Cum autem dixit, {finem motus in loco non habens.} ne aliquis suspicetur hoc dictum esse, propterea quod illius corporis motus finem non habeat, hoc est imperfectus sit, statim subdit, {sed semper est in fine.} Ostensum. n. iam est, ꝙ ex omnibus motibus solus circularis perfectus est, secundùm quem illud quod mouetur semper in fine atque in perfectione persistit: illa autem, quæ secundùm rectum mouentur corpora, propter hoc quod terminata abinuicem distãt loca, cùm ad terminum ipsum, ad locum. s. ad quem mouentur ꝑuenerint, desistunt à motu: similiter uerò sicut & terminum, sic & principium motus habent. Perpetuus autem & perennis motus, primus est aliorum motus & eorum causa.

Quare accidentium circa ipsum ignem & terrã & congenea his, vt in materiæ specie eorum, quæ fiunt, causas oportet putare, subiectum enim & patiens appellamus hoc modo. Quod autem sic causa est vt vnde motus principium, eorum quæ semper mouentur causandum virtutem. Tex. 5.

Cùm inquit, {circa ipsum.} non utique intelligit mundum, qui circa terram, sed uniuersum ipsum. Omnium enim, quæ in uniuerso accidunt & fiunt, ignem, aerem, aquam, & terram, tanquam eorũ cognata, cãs, ut materiam oportet existimare: nãque ista sunt, quæ patiuntur & transmutantur, & ex quibus tanq̃ ex materia fiunt illa, quorum modò causas quærimus. Vel potest etiam intelligi totum hoc, de mundo ipso, qui circa terram est, in ipso. n. accidunt ea de quibus est sermo. Qñ autem inquit, {ut in materiæ spẽ eorum, quæ fiunt causas oportet existimare.} quare dixerit, {ut in materiæ specie.} ostendit subdens, {subiectum. n & patiens appellamus hoc modo.} nãque quod tale est, materiam dicimus: hoc autem apposuit, quia non proprie illud nomine materiæ nuncupauit. Causam uerò effectiuam istorum & unde principium motus, diuinoꝝ corporum perpetuus motus est, & uirtus ipsa quæ à tali motu prouenit super istis inferioribus: quam uirtutem non absq; ratione naturam aliquis appellabit. Hæc enim uirtus causa est omnium quæ natura, & secundùm naturam fieri existimamus. Cōm. 5.

Resumentes igitur eas, quæ à principio positiones, & dictas prius determinationes, dicamus & de lactis phantasia, & de cometis, & alijs quæcunq; existunt his congenea. Dicimus itaq;, & ignem, & aerem, & aquam, et terram fieri ex Tex. 6.

seinuicem, & vnũquodq; eorum in unoquoq; existere potentia, sicut & aliorum, quibus vnum aliquid & idem subijcitur, in quod etiam resoluuntur vltimum.

Cõm.6. His determinatis oportet, inquit, resumere, {eas, quæ à principio sunt, positiones.} hoc est, quæ posita sunt tanquam principia & confessa, & etiam determinatas iam prius de ipsis diffinitiones, & deinceps ex istis causas assignare eorum, quæ proposita sunt, secundùm id, quod cõsequitur ad ipsas causas. Ea autem, quæ sumit, & quibus tanquam suppositionibus utitur iam enarrauit. His nãque utitur tanquam suppositis, diuinum, uidelicet esse corpus, impassibile, inalterabile, sempiternum, quod perpetuo motu circũfertur: aliqua autem esse ab ipso passibilia, ac mutabilia & adinuicem transmutabilia. Quod & magis ostendens subdit, {dicamus itaq; ignem & aquã aerem & terram, fieri ex inuicem, & unũquodq; eorũ in unoquoq; existere potentia.} Dicens autem hoc simul apponit & causam huiuscemodi adinuicẽ horum corporum transmutationis, qm̃.s.ex aliqua cõi subiecta materia gñõ fit in istis. Eorum.n.omniũ secundùm naturam mutua adinuicem est transmutatio, quibus unum aliquid & idem subiicitur, in quod resoluuntur ultimum. Ipsarum enim, quæ ex cera fiunt, figurarum propter hoc una fit ex altera, quia una communis cera earum manet subiecta. Similiter & his accidit, quæ fiunt ex ære, & uniuersaliter ex contrarijs in contraria fit trãsmutatio, propter hoc, quod illis unum commune subiectum subiicitur.

Cap.tertium. Quòd non solum ignis & aer intermedium repleant locum ostendit.

Tex.7. *PRimo igitur dubitabit vtique quis circa vocatum aerem, quam oportet accipere eius naturam in mundo ambiente terram, & quo modo se habeat ordine ad alia dicta elementa corporum. Moles enim terræ quanta sit ad ambientes magnitudines, non immanifestum. Iam enim visum est per astrologica theoremata à nobis, quòd multò etiam astris quibusdam minor est. Aquæ autem naturam constantem & separatam, neque videmus neque contingit segregatam esse ab eo, quod circa terram locatum est corpore, vt à manifestis videlicet mari & fluminibus, & si quod profundum immanifestum nobis est. Medium itaque inter terram & vltima astra, vtrum vnum aliquod putandum sit secundùm naturam esse corpus, aut plura? & si plura, quot, & vsque quo determinata sunt locis. Nobis igitur dictum est prius de primo elemento, quale secundùm virtutem est, & quare totus circa superiores lationes mundus, illo corpore plenus est. Et hanc opinionem non solùm nos sumus habentes, sed & antiqua quædam existimatio hæc, & priorum hominum. Dictus enim æther antiquam accepit appellationem, quam Anaxagoras igni quidem idem putasse mihi videtur significare: superiora enim plena igne esse, & ille eam, quæ ibi potentiam æthera vocare putauit, hoc quidem rectè putans, corpus enim semper currens, simul & diuinum aliquid secundùm naturam visi sunt existimare, & determinauerunt nominare æthera illud tale, tanquam nulli eorum, quæ sunt apud nos existens idem. Non enim dicemus semel, neque bis, neque raro easdem opiniones reiteratione factas in hominibus, sed infinities. Quicunque autem ignem purum esse aiunt id, quod ambit, & non solùm lata corpora, quod autem intermedium terræ & astrorum aerem, considerantes vtique quæ nunc ostenduntur per mathematica sufficienter, fortè vtique desisterent ab hac puerili opinione. Valde enim simplex est putare vnumquodque prælatorum esse paruum magnitudinibus, quia videtur aspicientibus hinc nobis sic.*

Primo cœli tex.22.ꝙ cęlum non sit nãæ igneæ.

Cõm.7. Cùm iam nobis in mentem reuocauerit elementa adinuicem mutuò transmutari, quasdam mouet dubitationes, quæ ad ea, quæ proposita sunt, utiles sunt futuræ. Sunt autem hæ, quæ uidelicet aeris sit natura, & in quo differat à cæteris corporibus, ex q̃bus constat mundus, qui circa terram est: amplius quo ordine se habeat, tum ad alia, tum etiã ad uocata corporum elementa. Ex corporibus.n.aliqua uocantur elementa, ut ignis, aer, aqua, & terra, quæ non simpliciter, sed corporea ac cõposita sunt elemẽta: aliqua uerò uera sunt elementa, in quæ illa resoluunt. Quærens autem hæc circa ipsum aerem, inquiret etiam & de eius magnitudine, quod postquam determinatum fuerit, utilissimum ac ualde cõferens sibi erit ad considerationem eorum, quæ proposita sunt. Manifestum uerò est de terræ ipsius mole ac magnitudine, quanta quidem utiq; sit ad corpora ipsa ambientia: si.n.ad illa cõparetur nõ magnum quoddam est. Intelligit aũt per ambientes terram magnitudines, circulariter lati corporis sphæras, & astra, quæ in illis sunt: quibusdam.n.stellis ualde minorem esse terrã, uisum est per astrologica theoremata, cùm ostẽsum sit, solem sexdecuplũ ad ipsam esse. Premanifestum autem est, & aquæ magnitudo quanta sit. Non.n.segregata est aqua f'm seipsam, neq; contingit segregari, sed in ipsa terra existẽs circa ipsam circũfunditur. Cùm hæc itaq; nõ immanifesta sint, quærit deinceps de intermedio terræ & ultimorum astrorum: ultima intelligens quo ad nos, uidelicet ipsam Lunã, utrum .s.hoc intermedium sit corpus unum uel plura: & si plura, quot, & quousq; determinata sint locis, hoc est quis uniuscuiusq; illorum sit locus. Qm̃ uerò ad ostendendum, ꝙ non unum tm̃ sit corpus id, quod intermedium est, sed ꝙ & ignis in ipso sit, utile sibi est, iã prius determinasse, corpus illud, quod circulo fertur, non esse ignem. Hinc est, ꝙ nobis primum in mentem redigit, quæ de corpore illo in libris de Cœlo determinata sunt, uidelicet ꝙ ualde diuersum sit ab istis corporibus generabilibus & corruptibilib'. Adducit autem testimonium antiquorum, qui hoc idem de cœlesti corpore existimarunt, & propter hoc cœlum æthera & non ignem appellarunt. Anaxagoram autem, ꝙ cœlum & ipsa æthera nuncuparit, laudat quidem in hoc, inquantum uerò existimauit tale nomen cœlo conuenire, non quia semper currat, hoc est perpetuo moueatur, sed potius propter ipsum urere seu ardere, quippe quod ex igne constaret, in hoc ipsum dãnat atq; impugnat. Deinceps contra illos qui dicunt, ꝙ non solùm corpora illa quæ circulo feruntur, hoc est astra ipsa, ex igne ꝯstant, sed totũ etiã cœleste corpus, atq; clare ostendit tale corpus ignem non esse. Sequitur aũt ad illos qui illud ignem esse affirmant, quod etiam totum intermedium, quod ab ipsa aqua & terra simul ad lunã est, aerem esse necessario fateantur: de qua re nunc nobis est quæstio. Quod autem nõ sic se res habeat, ostendit, non quidem cõfirmant astra ipsa ex igne constare, sed tanquam contra illos disputans qui sic asseuerant. Dicit autem quod hi qui sic existimant, si ea q̃ nunc ostensa sunt, sufficienter per mathematica ꝯsiderassent, utiq; ab hac puerili opinione destitissent,

tissent. Dicit autem, {sufficienter considerassent.} quasi magis contra distincte dicat non negligenter: uel illud, {sufficienter.} non est cũ {considerassent} ordinandum, sed cum {ostensa,} tanquam sufficienter sint ostensa quę in mathematicis. De quibus tum subdit quod nimis simplicis atq; inexaminatæ mentis est, quodlibet ex astris paruæ molis existimare, quia hinc aspicientibus tales nobis appareant.

Tex. 8. *Dictum est igitur & prius in circa superiorem locũ theorematibus, dicamus autem eandem rationem & nunc. Si.n. & distantiæ plenæ sunt igne, & corpora constant ex igne, olim annihilatum vtiq; esset vnumquodq; aliorum elementorum. At verò neque aere solo plena: multum.n. vtiq; excederet æqualitatem communis analogiæ, ad coelementaria corpora. Et etiam, si duobus elementis plenus, qui intermedius terræ & cœli locus est: nulla enim, vt ita dicam, pars terræ moles est, in qua contenta est, & omnis aquæ multitudo, ad ambientem magnitudinem. Videmus autem non in tanta magnitudine factum excessum molium, cùm ex aqua disgregata aer fit, aut ignis ex aere. Necesse autem est eandem rationem habere, quam habet tantilla & parua ad factum ex ipsa aerem, & totam aquam ad totum.*

Cõm. 8. Dictũ iam prius esse inquit de his, in his, quæ circa superiorem locum sunt theorematibus: intelligẽs Libros de Cœlo, in Secundo.n. de Cœlo eandem de his fecit rationem, quam etiam hic rursus repetit. Dicit enim, ꝙ si astra ipsa ex igne cõstarent, ac simul interualla illa, quæ inter astrum & astrum uident, adeo quod totum illud corpus ex igne esset, iãdiu alia omnia corrupisset, cum iam tñ esset ignis excessus ad illa. Et cùm dixerit hoc de igne, idem affirmãs de aere inquit, quod etiam rationabile est, quod non ex solo aere plenum sit omne illud interuallum, quod extra aquam & terram est, connumerando etiã oẽm illam distantiam quæ inter astra apparet. Quòd autẽ totum hoc solus aer esse non possit, i. in causa, quod proportionalem æqualitatem, quam elementa habent adinuicem, aer excederet, si tantæ molis esset. quod.n. illa permaneant & conseruentur, absq; hoc quod penitus se mutuò corrũpant ac destruant, causa est, æqualitas uirtutis ipsorum: nimis autem aer reliqua superexcederet, si tantus esset. Cùm uerò rationi non cõsonum esse dixerit, corpus omne, quod circũfertur, ex igne constare, quinetiam neq; ex solo aere totum illud, quod usq; ad aquam & terrã est, subdit deinceps, ꝙ neque rationabile est ex duobus elementis constare totum illud, quod extra terram & aquam est, uidelicet quod ex igne sint corpora illa, quę circulo feruntur, reliqua uerò ex aere. Per intermedium autem terræ & cœli, locum intelligit usque ad supremam illam atq; extimam Peripheriam. A plane.n. sphæram, nunc nomine cœli appellauit, quam attribuit ipsi igni. Quòd autem duo tñ corpora, ignis. s. & aer non possint totum illud complere, quod extra aquã & terram est, causam rursus assignauit: qm̃ terra ipsa accepta simul cum aqua, nulla (ut est dicere) pars est ad magnitudinẽ, quæ ipsam ambit. Nãque si una stella ex illis quæ circulo feruntur, multiplex est in mole ad ipsam terram, immenso quidem superexcessu corpus illud terram superexcederet, intantum autem superexcedens, alia iãdiu propter ipsas contrarietates corrupisset, atq; in sui naturam trãsmutasset, ignis uidelicet aquam, aer uerò terram. Quòd autem impossibile sit tã superabundanti excessu superari hæc ab illis, ostendit ex transmutatione, quæ fit in partibus adinuicem istorum corporum. Rationabile.n. est, quod eandem rationem habeat tota aqua ad totum aerem, quam habet pars aquæ ad partem aeris, qui ex ipsa fit: & eadem est ratio de igne & aere, & alijs etiam corporibus. Eiusdem.n. rõnis debet esse excessus in totis, q̃ in partibus ipsis quæ adinuicem transmutantur. Sed qñ ex parua aqua segregata & diminuta, aer generatur, uel rursus ex aere ignis, non in tanta magnitudine illud quod ex segregatione generatum est, superexcedit id ex quo generatũ est: neq; igitur tota ipsa ad tota, huiusmodi superexcessum habere possibile est. Necesse est.n. ut inquit, ut q̃ rationem habet parua aqua ad aerem qui ex ipsa fit, eandem habeat & ad totum omnis aqua.

Differt autem nihil, neq; si quis dicat quidem nõ fieri hęc ex seinuicem, æqualia tamen virtute esse. Secundum.n. hunc modum, necesse est æqualitatem virtutis inesse magnitudinibus ipsorum, quẽadmodum si facta ex seinuicem existerent. Tex. 9.

Qm̃ accepit, ꝙ elemẽtorum ille adinuicem debet esse excessus, qui etiam fit in partibus eorum, quæ adinuicem transmutentur: Emped. autem in transmutabilia mutuo elementa esse dixit, æqualia uerò omnia adinuicem esse, sed uirtutes: sicut huius uiri opinionẽ hanc in Secundo de Generatione & Corruptione improbauit, sic & modo hoc idem impugnat & inquit: nihil quidem differre, siue hæc dicere ex inuicem fieri, siue æquales uirtutes ipsorum supponere. Æqualitas.n. uirtutum sic ipsis inest, sicut & si ex ipsis mutuò generarentur. Nãq; uirtutes, quæ sint ĩ huiusce, uerbi gratia, magnitudinis aere, æquales erũt his, quæ in aqua sint tantæ magnitudinis, ex quanta aquæ magnitudine {si elementa ex seinuicem fierent,} generatus eiusdem primę magnitudinis esset aer: non enim possibile est, æqualitatem uirtutis in his saluari, adeò superabundanti secundum molem existente excessu. Cõm. 9.

Quòd igitur neque aer neque ignis solùm, repleuit intermedium locum, manifestum est. Tex. 10.

Hoc quidem est illud quod dictum est, quod. s. neque quolibet istorum elementorum tantum, neque etiam tantum duo, complent totum id quod extra aquam & terram est: hæc enim ad euidentiam illorũ quæ deinceps sequuntur, ostensa sunt. Cõm. 10.

Cap. quartum. De ignis & aeris situ ad ipsum cœlum. Cur item in suprema aeris regione nubes non fiant. De solis demum in hæc inferiora caliditate agit.

Reliquum autem est perscrutantes dicere, quomodo ordinata sunt duo, ad primi corporis positionem: dico autem aerem & ignem. Et propter quam causam, caliditas à superioribus astris, fit his, quæ sunt circa terram, locis. De aere igitur dicentes prius, sicut supposuimus, dicamus sic & de his iterum. Si itaque fit aqua ex aere, & aer ex aqua, propter quam quidem causam non constant nubes in superiori loco? conueniebat.n. magis quanto remotior à terra locus & frigidior: quia neque ita prope astra calida existentia est, neque prope radios à terra refractos, qui prohibent prope terram constare, disgregantes caliditate consistentias. Fiunt enim nubium congregationes, vbi desinũt iam radij, propterea quod sparguntur in immensum. Aut igitur non ex omni aere nata est aqua fieri, aut si similiter ex omni, qui circa terram est non solum aer est, sed veluti vapor: quapropter rursus constat in aquam. At uerò si tan- Tex. 11. Cur in superiori loco aeris nubes nõ fiant.

tus existens aer omnis vapor est, videbitur vtique multùm excedere aeris natura & aquæ, si quidem superiores distantiæ plenæ sunt corpore aliquo: & igne quidem impossibile, quia exic carentur vtique alia omnia, relinquitur autem aere, & quod circa terram totam aqua: vapor enim aquæ disgregatio est. De his igitur dubitatum sit hoc modo.

Cōm.11. Postquam confirmauit atque asseruit per ea, quæ dicta sunt, corpus, quod circulariter fertur, alterius esse naturæ ab ipsis quatuor corporibus, neque cum aliquo illorum idem esse: consequenter quærit, qualis sit ordo & situs istorum duorũ corporum, ignis .s. & aeris ad ipsum æthera, hoc est ad cœlum ipsum, quod primum pōne omnium corporũ est. Amplius quid sit in cã, quod caliditas à superioribus syderibus, & à corpore ipso diuino fiat in his quæ sunt circa terrã locis, cùm tñ ex igne non constent, ut ostensum est. Inquiens autem ꝙ primum oportet dicere dubitantes proprias ad ea, quæ proposita sunt dubitationes, primum dubitat de aere, quę dubõ cum de ordine & situ aeris & ignis rõnem cõplebit, tum etiã confirmabit rursus non tm̃ esse duo corpora, quæ extra terram sunt, aerem .s. & ignem. Dubitat autem taliter de aere, ac si aer natura frigidus sit, cùm multorum hæc sit opinio, quãuis ipse aliter sentiat. Illud etiam, de quo dubõ est, hoc quidem est, cùm .s. hoc uerum sit, quod aqua ex aere gñetur, & aer rursus ex aqua, quid est in cã, quod non constant etiam nubes ſm superiorem locum? conueniebat enim magis ſm quod remotior locus est. Si igitur aer & aqua mutuò ad inuicẽ transmutantur, sicut ostensum est, & transmutatio aeris in aquam fit per nubium consistentiã, quare nubes non consistunt etiam in superiore parte aeris, sed tm̃ parum supra terram? præsertim cũ magis rationabile nubes constipari ac congregari cùm superiorem obtinẽt locum, & ab ipsa terra magis remotum? Condensari .n. ipsas in frigidiori parte conueniens est: frigidior autem locus est, qui magis à terra distat, q̃ qui prope ipsam sit, tum prope astra non sit, (quæ ſm quod plurimis uidetur calida sunt, quippe quorum natura, ſm quod ipsi autumãt, sit calefacere.) tum etiam qm̃ non sit prope radios solis à terra reflexos, à quibus calefit aer qui circa terram est, cùm solis radij ad terram incidentes & ab ipsa rursus reflexi, ex duplici progressu calefaciãt ipsum aerem, & propter hoc prohibent quod ibi aliqua consistentia, seu nubium constipatio fieri possit: illic .n. & ſm illam partem aeris fiunt nubium cõstipationes & congregationes, ubi refractiones radiorum debilitantur & desinunt, tanquam per aerẽ ad immẽsum diffusi sint atq; dispersi: talis autem est locus qui supra terram est. Si uerò rationabile esset ĩ loco ipso magis eleuato consistentia: nubium fieri, non fiunt autem, hoc est uel quia non ex omni aere aqua nata est fieri, uel ex omni. Verùm si similiter ex omni, (quod conueniens esse uidetur) magis tamẽ ex aere qui prope terram est transmutari, tanquam non purus aer sit qui circa terram est, sed uapor quidam hoc est aer crassior, & aliquid in se continens aquæ. (ex uapore nãque proprior fit in aquam trãsmutatio q̃ ex aere: uapor .n. neutrum uere est ipsorum, sed ex ipsis aliquod medium, ex aqua uidelicet & aere) inquiens autem, ꝙ neque rationabile est dicere, uaporem esse aerem, qui circa terram est, dubitauit dicens, {at uerò si tãtus existens aer uapor est.} deest autem siue subintelligitur, {qui circa terram est.} (De huiusmodi .n. aere dixit, ꝙ uapor sit, non autem de toto aere: nãque propter hoc non simili modo uidetur aqua fieri ex reliquo aere, & ex illo, qui circa terram est.) Si autem talis aer uapor est, ille autem, qui supra terram est, aer erit: aer etiam & illud corpus, quod inter astra medium est. (Nãque si ex igne & illud esset, sicut & astra esse aliquibus uidentur, iãdiu omnia alia corpora desiccassent & corrupissent, ut iam probatum est.) Sequitur, quod ꝓportionis atque symmetriæ fiet excessus, dum natura aeris & aquæ, terram atque ignem superexcesserint. Astra enim, quæ ex igne construi dicunt, ualde essent minoris quantitatis, quam distantiæ omnes, quæ intermediæ sunt. Aer etiam, qui circa terram circũfunditur, si uapor est, hoc est aquæ rarefactio, siue quædam aquea natura & constipatio, ualde erit aqua multiplex ad ipsam terram.

Nos autem dicamus simul & ad dicenda determinantes, & ad nunc dicta. Tex.12.

Cùm dubitauerit de aere prædicta dubõne. affert modò propriam huius rei opinionẽ, ex qua simul ea, quæ dubitata sunt, dissoluuntur, atq; ipse istorũ corporum ordo ac situs apparebit, tum etiam cã assignabitur caloris, q in ipsa terra prouenit ab astris, & præsertim à Sole: cùm tñ talia corpora ex igne non constent, neq; calida ex propria natura existant. Inquit igitur, {nos autem dicamus} hoc est, sic dicamus ut determinemus ea de quibus est sermo, tanq̃ simul utilia ad ea quæ dicenda sunt, atq; etiam ad ea quæ nunc proposita & dubitata sunt. Cōm.12.

Quod .n. est sursum & vsq; ad Lunam, dicimus esse corpus alterum et ab igne & aere: quinimmo et in ipso, hoc quidem purius esse, illud autem minus sincerum, & differentias habere, & maxime qua desinit ad aerem & ad eum, qui circa terram mundum. Tex.13.

In mentem nobis reuocat quæ iam prius ab ipso fuerunt de diuino corpore, ac circulariter lato determinata. Per illud autem quod subdit, {quinimmo & in ipso, hoc quidem purius esse, illud aũt minus sincerum, & dñas habere.} non ꝓpter hoc uult innuere, ꝙ aliquid ex corruptibili corpore, cum diuino illo cõmixtum sit: sed solum ꝙ existente ipso diuino atq; incorruptibili, aliquæ in ipso fiunt dñę, sed quas hæc pars talis dicatur, hæc aũt talis: uidelicet. aliquæ partes lucidæ, aliquæ uerò minus lucidæ. Nam quẽadmodum in corporibus secundis, magis frigida est aqua quam terra, sed non propter admixtionem caliditatis minus est frigida terra q̃ aqua: & magis sicca est terra ipso igne, sed nõ ex hoc ignis admixtione humiditatis est minus siccus: similiter maiorem caliditatem habet ignis q̃ aer, sed non propter admixtionem frigiditatis minorem caliditatem habet aer q̃ ignis: demum & aer magis est humidus q̃ aqua, aqua, non tñ admixtione alicuius siccitatis, aqua est minus humida q̃ sit aer: tunc .n. non essent corpora uerè simplicia. Sic oportet in diuino illo corpore, aliquas differentias existimare. Cōm.13.

Lato autem primo elemento circulariter, & corporibus, quæ in ipso sunt, id, quod propinquum est, semper inferioris mundi & corporis, motu disgregatum accenditur, & facit caliditatem. Oportet autem intelligere sic, & hinc incipere. Quod enim sub ea, quæ circum est circulatione corpus, velut materia quædam existens, & potentia calida, & sicca, Tex.14.

&

& frigida, & humida, & quæcunq; aliæ has sequuntur passiones, fit talis & est & à motu & immobilitate, cuius causam & principium diximus prius. In medio igitur & circa medium est, grauissimum & frigidissimum segregatum, terra & aqua. Circa hæc autem & attigua his, & aer & quod propter consuetudinem vocamus ignem, non est autem ignis: excessus enim calidi, & veluti feruor, est ignis. Sed oportet intelligere dicti à nobis aeris id, quod est circa terram, velut humidum & calidum esse, propterea quòd vaporizet & exhalationem habeat terræ: quod autem super hoc, calidum iam & siccum. Vaporis & exhalatiõis nã quæ sit. *Est enim vaporis natura, humidum & calidum: exhalationis autem, calidum & siccum. Et est vapor quidem, potentia velut aqua: exhalatio autem, potentia velut ignis.*

Cõm. 14. Per primum elementum, æthera ipsum intelligit: astra autẽ per corpora, quæ in ipso, quæ & ipsa eiusdem cum illo sunt substantiæ: quibusdam uerò ab illo differentijs differũt, & à seinuicem. {Lato autem continuo circulariter illo corpore, id, quod ꝓpinquum est inferioris mundi.} per inferiorem autem mundum intelligens id, quod prius, mũdum, q circa terram est appellauit: illud inquam ex isto mundo q circa terram est, quod propinquum est diuino corpori, atq; ipsum undiq; tangit, illius motu disgregatum & attenuatum inflãmatur, & cã simul fit caliditatis in corporibus, quæ sub ipso, in aliquibus quidẽ innatum ac naturalem calorem intendens ac augẽs, aliqua autem penitus calefaciens. Qũo aũt fiat hoc, altius quidem resumens ostendit, dicens, ꝙ id, quod est sub diuino corpore ac circulariter lato. (hoc. n. intelligitur per sursum circulatione.) illud inquam omne, propter hoc quod poĩe existit, tanquam materia ipsi diuino corpori subiicitur. Qualiter autem sit tanquam materia ostendit subdens, {potentia calida, & frigida, & sicca, & humida} & quibuscũq; alijs passionibus, quas ad istas sequi ostẽsum est in libris de Generatione: hę autem sunt raritudines, densitudines, mollities, durities, lenitates, asperitates, tenuitates, crassitudines, & si quæ aliæ huius generis qualitates sunt. Aliqua. n. illorum corporum actu calida sunt & sicca, potentia uerò frigida & humida: aliqua uerò frigida actu & humida, rursus potentia horum contraria: similiter & in alijs. Et horũ quodlibet id, quod est potentia, à mutuò & immobilitate fit actu tale. Dum. n. adinuicem mutuò hæc transmutantur, necessario mouentur, non mota autem sub eadem forma permanent: sui motus autem principium & causa, est diuini illius corporis circulatio, & ut prius diximus quasi præoccupantes. Postquam autem hoc dixit, consequenter de ordine & positione elementorum pertractans, dicit id quod grauissimum est oĩum quatuor corporum {in medio esse, & circa medium.} Securè apponi circa medium, ne credat aliquis quod medium, hoc est cẽtrum ipsum, mundum illum esse uelit qui deorsum est. Non. n. locus deorsum centrum est, cum ab initio uisum sit locũ esse non posse quod indimensionatũ est, utputa signum ipsum: sed locus deorsum est locus qui circa ipsum signum siue centrũ est. Idem. n. est centrũ mũdi totius, & corporis grauitatem habentis, existẽte ex sui natura in loco deorsum, corpore quod grauitatem habeat. Medium nõ centrũ esse. Vel dixit in medio terram esse, mediũ uocans locum, non centrum ipsum, sed id, quod circa centrum est: circa medium autem est aqua, cum circa terram circũfundatur. Dixit autem {frigidissimum & grauissimum} tanquam ꝙ graue ad frigidũ consequatur. Dixit deinde, {circa autem hæc & attigua his sunt & aer & quod propter cõsuetudinem uocamus ignem, non est autem ignis.} Hoc quidem apponit, {non autem ignis.} propter id quod dixit, {circa hæc & attigua his.} Hæc enim, inquit, non ꝓpter hoc quod aliquid aliud prius q̃ aer terram & aquam contingat, sed cum aer post illa immediatè existat, ac ea contingat, propter hoc dixit, circa hęc, & post hæc esse aerem, & quod propter consuetudinem uocamus ignem, cum tñ ignis non sit. Excessus enim calidi & ueluti feruor est ignis, sicut dixit & in Secundo de Generatione, ubi talem ignem proportionalem posuit ad ipsum crystallum. Sicut. n. ille est constipatio frigidi per excessum frigiditatis, sic & ignis est feruor quidam & caliditatis excessus: & iccirco dixit, de crystallo aut igne nihil generari. Cùm autem dixerit uocatum ignem. uerè ignem non esse, ac huius rei causam posuerit, sequit deinde ostendere, quale illud corpus sit, quod aerem uocamus. Oportet enim, ut inquit, scire, uocati à nobis aeris partem illam, quæ circa terram & aquam est, calidã & humidam esse. Quare autem hoc existimandum sit, subdit dicens {propterea quia & uaporem & exhalationem habet à terra.} Humida. n. est, propterea ꝙ in ipsa uapor existit, qui ab humidis corporibus generatur: calida uerò propter hoc, ꝙ aliquid habet exhalationis ab ipsa terra sicca existente. in quo autem differat uapor ab exhalatione, parum infra declarat. Nunc autem intantum hoc dictum est, ꝙ ambo hæc, uapor. s. & exhalatio, cum aere commiscentur. Vapor autem non solùm humidus est, Vaporis cal. sed etiam calidus, ut dicetur: fiunt enim uapores ab ipsis humidis corporibus mediante caliditate. Partem autem aeris, quæ superior ad istam est, calidam esse affirmat & siccam, tanquam exhalatione simul cum uapore eleuata, atque ab ipso tandem segregata ac ad superiorem locum magis elata: exhalatio enim est corpus illud sursum, quod ignem uocamus. Quid autem sit uapor, & quid exhalatio, & quomodo abinuicem differant, statim subdit, {uapor enim est calidus & humidus, exhalatio uerò calida & sicca.} Vtræque autem euaporationes seu exhalationes sunt, uelut progrediens declarabit. Et propter hoc dixit paulò ante de uapore loquens, ꝙ exhalationem habet ab ipsa terra: propter hoc etiam & ambæ caliditatem habent, calida enim est exhalatio, sed hæc quidem uaporosa hoc est humida, hæc uerò fumosa ac sicca, quam nunc communi nomine exhalationem appellat. Inquit autem modò, ꝙ uapor potentia est ut aqua, exhalatio uerò potentia ut ignis. Hæc autem cum sic se habeant, quoniam pars illa aeris quæ circa terram uapor est, hoc est quasi aqua, merito illic nubium fit consistentia & constipatio, & ex aere in aquam transmutationes accidũt. In parte uerò illa quæ superior ad istam est, quoniam exhalatio est, & materia ignis, quippe quæ calida sit & sicca, nubes non consistunt nec constipantur, sed ignis exarsiones atque inflammationes ibi fiunt, ut prosequens declarabit.

Cur igitur in eo, qui sursum est loco, non constent nubes, Tex. 15. *hanc existimandum est causam esse: quia non est aer solum, sed magis ignis. Nihil autem prohibet & propter circularẽ*

Cur nubes ĩ suprema aeris regione non fiunt.

lationem prohiberi nubes constare in superiori loco, Fluere enim necessarium est omnem in circuitu aerem, quicunque non intra peripheriam capitur definientem, vt & terra sphęrica sit tota. Videtur enim & nunc ventorum generatio in stagnantibus locis terræ, & non excedere venti altos montes. Fluit autem aer circulariter, quia simul trahitur cum totius circulatione: ignis enim cum eo, quod sursum est elemento, cum igne autem aer continuus est. Quare & propter motum prohibetur congregari in aquam, sed semper quæcunq; pars ipsius grauescit, extruso in superiorem locum calido, deorsum fertur: alia autem in parte simul sursum fertur cũ exhalato igne. Et sic continue, hoc quidem perseuerat aere plenum existens, hoc autem igne, & semper aliud & aliud fit vnumquodque ipsorum. De eo igitur, quod est non fieri nubes, neque in aquam congregatio, & quomodo oporteat accipere de loco intermedio astrorum & terræ, & quo nam sit locus ille corpore plenus, tot dicta sint.

Montes aliqui sunt vbi nulli fiũt vẽti.

Cõm. 15. Quod suprà de aere dubitatum fuit, illud est, unde fit ꝙ cùm ex oĩ aere similiter fieri possit aqua, prope terram nubium fit firmitas & consistentia. & tandem in aquam transmutatio, non autem hoc accidit in aere, quod sursum est. Cuius causam assignauit, ꝙ pars aeris, qui prope terram est, uapor est & materia aquæ: pars uerò, quæ remotior sit, exhalatio ac materia ignis est. Cum autem hanc primam assignauerit causam, quare nubes non consistant in parte aeris, quæ longè à terra sit, nunc, & secundam reddit causam. Inquit enim, quod nihil prohibet, nubes in parte aeris, qui ualde longè à terra est, nubes non ꝯsistere, propter hoc, ꝙ aer ille continuò circũagitur & circũfertur. Necesse. n. est totum aerem, quicunq; intra terræ eminentias non clauditur, tanquam terræ ipsius irregularitatem æquet ac compleat, terra quidem unà cum tali aere intra eius eminentias cõprehenso, sphærica existente, necesse est inquam reliquum omnem aerem fluere & circũferri unà cum diuino illo corpore, quod circulo fertur. Intelligere autem oportet huiusmodi superficiem in ipsa terra, sed altissimorum montium summitates intra quarũ superficiem q̃ existit aer, non quidem circulo circũfertur, cùm ab eminentijs siue excessibus montium huiusmodi transmutatio prohibeatur. Quòd autem propter huiusmodi fluxum & motum non congregentur nubes in loco qui longè à terra est, illud est signum, ꝙ nec etiam uẽti ipsi supra terram ualde generentur, sed in eius concauitatibus, ac in locis palustribus: in aerę. n. non tractiducto, sed potius quiescente, uentorum fit generatio. Si. n. illic congregarentur, omnes quidem uersus eandem semper partem fluerentur: nos autem uidemus, ꝙ alter aduersus alterum irruit, & ex oppositis mundi partibus spirant ac fluunt. Quòd autem non solum in aere, q̃ extra terram est uenti non generantur, sed etiam ꝙ aliqui montes adeo eleuentur, ꝙ ad ipsorum summitates nubium, aut uentorum consistentia non perueniat, illud potest esse signum, ꝙ ex sacrificijs quæ in illorum summitatibus fiebant, completo dehinc anno cineres intacti in eodẽ loco, in quo relicti fuerant, reperiebantur. Dicit itaque, ꝙ aer, qui extra terram est, fluit circulo, quia simul trahitur cum totius circulatione. Ignem quidem. n. superiori elemẽto continuum dicit: ignẽ nunc uocans id, quod prius partem esse aeris affirmauit, atque exhalationem, & potentia ignem nuncupauit. Per superius elementum cœlum intelligit, quod omnia continet, atq; supremum cùm sit sursum existit. Continuum autem itaque dixit ignem esse ętheri hoc est ipsi cœlo, igni uerò aerem, continuitatem accipiens pro contactu: quãuis. n. sit quod aer & ignis differunt ab inuicem per eam, quæ dicta est, differentiam, & de ipsis fortè propriè dici possit, ꝙ sibiinuicem continuantur, tamen ipsi cœlo non propriè continua sunt. Illic itaque, hoc est in parte aeris qui penitus extra terram sit, non posse inquit propter motum fieri nubium consistentiam, aut aquam generari. Quæcunq; uerò in ipso aere pars humidior seu grauior fieri accidit, haud sursum trudi, cùm sursum excluserit per motũ & circulationem calidum illud, à quo prius ad superiorem partem delata fuit, sed deorsum tunc fertur. Per deorsum autem aerem intelligit qui circa terram est, ubi amplius non prohibet motus nubium consistentiam fieri.

De facta autem caliditate, quam exhibet Sol, magis quidem secundum se & diligenter in his, quæ de sensu, conuenit dicere. Calidum enim passio quædam sensus est. Propter quã causam autem fit, non talibus existentibus illis secundum naturam, dicendum est & nunc. Videmus itaque motum, quòd potest disgregare aerem & ignire, vt & lata liquefieri videantur sæpe. Vt igitur fiat æstus & calor, sufficiens est efficere etiam Solis latio tantum: velocem enim oportet, & non longè esse. Quæ igitur astrorum est, velox quidem, longè autem: quæ autem lunæ deorsum quidem, tarda autem: quæ autem Solis, ambo hec habet sufficienter. Fieri autem magis simul cum Sole ipso caliditatem, rationabile est, sumentes simile ex his, quæ apud nos fiunt. Etenim hic violentia latis, vicinus aer maximè fit calidus: & hoc rationabiliter accidit, maximè enim motus solidi disgregat ipsum. Et propter hanc igitur causam pertingit ad hunc locum caliditas. Tex. 16.

Postquam per epilogum rememorauit ea, quæ determinata sunt, dehinc quærit de caliditate, quam apud nos exhibet ipse Sol. Quæsiuit autem de hoc & in secundo de cœlo, quod nunc rursus inquirens, dicit sermonem de caliditate magis conueniens & proprium esse his, quæ de sensu. Sensibile. n. quoddã est caliditas, sensus uerò & sensibile eorum sunt, quæ ad alterum, & correlatiuorum una esse debet scientia & speculatio. Quærit autem, cùm Sol ex igne non constet, (qm̃ & nullum ex reliquis astris tale ostensum est) propter quam igitur causam ea, quæ apud nos sunt, calefiunt ab illo? Et inquit Solem ipsum ꝑ motum calefacere ac disgregare aerem, qui sibi subiectus est, & ad huiusmodi passionem quodãmodo affectus. Quòd autem à solidis corporibus uehemẽter ac q̃ celerrimè motis in aere, aer ipse natus est calefieri atq; incendi, illo ad hoc usus est signo, ꝙ multotiens plũbum in sagittis existens, si q̃ celerrimè & uiolenter emissæ sint, aer ipse ex celeritate motus, ignitus ac calefactus eliquefacit. A sole autem & à latione, quæ ab ipso est, maximè inquit calefieri aerẽ, propterea ꝙ uelox est, & non nimis distans ab his, q̃ sunt hic: quod nulli cæterarum lationũ accidit. Stellæ enim, quæ supra Solem sunt cõstitutæ, ueloces quidem sunt, sed nimis distant ab his, quæ sunt hic. Luna uerò, quæ sub Sole ualde propinqua nobis existit, tardius quidem mouetur, q̃ disgregare ac ignire subiectum aerem queat: aerem uocat, (ut sui moris est) ipsum hypocauma. Motus uerò Solis hæc duo cõplectitur, & ꝓpter hoc aer, qui sibi subiectus est continuò Cõm. 16.

Solis caliditas in hæc inferiora vnde fit.

tinuò semper calefit ac disgregatur siue subtiliatur, caliditatem deinceps rursus distribuens omnibus, q̃ sub ipso sunt, quæ hunc in modum calefiũt. Propter id autem quod inquit, {maximè.n.motus Solis disgregat ipsum.} uidetur innuere corpus Solis, & aliarum stellarum solidum esse, & non diaphanum, sicut aer est. Hanc igitur assignauit causam caliditatis quæ prouenit à Sole.

Tex.17. *Et quia ambiens ignis aerem spargitur motu frequenter, & fertur violentia deorsum. Signum autem sufficiens, quòd qui sursum locus est, non sit calidus, neque ignitus, est etiam discursus astrorum: ibi enim non fiunt, deorsum autem, quãuis quæ magis mouentur & citius, igniantur citius. Ad hæc autem Sol, qui maximè esse videtur calidus, videtur albus, sed non igneus existens.*

Astra cur nõ sint actu calida.

Cõm.17. Secundam assignat causam, quæ talis est: q ignis aerem ambiens frequenter accidit, q propter circularem lationem stellarum uiolentatur atq; in deorsum pellitur, & propter continuitatem, quam habet cum aere, ipsum calefacit: supra.n.aerẽ ipsum sphæra ignis existit, q circa aerem undiq; circũfunditur, quæ hypocauma solitus est appellare. Quod autem supremum corpus, quod circulo fertur, igneum nõ sit, demonstrauit quidem in libris de Cœlo, & nunc etiam ad hoc idem, signum affert, q.s.ex igne non constat: qm̃ qui apparent discursus stellarum ibi nõ fiunt, tanquam corpore illo impassibili existente, adeo q per motum igniri non possit. In corpore autem, quod sub ipso est eius naturæ, non repugnat q aliqua in ipso incendi queant & inflammari: hi.n.qui stellarum discursus apparent, ex huiusmodi passione fiunt, ut paulo post declarabit. Quod etiam corpora illa cœlestia ex igne non sint, signum affert q sol ipse qui maxime ur̃ calidus, albus & non igneus apparet: tantùm.n.uel occidens uel oriens igneus uidetur, propterea quod per crassam quãdam exhalationem, quæ ppe terram est, talem ipsum uidemus. Cùm uerò ad altiorem locum assurgit, qm̃ tunc per puriorem aerem ipsum aspicimus, albus apparet. Dixit aũt {sursum locum.} pro {sursum corpus.} Oritur autẽ dubitatio, qũo motus Solis calefaciat atq; igniat aerem, ipsum tñ non contingens, siquidem sphæra lunæ, quæ impassibilis atq; inalterabilis est, sub sphæra Solis sita est, media uidelicet existens inter solarem sphæram, & corpus ipsum, quod pati habet. Sol enim, dum mouetur, nõ corpus tangit quod sub luna situm est, sed illud potius, quod impassibile est & inalterabile. Hæc quidem dubitatio sic dissoluitur, qm̃ sæpe plurima ex corporibus, quæ impassibilia sint, cum nihil quidem patiantur, nihil tñ prohibet, quin per ipsa aliquid aliud pati possit: non.n. passibile à quolibet agente pati potest, cùm alia ab alijs nata sint pati. Nãque aliqua sunt, quæ ab ipsius Solis caliditate per medium aliquod uitreum uas, quod quidem frigida aqua plenum sit, incenduntur, & sic aliquid patiuntur cum incendantur, nihil tñ patitur aqua in uase, aut si quid patitur, non inflammat tñ. Quinetiam & piscatores asseuerant, q habentes in retibus piscem illum, qui torpedo uocatur, manus ipsorum, quæ funiculos trahunt, obstupescunt, cùm nihil tale aut retia aut funiculi patiantur. Itaq;, si huiusmodi corpora passiones illas, aliis corporibus, q̃ sint post ipsa, quasi ministrant, absq; hoc q aliquid tale patiantur, quid mirum si & sphæra ipsius lunæ nihil patiens ex motu Solis, distribuat tñ corpori, quod sub ipsa sitũ est, passionem illam, quã illud natum sit recipere? Amplius fortassis quod neq; penitus impassibile est corpus diuinum: non.n.in Primo de Cœlo demõstrauit illud esse inalterabile, nisi aliquo addito, sed ingenitum quidem atq; incorruptibile profectò ostendit, similiter etiam & inaugmentabile: inalterabile uerò, non eodem modo demõstrauit. Quare nos librum illum exponentes, adnotauimus consuetudinem ei esse, appellare diuinũ corpus non simpl'r impassibile, sed semper subdere, s'm omnem mortalem difficultatem siue imperfectionem: talibus.n.passionibus impassibile. Sunt autem huiusmodi passiones illæ quæ fiunt per transmutationem s'm formam, à qua transmutatione longè absunt diuina corpora: sed non propter hoc, ab oĩ passione immunia sunt, motus.n.aliqua quidem passio est, ab ipso autem non liberantur. Quinetiam si recipere alienum lumen pati aliquid est, patietur & aliquo modo ipsa luna, quippe quæ lumen à sole recipit. Nullum itaq; absurdum est, si propter motũ Solis aliqua passio imprimatur in partem ipsam diuini corporis, quæ sub Sole sit, quãuis pars tñ illa nõ incendatur, sed potius incendium illud quasi ministrans, propinquum sibi corpus inflãmet atq; incendat. præsertim cùm pars illa diuini corporis, quę sub Sole sita est, minus pura & sincera existat, sicut paulò superius determinauit, qñ dixit quod illud, quod sursum est, à suprema uidelicet sphæra usq; ad sphæram lunæ, diuersum quidẽ corpus est ab igne & aere, sed tñ in eodem ipso aliquæ sunt dr̃iæ & diuersitates, cùm hoc purius, illud uerò minus sincerum existat, & præsertim pars illa, quæ continua est mundo, qui circa terram est. Dubitauimus autem, si per motum Solis caliditas apud nos generatur, qũo non similis fit calor in locis opacis atq; umbrosis, quæ sub motu Solis etiã existunt, sicut accidit in locis umbra carentibus? An qm̃ aer alius ab alio propter continuitatem & cõtactum calefit, corpora illa quæ obũbrant impedimento sunt, ne liber fiat iste contactus, & ista continuitas? atq; iccirco id quod obumbratur, non similiter ac æqualiter tangitur, & ex consequenti non similiter fit calidus.

Cap.quintum. De accensarum flammarum, discurrentiumq; syderum, s.Trabium & Caprarum causis, agit.

His autem determinatis, dicamus propter quam causam flammæ accensæ apparent circa cœlum, & discurrentia Sydera, & vocati à quibusdam Dali & Æges. Hec.n.omnia sunt idem, et per eandem causam, differunt autem ipso magis & minus. Principium autem horum & multorum aliorum, hoc est. Calefacta enim terra à Sole, necessarium est exhalationem fieri non simplicem, vt quidã putant, sed duplicem, hanc quidem magis vaporosam, illam autem magis spirituosam. & ex ea quidem, quæ eius, quod in terra & super terram est, humidi, vaporem: ex ea autem, quæ ipsius terræ existentis siccæ, fumosam: & harum, spirituosam quidem supereminere propter calidum, humidiorem autem subesse propter pondus. Et propterea hoc modo ordinatum est, quod in circuitu. primo enim sub circulari latione est calidum & siccum, quod dicimus ignem: innominatum est.n. & commune in omni fumosa disgregatione, attamen, quia maximè natum est tale corpus exuri, sic necessarium est vti nominibus: sub hac autem natura, aer. Oportet autem intelligere, veluti hypocauma hoc, quod nũc diximus ignem, extensum Tex.18.

extensum esse circa vltimum sphæræ, quæ circa terram est, vt modicum motum sortiens exuratur sæpe, sicut fumus: est enim Flamma, spiritus sicci ardor.

Quid Flamma.

Côm.18. Cùm iam determinauerit tum de corpore intermedio, qđ aerem uocamus, quale quid ſm naturam esset, tum etiam de caliditate, quæ apud nos fit propter motum cœlestiū corporum, (utilia nâque erât hæc sic determinata, ad inquisitionem eorum, quæ proposita sunt: propositum autem ei erat causas assignare eorum, quæ in sublimi generantur & fiunt.) nunc ad intentionem ipsam accedit, & primum quærit de consistentia eorum, quæ in corpore illo apparent, quod prope Lunam est, quod hypocauma uocatur. Omnia itaq;, quæ in corpore isto consistunt & generantur, de quibus ipse proponit, eandem habēt causam tum materialem, tum etiam efficientem, diuersificant uerò abinuicem, tum ſm magis & minus, ut ipse inquit, tum etiam ſm diuersitatem figurarū & motuum, à quibus & ipsa nomen accipiunt. Hanc igitur causam asignat, & harum passionum quas numerauit, & etiam aliarum quāplurimarum, est autē hæc. Quemadmodum ab oībus alijs corporibus dū calefiunt, uapores aliqui siue exhalationes eleuari ac generari uidentur, sic etiam & ab ipsa terra à Sole calefacta (qūo autem calefiat dictum est) quædam oritur exhalatio: sed huiusmodi exhalatio simplex quidem non est, ut uř, sed cùm à duabus differentijs siue duabus naturis eleuetur, duplex etiam atq; differens & ipsa est: eleuatur nâque ab humido ipso, qđ circa terram est, simul etiam ab ipsa terra sicca existente. Necessario igitur exhalatio, quæ ab humido generatur, humidior quidem est, siccior ecōtra quæ à sicco ipso eleuatur & fit. Humida autem, uapor uocatur; sicca uerò, quasi fumosa ac spirituosa: ambæ autem caliditatem habent, propterea ꝙ per calorē generantur. Harum autem alteram, inquit, quæ sicca est & fumosa, supereminere propter leuitatem & caliditatem. Siccum.n.si calidum assumit leue fit, sicut est natura ipsius ignis: humidiorem uerò atq; aquosam subesse propter pondus. Humidum.n.cùm caliditatem sibi assumat aer fit, siquidem & aer aliquid habet grauitatis. Inquit, itaque ꝙ propter duplicem hanc exhalationem, atq; ipsius ordinem, quem tetigimus, hoc modo dispositum & ordinatum est ꝙ in circuitu est, uidelicet totum illud ꝙ circa terram est genitum: & ordinem subdit, {primò.n.sub circulari latione.} hoc est sub diuino corpore ꝙ circulo fertur, & quod calidum est & siccum, qualis est altera ex exhalationibus, quæ à terra propter solis caliditatē eleuantur, ea.s.quæ supereminens est. Corpus autē hoc, ut inquit, cōi nomine ignem nuncupamus: nam & ab aliquo quodam ex his quæ ex tali exhalatione fiunt, omnem talem exhalationem sic etiam appellamus, cum uerè non omnis talis fumosa exhalatio, ignis sit. Dehinc proprium nomen huic exhalationi aptat ac ponit, ipsam uocans hypocauma: ac rōnem nominis asignat, ꝙ ex omnibus corporibus tale fit maximè natum, ut incendatur ac flāma & ignis fiat. Vel totum illud, {Innominatum.n.est quod cōe est in omni fumosa disgregatione.} dixit propter fumum: non.n.omnis talis disgregatio fumus est, nos autem, quia proprium nomen non habet, talis exhalatio, fumosam illam appellamus. Sub corpore autē isto, siue sub hac natura, sitū esse aerem inquit, qualis est altera exhalatio quæ calida est & humida. Oportet autem, ut ipse inquit, intelligere fumosam exhalationem, quam hypocauma uocamus, illam.s.quæ calida est & sicca, extremā circūsitam esse ipsi sphæræ quæ circa terram est, sphæræ.s.quæ generationi & corruptioni est obnoxia, ita quòd modicum motum sortiens sępius exuratur, sicut uidemus & fumū hoc idem pati: {est.n.flamma spiritus sicci feruor} ac si diceret flammam esse fumum ardentem. Prius ergo dixit flammam, feruorem esse ignis, communi nomine calidam & siccam exhalationem ignem appellans: nunc autem inquit, flammam esse spiritus sicci feruorem, quasi diceret hypocaumatis feruorem: hypocauma enim talis est natura.

Quomodocunq; igitur maximè opportunè se habeat talis consistentia, quando à circulatione mota fuerit aliqualiter, exuritur. Differt igitur secundum hypocaumatis positionem, aut multitudinem. Si enim longitudinem habeat & latitudinem hypocauma, sæpenumero videtur accensa flamma, velut in area ardente stipula. Si autem secundum longitudinem solummodo, vocati dali, & æges, & sydera. Et siquidem maius sit hypocauma secundum longitudinē, quàm secundum latitudinem, quando quidem quasi excintillat, simul autem incensum est, (hoc autē fit, propterea quod ignitur secundum modica quidem ad principium aerem.) æges vocatur: quando autem sine hac passione, dalus: si verò longitudines exhalationis secundum parua & multipliciter dispersæ fuerint, & similiter secundum latitudinem & profunditatem, sydera, quę videnter volare, fiunt. Tex.19.

Côm.19. Cùm igitur hoccine corpus, quod post Lunam situm est, extremum quidem sit in sphæra ipsa, quę circa terram est, ab ea parte, qua maximè se habet ad aptitudinem atq; ꝯsistentiam ut incendatur, tūc qñ à circulatione motum fuerit, quodammodo exurit. {Differt autem ſm hypocaumatis pōnem ac multitudinem.} idest causa aūt eadem est, ac nā una oīum, quæ in tali corpore phantasmata apparent: dřia uerò ipsorum ſm ꝙ diuersimode nuncupantur, ab ipsa sumitur inflammatione, ſm ꝙ magis & minus commodè ac dispositè ſm pōnem, uel multitudinē, materia talis se habeat ad hoc ut incendatur. Si.n.tale hypocauma latitudinem uel longitudinem habeat, tunc si incendatur, accensa flamma uidebitur, ueluti flamma, quæ apparet in aruis ardentis stipulæ. Si uerò hypocauma ꝙ incenditur, longitudinem quidem habeat, non aūt æqualem latitudinem, tunc illa, q̄ ex tali hypocaumate incendūtur, dali uocantur, uel capræ, uel stellæ emicantes siue prosilientes: quorum dřiam asignat. Si.n. plus hypocauma fuerit ſm longitudinem, minus uerò ſm latum, incensum aūt aliquos incendij excursus faciat ad latus, non quidem alterum & alterum per se seiūctum exñtem, sed oēs totum id, quod inflāmatur contingentes, ita ꝙ ualde scintillans appareat, tunc capra uocatur. Si aūt hypocauma ſm longitudinem solum incendatur, nequaquā uerò scintillans sit, dalus tunc dř. Cæterùm si non unum quoddam continuum ſm lōgitudinem hypocauma fuerit, sed aliquas habens distantias ac interualla, quæ interualla ex subtilissima quadam ꝯstant exhalatione, quæ ad incendium etiam disposita sit, quinetiam & cum hoc, talia hypocaumata, quę adinuicem per interualla distent, ut dictum est, profunditatem ac latitudinem & longitudinem æqualē habeant, tunc fieri accidit stellas illas, quæ prosilire

atq;

atq; emicare uidentur. Nam qñ ex his, quas diximus consistentijs, prima quidem à motu inceditur, tūc uelociter ignis per interualla illa, hoc est per intermediam illam exhalationem subtilem, ad secundam, quæ sequitur consistentiam pertransit, & ab ista dehinc eodem modo ad aliam & ad aliam, donec consequenter omnes pertrāsiens distantias, ſm dictum modum, oēs etiam consistentias inflāmet atq; inurat: & in toto quidem pertransitu idem semper apparet ignis à principio usq; in finem, propter uelocissimam flammarum distributionem. Sicut.n. qñ ex duabus lucernis, altera quidem accensa est, altera autem statim quod extincta sit alteri subiiciať, fumus seu exhalatio ab extincta nuper lucerna ad flāmam sibi superpositā eleuatur, atq; pars exhalationis, quę ad lumen ipsum peruenit, subiectam accendit lucernam, hoc uidelicet modo, ꝙ cum ipsa ab incensæ lucernæ flāma incendatur, dehinc partem aliam post partem inflāmat, donec ad papyrum extinctæ lucernæ demum perueniens illam accendat, cum tñ non alter & alter ignis appareat, sed unum semper à principio usq; ad finem: sic etiam oportet intelligere in stellis quæ ferri & prosilire uidētur, cum altera pars post aliam uelocissimè incendatur, propter maximam ad hoc dispositionem subiectæ materiæ.

Tex.20. *Aliquando igitur à motu exhalatio exusta, generat ipsa: aliquando autem ab aere propter frigus consistente extruditur, & segregatur calidum. Quapropter & latio ipsorum assimilatur magis proiectioni, sed non exustioni. Dubitabit .n. aliquis, vtrum veluti quæ sub lucernis posita exhalatio, à superiori flamma accendit inferiorem lucernam, (mirabilis enim & huius velocitas est: & similis proiectioni, sed non vt alio & alio facto igne) an proiectiones eiusdem corporis sunt discursus? Videtur itaq; propter ambo. Etenim sic, vt quæ à lucerna fit: & quædā, vt quia expelluntur, proijciuntur, veluti quæ ex digitis elabuntur, vt & in terram & in mare videantur cadere & noctu & per diem, serenitate existente. Deorsum autem iaciuntur, quia coagulatio deorsum inclinat propellens, quapropter & fulmina deorsum cadūt: omnium enim horum generatio, non exustio, sed segregatio ab expulsione est: quoniam & secundum naturam, calidum sursum natum est ferri omne.*

Quo pacto discurrentia sydera gignātur.

Cōm.20. Aliqñ quidem igitur eo modo quo dictū est, fiunt hæ, quas prosilientes stellas uocamus, à motu, uidelicet corporum cœlestium, incensa parte post partē subiecti sibi hypocaumatis. Aliqñ autem ex constāti propter frigiditatem aere, qui sub hypocaumate situs est, calidum illud, quod in exhalatione assumptū est, à circūdanti frigido aere coarctatur, ac cùm in unum se colligat & concentretur, tādem inceditur, ac cum extrudatur ad modum emissæ flammę fertur proiectum, semper permanens idem ignis, non autē partem post partem igniens, atq; inflāmans: utroq; enim modo uidentur stellæ illæ, quæ prosilire apparent, posse fieri. Ignis autem hic, qui ex segregatione gñatur, sæpe ad partem expulsus, quæ deorsum est, & in mare & in terram ferri uř, & noctu & interdiu serenitate quidem existēte. Tunc uerò deorsum fertur qñ ab illa parte, quæ sursum est, à qua quidem incipiat coagulatio & frigiditas aeris, calidum illud quod in exhalatione est deorsum extruditur: propter hoc enim & flumen ipsum quod ignis est deorsum fertur ex uehementi.s. expulsione, nāque igni ex natura sua est latio sursum.

Quæcunq; igitur magis in supremo loco consistunt, exusta fiunt exhalatione: quæcunq; autem demissius, segregata, propterea quòd congregatur & frigesit humidior exhalatio. Hæc.n. congregata & inspissata deorsum tendens propellit, & deorsum facit calidi proiectionem. Propter positionē autem exhalationis, qualitercunq; posita habeat latitudinem et profunditatem, sic fertur aut sursum, aut deorsum, aut ad latus: vt plurimum autem ad latus, propter a quòd duabus feratur lationibus, violentia quidem deorsum, natura autem sursum: omnia enim secundum diametrum feruntur talia. Quapropter & discurrentium syderum plurima obliqua fit latio. Omnium itaq; horum causa, vt materia quidem, exhalatio: vt autem mouens, aliquando quidem quæ sursum latio, aliquando autem aeris concreti coagulatio. Omnia aūt hæc, sub luna fiunt. Signum autem est, apparens ipsorum velocitas, similis existens iis, quæ à nobis proiiciūtur, quæ quia prope nos sunt, multùm videntur velocitate prætergredi & astra & Solem & Lunam. Tex.21.

Cur cadētia sydera oblique descendant.

Quæcunq; quidem igitur in superiori corpore, in quo est hypocauma, prosilientium stellarum phasmata apparent, ab exusta fiunt exhalatione, exusta quidem per partem post partem, ut dictum est: quæcunq; uerò inferius fiunt, ubi aer est, per segregationem accidunt fieri, concreta quidem ac frigefacta humida exhalatione, ex qua segregatio ipsa fit. Secundum autem pōnem, quam habet, concreta ac frigefacta ipsa exhalatio, aut quo magis conuersa fuerit, illuc feretur ignis, qui ex illa segregatur: aut.n. talis segregatio sursum fit, cum deorsum existat concretio, seu condensatio ipsa: aut ad latus, si obliquæ annuat: aut tādem deorsum, si cōcretio ex superiori parte ortum habeat. Inquit autem, ꝙ utplurimum hæc feruntur ad latus, propter hoc, ꝙ duabus simul feruntur lationibus, altera quidem sursum, quæ secundùm naturam est, altera uerò deorsum, quam q̄dem ex uiolenta expulsione acquirūt. Latio autem, quæ est ad latus, est quodammodo mixta ex ambobus, ex ea, quæ sursum.s. & ea, quæ deorsum: quod q̄dem tūc euenit, qñ neutra illarum dominatur: sic.n. temperamentum & mixtio corporum fit. Assimilauit aūt lationem quæ est ad latus ipsi diametro: Diametri.n. in quadratis obliquæ sitæ sunt. Hanc etiam eandem inquit esse causam ꝙ prosilientes stellæ, ut plurimum ad latus prosilire uidentur. Horum autē omnium easdem dicit esse causas, ut materia quidē exhalationem, hæc.n. est illa quæ inceditur: ut mouens uerò & agens, aliqñ quidem cœlestium corporum circulationem, cùm per ipsam, ea quæ in hypocaumate sunt, incendantur: aliqñ uerò aeris frigiditatem. Quòd autem omnia hæc sub luna fiant, non solum consistentiæ ipse sed etiam discursus, hoc utitur signo, ꝙ uelocissimus eorum discursus nobis appareat. Quemadmodum.n. cùm aliquid ꝓiecimus, uelocius uidetur moueri, q̄ astra moueantur, propter hoc ꝙ nobis propinquum est, cum tamen uelocitas ipsius, ne quidem propinqua sit, nedum similis astrorum uelocitati: sic etiā & huiusmodi discurrentes ignes, uelociter nobis apparent moueri propter ipsam propinquitatem. Cōm.21.

Cap. sextum. De Immagium, quæ noctu apparent, causa.

APparent autem aliquando noctu serenitate existente consistentia multa phasmata in cœlo, veluti hiatus & bothyni & sanguinei colores. Causa autem & in his, eadem. Cùm enim manifestus est & constans qui sursum Tex.22.

sursum aer, vt ignitio fiat, & ignitio aliquando quidem talis sit, vt flāma videatur ardere, aliquando autem veluti dali ferantur & sydera, nullum inconueniens est, si coloretur idem aer constans omnimodis coloribus: per spissius enim transparens minus lumen, & refractionem suscipiens aer, omnimodos colores faciet. Maximè autem puniceū, aut purpureum, quia hi maximè ex igneo, & albo fiunt permistis secundum superappositiones: veluti orientia astra, & occumbentia, si fuerit cauma, & per fumum, punicea apparēt. Et refractione autem facient, cum speculum fuerit tale, vt non figuram, sed colorem suscipiat. Quare autem non multo tempore maneant hæc, consistentia causa est, velox existens.

Cōm.22. Noctu sæpius quamplurima, inquit, aliqñ diuersa apparere in cœlo consistentia phasmata, quorū aliqua, quæ & quid sint apponit, & ipsorum apparitionis causam assignat. Illa quidem igitur, quorum iam prius factus est sermo, phasmata nō erant, cùm qualia sint uisu uerè percipi possit. Hæc uerò, de quibus nunc loquitur, phasmata sunt: diuersimode.n.se habentia in coagmento, siue in consistentia, diuersarū rerum secundùm figuras & colores nobis faciunt phātasiam: & talia quidem phasmata uocari possunt: non.n.qualia quidem sunt, penitus ac syncere apparet. Eandem autem, inquit, esse causam omnium talium phasmatum, hiatum, ac fouearum, siue alio q̄dē modo diuersa in cœlo apparent phasmata. Cùm .n.constans aer, hoc est hypocauma ipsum, eousque sursum fertur ut incendi possit, & ignitio fiat taliter ex illo ut flāmæ aliqñ uideantur ardere, aliqñ autem fiat ut dali ferantur & sydera, sicut dictum est, nullū etiam absurdum erit, si tales fiāt in ipso flāmigationes ꝙ etiam omnifarijs coloribus coloratum appareat. Subdit etiam qūo hoc accidat. Per densiorem .n.aerem transparens lux ex igne omnifariorum colorum phantasiam facit. Nāque paruum lumen per densius transparens, uel maius per minus densum, differentes colorum phātasias præbet, ac quasi mixtionem quādam facit. Quinetiam & aer refractionē suscipiens omnifarias colorum præbet phantasias: uisus.n.à crassiori aere & aliquam habente ꝯsistentiam, refractus ad aliquid, quod illuminare natum sit, secundùm eorum situm & pōnem diuersorū colorum phantasiam facit: maximè autem, ut inquit, phœnicei ac porphyrij coloris, tum ex superappositionibus eorum, quæ in aere fiūt, tum etiam ex ipsis refractionibus: propterea quia colores hi maximè apparēt fieri ex igneo & albo, cùm simul cum nigro permiscentur. Dicens autem, {permixtis.} idē intelligit ac si, {quodammodo permixtis.} dixisset: secūdùm.n.superappositiones huiusmodi mixtiones fiunt, non autem ſm modum, quo pharmaca permiscentur. Orientia igitur astra, ac rursus occidentia, si cauma fuerit phœnicea apparent, propterea qa tūc astra, quæ alba sunt, per medium aerem aliquo modo crassum, ac non eiusdem diaphaneitatis uidētur, ac ideo phœnicea apparent, cùm ipsorum albedo cū aeris nigredine permisceatur. Hoc autem idem accidit, si per fumum uī. Sic igitur, ut dictū est, fit mixtio istorum per superappositionem. Similiter etiam inquit ex refractione ab aere, diuersorum colorum fieri phantasias, qñ tale sit speculum ut non figuram, sed colorem tm̄ suscipiat eorum quæ per ipsum uidētur: ut euenit in paruis guttis, qñ per ipsas lucem solis aspicimus: sic autem Iris & Halo fiunt, ut inferius declarabit, & in.3.lib.de his erit sermo. Quod autem per longum tempus huiusmodi colorū phātasiæ permanere non uideantur, consistentia ipsa est in causa, quæ uelox existit & facillimè transmutabilis. Aer enim, per quem tales uidentur colores, non multum permanet eodem modo se habens, sed aliquando quidem condensatur & nigresit, aliquando uerò subtiliatur ac diaphanus redditur, ut ne quidē ab aliquo proprio colore perturbetur, color ipse qui per illum uidetur.

Hiatus autem, disrupto lumine, ex obscuro & nigro facit vt videatur habere aliquam profunditatem. Sæpe autem ex talibus, & dali excidunt, cùm concretum fuerit magis: concretum autem amplius, vorago videtur. Omnino autem in nigro album, multas facit varietates, veluti flāma in fumo. Die igitur Sol prohibet, nocte autem (excepto puniceo) alij propter similem colorationem non apparent. De discurrentibus igitur astris, & ignitis, adhuc autem de alijs phasmatibus talibus, quæcunque festinas faciunt phantasias, has existimare oportet causas. Tex.23.

Postquam dixit mistionem aliquam ex coloribus fieri, dum color albus uel igneus per colorem nigrū perspicitur, nunc ad hiatus ipsos pertransit: hi.n.& alia huiusmodi, in cœlo uidentur aliqñ atq; apparēt, quæ fiunt & ipsa ex mixtione albi cū nigro, sed uersa uice se habent colores hi. Non.n.per nigrum perspicitur color albus, qui tamen distat ab illo, sed disrupta potius continuitate lucis ab obscuro & nigro.& hoc est quod dicit, {disrupto lumine.} Qñ.n.lux ipsa sic discinditur ab aliquo obscuro aut nigro, ut secūdùm partem lucis illa appareant, tunc quædam profunditas apparere uidetur, existentibus quidem oībus in eadem superficie, cùm tñ propius lux ipsa nobis appareat, nigrum autem illud atq; obscurum ꝑ aliquam profunditatem magis distare uideatur, ꝓpterea quia lux quidem & album ipsum magis mouet uisum, & sic propius ipsi uisui apparet: nigrum uerò cùm non tm̄ moueat, magis distare uidet. Multotiens autem inquit ex huiuscemodi aeris consistētijs, & dalos excidere, qñ.s.constipatur nigrefactus aer magis: tunc.n.calidum illud quod in aere ipso ꝑassumptum est, propter hoc, ꝙ in angustum contrahitur, & coaugetur, tādem ignitur, ac per uiolentiam excidit. Qñ igitur magis aer constipatur, atq; constringitur, tunc aliquid tale ex illo excidit: coiēns uerò tantūmodo, & condensatus ac propter id nigrefactus, alicuius hiatus phantasiam præbet. Foueam autem, siue uoraginem, & hiatum, uel pro uno eodemq; accipit, uel foueam quidem, qñ maior ꝓfunditas apparet, propter hoc ꝙ tunc ibi sit plus de nigro q̄ de albo: hiatum uerò, qñ non adeò in profundum uidetur, propter hoc ꝙ tunc lucis albedo, ipsa nigredine maior est. Vſr.n.albus color in nigro, ꝓpter uariam ipsorum adinuicem mixtionem, diuersas colorum drīas facit.& huius rei signum est, ꝙ flāma, quæ ex fumo est, alterius & alterius coloris apparet, ſm ꝙ magis aut minus intēduntur uel remittuntur partes ipsorum. Qñ.n.fumus maioris erit humiditatis, alurgus color apparebit in flāma: phœniceus uerò, si minor erit humiditas. Postquam autem dixit uarios fieri colores ex mixtione albi cum nigro, declarat quare interdiu nullum appareat ex phasmatibus his: Sol.n.interdiu huiusmodi aeris ꝯsistentias soluit, atque etiam huiusmodi phantasias Cōm.23.

reddit

reddit immanifestas, cùm illas illustret. Noctu autē quamplurimæ colorum mixtiones fiunt, solus uerò phœniceus color apparet, aliæ uerò mixtiones non uidentur, propterea quia nimiam cum tenebris familiaritatem ipsi ac similitudinem habeāt. Alurgus .n. color & uiridis iidem quodammodo cum nigro sunt. De discurrentibus quidem igitur astris, ac de phasmatibus his quæcunq; festinas faciunt transmutationes, has quas dixit, oportet existimare esse causas. Dixit autem {festinas} propter phasmata illa, q̄ non longo tempore permanent, quin uelociter dissoluantur. Hæc itaque sunt, de quibus iam factus est sermo. Propter id autem ꝙ modo quodam uisi dixit, {quæcunq; festinas faciunt phantasias.} uidetur foueas & hiatus atque alia huiusmodi non ꝓpria phasmata appellare, sed tantummodo stellas prosilientes, dalos, ægas, & flammas, de quibus primum iam dixit.

Cap. septimum. Varias Priscorum opiniones de Cometis prosequitur, ac eas confutat.

Tex. 24. *De cometis autem & vocato lacte dicamus, dubitantes ad dicta ab alijs primò. Anaxagoras igitur, & Democritus, aiunt esse cometas symphansin errantium stellarum, cùm propterea quòd prope veniunt, videantur tangere seinuicem. Italicorum autem quidam, & vocatorum Pythagoreorum, vnum dicunt ipsum esse errantium syderum, sed post multum tempus phantasiam ipsius esse, & excessum ad modicum, quod accidit & circa Mercurij stellam. Quia enim modicum disgreditur, sæpe non apparet, ita vt post tempus multum appareat. Similiter autem his, et qui circa Hippocratem Chium, & discipulum eius Æschylum, enunciauerunt: sed comam non ex seipso aiunt habere, sed errantem propter locum aliquando accipere, refracto nostro visu ab humore attractio ab ipso, ad Solem. Quia autem discedit tardissimè tempore apparere post tempus plurimum aliorum astrorum, vt tum ex eodem, appareat derelictum per totum suum circulum. Recedere autem ipsum, & ad arctum, & ad austrum. In intermedio igitur loco tropicorum, non attrahere aquam ad seipsum, quia exusta est à Solis latione. Ad austrum autem cum feratur, copiam quidem habere talis humiditatis: sed quia parua est decisio circuli, quæ super terram, quæ autem deorsum multiplex, non posse visum hominum fractum ferri ad Solem, neque tropico austrino appropinquante, neque in æstiuis versionibus existente Sole. Quapropter in his quidem locis neq; fieri cometā ipsum. Quādo verò ad Boream relictus extiterit, accipere comam, quia magna est peripheria, quæ est supra horizōtem: quæ autem est subtus pars circuli, parua. Facile enim visum hominum pertingere tunc ad Solem.*

Cōm. 24. Proponit modò sermonem quidem de stellis, quę cometæ seu barbatæ uocantur, ac simul de circulo ipso, quem lacteum appellant: quæ phasmata quidē non sunt, cum ueloces ac festinas non faciant transmutationes. Primum autem dubitat contra dicta aliorum, qui ante ipsum fuerunt. Anaxago. quidem igitur, atq; Democritus, nihil aliud dicūt esse comatam stellam, q̄ symphansin siue contactum errantiū stellarum: hę autem sunt, stella Saturni, Iouis, Martis, Veneris atq; Mercurij. Cum igitur (ut ipsi dicunt) harum stellarum fit quædam approximatio, ac quasi adinuicem contactus, tunc quædam perficitur phātasiam, ut una tm̄ stella appareat, quam comatam uocant. Per symphansin autem intelligit quādam apparentiam ex omnibus his stellis simul congredientibus, quasi unius stelæ phantasiam faciant. Aliq. uerò ex Pythagoricis, ut ipse inquit, asseruerūt cometam esse unum ex planetis, diuersum tn̄ ab alijs quinque iam dictis: apparere autem post longum tēpus, ac ipsius excessum ad modicum esse tempus, per se tn̄ uideri, cum solis radios superexcedit. hoc est, qd̄ ita egrediatur ut à lumine Solis nō offuscetur. Quod quidem accidit circa Mercurij stellam, quæ utplurimum non uř, propter hoc quod etiam utplurimum sub radijs Solis existit. Similiter autem his, inquit, Hippocratem Chium de cometa enunciasse, ac discipulum eius Æschylum. Atqui iste Hippocrates unus ex mathematicis & ipse est, atq; ipsius quadraturam illam circuli quæ per lunulas est, fuisse fertur. Isti ergo arbitrati sunt, unum ex planetis esse comatam stellam, præter hoc quod comam non ex seipso aiūt habere. Differt .n. huiusmodi opinio, ab opinione Pythagoricorum, qm̄ illi quidem comam quæ circa stellam apparet, partem esse ipsius stellæ existimarunt: isti uerò qui sub Hippocrate, non ex stella ipsa comas huiusmodi cometas aiunt habere, sed qm̄ errantes, & huc atq; illuc delati propter aliquem locū siue situm, aliqn̄ comæ phantasiam facere. Qn̄ .n. talis stella pererrans, aliquam regionem ualde humidi pertransierit, tūc, ut dicunt isti, humiditatem ab ipsa regione attrahit, ac ipsam contrahit atq; coagulat: ad quam huiusmodi consistentiā incidens uisus, tanquam à speculo refrāgitur ad Solem: atq; ex hoc est, quod igneum uř speculum illud Solis, ad quem refractio, quæ à speculo fit, talem comæ phantasiam facit. Asseuerant autem & hi post lōgum sanè tempus uideri cometam hunc, quia lōgissimo tempore derelinquitur siue subdeficit, hoc est proprium circulum circuit. Subdeficere .n. planetæ dicuntur in motu proprio, ꝼm quem è contrario mouentur, q̄ ab ipsa Aplane sphæra circūferantur: subdeficere ergo dicuntur, quia uidentur ꝼm proprium motum posteriorari. Inquit autem, {quia autem derelinquit tardissimè tempore, apparet post tempus plurimorū astrorum, sicut qn̄ ex eodem apparet subdeficiens ꝑ totum eius circulum.} hoc est, qm̄ proprium ipsius circulum tardissimè circuit, propter hoc post longius quidem tempus apparet, q̄ reliqui planetæ: qppe qui non adeo tardè subdeficiūt, ac proprium cōplent motum. Qn̄ .n. ꝼm idem rursus apparet, tunc iam per totum eius circulum subdefecit. hoc est, totam sibi propriam circulationem cōpleuit, quod q. dem per longum facit tempus. Derelinquitur autē siue subdeficit {ad arctum & ad austrum} quod quidem euenit propter hoc ꝙ ꝼm' latitudinem mouet. Vnde quāuis in pluribus locis derelinquatur atque appareat stella hæc, in Solis tn̄ borealibus comā habere uř: dum .n. mouetur inter tropicos, non trahit aquam ad seipsam, propterea quia loca quæ tunc sibi subijciuntur, plurimam non habēt humiditatem, cum à latione solis consumatur humor ille ac desiccetur. Qm̄ ergo in tali existens loco, humorem non attrahit, comata etiam non apparet, cùm talis coma ex attractę humiditatis consistentia generetur. Cum autem transgreditur tropicos ipsos, ac per loca mouetur, à quibus longè sit motus Solis, trahit quidem humorem in utrisq; locis, in australibus .s. atq; in borealibus, non .n. desiccari loca hæc accidit à motu Solis, Qn̄ igitur ad austrum fertur stella hæc, copiam q. dem

Anaxago. ac Democ. opinio.

dem sufficientem humiditatis habet, atq; quãplurimam ad se attrahit: non tñ tunc comata uĩr, propterea quia propter longitudinis distantiam, non possit tũc uisus ipse, à cõpacta illa humiditate ad Solem refrãgi. Huius uerò rei illud est in causa, ꝙ polus australis, respectu nostræ habitationis, sub terra quidẽ existit, atq; immanifestus est nobis. In tali uerò situ ac positiõe, minor pars, siue sectio minor cuiuslibet ex circulis, quos circa polum illum fieri accidat, sup terram est: maior uerò sectio sub terra. Consistentię autẽ humiditatis, quæ in partibus his generatur, supra centrum circuli accidunt fieri: propterea, quia ĩ tali situ centra circulorum dictorum, sub terra inueniuntur, consistentiæ uerò humiditatis supra terram fiunt. Diodorus autem Astrologus in huiusmodi doctrina, uir nulli eorum, qui ante nos fuerunt, secundus, asseuerat impoſe esse, ꝙ refractio uisus à consistenti exhalatione, ad aliquid sub terra tũc fieri possit, qñ supra centrum circuli exhalatio constipatur. Qm̃ igitur tropici qui ad austrum uergit pars semicirculo minor super terram est, manifestum erit, ꝙ cẽtrum ipsius sub terra reperitur. Necessariò igitur consistens exhalatio quæ ad ipsum fit, supra cẽtrum quidem constipabitur. Quare in tali circulo existente exhalatione dicta, refractio nõ fiet ad aliquid sub terra, neq; igitur ad solem fiet dum existet sub terra, siue per partem magis australem, siue per borealem non longe ab æstiuo tropico percurrat: tunc.n. si sub terra existat ad eam partem propter prædictã causam, & propter ipsam distantiam refractio uisus fieri non potest. In tropico uerò boreali fit quidem refractio etiam sub terra, quando.s. exhalatio ipsa sub centro circuli constipatur. Quod quidem accidere potest in hoc circulo, propterea quia eius centrum semper super terram inuenitur, cum pars semicirculo maior supra terram existat.

Tex.25. *Omnibus autem his, hæc quidem communiter accidit dicere impossibilia, hæc autem separatim. Primò igitur, dicentibus quòd errantium est vna stellarum, cometa. Errantes.n. omnes, in circulo animalium relinquuntur: cometæ autem multi, visi sunt extra circulum. Deinde & plures vno, simul facti sunt sæpe.*

Cometes nũ ex erratibus sint.

Cõm.25. Omnibus inquit his, qui de cometis loquentes, prædictas ipsorum causas assignarunt, aliqua quidẽ cõiter impossibilia contingit dicere, aliqua uerò & propria unicuiq;. Assignat autem absurda, quæ sint, & primò quæ ad omnes cõsequuntur, tum.s. ad eos, qui symphansin planetarum cometam esse dicunt, tum etiam ad illos, qui unum tm̃ planetam cometã esse affirmant. Primum autem absurdum est, qm̃ planetæ subdeficientes apparẽt in zodiaco circulo, hoc est ſm̃ proprias circulationes, per zodiacum semp mouentur. Quare siue coma hæc symphansis est planetarũ, ut Anaxag. & Democrito placet, siue unus sit ex planetis, ut Pythagoricis & Hippocrati, & Æschylo uĩr, oportuit cometam ipsum in zodiaco tm̃ apparere, ſm̃ quem circulum subdeficit & mouetur. Modò etiam & quãplurimum cometæ extra hunc circulum uisi sunt. Amplius & ſm̃ dictas opiniones, unum tantummodo cometam esse, opus est: plures autem uno, uisi simul sunt sæpe.

Tex.26. *Adhæc autem si propter refractionem comam habent, sicut ait Hippocrates, oportebat aliquando apparere & sine coma stellam hanc, quoniam relinquitur quidem & ad alia loca, comam autem habet non vbiq;. Nunc autem, nulla visa est præter quinque stellas. Istæ autem sæpe simul omnes eleuatæ apparent super horizontem, & manifestis autem existentibus ipsis omnibus, & non apparentibus omnibus, sed quibusdam existentibus apud Solem, nihilominus cometæ apparent facti sæpe.*

Cõm.26. Absurdum hoc, non quidem ad omnes dictas opiniones consequitur, sed ei tantũmodo, quæ Æschyli & Hippocratis est, qui existimabant comã circa stellam apparere propter refractionem. Si.n. prædicta refractio apparentiæ huius est causa, oporteret aliquando stellam hanc, & absq; coma apparere, cùm (secundum quod ipsi dicunt) & ad alia plurima loca subdeficiens moueatur, quãuis tñ non ubiq; comam habere possit. Atqui modò nullus alius planeta uĩr unquam, præter ipsos quinque, qui Saturnus, Iuppiter, Mars, Venus, & Mercurius appellantur, qui sæpius simul omnes super horizõtem apparent: & manifestis quidem ipsis quinque omnibus, & etiam his quidem apparentibus, his uerò non apparentibus, propter hoc, ꝙ prope Solem existentes ab ipso collustrati occultantur: nihil tñ minus cometæ frequenter apparent. Hoc autem absurdum aduersus Hippocratem, cõgruit quidem inferri. Si.n. propter refractionem cometæ uideri habẽt, oportebat aliqñ stellam hãc etiam absq; coma uideri, uel manifestis alijs planetis omnibus, uel his quidem manifestis, his uerò minime. Congruit autem contra illos quam maximè, qui dicunt cometam esse symphansin planetarum: nãque si manifestis atq; apparentibus omnibus planetis, apparet cometa seiunctus ab illis necessariò ex symphansi illorum non producitur.

Tex.27. *At verò neque hoc verum, quòd in loco ad arctum fit cometes solum, simul & Sole existente circa tropas æstiuales. Magnus enim ille cometes factus circa eum, qui in Achaia fuit terræmotum, & circa fluctus ascensum, ab occasibus æquinoctialibus ortus fuit: & ad austrum, iam multi facti sunt. Imperante autem Athenis Eucleo Molonis filio, facta fuit comata stella mense Gamelione, Sole existente circa tropas hyemales. Et quidem tantam refractionem fieri, & ipsi impossibilium esse aiunt.*

Cõm.27. Neq; illud, inquit, uerum est, quod dicebant hi, q sub Hippocrate. Dicebant enim, ꝙ tantũmodo in locis ad arctum apparet cometa, simul & Sole existente circa tropicos æstiuos: ad illas.n. partes, recedente planeta, circa quem debet fieri coma, ac manifesto existente, plurima propter loci ad hoc aptitudinem, potest eleuata exhalatio constipari, ac simul etiam fieri refractio uisus ab exhalatione ad Solem: propterea, quia tunc Sol non multum distat, quippe qui apud tropicos æstiuos existit, & ex consequenti generari ibi potest coma. Ad partes autem australes subdeficiente planeta à Sole, non posse aiunt cometam apparere propter hoc ꝙ impossibile est refrãgi uisum ab exhalatione ad Solem ualde longe existẽte. Quinetiam nec inter tropicos, cùm stella ipsa ad hanc partem subdeficiens seu derelicta, sufficientem propter regionis siccitatem non habeat q̃ attrahat exhalationem, quippe quæ continuo ab ipso Sole dissoluatur ac consumatur, quam tñ exhalationem causam esse asseruerunt ipsius comæ. Inquit autem, {ꝙ neque in hoc uerum dicunt} uisi.n. sunt cometæ & circa huiusmodi loca. Magnum nãque cometam uisum fuisse inquit, ĩ tempore, quo factus est

terræmotus

terræmotus in Achaia, & maxima aquarum inūdatio, ex qua quædā ciuitates ex his, q̄ sunt in Achaia, disruptæ ac diruptæ nunc uidentur. Videbatur autem hic cometa oriens ab occasibus æquinoctialibus, ubi ipsi affirmabant cometā non apparere, propterea quia non sit ibi sufficiens exhalatio, cùm Sol ipse exhalationem cōsumet, quæ inter tropicos est. Quinetiam & apud partes australes, multos inquit fuisse uisos cometas. Dicit autem regnante Athenis Eucleo Molone, mense Gamelione uisum fuisse cometam ad arctum, Sole existente non quidem circa tropicos æstiuos, neque ualde remoto: sed circa tropicos hyemales, ac ualde quidem distante, ubi quidem refractionem posse fieri, iidem ipsi affirmant esse imposibile.

Tex.28. *Commune autem his & cōtactum dicentibus, primò quidem quòd & non errantium comam accipiunt quædam: & hoc, nō solùm Ægyptiis credere oportet, (etenim et illi aiūt) sed & nos vidimus. Earum enim, quæ sunt in femore canis, stella quædam habuit comam, debilem tamen. Intēdentibus enim in ipsam, debile fiebat lumen: adiicientibus aūt sensim visum, maius. Ad hæc autem oēs, qui nostris temporibus visi sunt, sine occasu disparuerunt in loco super horizontem cōsumpti paulatim, ita vt neque vnius stellæ derelinqueretur corpus, neq; plurium: quoniam & magna stella, de qua prius meminimus, apparuit quidem hyeme in gelu & serenitate à vespera, Aristæo imperante. Et prima quidem die non apparuit, tanquam præoccumbens ante Solem, sequenti autem apparuit quantum contingit: minimum enim relicta fuit, & mox occubuit. Lumen autem se extendit vsque ad tertiam partem cœli, veluti saltus: quapropter, & vocata fuit via. Ascendit autem vsque ad zomam Orionis, & ibi dissoluta fuit. Et quidem Democritus obtinere uoluit pro opinione sua: ait enim, Apparuisse dissolutis cometis, stellas quasdam. Hoc autem non oportebat aliquando quidem fieri, aliquando autem non, sed semper. Ad hæc autem & Ægyptij aiūt, errantium & ad seipsas, & ad non errantes fieri conuentus: & ipsi uidimus iam bis stellam Iouis in Geminis subeuntem quādam & disparere facientem, sed non cometam factum. Præterea autem, & ex ratione manifestum. Stellæ enim & si maiores & minores appareant, attamen indiuisibiles per se esse uidentur. Quemadmodum igitur & si essent indiuisibiles tangentes, nullam vtique facerent magnitudinem maiorem: sic & qm̄ non sunt quidem, videntur aūt indiuisibiles et conuenientes, nihil videbuntur maiores secundum magnitudinem existere. Quòd igitur dictæ de ipsis causæ falsæ existunt, & si non per plura, attamen & per hæc sufficienter patet.*

Cōm.28. Cùm dixerit aliqua quidem absurda sequi ꝓpria ad utrālibet istarum opinionum, aliqua uerò cōiter ad ambas: & cùm propria iam assignauerit, nunc q̄d absurdum ad utrāq; per se opinionē sequatur, enarrans, primùm quidem inquit, aliquas ex non errantibus stellis comam accipere, quod quidem & Ægyptios dicere, & seipsum hoc idem obseruasse affirmat. Inquit.n. se uidisse unam ex stellis, quæ sunt in coxa canis comam habentem, debilem tñ, ita ut intuentibus fixis oculis stellam ipsam debilis coma, ac debilis etiam lux, quæ ab ipsa oriebatur, appareret: oculis uerò admodum cæcutientibus, ac quiete & non acute inspicientibus, maior lux & manifestior coma uideretur. Secundum deinde absurdum adducit contra illos omnes, quorum opinionem & ipsum destruit: illud autem est, ꝙ omnes qui apud ipsum, siue ipsius tempore cometæ apparuerunt, ante ipsorum occasum super terram existentes, & super horizontem ipsum, disparuerunt & dissoluti fuere, paulatinè languescentes donec tādem, neq; unius stellæ corpus derelinqueretur, neq; plurium. Si autem uera sunt, quæ illi existimant, oportebat aliquam stellā post comæ dissolutionem apparere. Dixit autem, {unius stellæ,} propter illos, qui cum Hyppocrate dicunt, cometam esse unum ex planetis. Dixit uerò, {neq; plurium.} propter illos, qui symphansin planetarum esse cometam asseruerunt: non.n. faterentur ipsi planetas dissolui ac penitus corrūpi. Deinde reiterat sermonem circa magnum illum cometam, cuius meminit paulò superius, qui uisus fuit cū apud Achaiam factus fuit terræmotus, & aquarum inundatio. Hūc autem inquit apparuisse in {hyeme, à uespera existente serenitate} deinceps occasum, in sequenti die quem primum uocat, (primus.n. sequebatur ad illum, in quo iam cometa apparuerat.) In hoc quidem die nō apparuisse, quasi ante Solem occubuerit, sequenti uerò uisum quidem fuisse, parūper tñ: minimum.n. relictus fuit, ac parum posterior factus ad Solem, & quasi unà cum Sole circūageret, statim post Solem occubuit. Lumen autem, dum occūberet, extendebatur usq; ad tertiam partem cœli, ac tantūdem collustrabat. Propter ergo uelocitatem huius luminis ac splendoris, saltui cuidam uidebatur similis eius motus: & ꝓpter hoc {uocata fuit uia} lumen illud, cùm uelociter traiectū dehinc quasi staret: subdeficiens autem ad plurimum quò tēdens apparuit, subdeficit usq; ad zonam. Orionis, atq; ibi existens euanuit. Democritum aūt, inquit, & ipsum symphansin planetarum cometam esse existimasse, sicut etiam & Anaxagoras: atq; amplius contendentem pro opinione sua, ac eius ueritatem demōstrare uolentem, dixisse stellas quasdam, dissoluta coma apparuisse, q̄bus simul existentibus symphansis ipsa comæ phantasiam reddidisset. Contra obijciens ad hæc inquit, quod non est sufficiens argumentū opinionis ipsius, quod aliq̄n in aliquibus locis uisum sit aliquid tale: oportebat.n. semper hoc fieri, ac semꝑ dissoluta coma stellas uideri, si coma symphansis sit. Præterea ostendit, ꝙ posibile non sit astrorū congressum cometam facere: & primùm quidem subdit Ægyptiorum historiam, qui, ut inquit, obseruarunt cōgressus factos esse planetarum adinuicem, ac etiā ad alias stellas non errantes, ex quibus congresibus nullus cometa uisus fuit. Quinetiam & ipse affirmat se obseruasse Iouis stellam congredientem cum aliqua stellarum, quę sunt in Geminis, hoc est ipsam subeūtem, uel ad ipsam accedentem, ac iterum seiūctam, & dehinc ipsum obūbrantem ac occultantem, neq; propter talem congressum, aliquem cometam factum fuisse. Ex historia igitur arguens dixit, manifestum esse, ꝙ cometa non sit congressus stellarum. Ex ratione uerò, qm̄ quāuis stellæ comparatæ inter se, aliquæ quidem maiores, aliquæ autem minores appareant, tamen q̄libet si per seipsam solitariè uideatur, indiuisibilis quodammodo apparet: hoc est impartibilis, adeo q̄d in partes diuidi nequeat. Itaq; nec ex stellis altera ad alteram accedens, partem q̄dem illius immanifestam reddet, partem uerò minimè, sed totam faciet penitus immanifestam, (solem aūt & lunam excipio.) Sicut igit̄ ea q̄ uerè impartibilia

Cometam non fuisse astrorū congressum arguit.

partibilia sunt, si adinuicem se contingant, totũ non faciunt maius: sic & illa quæ impartibilia apparent, si congrediantur ac adinuicem sese coniungant, maius quidem efficere non apparebit: non.n. apparere potest ꝙ contactus ipsarum fiat ſm partem, cum impartibilis uideatur. Quòd quidem igitur causæ, quas aliqui de cometis asignãt, falsæ sint, per hæc sufficienter inquit ostensum esse.

Cap. octauum. De varijs Cometarum causis, & eorum discrimine Aristotelis sententia.

Tex.29. *QVoniam aũt de immanifestis sensui putamus sufficiẽter demõstrasse secundũ rõnem, si ad possibile reduxerimus, ex iis, quæ nũc dicunt, existimabit vtiq; aliquis sic de his maximè accidere. Supponit.n. nobis mũdi eius, qui circa terram, quantũ sub circulari est latione, esse primã partem exhalationem siccam & calidam. Ipsa aũt & continui sub ipsa aeris adhuc multum, circũducitur simul circa terram, à latione & motu circulari. Lata aũt & mota hoc modo, quacunq; contigerit bene domabilis existẽs, sæpe ignitur. Quapropter dicimus fieri & dispersorum syderum discursus. Cùm igitur in talem condensationem inciderit propter superiorum motum principiũ igneum, neq; sic multum valde, vt citò & ad multum exurat, neq; sic debile, vt extinguatur citò, sed maius & ad multum, simul aũt desubtus accidat ascendere bene dispositam exhalationem, hoc fit stella comata, qualitercunq; exhalatum extiterit figuratum. Si.n. omniquaq; similiter, cometes: si autem in longitudinem, vocatur pogonias. Sicut autẽ talis latio, stellæ latio videtur esse, sic & mansio quasi stellæ mansio videtur esse. Simile.n. est id quod fit, velut si quis in palearum cumulum & multitudinem immiserit titionem, aut ignis principium iniecerit modicum, (videtur.n. similis & syderum discursus, huic) citò.n. propter aptam dispositionem hypocaumatis, succedit in longitudinem. Si itaque hoc maneat, & non consumatur pertrãsiens, qua maximè densatum est hypocauma, fiet vtique principium lationis, cõsumatio discursionis. Talis & comata est stella, vt discursus syderis, habens in seipso terminum & principium. Quando igitur in ipso inferiori loco principium consistẽtię fuerit, per se apparet cometes: qñ autem sub astrorum aliquo, aut non errantium, aut errantium, à motu constiterit exhalatio, tunc cometes fit horum aliquis. Non enim apud ipsa astra coma fit. Sed quemadmodum Halo circa Solem & Lunã apparent, assequentes etiam trãslatis astris, cùm sic fuerit condensatus aer, vt passio hæc fiat sub Solis itinerere, sic & coma astris velut halos est. Attamen halos quidem fit propter refractionem talis secundum colorem, ibi autem in ipsis exhalationibus color apparẽs est. Quando igitur secundum stellam facta fuerit talis cõcretio, eadem necesse est apparere latione & moueri cometam, qua quidem fertur stella. Cùm autem constiterit per se, tunc tardantes videntur: talis.n. est latio mundi, qui circa terrã. Hoc enim maximè insinuat non esse refractionem quandam cometam, vt halo in hypocaumate puro, factam, & non (vt dicunt qui circa Hippocratem) ad Solem, quia & per se fit cometa sæpe, & frequentius quàm circa aliquas determinatarum stellarum. De halo igitur, causam posterius dicemus. De eo autem, quod est esse igneam consistentiam ipsorum, argumentum oportet putare, quòd significant facti plures, spiritus & siccitates. Palam.n. est, quòd fiunt propterea quòd multa est talis segregatio. Quare sicciorem necessarium est esse aerem, & disgregari & dissolui euaporans humidum à multitudine calidæ exhalationis, ita vt non consistat facile in aquam. Manifestius autem dicemus & de hac passione, quando & de spiritibus dicendis fuerit tempus. Quando igitur crebri & multi apparent, sicut dicimus, sicci & spirituosi fiunt anni notabiliter. Quando autem rariores & tenuiores magnitudine, similiter quidem non fit tale, attamen frequenter fit quidam excessus spiritus, aut secundum tempus, aut secundum magnitudinem. Quoniã quando qui in Ægos potamis est, cecidit lapis ex aere, à spiritu eleuatus cecidit per diem: fuit autem & tunc, comata stella facta à vespera. Et circa magnam stellam comatã; sicca erat hyems & borealis. Et fluctus, propter contrarietatem vẽtorum factus fuit. In sinu.n. boreas obtinuit, extra autem auster flabat magnus. Adhuc autem sub principe Nicomacho, factus fuit paucis diebus cometes circa æquinoctialem circulum, nõ à vespera faciens ortum, in quo qui circa Corinthũm spiritus euenit. Eius autem, quod est non fieri multos, neque sæpe cometas, & magis extra tropicos quàm intra, causa est Solis et astrorum motus, non solùm segregans calidum, sed & disgregans quod cõsistit. Maximè autem causa est, quòd plurimum in lactis congregatur regionem.*

Cometes à quo & qũo generentur.

Hippocrates

Lapidis apud Ægos casus.

Cometę cur non plures fiant.

Cõm.29. Aggreditur nunc ipsemet asignare causas cometarum & his similium, & inquit, ꝙ qñ de his, quæ sensui immanifesta sunt, tunc arbitramur sufficienter demonstrari ratione, qñ ad ea, quæ ostensa sunt, nullum sequitur imposibile. Immanifestum autem est sensui qũo cometæ & alia his similia generantur. Ex his, quæ nobis uidẽtur, & iam dicta sunt, sic existimabit aliquis huiusmodi talia se habere: aut ex his, quæ apparent & uidentur circa ipsa, sic existimabit aliqs de his maximè accidere. Deinde in mentem nobis reuocat, primùm ea, quæ superius dicta sunt in tractatu de stellis eminentibus, seu prosilientibus. Illud autem erat ꝙ {mundi eius, qui circa terram} hoc est qui generationi & corruptioni subiicitur, {quãtum est sub circulatione} hoc est post diuinum illud corpus, quod circulo fertur. Vel dixit, {quantum est.} ac si diceret, ꝙ est corpus, mundus uidelicet qui sub circulari latione, siue sub circulariter lato corpore situs est. Corporis ergo huius primam inquit partẽ, quæ post diuinum corpus posita est, ac illud contingit exhalationem esse siccam & calidam, quam prius superius nominauit exhalationem fumosam, quam etiam hypocauma esse affirmauit, propter aptitudinem ad hoc, ut inflãmetur ac igniatur: quæ quidem ipsa, & plurimum continui sub ipsa aeris, à latione diuinorum corporum circũducitur circa terrã. Lata autem hoc modo prædicta exhalatio, qua contingit bene esse ad hoc dispositam ut igniatur, ea incendit, propter q̃ exarsionem, iam dixit discursus stellarum fieri, quas prosilientes ac dispersas uocamus. Cùm igitur in talem condensationem, hoc est aptitudinẽ ad ignitionem inciderit propter diuini corporis lationem, tale principium igneũ, ꝙ neq; sit adeo multum, ut uelociter & ad plurimum exurat consistentẽ exhalationem: neq; rursus adeo debile, ut prius extinguatur q̃ incendat, uerùm potentius quidem illo, atq; ad plus perdurare potens, simul aũt & deorsum accidat ascendere continuò exhalationem aptã ac bene dispositam ad ignitionem ipsam, tunc talis exarsio, stella fit comata, quæ à figura exhalatæ atq; incensæ materiæ, uel cometa, uel pogonias uocatur. Quando.n. ex omni parte similis fiat exarsio eleuatæ exhalationis, & quasi sphærica, cometa appellat: si autem ad longitudinem, uocatur pogonias, siue barbata. Eodem autem modo fiunt quæ nos dolia

appellamus,

appellamus, quæ quidem secundum figuram condẽsationis, ac incensæ exhalationis, differentiam ac diuersitatem accipiunt: quorum in sequentibus mentionem faciet. Confert autem exhalatio, quæ ab inferiori parte sursum eleuatur, aptè ad inflammationem disposita: confert inquam tum ad cometæ durationem, cùm materiam illi contribuat, & suppeditationem præbeat, tum etiam ad comam ipsam. Nõ .n. circũamplexum ac in orbem redactũ est id quod ignitur, sed aliquas habet excursiones atq; excessus, quibus mediantibus comæ fit phantasia. Quẽadmodum igitur latio huius hypocaumatis, stellæ latio uĩ esse, sic etiam & eius permansio, stellæ permãsio apparet. Assimilat aũt huiusmodi exhalationis exarsionem, accensioni seu combustioni palearum. Quemadmodum.n.ĩ cumulo palearum si ab una parte fiat initium inflammationis, uelox per partem post partem fit ignis discursus, adeo ut fluere uideatur pars ea quæ primum incensa fuit: quod maximè accidit sic fieri in stipularum exarsione: cõtinuò.n. extincta priori, ac incensã sequenti donec stipularum copia suppeditat, unius tñ & eiusdem discurrentis ignis phantasiam præbet. Sic etiam aliquid tale accidit fieri, ut ipse inquit, circa apparentem stellarum discursum: per ignitionem quidem exhalationis per partẽ post partem, semper priori parte extincta, ac incẽsa sequenti propter similem partium aptitudinem ad cõbustionem, per hunc quidem modum, quas prosilientes stellas uocitant accidunt fieri. Qñ autem huiusmodi flãmigantia, seu ignis pabulum permaneat alicubi propter consistentiam exhalationis, quæ magis possit ignem tolerare, quippe quę subtilis nõ sit, ac cum facilitate dissolubilis ad modum paleæ, tunc quidem finis apparentis stellæ discursus, cùm nõ adhuc euanescat, fit principium lationis cometæ. Permanens.n.& perdurans huiuscemodi exhalatio ĩ eodem loco, ac continuè exardens, tum propter præexistentis hypocaumatis aptam dispõnem, quippe ꝙ ualde densum & multum sit, tum etiam propter alteram & alteram bene dispositam exhalationem, q̃ ab inferiori parte eleuata, continuam igni suppeditationem præbet: ab ipsa totius latione circũfertur.

Cometa q.d. Nihil itaq; aliud est cometa, q̃ statio & permanẽtia discurrentis astri: q̃ permanentiam ac durationem significauit, cùm dixit {ueluti discursus syderis, habens in ipso principium & finem.} Si.n. intelligit aliquis siue imaginatur, in eodem principium quidem, & medium & finẽ prosilientis stellę, tũc sibi amplius non apparebit prosiliens, sed alicuius rei in eodem permanentis efficiet phantasiam. Tale quid autẽ est cometa, in ipso.s. permanens ignis atque incendij suppeditationem in eodem accipiens. Quando quidem igitur huiusmodi initium consistentiæ atque exarsionis, in inferiori fuerit loco, longe quidem ab ipsis astris, tunc per se apparet cometa: cum uero sub aliqua stellarum uel errantium, uel non errantium huiusmodi extra latio consistet, ab ipso illarum motu consistentiæ causam accipiens, tunc aliqua prædictarum stellarum comata apparet. Coma enim, quæ apud stellas uidetur, apud ipsos quidem non est, sed sub illis existens apud ipsas apparet, ac cum ipsis etiam circũducitur, quemadmodum Halones circa Solem & Lunam. Halones.n. non prope Solem & Lunam fiunt, sed sub ipsis & per se, tunc.s. cùm subiectus aer taliter condensatur, ut huiusmodi passionem, quam inferius ptractabit, recipere possit, ac etiam ad motum uel Solis uel Lunæ, unà cum ipsis circũferuntur. Assimilauit autem comam, quæ circa aliquam stellarum fit, Haloni, qui fit circa Solẽ & Lunam: tum in hoc, quod apud astrum apparet quasi illud contingens, id quod sub astro tñ est: tum etiam in hoc, quod ad motum astri simul circũferatur. Subdit autem differentiam ipsorum: qm̃ Halonis color non in aere quidem fit, neque in nube in qua apparet, sed huiusmodi colorum phantasiæ fit ex refractione uisus à nube ad solem uel lunam, circa quos & color ipse uidetur. In cometis uerò ĩ eadem ipsa coma est color, in qua color uidetur, cùm quidẽ ignis ipsa fit. Quandoquidem igitur ſm aliquam stellam fit talis coma, simul cũ ipsa circũmouetur: cùm uerò inferius per se constiterit, non æquè alicui stellarum uelociter mouetur, sed semper posterior ac subdeficiens apparet. Talis.n. motus & circulatio mundi, qui est circa terram, non ęquè uelox est sicut cœlestia corpora, neq; etiam æquabiliter est sequẽs ad ipsa, neque etiam adeo perfęctè sphærica, cùm talis latio non sit ſm naturam eorum, quæ in prædicto mundo mouentur: quippe quæ ab ipsorum diuinorum corporum quodammodo trahantur. Et hoc est quod dicit, subdeficere cometas, & per seipsos consistentes apparere, non autem semper circa aliquam ex ipsis stellis: ac simul propter id, quod dicit, {aliqñ sub aliqua stella, aliquando seiunctum cometam fieri.} innuit, ꝙ non sit refractio ab exhalatione, quæ sub stella est, quæ cometa apparet ad Solem, ut existimarunt qui circa Hippocratem sunt, affirmantes cometam fieri similiter sicut & Halo fit. Dum meminit autem de Halone, sermonem de ipso proponit inferius se facturum. De eo autem, quod cometæ & alia his similia igneæ sint consistentiæ, illud inquit indicium est, quod utplurimum facti, plures siccitates significant & spiritus. Hi.n. tunc fiunt, quando calidæ & igneæ exhalationes superabundant, à quibus siccior factus aer, disgregans ac dissoluens euaporans humidum quod à terra eleuatur, illud impedit ne coeat & transmutetur in aquam. Manifestius autem dicit se tractaturum de huiusmodi passione, q̃ propter excessum calidæ exhalationis fit in aere, tũc cùm de spiritibus & uentis dicendi fuerit occasio. Qui autem dicunt de spiritibus loquentes ipsos nubem esse, quæ sursum euulsa atque incensa tale quid generat, non rectè dicunt: nubes.n. humida est, ac malè ad exarsionem disposita. Si uerò dicent nubem hanc in siccitate transmutari, ualde conueniẽtius erit dicere, non quidem nubem, sed talem ex principio consistentem & siccam exhalationem materiam horum esse. Quando quidem igitur densiores ac multi cõsistunt cometæ, sicciores ac spirituosi propter prædictam causam fiunt anni: quando uerò rariores ac obscuriores & magnitudine tenuiores, similiter quidem non fiunt anni sicci & spirituosi. Quinetiam fit utplurimum aliquis excessus uentorum, uel secundum tempus, quasi ad plus porrigatur ac protendatur: uel secundum magnitudinẽ, cùm propter uehementiam atq; acrimoniam, diuersitas spirituum accidat. Confirmat autem ea, quæ dicta sunt ex historia. Nãque cùm in Ægis fluuijs cecidit per diem lapis ex aere, qui aliũde à spiritu eleuatus fuerat, accidit & tunc cometa factus à uespere. Quinetiã qñ magnus ille cometa factus fuit, de quo parum supra factus est sermo, cum dixit, accidisse in tpe, quo factus fuit terræmotus in Achaia: hyems quidem fuit ualde sicca & aquilonaris, ac etiam inúdatio, q̃ illuit atq; inundauit aliquas ciuitates in Achaia, propter uentorum adinuicem ex opposito concursum accidit fieri. Borea.n.in sinu obtinente, extra sinum autem in mari magnus auster flabat. Qñ etiam magnus flauit spiritus circa Corinthum, tunc & paucis deinde diebus, cometam inquit constitisse circa æquinoctialem circulũ, regnante quidẽ Athenis Nicomacho. Apposuit autem, {circa circulum æquinoctialẽ.} qm̃ secundum illas partes, ut ipse infert, rariores accidunt huiusmodi cõsistentiæ. {Eius uerò, quod est non fieri huiusmodi cometas plures, neque sæpe.} sicut de stellis prosilientibus accidit: quinetiam & q illi qui fiunt, {magis accidunt extra tropicos quàm intra} causam esse inquit Solis & aliorum planetarum lationem, quippe qui inter tropicos continuò moueantur (talis enim est situs zodiaci, per quem fit motus ipsorum) non solùm enim segregant quod est elatum humidum, exiccantes ipsum per motum, sed & disgregant etiam ac subtiliant crassiores ac constrictas exhalationes, si quæ sunt materia cometarum. Maximè autem causam esse dicit quòd plures sæpe secundum hæc loca non fiunt cometæ, quoniam plurimum huiusce exhalationis congregatur ad regionem lactis, hoc est circuli qui lacteus uocatur, de quo in sequentibus sermonem faciet.

Cometas plures nõ fieri.

Cap. nonum. Plures Antiquorum de Lacteo circulo prosequtur sententias, & illas reprobat.

Tex. 30. *QValiter autem, & propter quam causam fit, & quid est lac dicamus iam: prædiscutiẽtes autem & de hoc, quæ ab alijs dicta, sunt primò. Vocatorum igitur Pythagoricorum quidam aiunt, viam esse hanc: hi quidem excidentium cuiusdam astrorum secundum differentiam sub Phaetonte lationem, hi autem Solem hoc circulo delatum esse aliquando aiunt. Velut igitur exustum esse hunc locum, aut aliquam aliam talem passionem passum esse à latione ipsorum. Inconueniens autem est non cointelligere, quòd si quidem hæc erat causa, oportebat et zodiacum circulum sic se habere, & magis quàm eum, qui lactis: omnia enim in ipso feruntur errantia, & non Sol solus. Manifestus autem est nobis totus circulus: semper enim ipsius manifestus est semicirculus nocte, sed nihil videtur tale passus, nisi si qua copulatur pars ipsius ad lactis circulum.*

Cõm. 30. Proponit quidem se tractaturum de lacteo circulo. uocat autem ipsum lac: quæ uerò sint ea, de quibus inquiret, enarrat, quid sit.s.& quomodo fiat, & propter quam causam. Quemadmodum autem & de cometis pertractans, primò opiniones eorum, q ante ipsum fuerunt, narrauit, atque perpendit, sic ẽt facit circa circulum hunc. Dicit itaque quasi per modum historiæ, q aliqui eorum, qui Pythagorici uocabantur, quãdam aiunt uiam esse hanc. Sed ex his quidam uolunt, uiam esse cuiusdam astrorum exorbitãtium, secundum dictam sub Phaetonte corruptionem, cum incendium factum fuit: quidam uero asseruerunt Solem per hunc circulum delatũ esse prius, ac propterea exustum quasi esse locum ,ppter eius lationem. Postquam uerò retulit opinionem hanc, infert quid ad ipsam consequatur. Si.n.hæc quidem erat causa, oportebat & zodiacum circulum, p quem fertur Sol, eadem passione affectum esse: quinetiam & magis. in hoc nãque circulo, non tantum Sol, sed & alij planetæ mouentur omnes. Sed nihil tale circa illum uidetur, cùm tamen totus ille circulus manifestus appareat. in qualibet enim nocte semper medietas eius appareat, ac nihil quidem tale passum esse uidemus, præterquam si qua pars ipsius ad lactis circulum copulatur. Quod non propter illud est, q taliter affectus sit zodiacus ipse, sed quia sinceritas eius, ac puritas ĩ parte illa deoscuratur, in qua lacteus circulus ipsum tangit.

Qui autem circa Anaxagoram & Democritum, lumen esse aiunt Lac astrorum quorundam: Solem enim sub terra latum, non respicere quædam astrorum. Quæcunque igitur aspiciuntur ab ipso, horum quidem non apparere lumen: prohiberi enim à Solis radijs. Quibuscunque autem obsistit terra, ita vt non aspiciantur à Sole, horum proprium lumen dicunt esse Lac. Manifestum autem, quòd & hoc impossibile, Lac enim semper in eisdem est astris: apparet enim maximus esse circulus: à Sole autem semper altera, quæ non aspiciuntur, quia non in eodem manet loco. Oportebat igitur translato Sole transferri & lac: nunc autem non apparet hoc factũ. Ad hæc autem si (quemadmodum ostenditur, in ijs, quæ circa Astrologiam theorematibus) Solis magnitudo maior est quàm terræ, & distantia multò maior astrorum ad terrã quàm Solis, sicut Solis ad terram quàm Lunæ, non vtique longè alicubi à terra conus qui à sole conijciet radios, neque vtique vmbra terræ, quæ vocatur nox, erit apud astra, sed necesse Solem omnia astra circũspicere, & nulli ipsorum terram obsistere. Tex. 31. Anaxa. Democ.

Anaxagoras autem & Democritus, lac esse lumẽ aiunt astrorum quorundam. Sol enim existens per noctem sub terra, quæcunque quidem superillustrat ex astris, quæ super terram existunt, horum proprius splendor manifestus non apparet, quippe qui à radijs Solis impeditur & occultatur: quæcunque uerò ab umbra terræ, quæ sibi aduersa sit, obumbrantur ac obstruuntur, ita quòd à lumine Solis non collustrentur, horum tunc proprium quidem lumẽ uidetur, & illud aiunt esse lac. Postquam autem opinionem hanc enarrauit, quid impossibile ad illam sequatur, ostendit. Lac enim quidem semper ac secundum illud idem uidetur, & in eisdem astris: sub Sole autem siue aduersus Solem, semper eadem astra non uidentur, sed alia & alia, cùm non in eodem manens loco circũferatur, ut semper eisdem astris ex non errantibus oppositus sit secundum diametrum, sed propter propriam lationem, qua mouetur contra motum stellarum non errantium, continuò semper ad alias & ad alias consimilem situm atque aspectum accipit consequenter. Quare & lacteum circulum secundum alias & alias stellas, & ad has & ad illas partes fieri oportebat. Cùm dixerit autem hoc, ostendit deinde, quòd impossibile est, quòd terra ipsa aliquas ex non errantibus stellis obumbret, aut q aliquæ ex illis non impeditæ à radijs solaribus manifestè prospiciantur, aliquæ uerò ab iisdem radijs prohibitæ non appareant. Quinimmo omnes semp, ab ipso sole illuminantur. Nãque ostensum est in astrologicis, q sol ualde multiplex est ad ipsam terram, & distantia qua remota sunt astra à terra, maior est distantia Solis ad ipsam, cùm stellæ nõ errantes p multiplicem Cõm. 31.

multiplicem distantiam distent à terra, q̃ distet sol ab eadem: sicut rursus multiplex est spatium per qđ sol distat à terra, q̃ ab eadem ipsa luna longè sit: quibus sic stantibus, non quidem longè multum à terra peruenit ipse conus radiorum solis, qui terram ab oĩ parte contingentes, in unum dehinc sese colligunt ac coadunant: quare secundum hunc modum existẽte cono, possibile non est umbrã terræ, quæ nox uocatur, adeo protendi ut aliquas ex non errantibus stellis obũbrare queat. In conũ.n. quidem fit umbra, qñ sphæra luminosa maior est illuminata: sic autem conus describitur à lumine luminosæ sphæræ, cùm ipsius radij secundum quãdam cõmunem peripheriam se ad inuicem contingant ac coadunent. Et talis quidem erit umbræ descriptus conus. Quare his taliter se habentibus, necesse est ad omnes quidem stellas Solis lumen extendi, quippe qui cunctas semꝑ aspiciat. Mentionem autem fecit de Luna, ꝙ.s. eius distantia ad terram minor sit, q̃ quæ Solis: propterea quia ex hoc bene ostendi possit, nullum quidem absurdum esse, si Luna incidens aliquando in umbram terræ, cùm non perspiciatur, siue illuminetur à Sole tãdem deficiat, quem defectum stellis non errantibus accidere impossibile est, cùm terra ipsa intantũ protendere umbram non possit.

Tex.32. *Amplius autem est tertia quædam opinio de ipso. Dicunt .n. quidam, Lac esse refractionem nostri visus ad Solem, sicut & stellam comatam. Impossibile autem est & hoc. Si.n. videns quieuerit, & speculum, & quod videtur omne, in eodem signo speculi eadem apparebit vtiq; pars emphanseos. Si autem moueatur speculum & quod videtur, in eadem quidem distantia ad videns & quiescens, ad inuicem aũt neq; æquè velociter neq; in eadem semper distantia, impossibile est eãdem emphansim in eadem esse parte speculi. Quæ aũt in lactis circulo feruntur astra, & Sol ad quem fit refractio, moueatur manentibus nobis, & similiter & æqualiter ad nos distantia, à seipsis autem non æqualiter, (aliquando.n. medijs noctibus Delphin oritur, aliquando verò diluculo) partes autem lactis eædẽ manent in vnoquoq;. Atqui non oportebat, si erat emphansis, sed non in eisdẽ adhuc esset hæc passio locis. Amplius autem noctu in aqua & talibus speculis, Lac quidem illucescit aspicientibus, visum autem refrangi ad Solem quomodo est possibile? Quòd igitur neq; via planetarum vllius, neq; lumen est non respectorum astrorum: neq; refractio, ex his manifestum est. Ferè autem hæc solum sunt, quæ vsq; nunc tradita sunt ab alijs.*

Cõm.32. Tertiam inquit esse opinionem de lacte, quæ ponit lac esse refractionem nostri uisus ad solem, ab aliqua exhalatione, quæ uř esse lac, facta quidẽ illa quasi speculo, ipsi uisui ad lucem Solis ibi ꝓspectam: sicut de cometis hi, qui circa Hippocratem existimarunt. Tertiam autem inquit hanc esse opinionem, cùm tñ quatuor enarrauerit, aut quia ꝓ una accipit ambas Pythagoricorum positiones, qui lac uiam esse dixerunt, quãuis tñ aliqui ex illis uiam Solis esse affirmauerint, aliqñ uerò exorbitantium cuiusdam astrorũ ꝑm dictam sub Phaetonte corruptionem: aut hanc excludit opinionem tanquam futilem & fabulosam, propter hoc etiam de ipsa nihil dixit, cùm de alijs tñ dixerit, qm̃ ex seipsa in hoc tãtum quod proferatur, sufficiens est ostendere absurda, q̃ in se habet. Quòd autem opinio ipsa de refractione sit impossibilis, sic ostendit. In quibuscunq; aliqua ꝑm refractionem uidentur, in his quidem, si omnia quieuerint uidens.s. & speculum, quod uidetur, (per illud.n. {oẽ} quodlibet istorum quiescere intelligit:) tunc necesse est in eadem parte speculi, ac in eodem signo partem eandem emphanseos apparere: omnibus.n. quiescẽtibus, per quæ, & in quibus fit emphansis, necesse est & emphansim siue imaginem quiescere, ac in eodem signo uideri. Si autem uisus quidem maneat, moueatur uerò & speculum, & id, quod uidetur amplius, & id quod perspicitur, ad uidens quidem eandem seruat distantiam, ad speculum autem minimè: sed potius cùm non æquè uelociter cum ipso moueatur ac transmutetur, impossibile tunc erit eandẽ emphansim secundum eandem partem speculi fieri atque uideri. Propter hoc quidem enim, ꝙ æquè uelociter non moueatur speculum, & id quod uidetur, secundam aliam atque aliam partem speculi emphansis apparebit, cùm propter motus inæqualitatem, diuersam semper positionem ac situm acquirant. Propter hoc uerò ꝙ hæc eandem adinuicem distantiam non seruant, sed nunc quidem magis abinuicem distant, nunc uerò propius accedant, transmutatur etiam & ipsa emphansis. Quando.n. uisibile magis distabit à speculo, magis etiam in profundo speculi apparebit: si uerò magis prope speculum accedit, magis etiam prope superficiem speculi emphansis perspicietur. Aut fortè dixit, {adinuicem non ęquè uelociter, neque in eadem distantia semper sunt.} nõ intelligens elongationem ipsorum quæ ꝑm profunditatem diuersificatur, sed potius secundum motum inæqualem. Varia.n. erit distantia, si non similiter adinuicem utraque circũferantur, speculum.s. & quod uidetur. Nãque sic utraque hæc saluare poterunt inæqualem distantiam ad uidens, si non secundum ꝓfunditatem transmutantur adinuicem accedentia & recedentia: sed propter solam ipsam inæqualẽ translationem. His itaque sic se habentibus, motis quidem his quæ iam dicta sunt, speculo.s. ac uisibili ad quod refractionem dicunt fieri, & quiescentibus illis qui uidere habent, si tunc secundum eãdem partem appareat id quod uidetur, refractio quidem nõ erit illud quod factum fuerit. Atqui, quantum ad lac attinet, à nobis quidem tanquã quiescentibus, æqualiter distat utrunque illorum, speculum scilicet, & id quod per ipsum uidetur, (quoniam enim terra habet rationem centri, & circa ipsam, quæ circulo mouentur, circũferantur, utrunque illorum æqualiter distat ab ipsa tanquam à centro.) Astra autem in lacteo circulo existentia, mouentur, hoc est speculum ipsum: transeũte.n. circulo per illa, cum illa quidem moueantur, mouetur etiam & ipse circulus, in quo speculum assumunt. Sol uero, quem facta ad ipsum refractione uideri aiunt in lacteo circulo, mouetur quidem etiam, sed non æquè uelociter cum illis astris. cuius signum apponit, quoniam Delphinus, apud quem (cum & ipsius stellæ inter stellas non errantes connumerentur) circulus lactis pertransit, aliquando quidem diluculo, aliquando uerò mediis noctibus oritur. Atqui, si æquali uelocitate cum Sole moueretur, aut quidem semper diluculo, aut semper medijs noctibus oriretur: sic.n. eũdem situm atque eãdem distantiam ad Solem conseruaret. Motis autem omnibus his, quæ dicta sunt, eo modo, quo dictum est, nihil tñ minus secundum easdem semꝑ partes, & ꝑm easdem stellas lac ipsum apparet: ꝙ tñ si em-

emphansis quidem esset id, quod uidetur, ac nihil idē ac proprium cum eo, in quo uidetur accidere, quippe non oporteret. Subdit autem & quoddam aliud ad hæc, quę dicta sunt, destructiuum, & illud prędictę opinionis, quod.s.in aqua siue alio huiusmodi speculo, lac ipsum per noctem uidetur: absurdum autē est dicere tunc refrangi uisum ab aqua ad solem: si .n. hoc fieret, non oporteret circulum lactis esse id quod ibi apparet, cùm ex principio, hoc est ex se, nō esset id quod uidebatur: aut necesse est dicere ab aqua ad lac ipsum fieri refractionem, ac rursus ad solem. Nimis autem absurda est huiusmodi duplex refractio, propter maximam ipsam distantiam. Cùm autem enarrauit atq; improbauit prædictas opiniones, ostendens illas esse falsas & imposſibiles, epilogat ea quæ dicta & ostensa sunt.

Cap. decimum. De lactei circuli natura ex propria sententia agit.

Tex. 33. *NOs autem dicamus resumentes suppositū nobis principium. Dictum enim est prius, quòd extremum dicti aeris potentiam habet ignis, ita vt motu disgregato aere segregetur talis consistentia, qualem & comatas stellas esse diximus. Tale itaque oportet intelligere fieri quod in illis, cùm non ipsa per se facta fuerit talis segregatio, sed sub aliquo astrorum aut fixorum, aut errantium. Tunc.n. tales videntur cometæ, quia assequuntur ipsorum lationem, quemadmodum Solem talis concretio, à qua propter refractionē Halo apparere dicimus, cùm sic fuerit dispositus aer. Quod itaque secundum vnum astrorum accidit, hoc oportet accipere fieri circa totum cœlum, & superiorem lationem omnem. Rationabile enim est, siquidem vnius astri motus incendit, & eum, qui omnium est facere tale aliquid & irritare, & cum his adhuc secundum quem locum creberrima & plurima & maxima existunt astra. Circulus igitur animalium, propter Solis lationem & planetarum, dissoluit talem consistentiam. Quapropter multi quidem cometarum extra tropicos fiunt. Amplius autem, neque circa Solem, neque circa Lunam fit coma: citius enim disgregant quàm vt constet talis concretio. Iste autem circulus, in quo lac apparet, aspicientibus, & maximus est existens, & positu situs sic, vt multum tropicos excedat. Ad hæc autem, locus plenus est astris maximus & fulgidissimus, & adhuc sporadicis vocatis, (hoc autem est & oculis videre manifestum) vt & propter hoc continue & semper hæc omnis aggregetur concretio. Signum autem est. Etenim ipsius circuli amplius lumē est in altero semicirculo habente duplatum. In hoc.n. plura & crebriora sunt astra quàm in altero, tanquam non propter alteram aliquā causam facta claritate, quàm propter astrorum lationem. Si enim & in hoc circulo fit, in quo plurima ponuntur astrorum & ipsius circuli in eo quod magis videtur spissum esse, & multitudine & magnitudine astrorum, hanc par est existimare conuenientissimam causam esse passionis. Consideretur autem & circulus, et quæ sunt in ipso astra, ex descriptione. Sporadica autem vocata sic quidem in sphæram non erit ordinare, quia nullam habet assiduè manifestam vnumquodque positionem. Ad cœlum autem respicientibus est palam: in solo enim hoc circulorum intermedia plena talibus astris sunt, in alijs autem deficiunt manifestè. Quare si quidem & cur appareant cometæ acceptamus causam tanquam dictam mediocriter, & de Lacte eodem modo existimandum est sese habere: quod enim ibi circa vnum est passio, coma: hoc idem circa circulum quendam accidit fieri. Et est lac, vt ita dicam, veluti definitum, maximè propter segregationem coma circuli. Quapropter, quēadmodum prius diximus, non multi neque sæpe fiūt cometæ, quia continua segregata est, & segregatur secundum vnamquamque periodum, in hunc locum semper talis consistentia. De factis igitur in eo, qui est circa terram mundo continuo superioribus lationibus, dictum est, et de discursu astrorum, & ignita flamma: adhuc autem de cometis, & vocato lacte: ferè enim sunt tot passiones apparentes circa hunc locum.*

Accedit ad propriam eius opinionem, per hunc quidem modū. Accipit nāque primum, & quasi supponit aliqua ex his, quæ dicta sunt. Pro principio.n. prius assumptum fuit supremum aeris, quod quidē super ipsum supernatat potentia esse ignem, hoc est calidam & siccam exhalationē ad ignitionem aptā. Moto itaque ac disgregato aere ab ipsa cœlestium corporum circulatione, exhalatio dicta segregatur ab ipso atq; in sublime fertur: quæ autem densior & crassior est exhalatio, talis quidem est, ut ex ipsa cometæ fiant, secundum iam prius dictum modū. Qm̄ uerò aliqui ex cometis per se seiuncti consistunt, ut dictum est, aliqui autem sub quibusdam ex stellis, uel non errantibus, uel errantibus, cum quibus motis simul etiam circūferūtur, taliter ut comæ illarum esse appareant, atq; intantum permanent, quousq; perdurat suppeditatio exhalationis, q̄ ab inferiori parte eleuatur ad ipsos, apta quidem at bene disposita ad hoc, quod igniatur: sic etiam, inquit, aliquid tale in ipso lacte oportet factum existimari, quale accidit fieri circa illos cometas, quæ sub astris consistūt. Quemadmodum.n. consistentiæ, quę sæpius fiūt sub Sole, à quibus Halones per refractionem ad Solem generantur, simul cum moto Sole ad plurimum circūferuntur, quinetiam & hoc idē accidit circa ipsam lunam, sic etiam & cometæ, qui sub astris consistunt in hoc solum ab Halonibus differentes, qm̄ hi quidē ex refractione clarescunt, Cometæ uerò in seipsis lucem habent, ut dictum est, cùm tn̄ ambæ sint exhalationes densæ & siccæ. Sed & lac ipsum similis quædam est exhalatio, qualis est in coma. Illud.n. quod cometam facit mediante tali exhalatione, quæ circa stellam unam consistat, illud idem cùm circa plures accidit stellas, in quibus lac ipsum uidetur, circulum facit quem lacteum uocāt. Nāque quod circa unam stellarum accidit, hoc oportet accipere factum esse circa totum cœlum, hoc est circa corpus circulo latum. Hoc autem ostendit dicens, {& superiorem lationem omnem.} quoniam.n. per cœlū, uniuersum aggregatum intelligi poterat. (uocatur autem diuinum corpus, & totum ipsum, & sphæra etiam non errantium) propter hoc, ex eo ꝙ subdidit, declarauit quidem quid intelligat, cùm cœli nomine usus esset: intellexit.n. non errantium sphæram. Cùm autem dixerit, ꝙ sicut circa unam ex stellis accidit, ꝙ propter eius motum exhalatio, quæ sub ipsa est, accendatur, dummodo densa fit, & ad exarsionem bene disposita: sic etiam {rationabile est hoc idem accidere circa totum cœlum} hoc est, circa non errantium sphæram, ac omnem ipsam circulationem. Deinde ostendit ꝙ hoc rationabile sit, {si enim motus unius syderis aliquid tale facit, rationi consonū est, & eum, qui est omnium, hoc idem facere posse} ut omnes.s. attrahant atque incendant exhalationem, quæ sub illis fit. Quinetiam & rationabilius Cōm. 33.

est

est hoc accidere ſm illam cœli partem in qua plurimæ & crebriores & maiores stellæ sunt. Postquam autem demonstrauit, quod ſm totum cœlum rationi consonum est, hoc accidere quod dictū est, dehinc causam assignat quare ſm aliquam tantummodo cœli partem, huiusmodi quam diximus passionem permanere uideamus, ſm aliquam uerò partem minimè. Dicit itaq; circa zodiacum circulum talem exhalationis consistentiam non permanere, sicut & prius dixerat, quod ut plurimùm cometæ extra zodiacū consistunt, qm̄ planetæ per illum deferuntur. non. n. zodiacum egrediuntur, qui circulos tropicos non pertransit, sed tantum pertingit. Quòd uerò sub illo circulo lac fieri non possit, ſm quem planetæ mouētur, signum apponit, quod circa solem aut circa lunam nunquam coma consistit, propterea quia ab his tanquam nimis calidis citius disgregantur huiusmodi exhalationes, ac prohibetur, ne talis fiat concretio. Si autem sub his, s. sole & luna, talis non accidit consistentia, neque etiam accidet sub circulo, secundum quem mouentur non unus tantum, sed omnes. Hic uerò circulus, in quo lac uidetur, maximus est quidē hoc est sub non errantibus stellis consistens, ac sub quodam maximo circulo, sicut & zodiacus. Amplius & taliter quidem situs est, ut tropicos ipsos pertrāseat: est. n. obliquus & ipse, quippe qui per polos nō trāseat. Superexcedit quidē tropicos ac alios quosdam circulos non longè à polis distantes pertangit, & obliquus iacet ad zodiacum: quare secundū ipsum planetę moueri non possunt. Adhuc plurimas habet stellas: plenus. n. apparet locus maximis syderibus & fulgentissimis, & adhuc sporadis uocatis. Per sydera autem intelligit stellas illas, quæ uidentur aliquid in cœlo formare siue stellificare, sicut sunt stellificationes Vrsarum, Orionis, Virginis, Coronę, & aliarum, quarum Aratus meminit: per sporadas autem intelligit stellas, quæ per se absq; aliqua formatione sunt in cœlo, quarum meminit Aratus dicens: Alię autem sparsim subiectæ sunt diffusæ. Propter hoc itaq; rationabile est, quod sub huiusmodi stellis, semper continuæ exhalationes constipentur & congregentur. Quòd autem hoc uerum sit, quod s. propter stellarum multitudinem congregata exhalatio, & consistens, & tandem incensa lacteum circulū efficiat, illud subdit signum, {qm̄ huius quidem circuli, plurimū consistentiæ ac luminis in altero est semicirculo, ubi duplicatus apparet.} in quo etiam & plures & crebriores stellæ uidentur. In hoc. n. semicirculo plures uidentur stellæ quàm in reliquo uideantur, quasi propter stellas ipsas ac lationem ipsarum, lumen illud proueniat, ex quo circulus lacteus efficiatur. Cum. n. lac fiat in circulo, in quo plurimæ stellæ uidentur, & ex hoc deinde: circulo pars illa magis lactea appareat, in qua plures stellæ sunt & maiores, rationabile erit dicere, quod astra ipsa per sui motum, sint causa huiusmodi passionis ac consistentiæ, quam lacteum circulum appellamus. Deinceps autem ex descriptione demonstrare conatur, tum circulum, sub quo lacteus circulus consistit, tum etiam astra, quæ in ipso sunt, ostendens ea, quæ dicta sunt correspōdere his, quæ apparent. Qm̄ uerò aliquæ sunt stellæ, quæ aliquid stellificare ac formare uidentur, ac ordinem habent quēdam & locum proprium, ut situs ipsarum possit ex descriptione ostēdi: aliquæ uerò quę sporades uocant, manifestam formam ac situm non habent, propter hoc non erit per descriptionem ostēdere hasce stellas in circulo existere sub quo lac ipsū consistit. Palàm uerò inquit erit multitudo ipsarum aspicientibus in cœlum: in hoc. n. solùm circulo, ex omnibus qui in sphæra non errantium existunt, plena talibus stellis sunt astrorum interualla: in alijs nāque circulis, intermedia ipsa stellis esse uacua, manifeste apparet. Cùm autem de lacte per hūc sanè modum tractauerit, subdit: Quòd si circa constitutionē cometarum, acceptamus opinionem prædictam, ac causam assignatam tanquam dictam mediocriter. sic & de lacte eodem modo existimandum est se habere: quod. n. in cometis circa unum astrum consistere accidit, hoc idem in lacte circa totum circulum existimandum est fieri. Assignat autem & diffinitiuū quēdam sermonem ipsius lactis: dicit. n. lac esse circuli maximi comam propter segregationem, hoc est factam & consistentem propter segregationem. Dicit uerò quod propter ipsum lac ibi accumulatum, ac continuò congregatam exhalationem, multi ac sæpe non fiūt cometæ: secundum. n. unāquāque periodum huiusmodi exhalatio, semper in hunc locum segregatur. Dehinc epilogat ac in memoriam reuocat quæ superius dicta sunt. Dicens autem, {in eo quàm circa terram mundo.} qui. s. generationi ac corruptioni subiicitur, statim subdit, {continuo sursum lationibus.} Non. n. de omnibus quæ fiunt in mundo qui circa terram est, adhuc pertractauit, sed solùm de his quæ accidunt in illa eius parte, quæ post cœlestium corporum lationes existens, illa contingit: hæc autem est, ipsa sicca & calida exhalatio: pro {cōtingens} uerò {continuum} dixit.

Cap. vndecimum. De ortu Vaporis, Nubis, Caliginis, Pluuiæ, Roris, Pruinæ, & Niuis, ac demum Grandinis.

De loco autem positione secundo post hunc, primo autem circa terram, dicamus. Iste enim locus communis est aquæ, & aeri, & accidentibus circà, quæ sursum, generationem ipsius. Sumendum autem est, & horum principia, & causas omnium similiter. Quod igitur est vt principale & mouens & primum principiorum circulus est, in quo manifestè solis latio disgregans & congregans, ex eo quia propè sit aut longius, causa generationis & corruptionis est. Manente autem terra, quod circa ipsam humidum est, à radijs & ab alia, quæ superest caliditate, euaporans fertur sursum. Caliditate autem, quæ duxit ipsum sursum relinquente, & hac quidem dispersa ad superiorem locum, hac autem & extincta, propterea quòd suspenditur longius in aere, qui est super terram, constat iterum vapor infrigidatus & propter derelictionem caloris & propter locum, & sic aqua ex aere: facta autem iterum fertur ad terram. Est autem quæ quidem ex aqua exhalatio, vapor: quæ autem ex aere in aquam, nubes. Caligo autem, nebulæ decidentia eius, quæ in aquam, concretionis. Quapropter signum magis est serenitatis quàm aquarum: est enim caligo, veluti nebula sterilis. Fit autem circulus iste, imitans Solis circulum: simul enim ille ad latera permutatur, & iste sursum ac deorsum. Oportet autem intelligere, hunc veluti fluuium fluere circulariter sursum & deorsum, communem aeris & aquæ: propè enim existente Sole, vaporis sursum fluit fluuius: elongato autem aquæ deorsum, & hoc indesinens vult fieri secundum ordinem. Quare si ænigmatizabant Oceanum priores, fortè vtique hunc fluuium Tex. 34.

uium dicebant circulariter fluentem circa terram. Eleuato autem humido semper propter calidi virtutem,& iterum lato deorsum propter infrigidationem,ad terram propriè nomina passionibus imponuntur,& quibusdam differentijs ipsarum. Cùm enim secundum modica fertur,psecades: cùm autem secundum maiores partes,pluuia vocatur.

Cõm.34. Post hæc, quis deinde sit secundus locus post illum, qui continuus est superioribus lationibus, primus autem circa terram,ipse enarrat:cãm autem assignat, {iste.n.locus cõis est aeri & aquæ} subdit uero, {circa eam, quæ est sursum generationẽ ipsius.} qm̃ primùm tractat de his,quę sursum fiunt:narrabit autem postea, quæcunq; circa aerem, & aquam deorsum,ut infra terram generãtur. Ex his autem,quæ infra terram fiunt, fontes sunt & terræmotus. Vniuersaliter autem inquit oportet primum accipere, horum omnium principia & causas,tum materiales, tum etiam effectiuas siue motiuas. Motiuam uerò ac effectiuam huiusmodi omnium causam inquit esse circulum, intelligens zodiacum. In hoc.n.manifestè latus sol, hæc quidem ex subiectis corporibus disgregat, dum propinquus accedens subtiliat tum aquas,quæ in ipsa terra sunt,tũ terram etiam ipsam, ac exhalationes eleuat: hæc uero congregat rursus longe recedens, tunc.n.humida exhalatio in nubes consistit & aquas. Nãque per accessum & recessum, contrariarum passionum fit causa, aliquando quidẽ generationis, aliquando uerò corruptionis. Cùm autem dixerit solem esse effectiuum passionum,quę fiũt in loco communi aeri & aquæ,de quibus sermonem se consequenter facturum proposuit: declarat quomodo sol talis fit causa, & quæ sit horum causa materialis. Manente.n.terra in medio, quod circa ipsam humidum est,ab ipsa caliditate,tum quæ ex sole est,tum etiam alia, quæ ex superiori parte prouenit, subtiliatum atq; euaporatum sursum fertur: qm̃ autem caliditas,quæ tali exhalationi commixta est, ipsam derelinquit, partim q̃a ab exhalatione segregatur atque sursum eleuatur, cum secundum naturã talis sit latio huiusce naturæ fumosæ calidæ & siccæ: partim uero qm̃ extinguitur,propterea quia ab ipsa terra ad frigidissimam regionem ascendit, (frigidissimus enim ut dixit,& etiam inferius dicet,est locus ubi deficiũt ac terminantur refractiones radiorum solis, quæ fiunt ab ipsa terra) tunc iterum constat uapor in aquam, atque in ipsam transmutatus, rursus deorsum fertur,cùm talis aquæ secundum naturam sit motus. Id autem, quod ex aqua transmutatur,& quæ ex illa fit exhalatio,uapor est:quippe q̃ medius existit inter aquam,ex qua transmutatur, & illam,quæ fit ex ipso:concretio uerò,quę ex aere fit, & dehinc transmutatur in aquam,nubes est:quę rursus media est inter aerem ex quo fit,& aquam in quã trãsmutatur. Nebulas autem inquit,siue caliginem, nubis esse excrementum, quæ in aquam concreta fuit. Illud enim, quod ab ipsa transmutatione nubis in aquam derelinquitur,nebula uel caligo est. Fit autem etiam caligo ex transmutatione uaporis in nubes, quando.s.non fit similis siue æqualis ab omni parte uaporis coagulatio & consistentia: & propter hoc inquit {caliginem esse magis signum serenitatis q̃ aquarum} qm̃ illud est ex nube, quod non potuit sic constringi,ut in aquam transmutaretur. Inquit.n. caliginem esse ueluti nubem sterilem: fertilis nãque nubes est illa, quæ in aquam transmutatur, cùm hoc sibi competat s̃m naturam: quæ autem non habet hoc, sterilis est, eo quod sibi s̃m naturam conuenit. Cùm uerò dixerit huiusce exhalationis ac rursus ꝯsistẽtiæ causam esse solem,inquit totum hoc per circulum fieri,per imitationem solis,qui illud efficit:sicut.n.in obliquum permutatus circulo mouetur,sic etiam & talis exhalatio sursum lata, dehinc in nubẽ consistens, & ex nube in aquam trãsmutata,ac deorsum lata per circulum mouetur. Assimilat autẽ circulum hũc ab exhalatione factum per sursum & deorsum, fluuio continuo fluenti sursum & deorsum, cõi existenti aeri & aquæ: exhalatus.n.ac sursum latus aer est, aqua uerò, qñ ex eo transmutatur ac deorsum descendit. Propè quidem igitur sole existente,fluuij sursum fit fluxus: elõgato autem rursus deorsum,& hoc quidem s̃m ordinem uerum non sic ꝯtinue ut nunquam deficiat, sed per hunc uidelicet modum, ut prima latio sit sursum, eleuata.s.exhalatione,post illam uerò latio sit deorsum:exhalatio.n. fit materia ad ipsam aquam, sicut & rursus aqua ad exhalationem. Probabiliter autem opinionem quã habuerunt antiqui de Oceano, quod circa terram circũflueret, appropriat prædicto huic fluxui atque trãsmutationi. Inquit autem ipsis passionibus aquæ, quæ propter transmutationem ex nube descendit, propria imponi nomina ex eius differentijs: cum quidem enim per modicas partes fertur, psecades uocatur: cum autem per maiores & abundantiores partes,pluuia dicitur.

Aquæ ort⁹.

Caligo q̃uo fiat.

Ex eo autem quod de die euaporat, quantum non suspensum fuerit propter paucitatem sursum ducentis ipsum ignis, ad eam, quæ eleuatur aquam, iterum deorsum latum, cùm infrigidatum fuerit nocte, vocatur ros & pruina. Pruina quidem, quando vapor congelatur prius, quàm in aquã concretus fuerit iterum. Fit autem hyeme & magis in hyemalibus locis. Ros autem, cùm concretus fuerit in aquam vapor, & neque sic fuerit æstus vt exiccetur sursum ductum, neque sic frigus vt congeletur vapor ipse, propterea quòd aut locus calidior aut tempus sit. Fit enim magis ros in temperie,& in temperatis locis: pruina autem, sicut dictum est, è contrario. Palàm enim est, quòd vapor calidior est aqua, habet enim eleuantem adhuc ignem: quare amplioris est frigiditatis ipsum coagulare. Fiunt autem ambo serenitate & tranquillitate: neq; enim eleuabuntur non existente serenitate, neq; constare poterunt vtiq;, vento flante. Signum autem est quòd fiunt hæc, quia non longè suspenditur vapor: in montibus.n.nõ fit pruina. Causa autem est, vna quidem hæc, quòd sursum ducitur ex summissis & humectis locis. Quare veluti onus portans maius sursum ducẽs caliditas quàm secundum seipsam, non potest eleuare ipsum ad multum locum altitudinis sed propè dimittit iterum. Alia aũt est, quia diffluit maximè aer existens in altis, qui dissoluit consistentiam talem. Fit autem ros vbiq;, australibus, non borealibus, præterquam in Ponto: ibi autem, è contrario: borealibus.n. fit, australibus autem non fit. Causa autem est similiter sicut quod temperie quidem fit, hyeme autem non: auster.n. temperiem facit, boreas autẽ hyemem, frigidus.n.est: quare ex hyeme exhalationis extinguit caliditatem. In Ponto aũt auster quidem non sic facit temperiem vt fiat vapor, boreas autem propter frigiditatem antiperistasin faciens calidum congregat: quare plus vaporat magis. Sæpe autem hoc & in exterioribus locis est videre fieri, vaporant.n.putei borealibus magis quàm australibus: sed borealia quidem, extinguunt Tex.35.

antequam

antequam constet aliqua multitudo: in australibus autem finitur congregari exhalatio.

Com.35. Huiuscemodi quidē igitur exhalationes & transmutationes ſm annua tempora, ac Solis annuas permutationes amant fieri, ſequentes quidem ad motus ipſius, per quos etiam anni tempora diſtinguūtur. Fit autem & diurna quædam in uaporem tranſmutatio, ex humiditate, quæ circa terram eſt, ſumēs & ipſa principium à Solis ſupra terram & ſubtus terram progreſſu. Ex diurno autem uapore, illud quidem, quod non poteſt ad multum eleuari, propter debilitatem caloris ſurſum ducentis ipſum, cùm minor ſit eleuato ipſo uapore, quem aquam uocat, propterea quia propter eius humiditatem faciliter in aquam tranſmutatur. Vel dixit, {ad eam, quæ eleuat aquam.} intelligens ad eum locum, in quo fit tranſmutatio in aquam. Qñ itaq; illud, cùm non poſsit ad multum eleuari propter paucitatem caloris ipſum ſurſum ducentis, prope terram quidem nocte infrigidatum, (frigidiores.n.noctes ſunt,) deorſum tandem deſcendit, ros & pruina uocatur. Hæc autem in hoc differunt, qm̄ pruina fit qñ uapor ipſe propter frigus prius congelatur, q̄ in aquam cōcernatur iterum: ac propter hoc pruina in hyeme fit, atq; in locis magis hyemalibus. Ros autem fit, qñ uapor præueniens ipſam congelationem, propter hoc, ꝙ à uehementi frigore non complectatur, in aquam tranſmutatus deſcendit. Qñ.n. neque adeo calida eſt exhalatio, uel propter anni tempora, uel propter regionis qualitatem, in qua fit, ut deſiccetur, neq; etiam adeo frigida ut congeletur, tunc ros generatur. Cùm autem dixerit pruinam in hyeme fieri, atque in frigidioribus locis, rorem uerò in ſenioribus temporibus ac locis, cùm per maiorem frigiditatem pruina fiat: oſtendit propter id quidem hæc accidere, quoniam maiorem continens caliditatem, maiori etiam frigiditate indiget ad hoc ut congeletur: uapor uerò calidior eſt aqua, cùm in ſe caliditatem habeat ipſum eleuantem: ad hoc autem ut congeletur, cùm caliditatem in ſe habeat inſeparatam multo frigore opus eſt. Ambo autem, inquit {fiunt & ros & pruina, ſerenitate ac tranquillitate exiſtente} cum.n. ſerenitas non exiſtit, uapor quidem non eleuabitur: ſiccitate nāque opus eſt ad eius eleuationem, ac etiam tenuitate à qua ſurſum feratur: flante uerò uento non cōſiſtet, ſed potius diſpergetur ac corrūpetur. Signum autem adducit ꝙ horum cōſiſtentia, roris.ſ.& pruinæ, non fit longe ab ipſa terra, neque multum eleuato uapore: quoniam in montibus neutrum iſtorum accidit fieri. Cauſas uerò aſsignat quare hæc in mōtibus non generantur: quarum una eſt, quoniam uapor ex locis concauis atque paluſtribus eleuatur, ubi plurimus quidem fit: caliditas autem quæ tunc eleuat uaporem, minor exiſtens eo quod eleuatur, quia maius fert pōdus q̄ ferre poſsit ad parum eleuans, tandem illum dimittit. Secunda eſt cauſa, quia aer in cacuminibus montium continuò mouetur & fluit, cum ſimul & ipſe circūtrahatur ab ipſa latione totius, propter quem motum diſgregantur omnes quæ in huiuſmodi locis adſunt exhalationes. Cōcauus nāque aer, atq; inter ipſos montes incluſus, ille eſt, qui quidem à totius latione, ſimul non trahitur. Dicit deinde, ꝙ ros fit in alijs quidem regionibus, non borea, ſed auſtro uigente: in ponto uerò econtrario, uigente.ſ. borea, non autem auſtro. Cuius rei cām aſsignat, qm̄ fit quidē ſerenitate exiſtente, non autem hyeme. In alijs uerò regionibus præterquam in Ponto, Auſter eſt ſerenitatis amator, Boreas autem hyemalis: quare propter eius frigiditatem eleuatæ exhalationis extinguit caliditatem, à qua exhalatio ferebatur, præſertim cùm parua ſit hæc caliditas: propter autem ſui paruitatem citius pōdus deſerēs, cauſa roris fit, cùm facilius infrigidetur, quod parum habet caliditatis: ſi autem talis exhalatio non eleuabitur, ros nunquam fiet. In ponto uerò auſter calidior eſt qdem ipſo borea, ſed non talem cauſans temperiem & ſerenitatem, ut exhalationem efficiat. Cæterum boreas propter nimiam frigiditatem, circūobſiſtit calidum, atq; antipariſtat ad ipſam terrā, in qua cum plurimum ſit factum, tādem euaporat. Quod aūt antipariſtaſis circa calidum quod ppter ſui frigiditatem facit boreas, cauſet euaporationem ab ipſa terra, ſignum affert, qm̄ in alijs locis extra pōtum euaporant putei, magis propter borealiores uentos q̄ propter auſtraliores. Cùm dixerit autem, ꝙ facta exhalatiōe in regionibus magis borealibus, q̄ auſtralibus, ros quidem generatur auſtralibus uentis flantibus, non autem borealibus, nunc cauſam, quā præuenerat, aſsignat: qm̄.ſ. in borealibus priuſquam conſiſtat aliqua euaporationis multitudo, boreas propter ſui frigiditatem calidum extinguit, qd̄ in ipſa eſt, in auſtralibus autem finitur congregari exhalatio. Quæret autem aliquis, propter quid in Ponto etiam boreas non extinguat calidum, quod in exhalatiōe eſt, cùm & illic etiam frigidior exiſtat? an & ibi calidum extingueretur quidem, qppe cùm minus ſit? Qm̄ uerò ibi propter antiperiſtaſin, caliditatis magis concentratur ac congregata magis fit exhalatio, poteſt (quāuis parum) aliquantulum tamen eleuari, cùm propter ſui multitudinem ſiue in unum congregationem, reſiſtat etiam aliquātulum calidum quod in ipſā eſt aduerſus boreæ frigiditatem: atque iccirco raro ibi hoc accidit.

Ros, & Pruina quo differant.

Ipſa autem aqua non coagulatur hic, quemadmodum in circa nubes loco. Inde enim tria veniunt corpora conſtantia propter infrigidationem, aqua, & nix, & grando. Horum autem duo quidem proportionaliter, & propter eaſdem cauſas fiunt ijs, quæ inferius, differentia ſecundum magis & minus, & multitudine, & paucitate. Nix enim & pruina idem, & pluuia & ros: ſed illud quidem multum, hoc autem paucum eſt. Pluuia enim ex multo vapore fit infrigidato. Huius autem cauſa eſt, & locus multus, & tempus exiſtēs, in quo colligitur, & ex quo. Paucum autem ros, ephemera enim eſt conſiſtentia, & locus paruus: manifeſtat autem generatio exiſtens velox, & parua multitudo. Similiter autem & pruina, & nix. Cùm enim congelata eſt nubes, nix eſt: cum autem vapor, pruina. Quapropter aut temporis aut regionis ſignum eſt frigidæ: non enim vtique coagularetur, adhuc multa inexiſtente caliditate, ſi non ſuperuinceret frigus: in nube enim adhuc ineſt multum calidum reſiduum ignis, qui euaporare fecit ex terra humidum. Grando autem ibi quidē fit, in vaporizāte autem propinquo terræ, hoc deficit: quemadmodum enim diximus, vt quidnam ibi nix, hic fit pruina: vt autem ibi pluuia, hic ros. Vt autem ibi grando, hic non cōtrà reſpondet ſimile: cauſa autem, cum dixerimus de grandine, erit manifeſta. Oportet autem accipere ſimul, & accidentia circa generationem ipſius, & quæ non ſeducunt, & quæ videntur eſſe rationabilia. Tex.36.

A loco, qui circa nubes tria inquit corpora deorsum descendere, propter infrigidationem constantia ac constipata, aquam uidelicet, niuem, & grandinem. Circa terram uerò pruina & ros generantur, quorum pruinam proportionem dicit habere ad ipsam niuem, ac propter eandem causam fieri. Rorem uerò ad aquam: tñ autem differre ſm magis & minus, & multitudinem & paucitatem. Multa.n.est pluuia, cùm ex multo uapore infrigidato imber fiat. Locus enim, ex quo eleuatur, & ad quem congregatur, multus est, & tempus etiam, ī quo tum eleuatur, tum infrigidatur, est multum. Ros uero quid paucum est ac ephemerum: in pauco.n.fit loco, ac una tñ die, ueloxq; est generatio ipsius. Simili modo & pruina se habet ad niuem. Nix.n.congelatio est nubis iam prius consistentis, pruina uero uaporis. Ambo autē per infrigidationem congelantur. Et propter hoc inquit hæc signa esse aut temporis frigidi, aut regionis: aut.n.in hyeme accidunt fieri, aut si non in hyeme, saltem in locis frigidis. Quòd autem hæc maximi frigoris indicia sint, hinc patet. Non.n.congelaretur nubes, absq; maxima frigiditate, cùm quidem in ipsa existat calidum illud, quod residuum est caliditatis, quæ uaporem, ex quo nubes est, sursum iam prius tulit è terra: neq; etiam congelaretur uapor. existente.n.in ipso caliditate, quæ ipsum sustulit, cōgelatio ac transmutatio habet etiam ibi fieri. Grandini uerò nihil proportionale fit in loco, qui circa terram est: causam autem inquit tunc fore manifestam, cùm primùm declaratum fuerit quid sit grando, & qūo generetur. Cæterum oportere inquit dicentem de ipsa, accipere quæ uere illi insint, non autem ea, quæ seducentia sint ac dubitare faciant, sed potius quæ omnibus rationabilia uideātur. hoc est, quæcunq; indubitabiliter insint ipsi, & quicquid ad hæc rationabile consequatur. Deinceps autem de ipsis sermonem aggreditur.

Tex.37. *Est enim grando, glacies: coagulatur autem aqua hyeme. Grandines autem fiunt vere quidem, & autumno maximè, deinde & tempore fructuum: hyeme autem rarius, & quando minus fuerit frigus. Et vniuersaliter fiunt grandines quidem in temperatioribus locis, niues autem in frigidioribus. Inconueniens autem est, & coagulari aquam in eo, qui est sursum loco: neque enim congelatam esse possibile est, antequam facta sit aqua: neque aquam vllo tempore possibile est manere eleuatam existentem. At verò neque sicuti psecades sursum quidem insident propter paruitatem, immorantes autem in aere (sicuti & in aqua, terra & aurum, propter paruitatem partium sæpe supernatant) sic in aere, aqua. Conuenientibus autem multis paruis, magnæ deorsum feruntur psecades: hoc autem non contingit fieri in grandine: non enim copulantur congelata, vti humida. Palam igitur, quòd sursum tanta aqua mansisset: non enim vtique congelata fuisset tanta. His igitur videtur passionis causa esse huius & generationis, cùm propulsa fuerit nubes in superiorem locum magis existentem frigidum, propterea quòd desinunt ibi refractiones radiorum à terra, & veniens illuc in aquam coagulatur. Quapropter & æstate magis, & in calidis regionibus fieri grandines, quoniam amplius calidum sursum pellit à terra nubes. Accidit autem in valde altis minimè fieri grandinem, quāuis oportebat, quemadmodum & niuem videmus in altis maximè fieri. Adhuc autem sæpe visæ sunt nubes delatæ cum sono multo secus ipsam terram, vt terribile esset audientibus & videntibus, tanquam futuro aliquo maiori: aliquando autem & sine sono talibus visis nubibus, grando fit multa & magnitudine incredibilis, & figuris non rotunda, propterea quòd non multo tempore fit latio ipsius, tanquam prope terram facta coagulatione, sed non sicut illi aiunt. At verò necessarium est ab ea, quæ maximè causa est coagulationis, maximas fieri grandines: glacies enim grando est, & hoc omni est manifestum. Magnæ autem sunt quæ figuris sunt non rotundæ: hoc autem signum est quòd sint congelatæ prope terram. Latæ enim, de longe propterea quòd feruntur: longæ, circūattritæ, fiunt & figura rotundæ, & magnitudine minores. Quòd igitur non ex eo quòd propelluntur in superiorem locum frigidum, coagulatio accidit, palàm.*

Tanquam quidem confessum accipit, grandinem esse glaciem siue crystallū, qui est aqua propter frigiditatem congelata. Ac propter hoc dubitatū est, cur cùm aqua in hyeme congeletur, grando tñ fiat uere & autumno maximè, deinde & fructuum tempore: in hyeme uerò raro, & tunc cùm minus frigus fuerit: & uľr fiant grandines in temperatioribus locis, niues uerò in frigidioribus. Absurdum autem & est, coagulari aquam in loco, qui sursum est: non.n. congelatam esse prius possibile est, q̄ facta sit aqua, ut grando quidem generetur; nix nāque est illa, quæ antequam aqua fiat congelatur. Præterea per nullū aliquod tempus, postquam facta est aqua, potest sursum quiescere siue manere, ut congeletur. At uerò nec illud dicere est possibile, ꝙ queādmodum psecades paruæ, sursum quidem resident propter paruitatem, ac uelut in aqua puluis ac frusta auri sæpius supernatant, ipsæ etiam in aere immorantur, ac tandem in unum conuenientes atq; sese adinuicem augentes, deorsum descendunt, eodem modo circa grandinem accidat; ꝙ paruæ quidem psecades sursum propter tenuitatem residentes, coagulatæ grandinem efficiant. Hoc.n.inquit esse impossibile. nāque neq; grando adeo tenuis & parua est, neq; fieri potest ut paruæ psecades coagulatæ simul, postea congressæ uniantur, ac in magnitudinem redactę tādem descendant: aquam.n.in descensu congelari atque uniri conueniens quidem est, illa autem q̄ prius sunt congelata, impossibile. Oportebit igitur tātam aquam sursum congregatam permanere, ut sufficiēs sit per congelationem grādo fieri, si quidem grādo sit crystallus, hoc est aqua congelata. Cùm itaq; ad hoc, ꝙ grādo sit crystallus siue glacies, prædicta hæc incōmoda consequantur, uidelicet non in frigiditate fieri, sed in temperie magis, ac etiam qūo possit tñ aquæ sursum permanere, ac quiescere ut congeletur, aliqui quidem, quorum unus est Anax. dicunt ad hæc, ꝙ talis quidem passionis, ac huiusce congelationis causa est, propulsio nubis ad superiorem locum frigidum existentem, ab ipso deorsum calido, quod est circa terram. Est.n.aer circa terram ualde calidus propter refractionem radiorum solis: duplicatur nāque prope terram calor, qui à sole est, cùm non solùm accidat propter incidentiam radiorum solis ad terram, sed etiam rursus propter refractionem eorum ab ipsa, & sic duplex fit radiorum transitus per locum illum. Fit autem radiorum ad similes angulos, ut æqualis quidem fiat angulus inter terrā & refractum radium, angulo, qui inter terram & incidentem radium factus fuerit. Atq; hinc est, ꝙ maximum calorem habent hi, per quorum uerticem ꝑtransit sol, cùm apud ipsos in idem fiat radiorum refractio:

Cōm.37.

fractio: tunc.n.anguli, qui utrinq; causantur, adinuicem æquales fiunt. Aer igitur & locus, qui ꝓpe terrã est, calidior fuerit propter hoc, frigidissimus autem, ad quem refractiones ipsæ terminantur ac desinũt. Iste nãque locus neque est adeo soli propinquus, ut propter propinquitatem ad ipsum magis calefieri possit q̃ locus prope terram: neque etiam ab ipsa radiorum refractione caliditatem assumit. Nubes igit̃ qñ à caliditate quæ circa terram est, ad frigidũ illum aerem propelluntur in aquam transmutatæ statim congelantur, & hoc est in causa, ꝙ in calidis temporibus & locis grandines fiant, qm̃ plurimus existens tunc calor circa terrã in amplius sursum tollit à terra nubes. Aduersus istam opinionem rursus inquit, ꝙ in maximis montium summitatibus non fit grando, cum tñ si hæccine esset grandinis causa, oporteret sicut plurima nix ĩ ipsis summitatibus fit, sic etiã & grandinem fieri. Redarguit etiam istam opinionẽ ut falsam, qm̃ sæpius uisæ sunt nubes delatæ cum sono ualde prope ipsam terram, ut terribile audientibus fuerit, adeo ꝙ existimarent aliquid malus futurum fore, & grando post hæc facta fuit. Aliquando autem & sine sono, uisis prope terram delatis nubibus, grando facta est multa, & magnitudine incredibilis & figuris non rotũda. Cuius magnitudinis & figuræ cãm assignauit, qm̃ non multa fuit latio ipsius tanquam prope terram facta coagulatione, ex qua latione accidit ipsam circũfrãgi, & ab excessibus seu extremitatibus rotũdari, ꝙ eius sphæricitatis est cã: cum autem non sic sphærica fiet, prope terram generabitur, atq; ideo ueritatem non continet, quod isti dicunt. Si.n. locus ille quem isti putant causa esset coagulationis, opus quidem esset maximam illic ꝯstare grandinem: ubi nãque est maxima causa congelationis, ibi etiam rationi consonum est, maximas fieri grandines. Quare si maximæ grandines prope terram sunt, locus quidem qui frigidissimus longè à terra est, non erit, ut isti dicunt, causa in generatione grandinis.

Tex.38. *Sed quoniam videmus quòd sit antiperistasis calido & frigido inuicem, (quapropter in æstu frigida sunt inferiora terræ, & calida in gelu) oportet putare & hoc in eo, qui sursum fieri loco. Quare in calidioribus temporibus antiperistasin passum intus frigidum, propter eam, quę in circuitu est, caliditatem, aliquando quidem citò aquam ex nube facit. Quapropter & guttæ multò maiores in calidis fiunt diebus quàm in hyeme, & aquæ labroteræ. Labroteræ.n. dicuntur, cùm magis subitæ ac simul totæ: magis subitæ autem ac simul totæ, propter celeritatem coagulationis. Hoc aũt ipsum fit contrà quàm vt Anaxa. dicit. Hic enim, cùm in frigidum aerem ascenderit, ait hoc pati: nos autem cum in calidum descenderit, & maximè cùm maximè. Cùm autem adhuc magis antiperistasin passum est intus frigidum ab exteriori calido, aquam faciens coagulauit magis & fit grando. Accidit autem hoc, cùm citius fuerit coagulatio quàm aquæ latio deorsum. Si.n. fertur quidem in tanto tempore, frigiditas autem vehemens existens in minori coagulauit, nihil probibet eleuatam congelari, si coagulatio in minori fiat tempore quàm quæ deorsum fit latio Et quantò vtique propinquius, & magis subitò fit coagulatio, & aquæ labroteræ fiunt, & guttæ & grandines maiores, propterea quòd breui ferantur loco. Et non crebræ guttæ magnæ cadunt, propter eandem causam.*

Com.38. Postquam destruxit opinionem Anaxagoræ, qui existimabat grandines fieri in loco ualde à terra remoto, cum frigidissimus sit, propulsis quidem nubibus ad ipsum à caliditate, quæ circa terram sit, cùm illic postea transmutentur nubes in aquam, quæ deinde à frigiditate loci congelatur. Aggreditur modò ponere propriam opinionem, & inquit, antiperistasin esse causam generationis ipsius grandinis: qm̃.n. calidum & frigidum se adinuicem circũobsistunt, seu antiperistant, hinc est ꝙ in hyeme calidum in profunditates à circunstanti frigido propellatur: in calidis autem temporibus frigidum ipsum è contra ad interiora terræ retrocedit, cum circũdans caliditas illud circũobsistat: & propter hoc in æstu frigidiora sunt interiora terræ, ac aquæ etiam quæ in puteis sunt: in frigidis autem temporibus, calidiora sunt ea quæ in profundo, quinetiam & fontiũ aquæ. Hanc itaque antiperistasin oportet existimare fieri etiam in corporibus, siue in nubibus, quę sunt in sursum locis, ut.s. in calidioribus diebus, frigidum quod in ipsa nube est, propter antiperistasin, quam patit, ab undiq; circũstante caliditate, in eius profundum recedens, uelocem faciat transmutationem illam, q̃ propter frigiditatem habet fieri, & propter hoc in illis temporibus, uelox fit transmutatio in aquam, ac psecades etiam simul collectæ fiunt, ac ualde maiores descendunt tanquam non singulatim ex nube transmutatas, sed collectim & quasi simul omnes, & hinc etiam est, ꝙ tunc quoq; pluuiæ accidunt labroteræ, & festinantes magis. Nam quemadmodum in frigidis locis, calidum illud, quod derelictum in nubibus est, ex maiori caliditate illa, à qua sursum exhalatio ducebatur, à circũdãte frigiditate, quam inuenit, in profundum expulsum ac congregatũ, cùm tãdem per uim segregetur atque excludatur, sæpius inceditur si ad hoc sufficiens erit (ut ipse progrediens in sequẽtibus dicet, cùm de corruscationibus ac fulminibus pertractabit:) eodem rursus etiã modo, qñ caliditas circũstat, frigidum autem intra nubes cohibetur, tunc in profundum propellitur, ac simul congregatum, atq; unitum, transmutationes primò nubiũ maiori unione causabit, & dehinc aquę iam ab ipso effectæ congelationem efficient, cùm.s. tantæ fuerit quantitatis ut ad hoc sit sufficiens. Cùm uerò hoc dixerit, inquit, ꝙ opposito modo se habẽt ea, quæ ẽm hanc opinionem accidunt fieri, q̃ ponat opinio Anaxagoræ. Ille quidem, n. tũc dicebat grãdines fieri, cùm nubes ipsa in frigidum locum ualde sursum recedat, lata quidẽ ab ipsa caliditate, q̃ circa terram est. Nos autem dicimus, ꝙ tunc talis trãsmutatio maximè fit in nube, qñ in calidiorem incidat locum: qñ, n. adhuc magis frigidum caliditati antiperistat, ut quãplurimum possit in profundum recedat, ad quam partem à circũstanti caliditate immutitur, tunc simul & nubis trãsmutationem in aquam efficiet, ac etiam aquam subitò congelauerit, ut fiat grando. Dehinc declarat qũo possibile est aquam sursum congelari, de qua re prius dubitatum fuit. Qm̃.n. descensus aquæ in tempore fit, in tempore autem & congelatio, tunc si in minori tempore fiet ꝯgelatio q̃ deorsum latio, accidet ipsam adhuc sursum existentem congelari. Quantò autem propinquius ad terram fiat huiusmodi transmutatio, tantò aquæ fient magis labroteræ, & grandines maiores, propterea quia breui feruntur loco, & non ualde liquescunt

Aquam, qũo sursum accidat ꝯgelari.

quescunt aut minorantur:neq; magnæ guttæ crebræ tunc cadunt, propterea quia non longe fit earum transmutatio, & primæ earū in descensu præueniunt earum generationem. Vel non crebræ cadunt, quia in breui latione non diuiduntur, quod ipsis euenit, si magis ex sublimi deorsum feruntur.

Tex.39. *Minus autem æstate fit quàm vere, aut autumno, magis tamen quàm hyeme, quia siccior est aer æstate, in vere autem adhuc humidus, in autumno autem iam humectatur. Fiunt autem aliquando, vti dictum est, et in maturatione fructuum grandines propter eandem causam. Confert autem adhuc ad celeritatem coagulationis, et præcalefactam fuisse aquā, citius enim infrigidatur. Quapropter multi cùm calidam infrigidare citò voluerint, ad Solem ponunt primò. Et qui circa Pontum sunt, cùm in glacie habitacula faciunt ad pisciū venationes, (venantur enim, intercidentes glaciem) aquam calidam calamis circūfundunt, propterea quòd citius coagulatur: vtuntur enim glacie quasi plūbo, vt quiescant calami. Calida autem fit citò constans aqua, in regionibus & tēporibus calidis. Fiunt autem & circa Arabiam & Æthiopiam æstate aquæ, & non hyeme, & hæ vehementes, & eadem die sæpe propter eandem causam: citò enim infrigidantur per antiperistasin, quæ fit propterea quòd calida est regio valde. De pluuia igitur & rore, & niue, & pruina, & grādine propter quam causam fiunt, & quæ natura ipsorum est, tot dicta sint.*

Cōm.39. Qm̄ dixit in calidioribus temporibus grandinem fieri, atq; in magis calidas, magis antiperistasin à calido patiens frigidum in profundum concentratur, ac congregatum quæcunq; ibi insint, infrigidare ac transmutare, & tandem congelare: dubitationem, q̄ ex hoc oriri posset, modò dissoluit. Ea autē talis est. Propter quid, si hoc modo fit grando, non magis fit in æstate, tunc.n. maior caliditas est, quæ circūstet: di-

Grandines cur nō fiant in ęstate. cit tñ minus fieri in æstate q̄ uere & autumno, quia in æstate aer calidus est & siccus: humiditate autem indigent huiusce modi exhalationes. At qui in uere humiditas est adhuc ex hyeme manens, Autumnus uerò iam humectatur, fiunt etiam grandines circa maturationes fructuum, lāguescente iam æstate, qñ aer iā iam est humidus, cū sufficiens sit, tunc & humiditas, & æstatis caliditas. Ad celeritatem autem congelationis aquæ conferre ait, {& præcalefactam esse aquam} intelligens quidem nubem, ex qua fit aqua. Quòd autem citius infrigidatur si præcalefacta fuerit, signum subdit: qm̄ aliqui cùm infrigidare aquam celeriter uolunt, ipsam ad solem ponunt primò ut calefiat: & illi etiam, qui aquam infrigidare quærunt propter circūpositionem niuis circa uas ipsum, intra ꝙ aqua infrigidari habet, infusam ibi aquam primò calefaciunt, tanquam celerius si calefacta fuerit infrigidetur. Quinetiam suspēsis duobus uasibus ad aliquem locum frigidum, quæ quidem uasa similia sint, ac æquam habeant aquæ portionem, sed in hoc quidem calida sit, in altero autem frigida, maior erit infrigidatio ubi calefactio prius fuerat. Inquit autē ꝙ & hi {qui circa Pontum habitant} qñ ad piscium uenationes hyemali tempore habitacula in glacie faciunt, (uenātur.n. & in hyeme, quāuis congelatus sit fluuius, disrūpentes glaciem. innuit autem illos, q in Istro uenātur, hic nāque fluuius illic est, & hyeme congelatur, uel si quis alius huiusmodi fluuius apud illos est) illi itaq;, inquit, aqua calida calamos circūdant, propter ea quia celerius à frigido coagulatur: utuntur nāque glacie circa calamos, cum quibus pisces uenantur, quasi plūbo, ut propter ponderis appensionem quiescāt calami, ne motu ipsorum si moueantur, pisces conturbentur. Calida autem, inquit, fit citò constans aqua, in regionibus & temporibus calidis. Quamobrem quæreret aliquis, quare, & cuius gratia hoc dixerit, uidetur.n. ab eo, quod dictum est diuertisse? an illud, quod prius dixerat applicandum est, ad illud.s. {propter quod multi cum infrigidare celerius uoluerunt, ad solem ponunt primò?} ad hoc.n. consequitur id, {calida itaq; fit citò constans aqua.} Inquit autem & circa Arabiā & Æthiopiam, in æstate quidem & non in hyeme, fieri pluuias impetuosas, ac eadem die sæpe, propter prædictam causam. Velox.n. fit infrigidatio ꝓpter profundam antiperistasin, quæ fit propter ualde calidam esse regionem illam. Quæret autē aliquis, qūo si æstas sicca est, ut iam dixit, apud quos siccissima est æstas, apud illos pluuiæ in æstate fiant? an, exhalationes quidem & nubium consistentię, ibi quidem non generantur, uerùm à spiritibus ethesijs illuc propulsæ consistūt, ut dicet. Causa autem uelocis ipsarum in aquā transmutationis prædicta est exhalatio, ut declarabitur, quando de incremento Nili pertractabit.

Cap. duodecimum. De Fluuiorum, ac Fontium generatione.

De ventis autem & omnibus spiritibus, adhuc autem & de fluuijs & mari dicamus, primò & de his dubitantes ad nos ipsos. Sicut enim & de alijs, sic & de his nihil accepimus dictum tale, quod non & quilibet dicat vtique. Sunt autem quidam, qui aiunt vocatum aerem motum quidem & fluentem ventum esse, consistentem autem eundem hunc: iterum nubem & aquam, tanquam eadem natura existente aquę & spiritus, & ventum esse motum aeris. Quapropter & eorum, qui sapienter volunt dicere, quidam vnum aiunt ventum esse motum aeris. Quapropter & eorum, qui sapienter volunt dicere, quidam vnum aiunt ventū esse omnes ventos, quia accidit & aerem motum, vnum & eundem esse omnem: videri autem differre nihil differentiā, propter loca vnde fuerit fluens semper, similiter dicentes, quemadmodum vtique si quis putet & fluuios omnes vnum fluuium esse. Quare melius multi dicunt sine inquisitione, quàm qui cum inquisitione sic dicunt. Si enim ex vno principio omnes fluerent, & ibi spiritus eodem modo, fortè vtique dicerent aliquid dicentes sic: si autem similiter hic & ibi, planum quod leue, dictum hoc erit mendacium. Quoniam hoc quidem optimam habet considerationem, quid est ventus, et quomodo fit, & quid est mouens, & vnde principium ipsorum, & vtrum quemadmodum ex vase oporteat accipere fluentem ventum, & eousq; fluere donec vtique euacuatum sit vas, velut ex vtribus emissum, aut quemadmodum pictores pingunt, ex seipsis principium emittentes. Tex 40.

Ad aliud problema accedens, nobis rursus in memoriam reuocās ea, de quibus iam factus est sermo, Cōm.40. ad tractandum de uentis, ac de omnibus spiritibus, modo pertransit. Vocat autē spiritus, illos qui uenti non appellantur. uel quasi diceret & omnino uīr, qcunque fiunt spiritus, quāuis hi uenti non sint, sed ex ipsa terra euaporationes quædam. Amplius proponit & de fluuijs, & de mari. Inquit autem oportere de his primum dubitare per nosmetipsos, quæcūque possint de ipsis dubitari, qm̄ nihil prius de horū generatione dictum fuit ab aliquo, quod & quemlibet non contingat dicere. Ostendit autem quid ab aliquibus

aliquibus dictum sit, qui aiunt uentum esse aerem motũ & fluentem, sicut Hippocrates asserit, dicens: Quòd uentus est aeris fluxus, siue catarrhus, q quidem consistens ac cōdensatus existens aer, sit & nubes & aqua. quasi eadem natura & spiritus & aquæ natura cum ambo aer sint. Propter quod & eorum, qui sapienter de his loqui uolunt, inquit {aliquos dicere omnes uentos unum esse uentum.} q̃m cum secundum ipsos, uentus sit aer fluens, unus idem omnibus uocatis uentis aer est, qui mouetur, qui f̃m locorum differentias differre uidentur, cum nihil differant. Simile etiam, inquit, est hoc dicere, ac si existimaret quis, omnes fluuios unũ esse fluuiũ, q̃m loca, è quibus fluunt, non efficiũt aquæ differentiam specificam, cùm fluuius uerè nihil aliud sit q̃ aqua fluens. Cùm autem ostendere uelit absurdum huius opinionis, (non.n.propter hoc ꝙ idem sit subiectũ aliquibus, illa adinuicem eadem esse debent. nãque quãuis eadem in ipsis fuerit materia, nō tñ propter materiam accidit rebus identitas & diuersitas, sed ex forma, per quam aliqua sunt, eadem etiam erũt.) ex hoc itaq; subdit, {quapropter populares melius dicunt sine inquisitione, q̃ cum inqsitione sic dicentes.} Si quidem.n.fluuij oẽs ex uno principio fluũt, & spiritus ipsi eodem modo, aliqui quidem dicent, qui omnes uentos aiunt esse unum, & omnes fluuios unum similiter: si aũt sicut accidit in fluuijs, sic etiam & in uentis, & ex diuersis principijs fluxus est aeris, propter eandem causam propter q̃ non omnes fluuij unus sunt, neq; etiam unus erit uentus quãuis fluxus aeris uentus esset. Quare illud quod ab his subornatè uel fictè dictum uidetur, falsum erit. Subornatè autem dictum uocat, id quod dicunt, quod ex eadem aeris substantia uenti sint, cùm dicãt eos esse aeris fluxum. Conueniens autem dicit esse atq; opportunum, circa uentorum considerationem inquirere quid sit uentus, & qũo fiat, & q̃d ipsum moueat, & unde sit principium generationis ipsorum, & primùm quidem unum oportet existimare uentũ fluere & ferri, tanq̃ ex uase aliquo (donec uas uacuetur) tãquam ex utribus dimissum: quemadmodum apud Homerum Æolus in utre uentos compresit, ac deinde Vlysi tradidit: quem Vtrem Vlysis socij, ut uiderent quid in ipso lateret aperuerunt, ac cōfestim uenti foras effluentes euolarunt. Aut existimandum sit spiritus ipsos à uentis efflui atq; emitti, ut pingũt pictores. pingunt.n.uentos ex seipsis efflantes, atq; spiritum emittentes, qui spiritus ab efflantium nomine appellantur.

Tex 41. Antiquorũ opinio d' fluuiorũ ortu. *Similiter autem & de generatione fluuiorum, videtur quibusdam se habere. Eleuatam.n.à Sole aquam, iterum plutam & congregatam sub terra, fluere vt ex ventre magno, aut omnes ex vno, aut alium ex alio. Et non fieri aquam vllam, sed collectam ex hyeme in talia susceptacula, hanc fieri multitudinem fluuiorum. Quapropter & maiores semper hyeme fluere quàm æstate. Et hos quidem esse perpetuos, hos autem non perpetuos. Quorum enim propter magnitudinem ventris, multa collecta aqua est vt sufficiat, & non prius consumatur quàm superueniat imber in hyeme iterum, hos quidem perpetuos esse sine fine. Quibuscunque autem minora susceptacula sunt, hi propter paucitatem aquæ exiccantur antequam superueniat aqua de cœlo, euacuato vase. Quamuis manifestum est, quòd si quis velit, faciens velut susceptaculum præ oculis, quotidianæ aquæ fluentis continue intelligere multitudinem, excedet vtique magnitudine terræ molem, vel non multum deficiat, suscepta omnis fluens aqua per annum.*

Videtur, inquit, aliquibus similiter se habere & circa generationem fluuiorum. Existimant.n.aliqui, alicubi sub terra congregatam aquam fluere. Cùm nãq; à sole eleuetur aqua, atq; euaporet, rursus constans ac in aquam dehinc transmutata ac pluta, congregatur, ut isti dicunt, sub terra, atq; ex uẽtre quodam sub terra existente fluit tanquam ex uase magno, aut quidem omnes ex unò, aut alia ex alio. Non .n.fieri aquam ullam intra terram existimãt, sed collectam ex pluuijs in hyeme, in huiusmodi intra terram susceptaculis, aliquid fluuijs semper contribuere, ac suppeditationem ferre. Cuius rei signum afferunt, q̃m maiores semper in hyeme fluunt, minores uerò in æstate: aliqui autem perpetui sunt quicunq; quidem ex amplioribus uentribus, atque ex maiori aquæ magnitudine fluunt: aliqui uerò non perpetui, quorũ uidelicet aqua existens in uentre ex quo fluit atq; oritur, deficit iam, ac non suppeditat, siue perdurat, donec superueniens futura pluuia suppeditationem afferat, ac recentem aquam in uentrem cōgregat. Contra hanc opinionem obijciens subdit, ꝙ si quis syllogizet, ac ratiocinetur, & ante oculos sibi ponat, susceptaculum atq; uas totius aquæ, q̃ ubiq; per integros dies & noctes, per totum deniq; annũ indeficienter fluit, maioris concludet ac demõstrabit esse molis uas illud, quod tantam aquam continere habeat, quàm tota sit terra, aut parum minoris. Postquam autem hoc dixit aduersus talia opinãtes, dehinc propriam affert opinionem. Cõm.41. Fluuiorũ varia genera.

Sed palàm, quod accidunt quidem & multa talia in multis locis terræ. Verùm inconueniens est, si quis non putet propter eandem aquam ex aere fieri, propter quam quidem super terram, & in terra. Quare si & ibi propter frigiditatem constat vaporizans aer in aquam, & ab ea, quæ in terra frigiditate, idem hoc oportet putare accidere, & fieri: & non solùm segregatam aquam in ipsa, & hanc fluere, sed fieri continuè. Tex.42.

Ponit modò suiipsius opinionem, & inquit, ꝙ esse quidem aliquas concauitates intra terram ab aquis separatas, è quibus postquam replentur in hyeme, aliquis accidit fluxus, hoc quidem mirum non est: absurdum autem esset nō existimare, ꝙ propter quã causam fit super terram aquæ generatio ex aere, ꝓpter eandem & intra terram accidat fieri. Quemadmodum.n.super terram propter frigiditatem, euaporans aer constat in aquam, ut paulò superius dictum est, sic oportet existimare & ab ea, quæ sub terra est frigiditate, trãsmutationem in aquam fieri: ut non solùm in terra sit aqua illa, quæ iam præuenerat ut aqua fieret, sed quæ etiam continuò generetur in ipsa, quæ generata fluat dehinc per loca, quæ magis ad huiusmodi fluxum apta sunt atque disposita. Cõm.42.

Amplius autem non fluente sed existente aqua quotidie, non tale esse principium fluuiorum, veluti sub terra stagna quædam segregata, sicut quidam dicunt: sed similiter sicut & in eo, qui est super terram, loco, paruæ consistunt guttæ, et iterum ipsæ cum alijs, ac tandem cum multitudine descendit pluta aqua, sic & in terra ex paruis constillari primò, & esse velut scaturigines in vnum terræ, principia fluuiorum. Manifestat autem id ipsum, opus. Qui enim aquæ ductus faciunt, humilibus & defossis deducunt, quasi vtique sudante terra Tex.43. Fluuiorum principia.

terra ab excelsis. Quapropter & rheumata fluuiorum, ex montibus videntur fluentia. Et plurimi & maximi fluuij fluūt ex maximi montibus. Similiter autē & fontes plurimi, montibus & locis altis vicini sunt: in cāpestribus autem, sine fluuiis pauci fiunt omnino. Mōtana.n.& alta loca, velut spōgia super suspensa, secundum modica quidem, in multis autem locis producunt & constillant aquam: suscipiunt.n. adueniētis aquæ magnam multitudinem, (quid.n. differt concauam, & supinam, aut conuexā peripheriam esse, & gibbosam? vtroq; enim modo equalem molem cōprehendet corporis) & ascendentem vaporem infrigidant, et condensant iterum in aquā. Quapropter, quēadmodum diximus, maximi fluuiorum ex maximis videntur fluentes montibus. Palam autem est hoc considerantibus terræ periodos: has enim inquirendo à singulis, sic descripserunt quascunque non accidit ipsomet vidisse & dicere. Asiæ fluuij. *In Asia igitur plurimi ex Parnaso vocato monte videntur fluentes, & maximi fluuij. Hic autem mons dicitur esse maximus omnium, qui ad orientem hyemalem: transcēdenti enim iam hunc, apparet mare, quod extra est, cuius terminos non palàm his, qui hinc. Ex hoc igitur fluunt & alij fluuij, & Bactrus, & Choaspes, & Araxes. Ab hoc autē diuiditur Tanais, pars existens, in Mæotidem paludem. Fluit autem & Indus ex ipso, omnium fluuiorum rheuma plurimum. Ex Caucaso autem, & alij fluunt multi, & secundum multitudinem, & secundum magnitudinem excedentes, & Phasis. Caucasus autem maximus mons est eorum, qui ad orientem æstiualem, & multitudine, & altitudine. Signa autem altitudinis quidem, quia videtur, & à vocatis profundis, & à nauigantibus in stagnum. Adhuc autem illustrantur Sole ipsius summitates vsque ad tertiam partem noctis & ab aurora, & iterum à vespera. Multitudinis autem signa, quia multa habens iuga, in quibus & gentes habitant multæ, & stagna esse aiunt magna: attamen omnia iuga esse aiunt manifesta vsque ad vltimum verticem.* Europæ. *Ex Pyrenæo autem, (hic autem est mons ad occidentem æquinoctialem in Celtica) fluunt Ister & Tartessus: iste quidē extra Colūnas, Ister autem per totam Europam in Pōtum Euxinum. Aliorum autem fluuiorum plurimi ad arctum, ex montibus Arcynijs. Hi autem & multitudine & altitudine maximi circa locum hunc sunt. Sub ipsa autem vrsa super vltimam Scythiam vocatæ Rhipæ, de quarum magnitudine sermones, qui dicuntur, valde sunt fabulosi. Fluunt igitur plurimi & maximi post Istrum aliorum fluuiorum hinc, vt aiunt. Similiter autem & circa Lybiam,* Africæ. *hi quidem ex Æthiopicis montibus, & Ægon, & Nyses (hi autem maximi diuulgatorum) & Chremetes vocatus, qui in exterius mare fluit: & Nili fluxus primus ex Argenteo vocato monte. Eorum autē, qui circa Hellanicum locum, Achelous quidem ex Pindo, & Inachus hinc. Strymon autē, & Nestus, & Hebrus, omnes tres existentes, ex Scombro. Multi autem fluxus, & ex Rhodope sunt. Similiter autem & alios fluuios inueniet quis vtique fluentes, sed testimonij gratia hos diximus: quoniam & quicunque ipsorum fluunt ex paludibus, paludes sub montibus positas esse accidit omnes ferè, aut sub locis altis ex appositione.*

Cōm.43. Cum dixerit aquam generari sub terra, ſm transmutationem uaporis propter frigiditatem, sicut & supra terram: inquit modò, ꝙ non facta aqua, sed existente. (apposuit aūt illud {quotidie} ipsi {existēte} contra distinguens illud {nō quotidie,} ab eo quod dixit {quotidie facta:} Per existentem uero aquam intelligit aquam plutam,) inquit igitur, ꝙ ab hmōi non facta, sed existente aqua, non oportet esse principia fluuiorum, neq; effluxus fieri, tanq̄ ab aqua cōgregata, & quasi in stagnis conseruata, è quibus tandem effluat, ut quidam existimarunt. Sed similiter sicut & i eo, qui est super terram loco, paruæ primùm consistentis stillæ & dehinc permixtæ cum alijs, tandem cum multitudine descendunt, & quasi fluuium quēdam fluentem efficiūt: sic & in ipsa terra, ex paruis primùm stillis ueluti scaturigo quædam in unum aqua colligitur, è quo quidem loco fiunt deinde fluxus aquarum ac principia fluuiorum. Quod autem hęc sic se habeant, manifestum, inquit est ab ipso opere. Qui.n. aquæductus faciunt, & aquam alicūde deducere uolentes cloacas quasdam siue fossas effodientes, aquam per has perfluentem, tanquam sit q̄dam terræ sudor, ab excelsis in unum colligunt: non .n. dum effodiunt, paludi quidem alicui aquarū plenæ occurrunt, ac aquas tādem per cloacas deducūt. Cùm autem dixerit huiusmodi aquarum scaturigines, seu stillationes & infossiones, tanquam sudante terra ab ipsis cacuminibus concurrere ac congregari, dehinc, ꝙ hæc sic accidat fieri, ac fluuij ipsi accipiāt principium ab huiusmodi scaturiginibus in unū coeuntibus, signum affert: ꝙ rheumata fluuiorum à montibus uidentur fluere, & plurimi & maximi fluuij ab altissimis etiam montibus. Quinetiam & crenæ utplurimùm mōtibus propinquæ sunt, & ex ipsis fluunt. Per crenas autem fontes intelligit. In cāpestribus autem paucos omnino fontes uidemus, siue alios aquarum fluxus, præter fluuios, qui per campestria quidem fluunt, à montibus autem principium habent. Causam uerò, ꝙ à montibus & ab altis locis, fiant fluxus & irrigationes aquarum, inquit esse, q̄m montana & alta loca, quæ ad cāpestria loca suspensa sunt, uelut spongiæ per paruas quidem partes, sed multis in locis scaturiunt, ac aquam promunt: cùm quidem ī ipsis pluta aqua recipiatur, ac propter eius densitatem conseruatur (nihil enim differt, siue cōcauam & supinam facere terram, ut desuper descendentem aquam suscipiat atq; cōseruet: siue pronam, atq; gibbosam ſm peripheriam, quasi spongiam tn̄, ut aquam in se suscipere possit, ac per tempus retinere, ne circum effluat. utroq;.n. modo equalem molem aquæ comprehendit.) Amplius huiusmodi loca ascendentes per ipsa uapores infrigidant ac transmutant in aquam, ut non solùm pluta, ac ibi inexistens aqua ex ipsis effluat, sed & quæ ibi de nouo cōtinuo generatur. Propter hāc igitur, inquit, causam, maximi fluuij, ut dictum est, ex maximis fluunt montibus, sicut manifestum est ex circuitu siue ex periodo ipsius terræ, quam aliqui descripserunt ab alijs q̄ uiderunt addiscentes, quicquid ipsimet uidere non potuerūt. Dehinc historiam subdit, ex qua maximos fluuios ex maximis effluere montibus comprobet. In Asia quidem.n. plurimi & maximi fluuij ex Parnaso effluunt monte, qui maximus omniū erit montium, qui ad ortum hyemalem sunt. Id autem quod dicit, {transcendenti.n. iam hunc, apparet quidē mare quod extra est, cuius terminus non palam est his qui sunt hinc.} ut situm ac positionem montis exprimat, dictum est. Ex hoc.n. patet ut ad ortum hyemalem sit, cùm ad plagam illam extra sit mare. Potest ēt illud idem, & magnitudinem montis significare atq; ostendere, cùm tantum sit illud mare, ut eius terminus nisi montem illum ascendentibus non appareat, à quo.s. talis manifestatio tanquam ab obstaculo ꝓhibetur.

A mōtibus cur fluuij fiant.

hibetur. Inquit autem ex hoc monte, tum alios quidem effluere fluuios, fortasse minores ac ideo innominatos, tum etiam & Bactrũ & Choaspem & Araxen, cuius Tanais fluuius pars existens, ab eo diuisus in Mæotidem paludem uadit. Fluere etiã inquit Indum ex hoc monte, maximum existentem omnium fluuiorum. Ex Caucaso autem monte, qui & ipse in Asia est, alios inquit effluere fluuios & multitudine & magnitudine excedẽtes, quinetiam & Phasim, ꝓpter sui magnitudinem celebrem atq; illustrem. Dicit uerò Caucasum maximum esse montem & altitudine & multitudine, omnium, qui ad ortum æstiuũ sint. Atque eius altitudinis quidem affert signum, ꝙ .s. ualde à remotis ac simul ab imis & concauis locis uideatur: ab ipsis.n. uocatis Bateis à longe spectatᷓ, & ab in stagnum nauigantibus, quod quidem ualde distare manifestum est. Quinetiam & eius summitates, usq; ad tertiam noctis partem ex occasu solis illustrantur à sole: ac rursus etiam per tertiam partem ab oriente. Ita ꝙ ex duodecim nocturnalibus horis, per quatuor tantum horas, quæ intermediæ sunt, à sole ipso non collustrantur. Q̃uo autem se habeat qđ dictum est, ex historia ipsa iudicare oportet. Latitudinis etiam eius ac multitudinis signa sunt, qm̃ multas habet sedes, hoc est multis in locis habentur in ipso loca plana ubi ædificari posit, in q̃bus locis gẽtes habitant multæ, & stagnum ibi dicunt esse magnum. Hæc autem omnia manifesta sunt, ac uideri possunt usq; ad supremum uerticem, quod maximũ quidem magnitudinis est signum: si quidem gentes habet plurimas, atq; ædificia multa, ac talia quidem, ut tum à longe, tum ab infimis seu ad radicem ipsius existentibus locis, omnia manifestè uideantur usq; ad uerticẽ ipsum, adeo sublimis est uertex, ut dictũ est. Accedit deinde ad mõtes Europæ, & fluuios, qui in ipsa sunt. Manifesta autem & clara sunt quæ subdit & narrat de huiusmodi montibus ac fluuijs, qui ex ipsis fluunt tum in Europa, tum etiam in Lybia.

Tex.44. *Quòd igitur nõ oportet putare sic fieri principia fluuiorum, vt ex determinatis ventribus, manifestum. Neque.n. vtique sufficiens esset locus terræ, vt ita dicam, sicuti neque nubium, si existentem oporteret fluere solum, & nõ hæc quidem deficeret, hæc autem fieret, sed semper ab existente acciperetur. Et sub montibus esse fontes attestatur, quòd quia confluit ad modicum & paulatim, ex multis scaturiginibus distribuit locus, & fiunt sic fontes fluuiorum. Verùm & talia esse loca habentia multitudinem aquæ, veluti stagna, nihil inconueniens est, sed non tanta, vt hoc accidat, nihil magis quàm si quis putet manifestos esse fontes fluuiorum: ferè enim ex fontibus plurimi fluunt. Simile igitur est, illa & hos putare esse corpus aquæ omne. Quòd autem sint tales fauces & voragines terræ, manifestant absorpti fluuij. Accidit autem hoc in multis locis terræ, vt Peloponnesi plurima talia circa Arcadiam sunt. Causa autem est, quia montosa exists̃es non habet effluxus ex alueis in mare: repleta enim loca, & non habentia effluxum, ipsis inueniunt transitum in profundum, cogente desuper adueniente aqua. Circa igitur Helladem, parua talia omnino sunt facta. Sed est sub Caucaso stagnum, quod vocant qui ibi, mare. Hoc enim multis fluuijs & magnis ingredientibus non habens effluxum manifestum, deriuat sub terra iuxta Coraxos, circa vocata Profunda Ponti. Hæc autem sunt, infinita quædam maris profunditas: nullus enim vnquam, qui tentauerit, potuit terminum inuenire. Hæc autem longe à terra ferè ad trecenta stadia, potabilem reddunt aquam ad multum locum, non autem continue, sed in tres partes. Et circa Ligusticam, non minor Rhodano absorbetur quidam fluuius, & iterum egreditur secundum alium locum. Rhodanus autem, fluuius est nauibus transmeabilis.*

Ex his modò nobis in mentẽ reuocat ea, q̃ ostensa sunt, & ꝙ uera de fluuijs non est opinio, quæ uidelicet ponit ipsos fluere ex quibusdam uentribus existentibus sub terra, & habentibus collectam aquam in seipsis. Neq;.n. terra sufficiens esset, ut pro tanta aqua, receptaculum fieret. Neque etiam nubes ipsæ hoc idem possent, si omnem pluturam aquam in seipsis inexistentem, atq; collectã continuo haberent, non autem modò hæc de nouo generaretur, modò hęc deorsum descenderet. Attestatur autem hoc, qđ dictum est, ꝙ fluuij ab eminentijs montium incipiũt fluere, tanquam ab his per modicas partes colligatᷓ aqua, ſm iam dictum modum. Nãque, si ex uẽtribus effluerẽt fluuij, nihil minus in campestribus quidem locis, principium atque originem fluxus haberent. Nullum quidem.n. absurdum est, si in terra existimamus esse loca habentia in seipsis collectam aquam, sicut sunt stagna & paludes, è quibus aliquis fluxus fieri posit. Inconueniens uerò si talia ipsa putamus esse, ut omnis aqua fluens ab ipsis effluat. Simile.n. huic esset existimare, manifestos tm̃ fontes fluuios complere, siue aquam ipsis suppeditare, in quibus quidem fontibus, omnis aqua quæ fluit, collecta sit. Nãque ex aliq̃bus manifestis & notis fontibus, quas crenas uocat, plurimi sanè fluuij principium atque ortum trahunt. Sicut igitur in fontibus his non inest omnis aqua fluuiorum qui ex ipsis effluunt, sed partim fluit, partim uerò continuò generatur atq; colligitur, sic etiam eodem modo si aliquam in ipsa terra uidemus aquam, existimare nõ oportet illam oĩs fluentis aquæ cumulum esse, ac summam quãdam, & corpus aquæ omne. Qm̃ ꝙ quidem sint tales conualles, ac uoragines siue cõcauitates in ipsa terra, ut recipere aquas posint, manifestum est ex fluuijs, quos subdens apponit, quorum rheumata intra terram absorpta ac deglutita, in alijs rursus locis ædunt ac reddunt, tanquam non quidem pereunte aqua sub terra, sed conseruata. Cõm.44.

Cap. decimũtertium. De aquarum & continentis permutatione, ac vicissitudine: & de Diluuijs.

Tex.45. *Non semper autem eadem loca terræ, neque aquosa sunt neq; arida, sed permutantur secundum fluuiorũ generationes & defectus. Quapropter & quæ sunt circa aridam permutantur, & quæ circa mare: & non semper hæc quidem terra, hæc autem mare perseuerant omni tempore, sed fit mare quidem vbi arida, vbi autem nunc mare, hic iterum terra. Secundum quędam tamen ordinem putare oportet hoc fieri, & periodum. Principium autem horum & causa est, quòd et terræ interiora sicuti corpora plãtarum & animalium statum habent & senectutem. Sed istis quidem non secundum partem hæc accidit pati, sed simul totum in statu esse, & decrementum pati necessarium est: terræ autem hoc fit secundum partem: propter frigus & caliditatem. Hæc igitur & crescunt & minuuntur, propter Solem & circulationem: propter hæc autem, & virtutem partes terræ accipiunt differentem. Quare ad tempus aquosa possunt permanere, deinde exiccantur & senescunt iterũ. Alia autem loca viuificantur, & aquosa fiunt secundum partem.*

Necesse

Amnes quo pacto accrescant.

Necesse autem est locis factisficcioribus, fontes exterminari: his autem accidentibus, fluuios primò quidem ex magnis paruos, deinde tandem fieri siccos. Fluuijs autem transmutatis & hinc quidem exterminatis, in alijs autem proportionaliter factis, permutari mare. Vbi enim excrescens à fluuijs abundauit, abscedentes aridam facere necessarium est, vbi autem fluxibus abundans exiccabatur, affusum hic iterum stagnare. Sed propterea quòd fit omnis naturalis circa terrã generatio, per successionem & in temporibus longissimis ad nostram vitam, latent hæc facta, & prius omnium gentium interitus fiũt et corruptiones, quàm memoretur horum permutatio à principio ad finem. Maximæ igitur corruptiones fiunt & citissimæ in prælijs, aliæ autem in infirmitatibus, hæ autem in sterilitatibus: & in his, hæ quidem magnæ, hæ autem secundum modicum vt lateant talium gentium etiam transmigrationes: propterea quòd hi quidem derelinquunt regiones, hi autem permanent vsque ad hoc, donec vtiq; non amplius possit alere regio multitudinem vllam. A prima igitur desertione ad vltimam, par est fieri longa tempora, ita vt nullus meminerit, sed saluatis adhuc permanẽtibus, obliuionem factam esse propter temporis multitudinem. Eodem autem modo oportet putare, & inhabitationes latere quando primùm factæ sunt gentibus singulis, in permutatis & factis siccis ex paludosis & aquosis. Etenim hic paulatim in multo fit tempore additio, vt non sit memoria qui primi, & quando, & qualiter se habentibus locis veniũt: vt accidit et circa Ægyptum. Etenim hic locus semper siccior videtur fieri, & tota regio fluuij atterratio esse Nili. Propterea autem quòd paulatim exiccatis paludibus, propinqua inhabitata sunt, ex temporis longitudine ablatum est principium. Videntur igitur & ora omnia, excepto vno Canobico, manufacta & non fluuij existentia. Et antiquitus, Ægyptus, Thebæ vocatæ. Insinuat autem & Homerus, si recens existens, vt ita dicam, ad tales permutationes: illius enim loci facit mẽtionem, tanquam nondum Memphi existente, aut non omnino, aut nõ tanta. Hoc autem par est sic accidere. Inferiora enim loca, superioribus posterius habitata fuere. Paludosa. n. ad amplius tempus necessarium est esse propinquiora atterrationi, propterea quòd stagnant in vltimis semper magis. Permutatur autem hoc, & iterũ apte habet: desiccata enim loca, veniunt ad bene habendum. Quæ autem prius erant bene temperata, superexiccata aliquãdo fiunt deteriora: quod quidem accidit Helladi, & circa Argiuorum & Mycenæorum regionem. Troicorum enim tempore, Argia quidem, quia paludosa erat, paucos poterat alere: Mycenæa autem bene habebat, quapropter honoratior erat. Nunc autem contrarium, propter dictam causam: hæc. n. inutilis facta est, & sicca prorsus: illius autem ea, quæ tunc propterea quòd stagnabant, inutilia erant, nunc vtilia facta sunt. Sicut igitur in hoc loco accidit existente paruo, idem oportet putare hoc accidere et circa magna loca, & regiones totas.

Cõm. 45. Non similes quidem existimat partes terræ semper manere, ut. s. quæ humidæ sint & aquosæ, humidæ semper maneant, & aridæ semper aridæ, sed permutari potius & quæ humidæ fuerint, aridas rursus fieri, aridas uerò humectari. Hęc autem accidere ꝓpter ipsos fiuuios. Propter hoc enim, ꝙ ipsorum aliqui generantur, cùm prius non existerent, aliqui uerò deficiunt ac corrũpuntur, & amplius non existũt: sequitur etiam humidarum terræ partium ac aridarum transmutatio, partibus quidem eius, quæ prius aridæ fuerãt humectatis, propter fluuios, qui de nouo in ipsis generantur, exiccatis autem quæ prius humidæ erant propter fluuiorum corruptionem, qui prius apud ipsas existerent. Propter eandem etiam causam, inquit, & illa, quæ circa continentem sunt, & quæ etiam circa ipsum mare, adinuicem uersa uice permutari: propter quam causam & fluuiorum quidam generantur non existentes prius, quidam uerò corrumpuntur. Non tñ absq; aliquo ordine, inquit, existimandum esse, huiusmodi passiones circa terrã accidere, sed ſm quẽdam ordinem & periodum. Cã autem & principium harum transmutationũ & passionum est, ut ipse inquit, ꝙ quemadmodum animalium & plantarum corpora iuuentutem ac senectutem habent ſm naturam, sic & quæ intra terrã sunt. Differunt autem, qm̃ in illis uigor, ac uigoris declinatio siue languor non accidit ſm partem, parte. s. ipsorum aliqua uigente, parte autem languescente, sed simul ſm omnes partes tale quid patiuntur: partes. n. omnes simul iuuenescunt in ipsis, simul senescunt, simul tãdem corrumpuntur. Terra uerò ſcđm partes tantùm hoc patitur. Fit. n. talis transmutatio (sicut etiam in animalibus) propter frigus & caliditatem: alibi. n. aliæ terræ partes frigefiunt, aliæ desiccantur & calefiunt. Sicut nãque animalibus, sic ẽt & inanimatis, circulatio solis est causa augmenti & diminutionis. Accedens. n. sol, salutis & augmẽti est causa, recedens uerò diminutionis & corruptionis, ut palam est ex ipsis rebus quæ annuæ sunt: hæ. n. accedente sole ad ipsas augentur, recedente uerò diminuuntur & corruptionem patiuntur. Sicut autem & illis accidit, sic etiam & diuturnioribus rebus euenit fieri, quarum augmentum & decrementum magis longum requirunt tempus: per quot. n. accessus solis earum fit augmentatio, per tot etiam recessus diminutio & corruptio fiet. Quemadmodum igitur propter solis circulationem augentur hæc omnia, & diminutionem patiuntur, sic etiam & terræ accidit ſm partes, ut ipsæ. s. propter accessum & recessum solis, & omnino propter eius circulationem, quasi florem ipsum ætatis ac eius item languorem accipiunt, ut quidem usq; ad aliquod tempus iuuenescere ac uigere possint & humida permanere, dehinc exiccari ac tandem rursus senescere ualeant. Siccitatem autẽ terræ, senectutem uocauit, translationem accipiens ab animalibus. Ex huiusmodi uerò exiccatione locorum & partium terræ, sequitur quidem & fontes, qui ex dictis partibus scaturiunt, primùm quidem diminui, dehinc tandem corrumpi. Ex hoc uerò rursus sequitur, & fluuios qui ex talibus effluunt fontibus primum quidem minores fieri, deinceps tãdem exterminari. Cùm autem huiusmodi prædictam transmutationem fluuij patiantur, ut quidem alibi generetur propter aliquarum terræ partium iuuẽtutem, alibi uerò propter ipsarum ariditatem ac senectutẽ corrumpatur, necesse est ut etiam aliqui ſm quasdã terræ partes deficiant ab ipso mari, aliqui uerò ad ipsum de nouo superaccedant. Subdit autem deinde ea, quæ accidunt circa mare, propter deficientes ac rursus superaffluentes fluuios: propter. n. ambo hec, aliquæ terræ partes aridæ fiunt atq; exiccantur. Vbi nãque abundantibus quidem fluuijs superexcedit mare, expulsum atq; eiectum propter illorum affluxum, tunc ibi accidit aridam fieri, titubante quidem mare, ex hoc ꝙ fluuij ipsi non effluant amplius, neq; ad eandem partem expellitur siue excrescit: secundum quam uerò partem rheumata rursus fluuiorum

in

in mare irrumpentia illud augent, ſm eandem rurſus propter illuuionem, quam faciunt irrumpentes, ſtagnatio fit, atq; ipſa tādem minus areſcit terra. Quòd autem huiuſmodi tranſmutationes manifeſtæ nobis nō ſint, illud, inquit, eſt in cauſa, q̄m omnis naturalis tranſmutatio circa terram, per quādam ſucceſsionē ac paulatinè fit, & in temporibus quidem longiſsimis ratione habita ad noſtram uitam: & ꝓpter hoc latet nos quicquid tale fiat: præueniunt.n. omnium gentium interitus & corruptiones, ut earum rerum, quæ prius fuerunt, memoria eſſe non poſsit, etiam nec ex ſucceſsione ſiue traditione quaſi per manus. Videtur autem quod dictum eſt, aliquid habere incongrui, ꝙ.ſ. ex hoc quaſi innuat. interitum gentium in celeritate, memoriam horum præuenire. Cuius oppoſitum uidetur accidere: propter hoc enim, ꝙ tardę eorum fiunt corruptiones, prȩueniunt gentes in interitu, quę eorum memoriam habituræ ſint. ꝓpterea id, quod dictum eſt, idem fortè erit ac ſi diceremus, ꝙ & latent facti interitus omnium gentium, abſque aliqua memoria talium corruptionū. Dehinc uerò recenſet quibus ex cauſis accidant tales interitus, & quæ ſint, & q̄uo fiāt hæ corruptiones, per quas perit omnis memoria de huiuſcemodi paſsionibus quæ accidūt circa terram. Inquit autem maximas & citiſsimas accidere hominum corruptiones, in prælijs, quorum cauſa quamplurimas urbes, & populos, euerti accidit ac dirui: quinetiam & ex peſtilentibus infirmitatibus ac morbis intereunt ac euaneſcunt. Aliquæ autem gentes propter ſterilitatem regionis pereunt, quam ſi qui tamē euadunt, in alias regiones tranſmigrant, aliq̄n ſimul collectim, aliq̄n paulatinè, cùm uidelicet in dies ſterilior fiat terra ipſorum. & tunc, inquit, latent tales tranſmigrationes, quæ paulatine & non collectim factæ fuerint. Non.n. omnes tunc tranſmigrant, ſed hi quidem abeūt, hi uerò manent, quos regio ipſa alere ualeat: & hoc donec tandem regio debilitata, multitudinem aliquam alere nequeat. A prima ergo deſertione, donec poſtremi regionem relinquant, ueriſimile eſt lōga intercedere tempora, ut nullus ex his, qui poſtremi abierunt, memorari poſsit, ꝙ ex primis etiam aliqui inde diſceſſerint, cùm plurimæ progenies ac ætates in eorū intermedio fuerint interceptæ. Quemadmodū autem tranſmigrationes gentium latent ſæpius propter temporis longitudinem, ſic, inquit, rurſus & habitationes latere, q̄n.ſ. primùm incæperint cohabitare ad permutatas terræ partes, & iam ſiccas factas ex paluſtribus & aquoſis. Nāque & in his etiam in multo tempore fiunt tales habitationes atq; additiones, ut qui poſtremi habitant neſciant quidem q̄n primùm regionis illius temperies inceperit, aut urbis conſtructio: uelut accidit & circa Ægyptum fieri. Etenim regio illa ſemper ſiccior uidet̄ facta, & tota à Nilo fluuio abluuionem paſſa eſt: ſed propter hoc ꝙ paulatine id factum eſt, & paulatine etiā exiccatæ ſunt paludes, ac cōtinuò ipſæ gentes, ſm ꝙ loca exiccarentur, in ipſis ſedem poſuerunt, longitudo temporis ac paulatina ſucceſsio, omnem de principio ipſo habitationis memoriam abſtulit. Ora autē ipſius Nili omnia, quibus effluit in mare, Canobico uno excepto, uno.ſ. ex cataractis, manufacta uident̄, q̄m facta fuerint propter fluuij ſtagnationem, alluuione facta ab ipſo mari. Quòd autem alluuionem paſſa ſit Ægyptiorum regio ab ipſo fluuio, illud ſubdit ſignū, ꝙ antiq̄tus, Ægyptus, Thebæ uocatæ fuerint, ſicut etiam meminit Homerus, quamuis & ipſe {recens extiterit} ratione habita ad tales permutationes. Ægyptiorum nāque mentionem facit, tanquam Memphi non adhuc exiſtente, uel non tanta. In inferiori.n. Ægypti parte Mēphis, quæ autem loca inferius ſunt & ad ipſum mare, ſemper in huiuſcemodi alluuionibus poſterius habitantur, cùm poſterius etiam conſtabiliantur ac exiccentur, & ad ſymmetriam pro habitatione ipſa reducantur. Tranſmutantur nāq; loca, quæ prius inhabitabilia erant, ac humida & fertilia rurſus fiunt: quæ uero prius bene ſe habere uidebantur, exiccata rurſus deteriora fiunt. Cui rei atteſtantur ea, quæ facta fuerunt circa Argiuorum ac Mycenarum regionem.

Qui igitur reſpiciunt ad modicum, cauſam putant talium eſſe paſſionum totius mutationem, tanquam generato cœlo. Quapropter & mare minus fieri aiunt, tanquam exiccatum, quia plura loca apparent hoc paſſa nunc quàm prius. Eſt autem horum hoc quidem verum, hoc autem non verum: plura enim ſunt, quæ prius aquoſa, nunc autem arida: verum & contrarium. In multa enim loca conſiderantes inuenient ſuperueniſſe mare, ſed huius cauſam, non mundi generationem putare oportet. Ridiculum enim eſt propter paruas & momētaneas permutationes, mutare ipſum totum. Terræ autem moles ac magnitudo, nihil omnino eſt ad totum cœlum. Sed omnium horum cauſam exiſtimare oportet, quia fit per tempora finita, vt in tēporibus, quæ ſecundum annū, hyems, ſic periodo quadam magna, magna hyems & exceſſus imbrium. Hic aūt non ſemper ſecundum eadem loca, ſed quemadmodum vocatus ſub Deucalione cataclyſmus. Etenim hic circa Hellanicum locum factus fuit maximè, & huius circa Helladem antiquam: hæc autem eſt circa Dodonē & Achelou. Iſte enim multis in locis rheuma permutauit: habitabāt enim Selli hic, & vocati tunc quidem Greci, nunc aūt Hellenes. Cùm igitur factus fuerit talis exceſſus imbrium, putare oportet ad multum tempus ſufficere: & ſicut nunc eius, quod eſt fluuiorum, hos quidem eſſe perpetuos, hos autem nō, hi quidem aiunt cauſam eſſe magnitudinem ſub terra voraginum (ita nos magnitudinem altorum locorum, & ſpiſſitudinem, & frigiditatem ipſorum: iſta enim plurimam & ſuſcipiunt aquam, operiunt, et faciunt.) Quibuſcunque autem paruæ ſuſpenſæ ſunt montium conſiſtentiæ, aut ſpongioſæ & lapidoſæ & argilloſæ, hæc prædeficere ſic putare oportet, in quibus vtique facta fuerit talis humidi latio, vt perpetuæ fiant humiditates locorum magis: tempore autem hæc exiccata facta ſunt magis, altera autem minus quæ aquoſa ſunt, donec veniat iterum deſcenſus periodi eiuſdem. Quoniam autem neceſſe eſt totius fieri quandam permutationem, non tamen generationem & corruptionem, ſi quidem maneat totum, neceſſe eſt (quemadmodum nos dicimus) non eadē ſemper loca humida eſſe mari & fluuijs, & ſicca. Manifeſtat autem id quod fit: quos enim dicimus antiquiſſimos eſſe hominum Ægyptios, horum regio tota facta videtur & eſſe fluuij opus. Et hoc ſecundum regionem ipſam aſpicienti, manifeſtum eſt. Et quæ circa rubrum mare, argumentum ſufficiens. Hoc enim Regum aliquis tentauit perfodere: non enim paruas vtique haberet ipſius vtilitates, nauigabilis totus locus factus. Dicitur autem primus Seſoſtris conatus fuiſſe antiquorum, ſed inuenit mare exiſtens altius terra. Quapropter & ille primò, & Darius poſterius ceſſauit fodere, vt nō corrumperetur fluxus fluuij, commiſto mari. Manifeſtum eſt igitur, quòd mare vnum hæc omnia continuum erant. Qua- Tex. 46.

propter

propter et quæ circa Lybiam Ammoniam regionẽ, humiliora videntur & profundiora: præter rationem inferioris regionis. Palam enim, quòd atterratione facta, facta sunt stagna & arida: tempore aũt facto, derelicta & stagnans aqua desiccata, est iam annihilata. At uerò & quæ sunt circa Mæotidem paludem, creuerunt atterratione fluuiorum tantùm, vt multò minores magnitudine naues nunc innatent ad quæstum, quàm anno sexagesimo. Quare ex hoc facilè est proportionaliter accipere, quòd vt primò multa stagnorum, ita & hoc, opus est fluuiorum, & tandem necesse est totum fieri siccum. Adhuc autem Bosphorus semper quidem fluit, propterea quod atterratur. Et est adhuc hæc oculis videre, quo accidunt modo. Quando enim ab Asia interceptionem faciebat fluxus, quod erat posterius, stagnum factum fuit paruum primò, deinde exiccatum fuit: post hoc autem, alia ab hac interceptio, & stagnum ab hoc, & hoc semper similiter sic accidit. Hoc aũt facto sæpe, necesse est tempore procedente veluti fluuium fieri, tãdem autem & hunc siccum.

Cõm.46. Quocirca, inquit, aliqui quidem ad modicum respicientes, & simili utentes ratione, & ad ipsa tota, & ad modicas eorum partes, huiusce quidem terrarũ permutationis, ut quædam. s. loca, cùm humida atq; palustria prius existant, fiant postmodum habitabilia ac commoda: quædam uerò prius ad habitationẽ bene commensurata, dehinc propter superexcedentem siccitatem, inhabitabilia euadant, causam esse assignabant, totius mundi transmutationem & corruptionem. Existimarunt. n. huiusmodi signis pro argumento utentes, totius mundi incendium, atque exustionẽ aliquando accidere, sicut Heraclitus ante ipsum opinabaẽ, & hi, qui eius dogma sequuti sunt: post illum etiã & hi, qui ex stoa siue ex porticu, philosophabantur. Et ex hoc dicunt, ꝙ oportet mundi generationem esse causam, ꝙ aliquæ ipsius terrę partes exiccentur, aliquæ uerò humectentur, tanquam generatione totius & corruptione, posibili existente. Cæterum incõueniens est propter breues aliquas & paruas transmutationes, totum etiam mundum transmutare, ac generabilem & corruptibilem facere. Magnitudo nãque terræ nulla est, si ad totum cœlum comparetur, cùm ad ipsum rationẽ habeat centri. Quamobrem dicimus, ꝙ oportet nos dimittentes huiusmodi de ipso mundo opiniones, potius existimare talium circa terram transmutationum, illud esse causam, ꝙ. s. post aliqua tempora determinata & quasi fato decreta, sicut in quolibet anno hyems redit, sic etiam ſm aliquas astrorum periodos, fiant quibusdam in locis magnæ quædam hyemes, & ualde magni imbrium excessus: qualem factum accepimus cataclysmum tempore Deucalionis, circa Hellanicũ locum, & antiquam ipsam Helladam, quæ uidelicet sita est circa Dodonem & Acheloum. Hic. n. fluuius multis in locis rheumata transmutauit, propter illuuiones, quas facit, immersam terram rursus illuens & coaugmentans. In hac. n. regione Selli habitabãt, de quibus inquit Homerus: Circa autem Selli habitant, humi dormientes, uates, ac illotis pedibus. Qui uero uocantur nunc Hellines, tunc Græci uocabantur, quare & nunc etiam Hellinas Græcos uocant. Qñ itaque talis imbrium superexcessus acciderit, ut magna locorum fiat immersio, ac propter humiditatẽ inhabitatio, existimare oportet huiusmodi humectationem, ad multum tempus sufficere ac perdurare. Et quemadmodum aliqui fluuij perpetuò fluũt propter plurimarum aquarum suppeditationem, sibi contributam ex supereminẽtibus fontibus ab ipsis montibus, ſm quem dixit modum, sic etiam post tales magnos imbres, perpetuæ quædam humiditates circa loca ipsa, in quibus cõtingunt, per longum tẽpus permanebunt, ac diu perdurabunt, dummodo terra ipsa aptitudinem ad hoc, ac dispositionem habeat, ut. s. humiditatem hanc suscipiat ac retineat, ac humefacta diu perduret. In progressu autem temporis, loca quidem tum quæ ex talibus magnis imbribus humectata fuere, tum etiam quæ ex sui natura humida sunt tãdem exiccantur & arida fiunt: sed illa magis, hæc uero minus: & hoc semꝑ fit magis & magis, ita ꝙ quædam ex inhabitabilibus propter humiditatem, habitabilia fiant arida iam effecta: quædam uerò habitabilia quidem propter temperiem, inhabitabilia euadãt propter nimiam ariditatem, donec rursus eadem periodus redeat, ac magna hyems accidat iterũ. Qm̃ uerò necesse est aliquas in ipso uniuerso transmutationes accidere, non quidem ſm totum, uerùm ſm eius partes, quæ generabiles sunt & corruptibiles, necessarium est ex his, quæ dicta sunt, non semper eadem terrarum loca, eandem cõditionem habere, ut. s. uel semper humida sint, uel semper sicca, sed adinuicem transmutari. Et ꝙ ita res se habeat signum est, ꝙ Ægyptij, qui hominum antiquissimi existimantur, regionem quidem inhabitãt, quæ prius existens mare, quasi opus Nili fluuij relicta est, qui ab ipsa quasi defecerit. Et hoc palam inquit esse & ad regionem ipsam respicientibus: concaua. n. apparet. Sufficiens etiam huius rei argumẽtum inquit esse, quæ circa rubrum mare. Quid autem hoc sit, & qũo argumẽto esse posit, ꝙ regio Ægypti Nili fluuij opus quoddam præ se ferat, subdit dicens, ꝙ uolentes rubrum mare Ægyptiaco pelago copulare, perfodientes terram, quæ intermedia est, ab hoc tãdem destiterunt: propter hoc ꝙ altius esset rubrum mare, q̃ regio ipsa, quæ apud Ægyptiacum pelagus est, ita ꝙ ipsam inũdaturum esset, ac Nilum fluuium immanifestum effecturũ. Aliud etiam subdit signũ, ꝙ Ammoniæ Lybiæ regio ɔcaua etiã est, ac submissior q̃ terra Ægypti, & ita submisior etiã ipso mari. Quare eadem rõne ab eodem mari inũdata iã olim fuit. Et sic regiones istæ post inũdationes, primum quidẽ stagnantes, & tãdem postea exiccatæ, ac quasi maris pauimentum remanentes, habitabiles factæ sunt. Amplius & quę circa Mœotidem uocatam paludẽ accidunt, idem, inqt, ostendunt, ex fluuiorũ. s. in ipsam profluxu, qm̃ uidelicet multò minores magnitudine naues nauigare ꝑ ipsam queãt, q̃ nauigassent anno sexagesimo iã elapso. Quare manifestum, inqt, est ꝙ & palus hæc fluuioꝝ est opus, q procedentes tanq̃ in mare, paludem efficiant, quasi maris partem: quæ qdem palus procedente ipso tꝑe penitus exiccabitur. Præterea & Bosphorum, inquit, semper fluere. Est ãt Bosphorus, sub Euxino angustũ quoddam mare, Europã ab Asia diuidens. Hoc itaq; mare semꝑ fluere, inqt, propter limi adductionẽ. Per semper aũt fluere, intelligit, in angustum redigi: pelagorum. n. angusta, qñquidem utrinq; amplitudinẽ habeant maris, trãsmeatus qdem suscipiunt. Hoc itaq; affirmat accedere circa istud mare, ꝓpter hoc ꝙ ɔtinuo limum seu aliquid tale suscipiat. Secũdum aũt quem modũ huiusmodi accidat alluuio, põt, inquit,

&nunc

& nũc oculis ipsis cognosci: qñ enim fluxus ab Asia. (perfluxum autem ab Asia, ab Asiaticis quidem finibus ad partes Europæ, maris infusioné intelligit) Enionem effecerit, hoc est, littus quoddã quasi aggerem harenæ adducens atq; incũbens, tũc quidem per huiusce littoris interiectionem, partem maris abscindit, ac primò paruum relinquit stagnum, ꝙ tãdem exiccatum, continentem ubi prius erat mare, efficit regionem. Et dehinc rursus eodẽ modo aliud ac aliud efficitur stagnum ex harenæ & limi aggere, sicut & prius, quæ similiter tandem exiccatur, quòd quidem postq̃ multoties factum fuerit, necesse est, ꝙ procedente tempore in angustum magis & magis contrahatur hoc mare, dehinc uerò tãquam fluuius quidam euadat, & tãdem penitus exiccetur.

Tex.47. *Manifestum igitur, quoniam qñ tempus non deficit & totum est æternum, quòd neq; Tanais, neq; Nilus semper fluxit, sed erat aliquando siccus locus, vnde fluunt: opus .n. ipsorum habet terminum, tempus autem non habet. Similiter autem hoc, & in alijs fluuijs congruit dicere. At verò si quidẽ fluuij fiunt & corrumpuntur, & non semper eadem loca terræ sunt aquosa, & mare necesse est permutari similiter. Mari autem hæc quidem deserente, hæc autem supergrediente semper, manifestum est, quòd totius terræ non semper eadẽ, hæc quidem sunt mare, hæc autem arida, sed permutantur tempore omnia. Cur igitur terræ non semper eadem, aut arida sunt, aut nauigabilia, & propter quam causam hęc accidunt, dictum est. Similiter autem & propter quid fluuiorũ, hi quidem perpetui sunt, hi autem non.*

Côm.47. Ex his manifestum esse, inquit, ꝙ quoniam neque tempus deficit unquam, (nunquam .n. fuit, ꝙ tempus non fuerit.) & totum etiam ipsum est æternum, (ſm enim eius partes huiusmodi transmutationes fiunt, ut .s. aliqua loca humida prius existẽtia, postea arida fiant, quædam uerò arida, rursus humectãtur,) hinc est, ꝙ neque Tanais fluuius, neque Nilus, neque quis alius ex his, qui maximi & magis perpetui apparent fluuij, æternus est, sed erat aliquando siccus locus, unde nunc fluit, & rursus etiam exiccabitur, opus enim atque esse ipsorum terminum habent. Tempus autem nequaquam, hoc est, generabiles & corruptibiles ipsi sunt, tempus uero neutrum istorũ est. Quare necesse est aliquãdo fore, ut tempus quidem sit, fluuij uerò ipsi non sint. Sicut autem de his, sic etiam & de alijs fluuijs oportet dicere: eadem nãque ratio est in omnibus. Quinetiam ex hoc, ꝙ fluuij generantur & corrumpuntur, & non eædem ipsius terræ partes humidæ semper manent, necesse etiam est & mare ipsum transmutationem accipere, ac unà cum fluuijs transmutari. Mare uerò has quidem terræ partes deserente, has autẽ supergrediente, palàm, ꝙ totius terræ nõ semper eadem loca sunt mare, neque eadem continens. Sed permutata uice, omnia tempore permutari, quod erat propositum. Postq̃ autem hæc manifestauit, epilogat quęcunque de his, quasi per illationem siue per corrolaria ostẽsa sunt. inquit enim: Propter quod quidem igitur nõ eadem terræ loca semper arida ac inculta sunt, neq; eadem semper nauigabilia: & propter quam causam hoc accidat, similiter etiam & propter quid fluuiorũ alij perpetui quidem sint, alij uerò non, dictum est.

Libri Primi Meteorologicorum, cum Côm. Alex. finis.

ARISTOTELIS STAGIRITAE
METEOROLOGICORVM
LIBER SECVNDVS,

Cum Alexandri Aphrodisiensis Cõmentarij, Eodem Alex. Picholomineo interprete.

SVMMA LIBRI.

De Mari: de Ventis: de Terræmotu: de Corruscatione ac Tonitruo agit.

Caput primum. De Maris natura, a Generatione, Antiquorum affert opiniones, ac reprobat. Et cur fluere videatur exponit.

DE MARI *autem, & quæ natura ipsius, & propter quam causam est salsa tanta aquæ multitudo, adhuc autem de ea, quæ à principio generatione, dicamus. Antiqui igitur, & versantes circa Theologias, faciunt ipsius fontes, vt ipsis sint principia, et radices terre, & maris. Magis tragicum enim sic, & reuerentius existimauerunt fortè esse quod dicitur, tanquam magna quædam hæc pars totius existens, & reliquum cœlum totum circa hunc locum consistere, & huius gratia, tanquam existẽtem honoratissimum, & principium. Sapientiores autem humana sapientia, faciunt ipsius generationem: Esse enim primo humidum omnem locum, qui circa terram est, à sole autem exiccatum, quod quidem euaporauit, spiritus & conuersiones Solis & Lunæ aiunt facere: reliquum autem, mare esse. Quapropter & minus fieri exiccatum putant, & tandem forè aliquando totum siccum. Quidam autem ipsorum, aiunt calefacta à Sole terra, veluti sudorem fieri. Quapropter & salsum esse: etenim sudor, salsus. Quidam autem salsedinis causam, terram esse aiunt. quemadmodum enim & quod per cinerem colatur, salsum fit, eodem modo & hoc salsum esse, mista ipsi tali terra.* Tex.1.

CVM in primo Meteorologicorum libro, post sermonem de pluuia, niue, pruina, rore, & grandine, proposuerit se tractaturum de uentis, fluuijs, & fontibus, amplius etiam & de mari: posteaquam tractatum ibi de fluuijs & fontibus iam compleuit, Secundum modò librum aggreditur, ac principium sumit ab ipso mari. Proponens autem inquirit, quænam sit substantia & naturam maris, & quæ salsedinis aquæ sit causa, ac demum quomodo à principio generetur. Primùm uerò quemadmodum & in alijs facit, sic etiam & de ipso mari, opiniones eorum, qui ante ipsum extiterunt, exponit ac discutit. Antiquiores quidem igitur, {& circa theologica uersantes} Theologos ipsos appellat, quippe qui de dijs ipsis sermonem habent: quorum fuit Hesiodus, Homerus, & Orpheus etiam, qui Theogoniam conscripsit. Hi igitur ut inquit, quosdam faciunt maris fontes ut ipsis sint principia & radices terræ & maris, neque ex alicuius alterius transmutatione generatio horum sit, sed propria habeant quidem principia. Maximè .n. uenerantur isti atque honestant & terram ipsam, & quæ circa terram sunt, & propter terram ac eius Côm.1.

gratia cuncta alia dicunt esse ac fieri, quinetiam & uniuersum cœlum. Honorabilius autem & magis tragicum existimant esse, si ex aliquo proprio principio, ac determinata radice oriri ipsa arbitremur. Theologi quidem igitur & circa diuinam sapiētiam uersantes, hunc in modū de ipso mari enunciauerūt, Quod aūt inquit, {qui aūt sapientiores humana sapientia sunt,} in Theologos ipsos dictum est: per cauillum.n.& summa, tangit ipsos tanquam nimis superbia elatos ac iactabundos. Per sapientiores autē humana sapientia, Physicos ipsos intelligit: isti enim gn̄onem faciunt ipsius maris, non autem ingenitum illud faciūt, nec proprios dicunt habere fontes, quēadmodum Theologi. Horum quidem enim alij, reliquium primæ humiditatis asserunt esse mare. Cùm .n. humidus existat prius locus omnis, qui circa terrā est; quod primò ex humido ipso à Sole eleuatur, atq; euaporat, ex hoc utiq; fiūt spiritus. Subdit aūt, {& uersiones Solis & Lunæ.} qm̄ propter uapores ipsos, atq; exhalationes, ac etiam ꝓpter Solis & Lunæ uersiones, à quibus causatur, huiusmodi illic suppeditatio fit, ubi uertuntur maximè. Quicquid uerò in concauis locis, de ipso humido relictū permanet, illud utiq; uocatur mare. Quapropter, cùm propter ipsum Solem undiq; exarescat, & minus fieri dicunt semper, & tandem aliquando penitus siccum fore. Huius autē opinionis fuerunt, ut narrat Theophrastus, Anaximander, & Diogenes. Diogenes uerò & salsedinis ipsius hanc dicit esse causam, qm̄ cum sol dulce ipsum educat atque extrahat, salsum esse accidit quod relinquitur. Aliqui autem dicūt, quasi terræ sudorem quēdam esse mare. Calefacta nāque terra à Sole, talis humor educitur, ac ꝓpter hoc salsum est ipsum mare: salsus.n. sudor est. Huius uerò opinionis Emped fuit. Tertia uerò de mari est opinio, quod.s. aqua ipsa, cùm per uiscera ipsius terræ percurrat, ac quasi illā abluat, tandē fit salsa: ꝓpterea qa huiusmodi sapor, etiam in terra sit. Cuius signum afferunt ex his qui salem ac nitrum effodiunt, affirmātibus quidem, uarios acutos sapores esse in terra. Istius rursus opinionis fuerūt Anax.& Metrodorus.

Tex.2. *Quòd igitur fontes maris impossibile sit esse, per existentiam iam considerare oportet. Aquarum enim, quæ circa terram sunt, equidem fluxibiles existunt, hæ autem stationariæ. Fluxibiles igitur omnes fontanę. De fontibus autem diximus prius, quòd oportet intelligere, non tanquam ex vase deriuata principium esse fontem, sed ad quod semper facta & confluens occurrit primum: stationariarum autem, equidem collectiuæ, & substantiuæ veluti paludosæ, & quæcunque sunt stagnales, multitudine & paucitate differentes. hæ autem, fontanæ: hæ autem, omnes manufactæ: dico autem, veluti puteales vocatæ. Omnium enim oportet superius fontem esse, fluxu. Quapropter hæ quidem, spontaneæ fluunt fontanæ & fluuiales: hæ autem, arte indigent operante. Differentiæ igitur, tot & tales aquarum sunt.*

Cōm.2. Cùm q̄ breuibus prætactas de mari opiniones exposuerit, modò aduersus ipsos Theologos, qui proprios quosdam atq; æternos faciebant fontes ipsius maris, ut ingenitum ipsis esset, subdit quidem, ꝙ per existentia iam considerare oportet, ꝙ impossibile sit fontes esse ipsius maris. Cùm autem inquit, {per existentia iam.} uel intelligit ea, quæ mari inexistūt, uel accipit existentia pro his, quæ dicta iā, atq; ostēsa sunt, & aquæ & fontibus inesse: ad ea enim, q̄ ostēdi habent, utitur his, quæ determinata iam sunt. Nā ꝙ non sint propriè fontes maris, per hunc quidem modum declarat, {Aquarum, quæ circa terram ac intra terrram existunt} (non.n. de pluta aqua præsens est sermo) hæ quidem fluxibiles sunt, hæ uerò statiuæ: fluxibiles autem omnes à quibusdam fontibus principium fluxus habent. Qūo uerò generentur fontes, & ꝙ non ex quodam uase, seu uentre aliquo paulatinè effluant, quasi collectam aquam omnem contineat terra: sed quod intra ipsam potius, aqua illa, tum quæ quasi circulo cōtinuo generatur, tum etiam quæ iam prius suscepta erat, suscipiatur, ac ex montibus ad ipsos fontes exhibeatur, dictum est prius. Statiuarum autem aquarum, hæ quidem sunt collectiuæ, & quasi natura subsistentes, ueluti sunt quæ ex pluuijs coadunantur, & paludes, & quæcunq; ex magno fluuiorum excessu colliguntur, siue ex effluxibus fluuiorum alicubi, propter loci concauitatem subsistunt ac permanent atque stagnantur: quarum quidem aquarum ſm multitudinem & paucitatem consistentis aquæ, differentiæ dinascuntur: pauca.n. existente, Telma uocatur, hoc est, locus cœnosus: palus uerò, si multa. Statiuarum rursus aquarum, aliquas fontanas esse, inquit, ut putei: atque has quidem manufactas esse affirmat. Fodiuntur.n. putei ac fabricantur, neque spontaneæ fiunt aquæ istæ uelut paludes & telmata, ita ꝙ non solùm aquarum quæ circa terram sunt, hæ quidem fluxibiles, hę uerò statiuæ existant, sed ex fontanis etiam hoc idem accidat: harum.n. hæ quidem fluxibiles, (fluxibiles nāque quæ ex fontibus effluunt) hæ autem statiuæ, ut putei sunt. Quòd autem inquit, {omnium.n. superius oportet fontem esse, fluxu.} propter fluxibiles aquas dictum est. Cùm nāque dixerit, {fluxibiles q̄dem igitur omnes fontanæ sunt.} nunc causam huius dicti asignat: qm̄.s. omnium fluxibilium aquarū, superius fontes sint: quāuis.n. aquę quędam sint, quę non ex fonte quidem, sed ex quodam effluunt loco, ubi collectio quædam aquarum est, tn̄ effluxus rursus in locum illum, ab aliquo fonte ortum habere reperietur. Cùm autem dixerit, ꝙ fontanarum aquarum, quæ statiuæ uidentur {manufactæ sunt} & ꝙ fluxibilium omnium fons aliquis, principium effluxus est, propter hoc, inquit, aliquas spontaneas fluere. Secundum naturam.n. habet aqua, ut ad loca magis concaua deorsum effluat: & ad hoc nullius sibi opus est artis. Aquæ uerò, quæ in puteis sunt, arte indigent ipsius opificis: hæ nāque ab infimo loco, ad sublimē rursus conducuntur, quod quidem non est secundum aquæ ipsius naturam.

His autem sic determinatis, impossibile est fontes esse maris. In neutro.n. horum generum possibile est esse ipsum, neq; .n. effluxibile est, neq; manufactum: fontanę autem omnes, horum alterum passæ sunt. Spontaneam autem stationariam tantam multitudinem, nullam videmus fontanam factam. Tex.3.

Postquàm prædictam aquarum, quæ circa terrā sunt, diuisionem ac distinctionem fecit, hac utens modò, ostendit ꝙ impossibile est fontes esse maris. Aquarum enim, quæ à fontibus sunt, hæ quidem fluxibiles erant, hæ uerò manufactæ. Mare autem neq; fluxibile est, neq; manufactum. Qm̄ uerò aliquæ fiūt statiuæ aquæ, quæ fontanæ quidem sunt, ac spontaneæ, non autem manufactæ, (est.n. alicubi inuenire aquam ex aliquo fonte ortam, quæ sponte in cōcau um Cōm.3.

cauum aliquem locũ collecta sit, ubi statiua permaneat) quòd igitur impossibile sit huiusmodi statiuã ac fontanam aquam esse mare, ostendit quidem ex hoc, ꝙ modicas oĩno uidemus huiuscemodi aquas, quæ fontanæ ac statiuæ existunt. non. n. possibile est aquam illam, quæ à maiori fonte ortum habeat, spõte sua stabilem fieri.

Tex. 4. *Adhuc autem plura sunt maria adinuicem non cõmista secundum vllum locum. quorum Rubrum quidem, videtur secũdum modicum cõicans cum eo mari, quod extra columnas est. Hyrcanicum autem et Caspium, & separata ab hoc, & circumhabitata in circuitu. Quare non vtique laterent fontes, si secundum aliquem locum ipsorum essent.*

Cõm. 4. Ex hac etiam argumentatione confirmat rursus, ac ostendit mare non esse aquam stationariam, proprios fontes habens. Quoniam enim plura sunt maria, adinuicem non commixta secundum ullum locum, ueluti Hyrcania maria & Caspia, quæ circũhabitata existunt, profecto si fontes haberent, circũhabitatores quidem fontes ipsi non laterent, si secundum aliquem locum ipsorum essent. Rubrum enim mare, secundum modicum uidetur communicans ei, quòd est extra columnas mari. Maria autem Hyrcania & Caspia, tum ab illo, tum etiam à seinuicem separata uidentur.

Tex. 5. *Fluere autem mare videtur secundum angustias, sicubi propter adiacentem terram in modicum ex magno coarctatur pelago, propterea quòd libratur huc, & illuc sæpe. hoc autem in magna multitudine maris immanifestum est. Quæ aũt propter angustiam terræ modicũ obtinet locum, necessarium est eam, quæ in lato est, modicam librationem, ibi apparere pugnã. Quod aũt intra Heracleas colũnas est, totum secundum terræ concauitatem fluit, & fluuiorum multitudinem. Mæotis enim, in Pontum fluit: iste autem, in Ægæum: omnia autẽ præter hæc maria, minus faciunt hoc euidenter. Illis autem et propter fluuiorum multitudinem accidit hoc, (plures. n. fluuij in Euxinũ fluunt & Mæotin, quàm in multiplicatiorem regionem ipsius.) & propter breuitatem profunditatis. Semper enim adhuc profundius videtur esse mare, & Mæotide quidem Pontus, hoc autem Ægæum, Ægæo autem Sicelicum: Sardonicum autem & Tyrrhenicum, profundissima sunt omnium. Quæ autem extra columnas sunt, breuia quidem propter lutum: sine flatu autem sunt, vt in concauo mari existente. Sic igitur & secundum partem ex altis fluuij apparet fluere, sic & totius terræ ex altioribus quæ ad arctum, fluxus fit plurimus. Quare hæc quidẽ propter effusionem non profunda, hæc autem extrà maria, profunda magis. De eo autem, quod est, quæ ad arctum sunt esse terræ alta, signum quoddam est, & hoc multos persuasos esse antiquorum Meteorologicorum, Solem non ferri sub terra, sed circa terram & locum hunc: disparere autem & facere noctem, propterea quòd alta sit ad arctum terra. Quòd igitur neq; fontes possibile sit esse maris, & propter quam causam sic videtur fluere, talia & tot nobis dicta sint.*

Cõm. 5. Qm̃ fontanarum aquarum, hæ quidem stationariæ sunt ac manufactæ, hæ uerò fluxibiles, cùm ostenderit, & probauerit iam, ꝙ mare inter stationarias fontanas aquas connumerandum non est, ostendit modò, ꝙ nec inter fluxibiles etiã connumerari possit. Hoc autem tacit, qm̃ quibusdam in locis fluẽs apparet mare: ſm. n. angusta loca, ubi quidem utrinq; amplum & ualde latum adiacet mare, fluere utique ipsum uidetur. Quod igitur in huiusmodi locis, eo quidem modo, quo ex fonte aliquo fluunt aquæ, nõ effluat mare, ostendit simul causam assignans huiusmodi fluxus maris. Vbi nãque ex magno pelago, ꝓpter eminentias ambientis terræ in angustum, mare ipsum coarctatur, tunc quidem ſm alias & alias partes fluens apparet ac refluens, propterea quia ultro citroq; libratur ac trepidat: ꝙ etiam in cessantibus acquiescentibus maribus accidit: immanifestum tñ est, propterea ꝙ non prope utrinque sit terra ipsa, iuxta quam pertransiens, refluxus appareat. Vbi autem propter angustiam terræ iuxta quam fluit, modicum obtinet locum, ea utique libratio, quæ in pelago quidem magno, parua ac immanifesta latebat, ibi magna rursus apparet. Hęc una quidem igitur fluxus maris est cã. Altera autem causa est, qm̃ aqua ex sui natura nata est ex sublimioribus quidem locis, in infimiora & magis concaua ferri ac fluere: sunt autẽ in ipso mari partes quidem aliquę quę altiores sunt, aliquæ uerò infimiores, ad quas ex altioribus fluũt. Et tale quidem est mare illud quod inter Herculeas columnas est, partes quidem altiores habens, partes uerò infimiores. Fluit aũt mare ab eminentioribus quidem partibus ad decliuiores, non tanꝗ ex proprijs fontibus, sed propter multitudinẽ fluuiorũ qui ad altiores partes maris profluunt, ac aquarũ suppeditationem exhibent. Mœotis quidem. n. in Põtum fluit, Pontus uerò in Ægæum. Eorum aũt, qui iã post Ægeum mare sunt pelagi, non adeo euidentem effluxum habent. In his aũt iam dictis, Mœotide, s. palude, ac Ponto, & Ægęo, fluxus accidit propter fluuiorum multitudinem illuc irrũpentium ac profluentiũ. Plures. n. fluuij in Mœotidem, ac Euxinũ mare fluũt, ꝗ in multiplicatiorem regionem ac maris tractum, ꝗ ille sit. Amplius & hoc accidit propter breuitatem profunditatis: superficialis. n. siue parum profundus tractus hic maris est, atque initium ab hoc sumendo & ulterius progrediendo, adhuc semper profundius uidetur mare esse quod sequitur, ꝗ id, quod relinquitur, ac in profundiorem semper fluit partem illud, quod & eminẽtius est, & plures suscipit fluuios. Mœotide. n. palude, profundior est Pontus. Ponto autem, (quem etiam & Euxinum appellant) profundius est Ægæum mare. Ægæo rursus Sicelicum pelagus, quæ autem dehinc sequuntur maria, Sardonicum scilicet, ac Tyrrhenicum profundissima sunt omnium. Mare autem, quod extra columnas est, nõ utique ualde profundum est, sed breuem admodum profunditatem habet, ut ex cœno ipso manifestum est. non autem ex illo refluere uidetur aqua, propterea quia in concauo mare illud existit. cuius signum subdit: qm̃ inspirituosum est, ac propter concauitatem ipsam nullos habet uẽtos. Quemadmodum igitur & ſm partem uidemus, ꝙ. s. ex eminẽtioribus locis in concauiora effluere aquam apparet, (fluuij. n. ex altis fluere uidẽtur, quinetiam & fontes:) sic etiã in tota terra contingere existimandum est, ꝙ. s. ab altioribus eius partibus, (hæ autem sunt quæ ad arctum) plurimus fiat fluxus, ac propter hoc quæ ad arctum sunt maria, profunda quidem non sunt, cum in eminenti terræ ipsius parte sita sint: infundunt autem ac fluunt ad loca infimiora & concaua magis. Qui autem extra arcticas terræ partes pelagi sunt, profundi quidem sunt magis. Quod uerò quæ ad arctum terræ partes altæ sint, signum subdit: qm̃ multi ex antiquis Meteorologicis persuasi sunt,

Solem non ferri sub terram,sed circa terrã. Propter hoc autem, ꝙ pars illa terræ altissima est, disparet Sol, & ad partem illam occultatur, ac immanifestus redditus noctem facit At uerò, ꝙ altiores sint terræ partes,quæ ad arctũ sunt,hinc etiam palam est, ꝙ polus hic manifestus apparet ,ppter impetũ ipsius terræ. Quòd q̃dem igitur non sint fontes maris, sicut uolunt Theologi,ex his utiq; palam fecit:quinetiam & causam assignauit, quare fluere uideatur mare, cùm tamen proprios fontes non habeat.

Cap.2. De natura, & loco Maris: Et cur item à fluminibus ipsum ingredientibus, non efficiatur maius: Quarũdam demum opinionum derisio ac reprobatio.

Tex.6. *DE generatione autem eius si factum est,& de sapore, quæ causa sit salsedinis & amaritudinis, dicendum. Causa igitur, quæ fecit Priores putare mare principium esse & corpus omnis aquæ, hæc est. Videbitur.n.rationabile esse corpus omnis aquæ, sicut & aliorum elemẽtorum est congregata moles & principium propter multitudinem, vnde permutatur partitũ & miscetur alijs.puta, ignis quidem, in superioribus locis: aeris autem multitudo, quæ post ignis locum: terræ autem corpus, circa quod hæc omnia posita sunt manifestè. Quare palam est,quòd secundum eãdem rationem,et de aqua necesse est quærere. Tale autem nullum aliud corpus videtur positum totum simul,sicut & aliorum elementorum,præter maris magnitudinem:quod.n.fluuiorũ, neq; totum simul,neq; stabile,sed vt factum semper videtur quotidie. Ex hac itaq; dubitatione, principium humidorum & omnis aquæ,putandum est esse mare. Quapropter & fluuios,non solùm in hoc.sed & ex hoc aiunt quidam fluere:colatum enim fieri quod salsum est, potabile.* Opponitur autem altera ad hanc opinionem dubitatio, cur non est consistens aqua hæc potabilis, siquidem principium sit omnis aquæ, sed salsa? *Causa autem simul et huius dubitationis solutio erit, & de mari primam accipere existimationem necessarium rectè. Aqua enim circa terram ordinata, sicuti circa hanc aeris sphæra, & circa hanc quæ dicitur ignis: (hic enim est omnium vltimus, siue vt plurimi dicunt, siue vt nos.) lato autem Sole hoc modo, & propterea permutatione & generatione & corruptione existente,quod quidem subtilissimum est & dulcissimum sursum ducitur per singulos dies, & fermè disgregatum & euaporans in superiorem locum: ibi autem rursus constans propter infrigidationem, deorsum fertur iterum ad terram:& hoc semper vult facere natura sic, vt dictum est prius. Quapropter & deridendi sunt omnes, quicunque Priorum existimauerunt Solem ali humido. Et propter hoc quidam etiam aiunt facere conuersiones ipsum: nõ enim semper posse eadem loca exhibere ipsi alimẽtum, necessarium autem esse hoc accidere circa ipsum, aut corrũpi. Etenim manifestum ignem,quãdiu habuerit alimentum, tãdiu viuere. Humidum autem igni esse alimẽtum solum,tanquam pertingat vsque ad Solem quod sursum ducitur humidi,aut ascensus talis sic, qualis quidem factæ flãmæ, propter quam signum accipientes sic & de Sole putauerunt. Hoc autem non est simile. Flamma enim propter cõtinuum humidum & siccum permutata fit,& non alitur: nõ enim eadem existens permanet vllo tempore, vt ita dicam. Circa Solem autem impossibile est hoc accidere,quoniã alito quidem eodem modo, sicut illi quidẽm dicunt, palàm quòd & Sol non solùm,sicut ait Heraclitus, nouus quotidie est,sed semper nouus continue. Adhuc autem quæ à Sole fit eleuatio humidi,similis est calefactis aquis ab igne. Si igitur neq; sub ardens alitur ignis, neque Solem par erat existimare, etiam si omnem calefaciens euaporare fecerit aquam. Inconueniẽs aũt et solùm curasse de Sole,aliorum aũt astrorum ipsos negligere salutem,tantorũ & multitudine & magnitudine existentium. Idem autem accidit & his irrationabile, & dicentibus primo humida existente terra, & mundo, qui est circa terrã à Sole calefacto,aerem factũ esse,& totum cœlũ augmentatum,& hoc spiritus exhibere & cõuersiones ipsius facere. Apertè.n.semper sursum ductam videmus descendere iterum aquam,& si non per annum reddatur,& per singulas regiones similiter. Sed in aliquibus ordinatis temporibus redditur omne acceptum, velut neque alitis superioribus neque hoc quidem manente aere iam post generationem, hoc autem facto & corrupto iterum in aquam,sed similiter omni dissoluto & consistente iterum in aquam.*

Cõsequenter proponit se dictũrũ de maris ipsius generatione, q̃m.s.modo factum sit, si genitum est, quinetiam & de eius sapore,quæ uidelicet causa salsedinis sit. Dicturus autem de his,primò causam assignat qua existimari quidem possit,aquarum principium esse mare,siue elementum & corpus,seu subsistentiam omnis aquæ. Videtur.n.rationabile esse, ꝙ quemadmodum aliorum elementorum quodlibet determinatum habet locum,ac præfinitam molem seiunctam ac per se existẽtem, quæ principium sit,ex quo segregantur ipsarum partes,quæ alibi aliꝗ cum alijs commiscentur. Ignis quidem.n in superioribus locis,aeris autem moles post ignis locũ,terræ uerò corpus,circa quod omnia alia mouentur ac sita sunt:sic etiam rationi consonũ uidetur, ꝙ & aquæ ipsius determinatus sit locus,ac multitudo simul existens, ex qua seiũctis dehinc aquarum partibus suppeditatio exhiberi possit. Verumenimuero nullum aliud inuenire est corpus aquæ totum simul, præter magnitudinem maris: quod.n.est fluuiorum,neq; totum simul,neq; stabile ac inexistens,sed ut factũ semper apparet. Propter hãc igitur causam existimarũt aliqui, ꝙ humidorũ, hoc est,ipsius aquæ principium esset mare. Hoc autem ex his accipientes,dehinc de fluuijs ipsis etiam inferebant, ꝙ.s.non solum in mare fluunt, ut uidemus, sed etiam & ex ipso tanquam ex proprio principio effluunt rursus. Dulces autem eorum sunt aquæ,propterea q̃a cùm salsæ prius existant, per uiscera terræ discurrentes, potabiles fiũt. Cuius rei illud est signum, ꝙ si quis in multis effoderit littoribus, aqua à mari per terram intermediam in defossum locum percolata, potabilis est ac dulcis redolitur tãdem. Ad istam autem opinionem illa, inquit,dubitatio aduersatur, quæ talis est: q̃m, si aqua maris totum elementum aquæ est, cur aliquãdo huiusmodi aqua potabilis non est, sed semper salsa? Si enim uera esset aqua ac omnino immixta, profectò ex natura sui potabilis esset. Inquit autẽ, ꝙ cùm declarata fuerit salsedinis causa, hæc simul & huius dubitationis solutio erit,qua.s.dubitatur,propter quid potabilis non sit maris aqua? ac simul etiam nobis occasio erit, ut maris principium ac primam existimationem rectã accipiamus. Vel dixit, {primam.} quoniam nunc quidem simpliciorem ac uniuersaliorem causam salsedinis assignabit, prosequens autem diligentiori perscutatione, de salsedinis causa inquiret ac determinabit. Aquam autem circa terram ordinatam accipit,quasi circa ipsam circũfluentem,sicut & circa aquã rursus aeris sphæra est,& circa hanc,quæ dr̃ ignis. Inquit autem, {quæ dr̃ ignis.} Cõm.6.

quoniam

quoniam hypocauma ipsum corpus ignis est. Horũ autem ignem posuit extremum, omnium.s.corporum, quæ circa terram sunt, generabilia & corruptibilia. Quòd uerò sphærica sint huiusmodi elementorum corpora, demonstrauit iam in his quæ de cœlo. Postquam autem dixit, {hic.n.est omnium ultimus.} subdidit, {siue utplurimi dicunt, siue ut nos.} plurimi.n.ignem ponunt ultimum uĩr omnium corporum, nos autem eorum tm̃ quæ ſm naturam in rectum mouentur: post.n.ignem hunc, corpus illud diuinum situm est, quod circulo fertur. His itaque per hunc modum sese habentibus, cùm sol per zodiacum obliquo situm continuò feratur, ac per huiusmodi lationem per accessum & recessum causa fit ordinatæ Generationis & Corruptiõis, quod quidem aquæ subtilissimum & dulcissimum est, sursum ducit per singulos dies, per caliditatem quidem euaporãs ac subtilians ac simul segregans. Quod cùm in superiorem locum peruenerit, propter regionis frigiditatem rursus cõstans ac ꝯstipatum, iterum aqua fit, ac in terram tãdem descendit, sicut iam declaratum est in tractatu de pluuia. Cùm autẽ dixerit de aqua sursum elata ꝙ rursus constans descendit, priusquam subdat quid deinde ad hec dicta consequatur, digreditur quodãmodo, ac ad quosdã diuertit existimantes solem ali humido sursum elato, ac propter hoc huiusmodi uersiones illum facere, qm̃ eadem semper loca exhibere illi alimentum non possunt. Dixit autem & superius quosdam idem existimare circa solem & lunam. Deridendos igitur, inquit, esse qui talia suspicantur, ac solem existimant alimento indigere, ac ipso carentem tandem corruptionẽ subiturum. Etenim manifestum ignem (manifestum quidem apud nos) usq; ad hoc conseruari uident, quãdiu alimentum habeat: solum aũt humidum sibi nutrimentum esse, ex contrarijs nãque aluntur, quæ ali debent. Quare autem deridendi sint qui hoc existimant, subdit: Ridiculum.n.est putare, sursum adductum humidum usq; ad Solem peruenire, ut ipsum.s. alere possit: aut existimare, ꝙ simili quidem modo fiat accessus humidi ad Solem, sicut contingere uidetur in ipsa flamma: ab hac.n.ad Solem similitudinem transferunt, tanq̃ conueniens sit & ipsi similiter aliquid tale accidere: non autem sic se res habet. Flamma quidem.n.ex eo fit, quia continuè humidũ in siccum permutatur: non.n.eadem existens permanet, sed hęc quidem corrũpitur, hæc autem fit: quicquid autem nutritur & augetur oportet ꝙ idem à principio saluetur semper & maneat, sicut ĩ libris de Generatione dictum est. Circa aũt solem nihil accidit tale, qm̃ si utiq; aleretur sol quemadmodum & ignis, ut dicunt hi, non solùm, ut Heraclitus ait, nouus quotidie esset, ſm quãlibet quidem diem de nouo accensus, extincto priori in occasu: sed continue nouus esset, ac semper alius & alius fieret, sicut & flãmæ in fieri esse habent. Quòd aũt sol non nutriatur ab humido quod sursum ab ipso ducitur, ostendit etiam ex hoc qm̃ in eleuatione humidi quam facit ipse sol, humidum ipsum calefit ab illo, sicut & accidit aquas calefieri ab igne, cùm & ipse tunc euaporent. Ignis autem non nutritur à uapore illo qui ab eius caliditate eleuatur ab aquis. Si igitur ignis calefaciens ac consumens aquam non alitur à uapore illo, qui ex calefacta aqua educitur, sic etiam nec soli hoc accidere rationabile est: præsertim cùm ſm similitudinem ad ipsum ignem, acceperint & ipsum ali. Amplius & inconueniens etiam fuisse, inquit, solùm istos curasse de salute solis, alimentum ipsi tribuentes, aliorum autem astrorum unde natura fiãt, salutem neglexisse, tantis præsertim & multitudine & magnitudine existentibus. Non.n.humidum aliquod ab istis eleuari dicunt, neq; possibile quidem esset, quinetiam nec ad parum quidẽ sufficiens esset ipsa aqua, pro tantorum ac adeo magnorum corporum alimento. Insuper & idem, inquit, accidit incõueniens, tum his, qui dicunt id, quod à Sole ex aqua educitur, eius alimentum fieri: tum etiam & dicentibus, primò humida existente terra ac toto mundo, qui circa ipsam est, calefactũ humidum ab ipso Sole aeris cõstantiam fecisse: quinetiam & totum cœlum propter factã humidi segregationẽ à Sole, augmentatum esse: & hoc (intelligit aũt per hoc, uel aerem, uel Solẽ potius) spiritus & uentos exhibuisse, & uersiones eius facere uidelicet aut aeris aut solis. Huius uerò p̃dictę opinionis fuerunt Anaximãder & Diogenes. Hæc aũt omnia simili modo absurda sunt. Manifestè.n.uĩ, ꝙ id, quod sursum ductum ex aqua propter Solis caliditatem est, rursus ꝯsistens descendit iterum, quãuis non eodem fortassis anno eleuatio & descensus cõtingat fieri, neq; ſm quãlibet regionem id, quod ex aliqua educitur in eãdem rursus descendat: sed in determinatis quibusdam tẽporibus deorsum fertur ac redditur, quicq̃d de humido sursum eductum fuerit, quippe ꝙ ex non ueloci admodum transmutatione, per aliquod forte tempus remoratum fuerit. Propter hoc autem post serenos annos & siccos pluuiosi amãt fieri, cùm per aliquod quidem tempus exhalatio iam sursum ducta, transmutata maneat, donec simul cum recẽti exhalatione tãdem deinceps transmutatur: tanquam neq; alitis superioribus ab exhalatione, sicut prima asserit opinio, neque aere quidem, qui prior ex exhalatione genitus sit, post generationem manente absque hoc ꝙ transmutetur, transmutato tamen rursus dehinc in aquam illo, qui posterius genitus fuerit, sed similiter omni sursum ducto, rursus cõnsistente, ac deorsum tandem delato.

Potabile igitur & dulce propter leuitatẽ sursum ducitur omne, salsum autem subtus manet propter grauitatem, vt in suo proprio loco. Hoc.n.putandum est, & dubitatũ esse conuenienter. (irrationabile enim, si non est aliquis locus aquæ, sicut et aliorum elementorum) et hanc esse solutionẽ. Quem.n.videmus locum occupare mare, iste non est maris, sed solùm aquæ. Videtur autem maris, quia quod quidem salsum est deorsum manet propter pondus, quod autem dulce & potabile, sursum ducitur propter leuitatem: quemadmodum in animalium corporibus. Etenim in his alimento ingrediente dulci, humidi alimenti hypostasis & superfluum apparet amarum esse & salsum: dulce.n.& potabile ab innato calore attractum, in carnes & aliam compactionem venit partium, vt qualibet nata est. Sicut igitur ibi inconueniens erit, si quis potabilis alimenti non putet locum esse ventrem solum, quia citò absumitur, sed superflui, quia hoc videt subsidens: & non vtique existimabit bene, similiter & in his: est enim, sicut dicimus, iste locus aquæ. Quapropter & flumij fluunt in ipsum omnes, & omnis quæ fit aqua. Etenim ad maximè concauum fluxus est, & mare talem obtinet locum. Sed hoc quidem sursum fertur citò propter Solem omnem, Tex. 7.

hoc autem derelinquitur propter dictam causam. Quærere autem antiquam dubitationem, propter quid tanta multitudo aquæ nusquam apparet, (per singulos enim dies fluuijs fluentibus innumerabilibus & magnitudine immensis, nihilò mare fit amplius) hoc nullum quidem est inconueniens dubitasse aliquos, non tamen intuentem difficile est videre. Eadem enim multitudo aquæ, in latum diffusa & tota simul, nõ inæquali tempore exiccatur, sed differt intantum, vt hoc quidem permaneat per totam diem, hoc autem, quemadmodum si quis super mensam magnam diffuderit aquæ cyathũ, simul dum perspiciunt, vtique exterminabitur totum. Quod vtique & circa fluuios accidit. Continue enim fluentibus simul totis, semper quod peruenit in immensum & latum locum, exiccatur citò & latenter.

Cõm.7. Cùm hæc dixerit aduersus illos, q. existimant eleuatum ex aqua uaporem à Sole, in aliud quid conuersum, non constare rursus neq; amplius deorsum ferri: ad sermonem rursus regreditur, à quo digressus erat. Illud quidem igitur, quod potabile & dulce super aquã residet, ꝓpter leuitatem supereminens, ac crassiori & terrestriori aquæ supersidens, cùm ab ipsa Solis caliditate inflãmatur, sursum ducitur oẽ. Illud aũt, quod terrestrius est, & ideo salsum, subsidet propter grauitatẽ, non quidem in eius proprio loco, qui ſm naturã sibi debet, sed in loco aquæ magis. Hoc.n. erat quod perpulchre perdubitatũ fuit, oportere.s. sicut aliorũ elementorum aliquis ſm naturam est locus, sic & aliquem etiam esse locũ aquæ. Cuius dubõnis hæc est solutio, ꝙ.s. locus ille, in quo ꝯtineri uidemus ipsum mare, maris quidẽ proprius locus non est, sed ueræ aquæ magis. Vr̃ autem occupatus ab ipso mari, qm̃ quod ex aqua salsum quidem est subsidet propter grauitatem, dulce aũt & potabile sursum ducitur ꝓpter leuitatẽ. Quemadmodũ .n. in aĩalium corporibus, ingrediente quidem dulci alimento, humidi alimenti hypostasis ac etiam sicci amara ac salsa ur̃: propterea quia dulce omne & potabile, quod in ipso est, ab innato calore attrahitur ad carnes, & per reliquum corpus distribuitur, ut cuiuslibet partis fert conditio: Sic etiam & in aqua ipsa accidere existimare oportet, ꝙ uidelicet ipsa tota simul collecta dulcis existat, sed p segregationẽ partium dulcium & potabilium per exhalationes factã, quod dehinc derelinquitur tanq̃ totius aquæ excrementum salsum reddatur. Sicut igitur inconueniens esset, si aliquis non existimaret uentrem locum esse dulcis alimenti, qm̃ citò dulce ipsum assumitur, sed potius salsi & amari, qm̃ quasi excrementum id relinqui ur̃: sic etiam circa locum maris absurdũ erit, non arbitrari locũ esse dulcium etiã partium quæ in aqua sint, ex hoc ꝙ uidemus salsam & amaram aquã esse q̃ ibi relicta fuerit, quam mare appellamus. Est itaq;, ut dictũ est, locus hic ueræ aquæ locus, quapropter & fluuij cùm & ipsi aqua existant, in locum hũc ſm naturam fluunt oẽs, similiter etiam & oĩs quæ fit aqua, in concauum.n. ac profundum inest fluxus ipsi aquæ ſm naturam: mare aũt talem utiq; obtinet locum, cùm in profundioribus terræ partibus subsideat: quare aũt ibi maneat, iam dicta est causa, qm̃.s. dulce quidem ac potabile sursum uelociter fertur oẽ propter solem, salsum autem oẽ tanquam aquæ excrementum derelinquitur propter grauitatem.

Mare cur ex profluenti- Quærere aũt aliquos quæsitam iam ab antiquis dubitationem, inconueniens non est: propter quid.s. cùm adeo immensa multitudo aquarum per singulos dies in mare irrũpat ac profluat, nihil tñ mare fit amplius? Atqui intuenti difficile non est cãm inuenire. bus ĩ ipsum aquis nõ efficiat maius. Æqualis.n. quantitas aquæ non in tempore q̃dem æquali consumitur ac exiccatur, si collecta quidem maneat, & si rursus in latum diffundat atq; extendatur: quinimmo in tm̃ differt, ut aqua, q̃ in paruo quidem cyatho inexistat, ad totũ diem ꝑmaneat, eadem tñ, si in latũ ueluti ſup latam mensam diffundat, simul intuẽtibus & quasi uno intuitu, tota exterminabit ac exarescet. Hoc idem etiã & circa fluuios accidit. Continuè.n. fluẽtibus simul his in ipsum mare, semper quod præuenit, cũ dispergatur ad immensum & latum locum, citò & latenter exiccatur.

Quod autem scriptum est in Phædone de fluuijs & mari, impossibile est. Dicitur enim, quòd omnia quidem inuicem perforata sunt sub terra, principium autem omnium sit & fons aquarum vocatus Tartarus, circa medium aquæ quædam multitudo, ex quo & fluentia & non fluentia prodeũt omnia. Influctiam autem facere in singula rheumatum, propterea quòd moueatur semper quod primum est & principium: non habere.n. sedem, sed semper circa medium uolui: motum autem sursum & deorsum, facere effusionem rheumatibus. Hæc autem in multis quidem locis stagnare, quale & quod apud nos esse mare. Oĩa autem iterum circulo duci ad principium, vnde incæperunt fluere: multa quidem & secundum eũdem locum, quædam autem & positione è regione effluxus, puta, si fluere incæperunt de subtus, desuper ingredi. Esse aũt vsq; ad mediũ, descẽsum: de cætero.n. ad sursum iam oĩbus esse lationem. Sapores aũt & colores habere aquam per qualem vtiq; contigerit fluere terram. Tex.8.

Ostendit deinde impoſe esse quod dictum est in Phædone Platonis, de fluuijs & de mari. Dicit.n. Plato in Phædone, ꝙ oẽs aquæ per foramina sibiinuicẽ obuiantes sub terra, permaneãt an percurrunt tanq̃ ex uno quodã principio existentes. Principium aũt ibi aquarum oĩum & fontem esse, quem uocat tartarum, aquarum uidelicet molem circa mediũ ipsius terræ, ex qua fluentes aquę & non fluentes ſup terrã prodeunt oẽs. Effluxum autem atq; accessum fieri, inquit, unicuiq; ex aquis ſup terram, ex eo quia mouetur semper & fluit quæ prima est aqua, ac aliarum principium est. nõ habet.n. sedem aut locum, in quo maneat ac quiescat. Aqua enim, quæ ad nos ſup terram ascendit, cùm prius circa terræ centrũ existens sedem non habeat, circa mediũ ipsum uoluit̃ fluens. Motum autem huiusmodi aquarum principium, aliquando quidem uersus nos ab ipso centro accedit, aliquando uerò ad alias partes accessum facit. Rheumata autem, quæ ab ipso fluunt, in multis locis stagnantur, quale apud nos est ipsum mare. Omnia aũt rursus effluere asserit ac reduci ad principium unde fluere cœperunt, hoc est, ad ipsum tartarum, multa quidem ſm eundem utiq; locum circũeuntia ac retribuentia, ſm quem à principio effluxerunt, in parte uidelicet, quæ est à centro uersus nos: aliqua uerò ſm regionem positione contrariam effluxui, donec habitabilem à nobis terram circũeuntia, ab his terræ partibus quæ deorsum sunt quo ad nos, tandem ex nostris rursus ad principium ipsum redeãt. Fluxus autem ex sursum in deorsum inest ipsi aquæ, usq; ad terræ ipsius mediũ: à quo rursus cùm mouetur, nõ amplius deorsum tendit, ad sursum aũt, propterea q a locus deorsũ dictus mediũ est ipsius terrę. Cõm.8.

Sapores

Sapores autem ac colores suscipit aqua ab ipsa terra, per quam fluit, ꝓ qualitate uidelicet ipsius terrę.

Tex.9. *Accidit autem fluuios fluere non ad eundem semper, secundum rationem hanc. Quoniam enim ad medium influũt, à quo quidem effluunt, nihil magis fluent desubtus quàm desuper, sed ad quæcunq; tenderit fluctuans Tartarus. quamuis hoc accidente, fiet vtique quod dicitur: Sursum fluuiorum. quod quidem est impossibile. Adhuc quæ fit aqua, & quæ iterum sursum ducitur, vnde erit? hanc enim totam excludere est necessarium, si quidẽ semper saluatur æqualis: quantum enim extra fluit, iterum fluit ad principium: quamuis omnes fluuij videantur terminantes ad mare, quicunq; non in alios, in terram autem nullus: sed & si dispareant, iterum prodeunt. Magni autem fiunt fluuiorum, qui longe fluũt per concauum: multorum enim suscipiunt rheumata fluuiorum, detruncantes loco & longitudine vias. Quapropter & Ister & Nilus, maximi fluuiorum sunt, qui in hoc mare exeunt, & de fontibus alij dicunt vniuscuiusque fluuiorum alias causas, quia multi in eundem incidunt. Hæc itaque omnia manifestum est, quòd impossibile est accidere, præsertim & mari principium inde habente. Quòd igitur & aquæ locus sit iste & non maris, & propter quam causam hoc quidem potabilem manifestum, præterquam fluẽs, hoc autem subsidens, & cur terminus magis aquæ quàm principium sit mare, quemadmodum quod in corporibus est superfluum, alimenti omnis, & maximè humidi, dicta sint tot à nobis.*

Côm.9. Cùm opinionem posuerit, dehinc contra ipsam obiicere aggreditur: & primò id quidem ponit, uidelicet ꝙ ex hac opinione contigerit, ꝙ fluuij & oẽs fluentes aquæ ab ipso tartaro, ac in ipsum rursus recedentes, non ſm eundem utiq; locum semꝑ fluant, nec ad eundem retribuant. Qm̃.n. ad medium confluunt ac ad ipsum tartarum, tartarus autem nunquã quiescit, sed semper mouetur ac fluctuat, necessario ad quãcũque partem uerget ipse, ad illãmet fluet. Sic autem fluentes non magis deorsum à loco sursum erit fluxus earum, q̃ sursum à loco deorsum. Nã, quando tartarus ultra medium fluctuabit, quæcũq; illinc ferentur rheumata, necessario medium ipsum pertransibunt, ut ad tartarum tãdem accedant. Hoc autem est à loco deorsum sursum ferri, & ita accidet, ꝙ ex adagio fertur: Sursum incedere fluuiorum fontes. quod est impossibile. An non est id quod dicit, (nam fatebatur hoc Plato) sicut & Aristo. dixit, inquiens: {esse autem usque ad medium descensum, de cętero.n. ad sursum iam omnibus esse lationem.} Verùm illud est quod intendit, ꝙ.s. si fluuij in mediũ atque in tartarum ipsum profluunt, ac non semper per eadem loca, sed sæpius per opposita his, ex quibus egressi sunt, accidet utique ipsos confluentes ad concauas partes ipsius terræ, rursus ab his ad altiores effluere, ut circumeuntes accedant ad opposita loca his, è quibus sunt orti. Sic autem accidet rursus, quòd sursum, ut aiunt incedat fontes fluuiorum, quod est impossibile. Amplius, inquit, & inconueniens hoc rursus erit, si enim eadem semper aqua continuò circumuoluitur, ut fluens quidem ex eius principio ad illud rursus deferatur: tunc utique aqua ipsa genita & pluta, quæ etiam & euaporata, ac per exhalationes sursum ducta, unde nam erit? hanc enim destruit, & huiusmodi aquarum generationẽ ac transmutationem excludit ratio talis, quæ.s. ponit eandem semper aquam seruatam circũferri, quæ ex eius principio orta in idem effluat rursus. Magni autem, inquit, fiunt fluuiorum quicunque longe à mari fontes habent: in ipsos enim cæteri fluuij eminentiorem obtinentes situm, tãquam in infimiores profluunt, atque ex hoc fiunt illi maiores: detrũcantes enim aliorum uias, ita ꝙ ad mare amplius progredi nequeunt, magnitudinem ex hoc accipiunt. Amplius hæc opinio contradicit atq; aduersat̃ confessis & apparentibus. Omnes.n. fluuij quicunque in alios influentes cum ipsis non permiscentur, apparent terminantes ad mare, atq; ipsi retribuentes, ad terram autem nullus. Si.n. aliquis ad terram ipsam dispareat, rursus ad alias terræ partes manifestatur, donec tandem in mare profluat. Magnos nãque fluuios illos esse inquit, qui per longum effluunt interuallum, nec mari proximos fontes habent. Amplius & magni sunt qui per concaua perfluunt loca, propter.n. longum interuallum, & ex hoc ꝙ multa rheumata fluuiorum propter loci concauitatem suscipiunt, ad quam cæteri fluuij ex altioribus terræ partibus confluunt, magni ualde reddunt̃. Quapropter, inquit, Ister & Nilus maximi sunt fluuiorum, qui in mare prorumpant, qm̃ per concaua decurrunt loca, atq; adeo remotos habent fontes, ut manifesti ac cogniti non habeantur: sed ꝓpter multos fluuios quos suscipiunt, qui quidem proprios fontes habent, creditur & eosdem ipsis etiam fontes esse. Et hinc est ꝙ diuersimode de huiusmodi fontibus, alij alia dicunt. Hęc autem omnia quæ iam dixit, palàm ꝙ impossibilia accidunt, si Tartarus principium aquarum est, sicut dr̃ in Phædone. Si.n. & mare principium illinc habet, sicut & fluuij, oporteret utiq; nõ fluuios ipsos in mare ingredi, sed simul & fluuios & mare in ipsum Tartarum ruere, unde & principium simul habent. Deinde epilogat quæ dicta sunt. Quòd.n. locus, in quo est mare, locus est aquę & non maris, & propter quam causam, ꝙ quidem potabile ex aqua est, in solis saluatur fluuijs, & fontibus, & si qua palus alicubi ex horum effluxu fiat, ꝙ autem salsum est, ĩ proprio ipsius aquæ loco subsidet ac derelinquitur: Amplius & ꝙ finis & terminus aquæ sit mare, (in ipsum enim ingressi fluuij tandem quiescunt:) Insuper & ꝙ ꝓpria principia aut proprios fontes non habet mare, (proportionem.n. habere ipsum ad aquam ostensum est, quam habet excrementum in animalibus ad ipsum alimentum, & ad humiditatem maximè, cùm id quod in loco aquæ salsum est, potabilis aquæ excrementum & quasi urina existat) tot quidem utique dicta sint.

Cap.3. De Salsedine maris, & eius æternitate.

DE salsedine autem ipsius dicendum est, & vtrum semper est idem, aut neque erat, nec erit, sed deficiet: etenim sic putant quidam. Hoc igitur visi sunt omnes confiteri, quòd factum est, siquidem et omnis mundus: simul enim ipsius faciũt generationẽ. Quare palàm est, quòd si quidem perpetuum totum, & de mari sic existimandum. Putare autem minus fieri secundum multitudinem, sic, vt ait Democritus, & tandem deficere, ab Æsopi fabulis nihil differre videt̃ persuasus sic. Etenim ille fabulose dixit, quòd bis quidem Carybdis resorbens, primò quidem montes fecit manifestos, secundò autem insulas, vltimò autem sorbens aridam faciet omnino. Illi igitur congruebat irato aduersus portitorem, talem dicere fabulam, veritatem autem Tex.10.

quærentibus, minus. Propter quam enim causam mansit primò, siue propter pondus, vt etiam quidam horum aiunt, (in promptu.n.est huius causam videre) siue & propter aliud aliquid, palàm est, quòd propter hoc permanere necessarium est & reliquo tempore ipsum. Aut.n.dicendum ipsis, quòd neque eleuata aqua à Sole ueniet iterum, aut siquidem hoc, erit necessarium aut semper, aut quãdiu quidem fuerit hoc, remanere mare, & iterum sursum ferri illud prius oportebit quod est potabile. Quare nunquam exiccabitur: rursus enim præueniet descendere in ipsum, quod præascendit: (differt.n. nihil, semel hoc dicere, aut sæpe.) Si igitur Solem cessare faciet quis à latione, quid erit exiccans? Si autẽ permittet esse circulationem, semper appropinquans, potabile, sicut diximus, sursum ducet, dimittet autem iterum recedens. Acceperunt autem hanc opinionem de mari ex eo, quòd multa loca apparent sicciora nunc quàm prius, de quo causam dicimus, quòd secundum quædam tẽpora excessibus factis aquę hæc est passio, sed non propter totius generationem & partium. Et iterum erit contrarium. & cùm facta fuerit desiccabitur iterum. Et hoc sic necessarium est circulariter semper ire: magis enim sic rationabile est existimare, quàm propter hæc cœlum totum permutare. Sed de his quidem, plus quàm dignum erat immoratus est sermo.

Cõm.10. De duobus problematibus dicendum proponit: de salsedine.s.ipsius maris, unde quidem natura sit: ac etiam utrum mare idem numero semper maneat, an potius nec idem specie æternus sit, sed quandoq; olim fuisse tempus, in quo mare non extiterit, & rursus quandoq; futurum, in quo non erit amplius, qm̃ iam quidem defecerit, & etiam corrũpetur. Primò autem de secundo problemate sermonẽ facit. Quærit enim, utrum mare æternum sit, necne? & si æternum, utrum ſm speciem quidem, uel potius ſm numerum, ita ꝙ idem numero saluetur semper ac maneat. Quicunq; quidem igitur genitum mundum dicunt, hi etiam & maris generationem faciunt: simul .n. cum ipso mundo genitum esse putant. Quare manifestum est, ꝙ si ingenitus sit ipse mũdus, atq; æternus, neq; quidem maris generatio erit. Demonstrauit autem ipse in his, quæ de Cœlo, sempiternũ utiq; esse mundum. Dicere autem non simul cum mundo generari mare atq; corrumpi, sed corruptionem ex se pati, cùm tñ sospes mundus remaneat, sicut Democritus arbitratur, inconueniens est. existimat.n. ille semper minus fieri mare, propter segregationes atq; exhalationes, donec tãdem deficiens aliqñ consumatur. Qui autem sic arbitratur fieri, nihil quidem differt ab hoc quod Æsopi fabulas narret. Æsopus.n. ut portitorem quẽdam territaret, tanq̃ non semper portitoris munere functurum fore, fabulosè affirmabat ꝙ cùm ualde magnũ prius esset mare circa oẽm terram circũfusum, Charybdis tunc quidem absorbens, primo utiq; potu tm̃ ex ipso exhauriuit, ut terræ montes apparerent. Secundo uero potu insulas patefecit. Tertio autem sorbens aridam omnino faciet terram. Cæterum ipsi contra portitorem irato congruit quidem per fabulas illum perterrere, querentes aũt ueritatem fabulari non decet. Quòd.n. falsa & fabulosa sit dicta opinio, consequenter ostendit: {propter quam nãque causam} quãuis prius etiã Sol exhalationes educeret, mansit tñ primò mare, & non consumptum fuit, siue propter pondus, sicut & nos diximus, & aliqui ex antiquis dicunt. (non enim difficile est uidere hanc permanentiæ ac subsistentię maris causam esse) siue propter aliquid aliud, propter eandem etiam eam necesse est & ipsum permanere in reliquo tempore, ac non sursum duci. Nam, si id, quod à Sole sursum eleuatur, non rursus ꝯstans descendit iterum, contingeret utiq;, ut per continuã ablationem, tãdem totum mare educeretur sursum. Si uerò quicquid ex eo semper eleuatur, rursus deorsum descendet, ac iterum etiam dehinc aliqd eleuabitur, necesse est quousq; fiet hoc, mare etiam ꝑmanere. Atqui donec mundus extiterit, hoc idẽ semper erit sicut & prius fuit, ꝙ.s. quicquid è mari ducatur sursum, tandem deorsum descendat. Prius.n.q̃ exiccetur atq; absumatur quod relictum est, præuenit descensus ac reditus eius quod primò abductum fuerat, ac cum reliquo permixtum, recenti eleuationi suppeditationem præbet. Si quidem igitur solem à sua circulatione cessare faciet quis, tunc nec quid sol à principio eleuabit amplius, cùm propter eius i suo motu, talem ac talem dispositionem ac situm ad ipsam terram, exhalationes fiant atq; humidi eleuationes. Si nihil igitur abducetur, nec etiã mare exiccabitur, cùm tunc quidem exiccans non appareat. Si autem permiserit ac concesserit eius circulationem, tunc utique semper hæc erunt. Accedens.n. sol ad ipsam terram, potabile semper ab ipsa abducit, derelinquens utiq; quod graue ac salsum est. Longe autem recedens ab ipsa, quicquid prius sursum duxerat, demittit rursus. Istam autẽ de mari opinionẽ, ex hoc, inquit, accipiunt qui ipsam ponunt: qm̃ plurima loca apparent nunc sicciora facta, quæ prius sic non erant. Huius aũt rei iam dicta est causa: qm̃.s.q- busdam determinatis temporibus, ſm aliquas terræ partes, quosdam contingit fieri excessus aquarum, q̃ quãplurimum interuallum cõplectentes, per longũ dehinc tẽpus paulatim consumuntur. Similiter uerò etsi cauma aliquod in quibusdam temporibus, scdm aliquas terræ partes contingant, aliqua utique loca euenit exiccari, quæ procedente rursus tempore, & ipsa tãdem iterum humectantur. Non.n. quia huiusmodi totius particulæ generantur & corrũpuntur rursus, propter hoc & uniuersum etiam idem patit: sed solùm quę circa terram sunt partes per iterationem adinuicem transmutantur, propter diuinorum corporum talem ac talem dispositionem, siue situm in motu habẽtium: ita ꝙ ſm speciem quidem incorruptibiles & eædem maneant, ſm autem numerum, subalternationes patiantur, & alibi aliæ generentur. cùm autem ostenderit, ꝙ sicut quidẽ se habet mundus ipse, sic etiam eius unaquæq; particula se habebit, uidelicet, si ille quidem corruptibilis est, & partes etiã ipsæ corruptibiles sunt: si uerò à corruptione immunis, & ipse similiter. Quinetiã & aliquas demõstrauerit ſm numerum easdem manere, aliquas uerò, quãuis non ſm numerum, ſm speciẽ tñ, necessariò easdem saluari. Insuper cùm declarauerit superficialem ac leuẽ esse Democriti opinionem de mari ꝙ.s. aliqñ propter cõtinuam ex ipso ablationẽ consumi habeat atq; exiccari, Deinde ꝓpter ea tm̃ quæ aduersus Democritũ dicta sunt, subditur, {sed de his quidem plusq̃ dignum erat immoratus est sermo.} tanq̃ ea, quæ ab illo circa hæc dicta sunt, tali ac tanta obiectione dicta non existant.

De salsedine autem, his quidem, qui semel generauerunt & totaliter ipsum generant, impossibile est salsum facere. Tex.11. Antiquorũ sniæ d salsedine maris.

Siue

Siue enim omnis humidi circa terram existentis & eleuati à Sole, residuum factum est mare, siue inexistit tantus sapor in multa aqua & dulci, propterea quòd immista est quædam terra talis, nihilominus cùm aduenerit iterũ aqua, quæ euaporauit, necesse est æquali quidẽ existente multitudine quàm primò, & sic neque primò, neq; posterius salsum esse ipsum. Si autem & primò & confestim, erat dicendum quæ causa, & simul propter quid: non si & tunc sursum latum fuit, & nunc patitur hoc. At verò & quicunque terram causam ponunt salsedinis immistam, (habere enim aiunt multos sapores ipsam, vt à fluuijs simul delata propter mistionem faciat salsum.) inconueniens est non & fluuios salsos esse. Quomodo enim possibile est in magna quidem multitudine aquę, euidens sic facere mistionem talis terræ, in vnoquoq; autem non? palàm enim est, quòd mare est omnis fluuialis aqua, in nullo enim differt, nisi eo quòd salsum sit, à fluuijs: hoc autem illis aduenit in loco, in quem omnes simul fluunt. Similiter autem ridiculum est, & si quis dicens sudorem terræ esse mare, putet aliquid planum dixisse, sicut Empedocles. Ad poesin enim sic dicens fortè dixit sufficienter, metaphora enim poeticum est, ad cognoscendum autem naturã non sufficienter. Neq;.n. hic palam est qualiter ex dulci poculo salsus fit sudor, vtrum abscedente quodam solum, puta dulcissimo, an commisto quodam, sicut in iis, quæ per cinerem colantur, aquis. Videtur autem causa eadem, & circa superfluum in vesica collectum: etenim illud amarum & salsum fit, potato & eo quod in alimento est humido dulci existente.

Mare, an terræ sudor.

Vrinæ, & sudoris salsedo.

Cõm. 11. Ad aliud consequentur pertransit problema, de salsedine. s. maris, & inquit, ꝙ qui ponunt generationem maris, tanquam prius non extiterit, impossibile est, ꝙ salsum constituant ipsum. Siue. n. omni humido, hoc est, aqua circa terram prius existente, per eductionem postmodũ eius dulcis quod in ipsa erat à Sole, quod deinceps relictum fuit salsum factũ est mare: siue ex eo inexistat tantus & talis sapor in tota dulci aqua, qm̃ permixta fuerit cum tali terra, quæ eiusdem etiam saporis causa extiterit, nihilominus cum per pluuiam adueniat rursus aqua, quæ euaporauerat, ex cuius abductione salsedo causata fuerit, oporteret utiq; dulce fieri ipsum mare, ac rursus salsum, propter superficialis dulcis in uaporẽ transmutationem. Si autẽ & ex principio, priusquam ab ipso mari aliquid sursum educeretur salsum erat, causa q. dem dicenda erat, propter quã à principio talis existeret aqua maris. Amplius uerò, si existente tota aqua salsa, aliquid tunc à principio salsum educebatur ex ipsa, cum tota quidem talis esset, quare & hoc non accidit & nunc? Et cur salsum non est, qđ sursum ex ipsa fertur? Quòd uerò tale nõ sit quod sursum ducitur, palàm est ex hoc, ꝙ potabilis est pluta aqua, non autem salsa, quæ tñ illud idem est qđ sursum prius latum erat. Cùm aũt dixit, ꝙ generantibus mare non facile est eius salsedinis causam asignare, subdit, ꝙ neq; dicentes ab ipsa terra prouenire, trãsmutati maris saporem recte dicunt. Putant quidem .n. multos terram ipsam habere sapores, quinetiam & salsum: fluuios uerò, qui per ipsam fluunt qualitatem hanc ab ea accipere, ac mare tãdem ingredientes salsum illud efficere. Cæterum inconueniens est, eosdem utiq; fluuios non & prius salsos fieri: qũo. n. possibile est in tanta aquarum multitudine, manifestam fieri delatam ab huiusmodi fluuijs qualitatem, ita ꝙ totam ipsam multitudinem inficiat, aquam aũt unius tantùm fluuij, cùm pauca admodum sit, prius q̃ mare ingrediatur nõ etiam salsam effici? Etenim, si in nullo alio differt mare à fluuiorũ aquis, præterquam in eo ꝙ salsum est, si fluuij etiã ante ingressum in illud tales extiterint, in nullo penitus differẽs erit ab illis, si quidem mare est omnis eoꝝ collecta aqua. Amplius ridiculum, inquit, est, si quis existimabit, ꝙ ueram causam salsedinis maris asignauerint hi, qui affirmabant terræ sudorem esse mare, quemadmodum dixit Empedoc, neq;. n. aliquid dilucidum affert qui hoc dicit, (ad poesin uerò fortasis sufficienter erit hoc dicere, cùm metaphoris uti poeticum sit.) Nam si quis rursus dicat sudorem corporis animalis cuiuspiam esse mare, non utiq; asignauerit quid natura sudor sit, simili tñ usus metaphora. Quemadmodum. n. in mari immanifesta est huiusmodi qualitas, sic & in sudore non palam est, propter quam q. dem causam dulci existente potione, salsus fit sudor. utrum. s. abscedente aliquo solùm ex potione ipsa, puta dulcissimo, & in corpus animalis coassumpto, uel cõmisto sibi aliquo sapore ex ipso corpore, quẽadmodum per cinerem colatis accidit aquis, uel potius propter ambo hæc. Eandem aũt, inquit, esse causam & circa sudorem ipsum, & circa etiam excremẽtum in uesica collectum. Etenim qđ in ipsa est salsum & amarum fit, dulce tñ ipso potabili existente.

Si itaque quemadmodum quæ per calcem colatur aqua fit amara, & hæc cum vrina quidem simul delata tali quadam virtute, qualis & videtur subsistens in vasis salsedo, cum sudore autem segregata ex carnibus veluti abluẽte id, quod tale est ex corpore exeunte humido, palàm est, quòd & in mari id, quod ex terra humido commistum est, causa salsedinis est. In corpore igitur fit tale, alimenti hypostasis propter indigestionem: in terra autem secundum quem modum existit, dicendum est. Omnino autem quomodo possibile sit, tantam aquæ multitudinem à desiccata & calefacta segregari: minimam, n. oportet ipsam esse partem relictæ in terra. Adhuc, propter quid non & nunc cùm exiccata fuerit terra, siue amplior siue minor sudat? humiditas enim & sudor fiunt amara. Si enim tunc, & nunc oportebat. Non videtur autem hoc accidere, sed humida quidem existens exiccatur, sicca autem existens nihil patitur tale. Quomodo igitur possibile est circa primam generationem humida existente terra, sudare exiccatam? Sed magis verisimile est, sicut aiunt quidam, absumpto plurimo & eleuato humido propter Solem, quod relictum est, esse mare: humidam autem existẽtem, sudare impossibile est. Quæ igitur dicuntur salsedinis causæ, diffugere videntur rationem. Tex. 12.

Ostendit modò, ꝙ non recte utiq; dictum est, terræ sudorem esse mare: nec sic quidem accidit illud fieri, quemadmodum aqua colata per cineres, sicut dixit Empedoc. Nam si eodem, inquit, modo sudor quandoque fit salsus, & humidi excrementum, quod est in uesica, amarum redditur, & aqua maris salsedinem acquirit, quemadmodum aqua colata per cineres: in uesica autem ex eo fit amarum ex dulci, ꝓpter hoc ꝙ cum urina simul defertur, segregata quidem uirtus, qualis in uasis, in quibus minxerit quis subsistens uidetur salsedo: in sudore uerò id accidit, qm̃ similis uirtus pariter cum eo, è carnibus segregatur, humore. s. qui foras promit ac tentat egressum, dum corpus abluit saporem talem acquirente: palàm est ꝙ per eũdem modum, causa salsedinis erit in mari, quia. s. ex terra aliquid cum humido commisceatur. In corpore quidẽ igitur, tale quid fit in alimenti Cõm. 12.

menti hypostasi propter indigestionem. In terra uerò quonam modo tale aliquid insit, quod cùm aqua permistum sit salsedinis causa esse posit, dicendum. Verumenimuero non sic quidem dicit, q̃m non fiat hoc, sed quia sic dicentes, non unde tñ, & q̃uo natura id accidat, quæsiuerunt, nec asignarunt. Q̃uo.n. posibile est aquæ multitudinem ab exiccata & calefacta segregari, si quid tale sit sudor? minimam.n. oportet hanc esse partem eius, quæ in terra relicta est: sudor nāque & urina ualde minoris sunt molis, q̃ præassumpta potio, & humiditas in corpore remanens. Amplius propter quid & nūc etiam, cùm exiccari & calefieri terram accidat, uel in minori uel in maiori parte sui, non quidem sudat? aut amarū non sudat? Si.n. & tunc sudabat terra sudorem quēdam amarum & salsum, oporteret utiq; & nūc hoc idem cōtingere. Non autem uidetur hoc circa ipsam, sed si sicca extiterit humectari accidit: cùm uerò exiccatur nullum sudorem emittit. Q̃uo igitur posibile erit, circa generationem maris, humidam existentē terram exiccatam à calore Solis, tādem sudasse? magis.n. rationabile est, sicut aiūt quidam coassumpto ac à sole eleuato plurimo dulci ex ipsa aqua, quicqd propter pondus tanquam terrestre magis relictum est, salsum quidem fuisse mare: humidam autem existentem terram sudare imposibile est. Quæ q̃dem igitur dictæ sunt salsedinis causæ, rationem effugere uidentur, hoc est, irrationabiles sunt.

Tex.13. Propria opinio de maris salsedine. *Nos autem dicamus, principium sumentes idem quod et prius. Quoniam enim positum est duplicem esse exhalationem, hanc quidem humidam, hanc autem siccam, palàm est, quòd hanc putandum est principium esse talium. Et vtique & de quo dubitasse prius necessarium, vtrum et mare semper permaneat earūdem existens partium numero, an specie & quantitate permutatarum semper partium, quemadmodum aer, & potabilis aqua, & ignis? semper enim aliud & aliud fit horum vnumquodque, species autem multitudinis vniuscuiusq; horum manet, sicut fluentium aquarum, flammæ fluxus. Manifestum itaq; est hoc & probabile, quòd impossibile est non eandem esse de omnibus his rationem, et differre velocitate & tarditate permutationis, & in omnibus generationem esse & corruptionem. Hoc tamen ordinatè accidere omnibus ipsis.*

Cōm.13. Dicamus, inquit, nos de salsedine maris, idē ipsum ex dictis principium assumentes, quo etiam in his, q̃ iam præostensa sunt usi sumus. Id autem est, duplicē uidelicet talem quæ à sole est fieri exhalationem ex ipsa terra, quæ talium horum omnium causa est. Primò autem, inquit, necesse est prædubitare ac considerare, utrum (si mare idē permanere supponatur) ita maneat quidem ut eædem secundum numerum semper partes conseruentur, quemadmodum ex diuinis corporibus quodlibet, uel potius earūdem s̃m speciem semper est partium, quinetiam & s̃m quantitatem, non autem secundum numerum, cum quidē continue transmutentur, & aliquæ quidem corrumpantur, aliquæ uero generentur rursus: quemadmodum & aeri, & potabili aquæ & igni contingit. Hæc .n. non semper eadem numero conseruantur, sed tantùm s̃m speciem æterna sunt, non autem s̃m numerum, ut parum supra declaratum est. Arbitratur .n. ipse ꝙ cuiuslibet quantitas s̃m totum eadē semp maneat, (ut ex his quæ sequentur patebit magis) quemadmodum se habet in fluentibus aquis, ac in flammæ fluxu: semper.n. in his continue aliud fit & aliud. Rationabile itaq; est eandem in omnibus talibus, hoc est in ipsis generabilibus esse rationem, ꝙ .s. eadem semper maneant s̃m speciem, non autem s̃m numerum. solam autem ipsorum differētiā esse, in uelocitate & tarditate transmutationis. Quædam .n. ex his ne dum per minimum quidem tempus, eadem numero manent, ueluti sunt flāmæ ardentes: q̃dam uerò per aliquod manent tempus, nec in fieri habent esse, non tñ semper perdurant, ita ꝙ intransmutabilia sint. Omnium.n. quæ circa terram sunt, (omnium aūt dicit non simpliciter, sed quorum exhalatio ex terra principium est) horum omniū igitur, quæ s̃m naturam generantur & corrumpuntur, ordinata est quidem generatio & corruptio. Notandum autem rursus, ꝙ ordinem & in his esse dicit, quę generationi & corruptioni subiiciuntur, quæ q̃dem ordo ex causis suarum transmutationum sibi prouenit: hæ autem causæ sunt diuina ipsa corpora. Cùm autem hoc uerum sit, non temere quidem, (de mente ipsius Aristotelis) nec absque aliqua prouidentia, erunt hæc, quæ sunt hic.

His autem sic se habentibus, tentandum est reddere causam & de salsedine. Manifestum itaque est per multa signa, quòd fit talis sapor propter commistionem aliquam. Etenim in corporibus quod indigestissimum, salsum & amarum, sicut & prius diximus. Indigestissimum enim est, superfluum humidi alimenti: talis autem est, omnis quidem hypostasis, maximè autem quæ in vesicam. Signum autem est, quia subtilissima est: digesta autem omnia, constare nata sunt. Deinde sudor, in quibus idem corpus consegregatur, quòd facit saporem hunc. Similiter autem & in adustis, vbi.n. non obtinuerit calidum, in corporibus quidē fit superfluitas, in adustis autem cinis: quapropter & mare sic quidam ex adusta aiunt factum esse terra. Dicere autem sic quidem, est inconueniens: ex tali tamen, verum est. Sicut.n. & in dictis, sic & in toto & ex nascentibus et factis secundum naturam, semper oportet intelligere sicut ex ignitis, quod relinquitur, talē esse terram. Et vtique & eam, quæ in arida, exhalationem omnem: hæc.n. exhibet multam hanc multitudinem. Mista autem existente, sicut diximus, vaporosa exhalatione & sicca, cùm constiterit in nubes & aquam, necessarium intercipi aliquam multitudinem semper huius virtutis, & simul deorsum ferri iterum plutam, & hoc semper fieri secundum quēdam ordinem, vt contingit quæ hic sunt participare ordinem. Vnde igitur generatio salsi inest in aqua, dictum est. Et propter hoc australes aquæ latiores, & primæ autumnalium. Auster enim & magnitudine & spiritu æstuosissimus ventus est, & flat à locis siccis & calidis. Quare cum pauco vapore, quapropter & calidus est. Si enim & non talis, sed vnde incipit flare frigidus, nihilominus procedens, propterea quòd comprehendit multam exhalationem siccam ex propinquis locis, calidus est. Boreas autem velut à frigidis locis et vaporosis, quapropter frigidus. Eo autem quod propellat, serenus hic: in oppositis autem, aquosus. Similiter autem & auster, serenus ijs, qui circa Lybiam. Multum igitur in deorsum lata aqua confert, quod tale est. Et autumno latæ aquæ sunt: necesse enim est, grauissima prima deferri. Quare in quibuscunque inest talis terræ multitudo, tendunt citissimè deorsum hæc. Tex.14. Auster ventus æstuosissim⁹, & à siccis & calidis locis est.

Cùm positum atque ostensum iam sit, ꝙ & maris ipsius hæ quidem partes corrūpuntur, hæ autē rursus generantur, tentādum, inquit, asignare causam salsedinis eius. Manifestum autem, inq̃t, est, ꝙ propter Cōm.14.

pter mistionem quandam fit talis sapor. In animalium enim corporibus, id quod indigestissimũ existit, salsum & amarum est: superfluitas enim siue excrementum tale est, quòd propter indigestionem residet. Omnis nanq; hypostasis, ac omne excrementum indigestum est, maxime autem quod in uesica colligitur, quod scilicet urina est. Quòd autem id maximè indigestum sit, signum subdit, quoniam subtilissimum quidem est: omnia uerò digesta, constant admodum ac crassiora fiũt. Secundò autem loco, indigestum etiam asserit sudorem esse. Hæc autem, quæ dicta sunt, oportet intelligere circa humidorum digestionem: non enim & siccorum digestio talis est, sed opposito quidem modo se habet quàm in humidis, ac propter hoc siccorũ excrementa sicca sunt, proportione respondentia ipsi cineri. In utrisq; itaque sudore scilicet atque urina, idem corpus con segregatur, quod saporem amarũ & salsum in ipsis facit. Similiter autem, inquit, res se habet & in adustis: uniuersaliter nanque in quibus calidũ non obtinuerit neq; conuincet, quod insuperatum subsidet, huiusmodi saporem habet. Est autem quod quidem in nostris corporibus à calido non superatur, superfluitas siue excrementum, in adustis uerò cinis. Vnde moti quidam dicunt, propter adustam terram factum esse mare. Dicunt.n.q̃nque adustam fuisse terram illam, ubi nunc est mare, atque aquam per ipsius terræ cineres pertransitam, & quasi percolatam factam esse mare. Hoc autem utique dicere, quasi genitum existat mare, {inconueniens est.} Quòd uerò ex tali quidẽ causa tale etiam quid subsideat, qualis est cinis, uerum quidẽ est. Sicut enim in his, quæ dicta sunt, in animalibus quidem scilicet alimẽti excrementũ residet, quod ex eo fit, quòd super ipsum non obtinuerit calidum: in adustis uerò cinis. Sicut inquam in his aliqua quidem sunt, quæ cum à calido non conuincantur, huiusmodi saporem habent: sic etiam in toto ipso, & nascentibus quidem omnibus, ac alitis & factis secundum naturam, si propter aliquam caliditatem incendantur ac digerantur, aliquã indigestam terram quasi in cinerem redactam derelinqui existimare oportet, & talis quidem est, omnis quæ in arida est exhalatio. Hæc enim, inquit, (per {hæc} autem siccam intelligit exhalationem.) multam hanc exhibet multitudinem, eius scilicet quod in aquis est salsi. aut, {hæc} uidelicet terra, quæ ex nascentibus & factis secundum naturam, indigesta superfluens ac derelicta quasi cinis, multam hanc exhibet multitudinem exhalationis. Mista autem, sicut dictum est, humida ac uaporosa exhalatione simul cum sicca, (hanc uerò superius, & fumosam appellauit.) quam dixit omnem ab indigesta ac derelicta fieri terra, super quã calor non obtinuerit. Mixtis igitur hisce exhalationibus, (nunquã enim altera absq; altera sursum fertur, sed simul latis, quandoque maior est sicca, quandoque uerò humida,) cùm quidẽ humida amplior fuerit, & propter hoc in nubẽ constiterit, necesse est & huius siccæ ac indigestæ uirtutis aliquam intercipi multitudinem, ac tandem simul cũ pluuia deorsum ferri. hoc est, aquam ipsam quæ iam tantum ex sicca exhalatione atque eius qualitate susceperit, ut huiusmodi saporem seruare ualeat, demum descendere. Et hoc semper fieri secundũ quẽdam ordinem, ut tamen contingere habet ordo in istis reb⁹ naturalibus generabilibus & corruptibilibus: non enim omnino determinatus est ac intransgressibilis, sicut diuinis accidit corporibus, sed secundum quidem totum similis ut in illis est, secundũ partes uerò non omnino exactus. Hyems enim &, æstas secundum quamlibet periodum ex necessitate quidem erũt, quòd autem uel pluuiosa sit hyems, uel serena, uel citius aut tardius desinat uel incipiat, non admodum ordinatum est. Materia nãque, sicut alibi declarauimus, huiusce irregularitatis est causa, quippe quæ huiusmodi exactiorem ac rectum ordinem suscipere nequit. Cùm autem dixit, huiusmodi siccam exhalationem ex indigesta terra genitam, ac propter hoc amaram, semper commistam esse cum aqua pluta, hanc consequenter cõcludit esse causam generationis eius salsi, quod est in aqua. Quòd autẽ talis exhalatio causa sit salsedinis, quę est in aqua, accipit fidem ex hoc, quòd cùm plurima accidit fieri huiusmodi exhalatio, tunc pluta aqua latior manifestè apparet. Plurima autem fit temporibus australibus, ac circa autũni principium, cuius rei causas assignat. Auster enim æstuosissimus est uentus, ut parum infrà ostẽdet, cum de uentis scilicet erit sermo, omnium hic enim uentorum ex calidissima & ualide sicca exhalatione prouenit, quæ sicca exhalatio materia uentorum est. Amplius autem & flat à locis siccis & calidis, flat enim à meridie: quare cum modico est uapore, plurimaq; in ipso exhalatio est, propter quod & calidus est. Quamobrem conueniens est, in temporibus australibus, plurimam fieri exhalationem. Cùm autem dixerit calidum esse austrum, cõfestim subdidit, {si enim & non talis, sed unde incipit flare frigidus est.} Dixit autem hoc, quoniam non adhuc manifestum ac declaratum est, unde auster ortum habeat. Videtur autem aliquibus, quòd ubi incipit flare, frigidus sit, tanquã non ab ipsomet meridie principium sumat, sed ex locis ultra meridiem. Si igitur & talis est auster, & ex talibus illis regionibus flare inceperit, procedens tamen per loca calida, qualia quidem ad meridiem loca sunt, plurimam sibi coassumens ex tali regione siccam exhalationẽ, calidus redditur. Quapropter quæ flante ipso consistunt aquæ, plurimum ex sicca exhalatione sibi cõmistum habentes, latiores existũt. Boreas autem ab humidis & frigidis locis flans, à septentrionalibus scilicet, quæ frigida & humida sunt, plurimum ex humida exhalatione habet, quæ uapor est: quapropter frigidus est uentus iste. Quoniam autem inconueniens uideri posset, quod cum frigidus & humidus Boreas quidem sit, non tamẽ pluuiosus existat, sed serenus magis, huius rei causam subdidit, {Eo.n. quia nubes propellit, serenus est hic.} Omnes.n. uenti, è quibus incipiunt flare locis, ac etiam ex his, quæ proxima illis sunt, ad plurimam quidem distantiam nubes impellunt. In oppositis uerò locis, quò Boreas nubes impellit, pluuiosus est. Quemadmodum autem Boreas serenus est apud nos, sic & Auster circa Lybiam unde oritur, ubi rursus Boreas pluuiosus existit. Talis igitur Auster existens, plurimam siccam exhalationem cum aqua pluta permiscet. Atqui & incipiente Autumno rursus & latæ fiunt aquæ, quoniam necesse quidem est, quod grauissimæ aquæ primæ descendant, grauissimæ autem sunt, in quibus sicca & terrea exhalatio permiscetur. Primæ itaque illæ descendunt,

in

in quibus talis terræ multitudo est: quapropter tūc tales utique aquæ præueniunt in descensu, ac in primæ pluunt.

Tex. 15. *Et calidum quidem mare propter hoc est: omnia.n.quæcunq; ignita fuerunt, habent potentia caliditatem in seipsis. Videre autem licet & calcem & cinerem & hypostasin animalium, & siccam & humidam: & caldissimorum secūdum ventrem animalium, accidit calidissimam esse hypostasin. Fit igitur propter hanc causam semper latius. Eleuatur autem semper aliqua pars ipsius cū dulci, sed minor tantò quātò & in pluta, salsa & lata dulci minor. Quapropter æquale est, vt omnino dicam. Quòd autem fit euaporans potabile, & non in mare concernitur, euaporans quando constiterit, iterum tentantes dicamus. Patiuntur autem & alia, idem. Etenim vinum & omnes humores quicunque euaporantes iterum in humidum constiterint, aqua fiunt. Aliæ.n.passiones aquæ sunt, propter quādam commistionem, & qualecūque aliquid fuerit quod commistum est, talem facit saporem. Sed de his quidem in alijs temporibus conuenientioribus, facere oportebit considerationem.*

Cōm. 15. Signa cùm attulerit eius, q́d est, huiusmodi quā diximus exhalationem principium & causam esse salsedinis ipsius maris: subdit modò, ꝙ propter eādem exhalationem, permixta quidem salsedine cum ipso mari, calidum existit mare. Omnia.n. quæcunq; precalefacta ac præignita fuerint, potentia caliditatem habent in seipsis. Sicca autem exhalatio ex ipsa terra talis est, cùm.s.superfluum fuerit indigestum, ſm naturam genitorum ac nutritorum. Quòd autem præignita potentia calida sint, fidem accipit ab ipsa calce, (quam calcem uiuam uocant,) & à cinere, atque ab animalium hypostasi: & ex eo etiam ꝙ calidissimorum ſm uentrem animalium & hypostasis etiam calidissima est, & propter hoc acutior magis. Generari quidem igitur, inquit, semper aliquid ipsius maris, ac partes eius ſm numerum continuè transmutari, propter aquam ipsam plutam, à qua eius substātia ac generatio prouenit. Eleuari uerò, inquit, semꝑ aliquam ipsius partem simul cum dulci, sed tantò ꝗdem minorem, quantò & in pluta aqua salsum & latum dulci minus est: quapropter potabile est quod pluit, quāuis unà secum aliquid ex huiusmodi sapore complexum habeat: ꝓpter quod, æquari asserit molem maris, quo ad totum, non.n.ęqua semper exacta est dicta moles. Causam autem huiusmodi æqualitatis assignauit, qm̄ quantum ex ipsius salso sursum ducitur, tantundem etiam permixtum cum pluta aqua rursus descendit. Quòd autem dubitaret aliquis, illud est: qm̄ si ab ipso mari, tm̄ de ipso salso eleuatur, quantum rursus descendit, ad quid utique opus erit huiusmodi sicca exhalatione, pro generatione salsi saporis in ipsa aqua? hoc igitur, per ea quæ subdit, facile soluitur: Salsum.n.non manet amplius quod prius salsum eleuatum est, sed potabile ac dulce fit. Quapropter non est id in causa, ꝙ in pluta aqua salsus fit sapor: sed causa magis est, ꝙ æqualis moles maris appareat, absq; hoc ꝙ continuè augmentetur, ꝙ quidem maneat quod præinexistit omne, aliquid uerò & tale simul cum pluta aqua descendat, ꝙ pars maris fit & illud: quicq́d.n.ex maritima euaporat aqua, cùm primùm in nubem cōsistit in dulce quidē transmutatur, non autem in salsum, à quo ortum habuit. Nam per hunc quidem modum, maris aquam potabilem aliqui reddunt. Ollas.n.huiusmodi aqua plenas ponentes ad ignem, ac subtus maxime illas succedentes, quicquid ex ipsis euaporans, in superpositis operculis colligitur atq; suscipitur, cùm ī aquam deinde transmutatum fuerit, hac utiq; utūtur ad potum. Non solùm autem, inquit, mare ipsum cùm euaporat, ꝓpriū abiicit saporem, & aqua fit, uerūetiam & alia omnia humida hoc idem patiuntur. Vinum.n. & alia, quæ humorem aut succum habent atque euaporant, ex transmutatione rursus uaporis in humidum, aqua fiunt. Sapores nāque oēs, passiones aquæ sunt, propter quādam factam cū aliquo mistionem: & qualecunq; quidem illud fuerit, quod cū aqua cōmiscetur, talis & sapor eius fit. Cùm autem dixerit sapores ipsos fieri propter mistionem alicuius cum aqua, & tales fieri quale id fuerit, quod cōmiscetur, sermonem dehinc in aliud tempus submittit, ac differt tanquam alterius sint negotij. Tractatui.n.de saporibus, proprius est hic sermo.

Nunc autem tantum dicamus, quòd maris existentis semper aliquid sursum ducitur, & fit potabile: & de sursum in pluta descendit aliud factum, non quod sursum ductum, & propter pondus subsidet potabili. Et propter hoc, neque defecit sicut fluuij, nisi locis: hoc autem in ambobus necesse est accidere similiter. Neque semper eædem partes permanent, neque terræ, neque maris, sed tantum tota moles. Etenim de terra similiter oportet existimare: hoc enim sursum venit, hoc autem iterum descendit. Et loca permutant, & supernatantia, & descendentia iterum. Tex. 16. Maris aqua quo pacto efficiatur potabilis.

Recolligens nunc ea, quæ dicta sunt, & quam breuiter illa resūmens, inquit, ꝙ, cùm mare per hūc quidem existat modum, semper aliquid ex ipso unà cū dulci sursum ducitur, ac transmutatum potabile fit, & dehinc iterum pluit, illud simul etiam secum habens, quod ex eleuati dulcis transmutatione effectū est, alterum quidem inexistens numero, ac nō idem numero permanens quod eleuatum fuit. Euaporās quidem.n.salsum erat, dulce autem post eius transmutationem effectum fuit. Descendit autem simul cum pluta aqua, quædam cū ipsa, ex sicca exhalatione permixta qualitas, crassa admodum ac salsa, quæ propter grauitatem potabili subsidet. Non.n.proprie quod ab ipso mari eductum est ac transmutatū, .i.quod subsidet, ut apparet in litera, (illud.n.potabile est, sicut & alterum) uerùm à toto ipso aggregato quod pluit illud quidem segregatur, cui siccæ exhalatiōis qualitas permiscetur. Et propter huiusmodi, inquit, eleuationem exhalationum ab aqua, ac pluuiarū rursus descensum, non deficit unquam mare, sicut nec quidem fluuij, {nisi in locis q̃busdam} hoc est, ad alia & ad alia loca transferuntur similiter & fluuij & ipsum mare: ac de his causam assignauit, cum superius de fluuijs factus est sermo. Cùm igitur & fluuij & mare trāsmutentur ſm loca, non semper utiq; eædem manent & terræ & maris partes, sed solum ſm molem, mare ipsum ac terra. Causam autē propter quam neutrum ipsorum idem numero permaneat, sed æqualis moles maneat semper, assignat quidem, {quoniam hoc quidem ex ipso mari sursum ducitur per uapores, hoc uero cum pluta aqua rursus condescendit, ac loca permutant} & quicq́d quidem subsidet, salsum est omne: dulce uerò, quicquid huic supernatat. Cōm. 16.

Quòd autem sit in commistione alicuius salsum, palàm est non solùm ex dictis, sed & si quis vas cereum formans posuerit Tex. 17.

posuerit in mare, circũligans os talibus, vt non per rimam aliquã intret mare. Quod enim ingreditur per parietes cereos, fit potabilis aqua: quasi enim percolatum quod terrestre est, & quod facit salsedinem propter commistionem, secernitur. Hoc enim causa est, & grauitatis, (plus enim trahit salsa, quàm potabilis) & grossitiei. Etenim grossities differt intantum, vt naues ab eodem pondere rerum, quæ vehuntur in fluuijs quidem ferè submergantur, in mari autem mediocriter habeant & nauigabiliter. Quapropter aliqui in fluuijs onerantium naues, propter hanc ignorantiam damnum passi sunt. Argumentum autem est admisti alicuius, quòd grossior est moles. Si enim aliquis aquam salsam fecerit valde miscens sal, supernatãt oua etiam si sint plena. Ferè enim sicut lutum fit, tantam habet corpulentam multitudinẽ mare. Idem autem hoc operantur, & circa salituras. Si autem est, sicut fabulantur quidam, in Palæstina tale stagnum, in quod si quis immiserit colligatum hominem, aut subiugale, supernatat, & non submergitur in aqua, testimonium vtiq; erit aliquod dictis. Dicunt enim amarum sic esse stagnum & salsum, vt nullus piscis innascatur: vestimenta autem purgari, si quis humectans permouerit. Sunt autem & omnia talia, signa dictorum, quòd salsedinem facit corpus aliquod, & terrestre est quod inexistit. In Chaonia enim fons est aquæ latioris: effluit autem hic, in fluuium propè dulcem quidẽ, pisces autem non habentem. Elegerunt enim (vt qui ibi sunt, fabulantur) potestate facta ab Hercule, quando venit ducẽs ab Erithia boues, salem pro piscibus, qui fit ipsis ex fonte. Huiusmodi enim aquę decoquentes aliquam partem ponunt, & fit, frigefacta cùm euaporauerit humidum cum calido, sal non grossus & compactus, sed laxus & subtilis sicut nix: estq; virtute debilior alio, & multus delectat iniectus, & colore non similiter albus est. Tale autẽ aliud fit & in Vmbricis: est enim quidam locus, in quo nascuntur calamus & scirpus. De his igitur comburunt, & cinerem immittentes in aquam decoquunt: cùm autem dimiserint aliquam partem aquæ, hæc infrigidata, salis fit multitudo. Quæcunque autem sunt salsa rheumata fluuiorum, aut fontium, plurima quidẽ calida aliquãdo esse oportet putare: deinde, principium quidem extingui ignis: per quam autem penetrat terram, adhuc manere existentem velut calcem & cinerem. Sunt autem in multis locis & fontes & rheumata fluuiorum, omnimodos habentia sapores, quorum omnium ponere causam oportet inexistentem, aut ingenitam virtutem ignis. Exusta enim terra, secundum magis & minus, omnimodas accipit formas saporum & colores: aluminis enim & calcis, & aliorum talium fit plena virtutibus, per quæ penetrantes aquæ existentes dulces, permutantur. Et hæ quidem acetosæ fiunt, quemadmodum quæ in Sicania Siciliæ. Ibi enim oxalme fit, & vtuntur sicut aceto ad quædam eduliorum suorum. Est autem & circa Lyncon, fons quidã aquæ acetosæ: circa Scythiam autem amarus. quod autem defluit ab ipso, fluuium, in quem ingreditur, facit amarum totum. Differentiæ autem horum, inde manifestæ sunt. Quales autem sapores ex qualibus fiunt commistionibus, dictũ est de ipsis seorsum in alijs. De aquis igitur & mari, propter quas causas & semper continuæ sunt, & quomodo permutantur, & quæ natura ipsorum, adhuc autem quascunq; passiones secundum naturam ipsis accidit facere, aut pati, dictũ est ferè nobis de pluribus.

Naues eodẽ põdere submergunt in fluuijs, non aũt in mari.

Cõm. 17. Quòd ex alicuius permixtione salsus fiat sapor, fidem affert ex hoc, ꝙ ingrediens aqua, uasa ipsa cerea, quæ ponuntur in mari, ac quasi purgata & percolata, potabilis fit: propterea quia terrestre illud segregatur ex ipsa, quod in permixtione propter sui crassitiem salsum saporẽ facit: & illud etiãmet, cùm permixtũ est, causa est grauedinis & crassitiei ipsius maris. Existens.n. mare grauius aqua dulci, atq; admodum grossius, illasmet quidẽ sustinet naues, quas aqua dulcis eiusdem molis ferre non poterat. Quòd autem propter mixtionem eius, quod saporem facit, crassior fiat aqua maris, argumentum adducit, qm̃. s. si quis aquam salsam fecerit, sal cum ipsa permiscens, adeo crassam illam reddit, ut oua sup ipsam supernatent: ferè.n. luto assimilatur mare, propterea quia plurimum ex corpulenta multitudine sibi commixtum habet. Asserit autem, ꝙ & illi, qui circa salituras siue murias operãtur, sal cum aqua permiscent, ut cùm experiri uolunt, an perpulchre ac sufficienter salituras fecerint, respiciunt an ne oua plena existentia super illis supernatent. Testimonium autem & fidem ex historia etiam ipsa ad hoc idem adducit, ad hoc. s. ꝙ propter mixtionem alicuius terrestris cum aqua, tum sapor exeat salsus, tum etiam & crassior, seu corpulentior aqua fiat. In Palæstina .n. stagnum dicũt esse quoddam, quod quidem adeo salsum est, ut nullus piscis in ipso gñetur: simul etiam & adeo crassum, ut si quis ĩ illud colligatum aliquod ex grauissimis animalibus immiserit, ac ipsum subtus ualde immerserit, nihil tñ minus supernatabit: quinetiam eadem ipsa aqua uestes purgauerit, si q̃s in ipsam madefactas concusserit. Atqui & in Chaonia, fons quidã latioris est aquæ, ex qua decocta primò, ac dehinc infrigidata sales fiunt. Quemadmodũ autem in Chaonia, aqua quæ ex dicto fonte est decocta ac infrigidata, sal quidem fit, ꝓpterea quia crassior admodum est, ac aliquid ex terrestri sibi coadmixtum habet, sic etiam, inquit, & in Vmbricis sales fiunt. Iunci.n. quidam & calami in quodam nascuntur loco, quorum cõbustorum cineres in aquam infundunt, ac decoquunt, ex qua tãdem infrigidata, salum fit multitudo. Ex his autem fides haberi potest, ꝙ aqua, quæ ex Chaoniæ lacu latior est, decocta ac frigefacta sal quidem fit, propter hoc ꝙ aliquid cum ipsa permixtum sit: & hoc quidem signum est, ꝙ in latiori & salsa aqua, aliquid necessario commixtum sit. Inquiunt autem ꝙ quæcunq; sunt salsa rheumata fluuiorum & fontium, plurima calida aliquãdo fuisse, existimare oportet. Dehinc principium quidem ignis à quo calefiebant, extinctum esse: per quam autem penetrarunt terram, adhuc permanere illam, existentem propter adustionem, uelut calcem & cinerem. Esse autem, inquit, plurimis in locis, fontes & fluuios omnimodos habentes sapores, quorum omnium causam esse, inexistentem atque innatum ignẽ. Exusta.n. terra, ſm quod magis uel minus exustionem patitur, omnimodos accipit colores & sapores: in alumen.n. & calcem & alia id genus transmutatur, (quapropter & eorũ uirtutes coassumit,) per quæ deinceps fluentes aquæ ac percolatæ, cum dulces existent, transmutationem patiuntur: & aliquæ quidem acetosæ fiunt, quemadmodum quæ in Sicania Siciliæ: ibi.n. acida fiũt muria, quibus ꝓ aceto utuntur in quibusdam eduliorum. Amplius & circa Lyncon, fortasse in Macedonia, fontem esse, inq̃t, aquæ acetosæ. Circa Scythiam autem amarus, qui q̃dem & fluuium in quem defluit, totum amarum facit. Differentias autem saporum qui fiunt in aquis, ex eo manifestas inquit esse, qm̃ uidemus quales sapores, ex qualibus accidãt complexionibus siue cõmistionibus.

mistionibus. De his autem in alijs proprium inquit habitum esse sermonem: propria.n.tractaturi de saporibus hæc est theoria. Quemadmodum autem sui moris est, post completum sermonem de quolibet problemate, summatim colligere ea quæ dicta sunt: hoc idem & modò facit, ac cuncta epilogat, de quibus circa præsens negotium factus est sermo. Dixit itaq; de aqua & mari, {propter quas causas & semꝑ & continue sint} propter circulationem.n.solis, ac eleuatas ab ipso exhalationes, ac earum rursus consistētias, indeficiens est eorum substantia atq; natura. Dixit etiam quō transmutantur, {qm̄.s.calefacta quidem terra & aqua, euaporant primo} uapor autem postquam à caliditate ipsa sursum latū est, cùm primùm dehinc ad frigidiora peruenit loca, ab ipsa derelictus, aut quia extincta iā sit aut segregata, aut quia super ipsa frigus obtinuerit, tunc derelictus uapor, rursus consistit, ac in aquam transmutatus tandem descendit. Adhuc & dictum est de passionibus, quas contingit hæc facere, aut pati: patiuntur quidem cùm sapores suscipiunt, ex permixtione ipsius terræ: agunt uerò cùm quid efficiunt, huiusmodi sibi inexistentibus saporibus.

Cap.4. De natura ventorum, ac Generatione.

Tex.18. Exhalationis duę sunt species.

DE spiritibus autem dicamus, sumentes principium dictum nobis iam prius. Sunt enim duæ species exhalationis, vt diximus, hæc quidem humida, hæc autem sicca. vocatur autem hæc quidem vapor, hæc autem secundum totum quidem innominata est, eò autem quòd in parte vtentes, necesse est vniuersaliter appellare ipsam, velut fumum. Est autem neque humidum sine sicco, neque siccum sine humido, sed omnia hæc dicuntur secundum excessum. Lato itaque Sole circulariter, & cùm quidem appropinquauerit per caliditatem eleuante humidum, longius autem facto propter infrigidationem consistente iterum sursum ducto vapore in aquam, (quapropter hyeme magis fiunt aquæ, & nocte quàm per diem, sed non videtur quia latent nocturnæ magis quàm diurnæ.) descendens autem aqua distribuitur omnis in terram, existit autem in terra multus ignis, & multa caliditas, & Sol non solùm illud, quod supernatat terræ, humidum trahit, sed & terram ipsam desiccat calefaciens. exhalatione autem, sicut dictum est, duplici existente, hac quidem vaporosa, hac autem fumosa, ambas necessarium est fieri. Harum autem, quæ quidem humidi plurem habet multitudinem exhalatio, principium plutæ aquæ est, sicut dictū est prius: sicca autem, spirituum principium est & natura omnium. Hæc autem quòd isto modo necessarium sit accidere, & ex ipsis operibus palàm est. Etenim exhalationem differre, est necessarium. Et Solem & eam, quæ est in terra caliditatem hæc facere, non solùm possibile, sed necessarium est.

Cōm.18. Postquam tractauit de fluuijs & de mari, pertransit modò ad pertractandum de uentis, proposuit.n. & de his dicere. Inquit autem, ꝙ idem etiam & horū est principium, exhalatio.s. Duplici.n. existente exhalatione, ut à principio dictum est, sicca uidelicet & humida, humida quidem uapor uocatur, sicca uerò ſm totum innominata est, à quadam autem specie, quæ sub ipsa sit, quæ fumus est, & ipsam nomen accipere necesse est, ac fumosam uocari. Neutra autem istarum sine altera unquam est, sed simul qdem sunt, uerùm utraq; ſm illud, quod excedit atq; exuperat appellatur. Generatur autem huiusmodi exhalatio propter circulationem ipsius Solis. Ipse.n. latus ad quæ quidem accedit loca, per caliditatē euaporare illa facit, ac exhalationem generat, ac sursum ducit, longe autem recedens, ex recessu occasionem exhibet, siue causa fit, ꝙ propter frigiditatem exhalatio iam sursum ducta rursus constans deorsum feratur, & nocte magis q̃ interdiu: frigidiores.n. noctes sunt, non uidetur autem, qm̄ propter somnum magis latent quæ nocte fiunt, q̃ quæ per diem. Totū illud itaq;, quod deorsum fertur, ac ipsa descendens aqua distribuitur omnis in terra. Existit autē in terra plurima caliditas disseminata. Quinetiam Sol ꝓximus factus ad ipsam, non solùm supernatans terræ humidū trahit ac sursum fert, sed etiā terram ipsam exiccat calefaciens. Hoc autem dixit, ut ostenderet, & siccæ etiam exhalationis suppeditationem, ac cōtributionem exhiberi. Quemadmodum.n. humidæ exhalationi humidum suppeditat quod circa terram est, sic etiam & siccæ, calidum illud quod in terra est. Duplici autem existente exhalatione, hac quidem humida & uaporosa, hac uerò fumosa & sicca, ambas propter id quod dictum est, simul necesse est fieri: quarum quæ quidem plus habet humidi, principiū pluentis aquæ est, sicut dictum est prius: quæ uerò plus habet sicci, principium est & causa & materia uētorum omnium. Per {naturam} autem materiam nunc intelligit. Quòd autem hæc sic se habeant, manifestum esse, inquit, ex his, quę fiunt. Exhalationem enim, tum quæ ab humidis est, tum etiam quæ à siccis fit, differre necessarium est. Amplius, & Solem & eam, quæ in terra est caliditatem, talia hæc facere, nō solùm possibile est, sed etiam necessarium.

Quoniam autem altera vtriusque species, manifestum est quòd differunt. Et non eadē est, venti natura & plutæ aquæ, sicut quidam aiunt. eundem enim aerem motum quidem, vētum esse, consistentem autem iterum aquam. Aer igitur, sicut in sermonibus ante hos diximus, fit ex his. Vapor enim, humidum est & frigidum: bene terminabile.n.est, vt humidum: quia autem aquæ est, frigidum est propria natura, sicut aqua non calefacta. Fumus autem calidum & siccum est. Quare quemadmodum ex symbolis consistit, aer humidus & calidus. Etenim inconueniens est, si qui circa singulos circunfusus est aer, iste fiat motus, spiritus: & vndecunque extiterit motus, ventus sit. Sed non sicut fluuios existimamus non qualitercunque esse aqua fluente, neq; si habeat multitudinem, sed oportet fontanum esse quod fluit, sic & de ventis habeat: mouebitur enim vtique magna multitudo aeris ab aliquo magno casu, non habens principium neq; fontem. Attestantur autem quæ fiunt, dictis. Quia enim continuè quidem, magis autem & minus, & maior & minor fit exhalatio, semper & nubes & spiritus fiunt secundum tempus vnumquodque, vt nata sunt. Quia autem aliquando quidem vaporosa fit multiplicatior, aliquando autem sicca & fumosa, quandoque quidē pluuiosi anni fiunt & humidi, quandoque autem ventosi & sicci. Aliquando igitur accidit, & siccitates & imbres multos simul, & secundum multam & continuam fieri regionem: aliquando autem & secundum partes. Sæpe.n. quæ in circuitu est regio, accipit temporaneos imbres, & multos: in aliqua autem parte huius, siccitas est. Aliquando autem contrarium, ea omni, quæ in circuitu est, aut mediocribus vtente aquis, aut etiam magis sicca, vna aliqua pars aquæ copiosam accipit multitudinem. Causa autem est, quia vtplurimum quidem eandem passionem ad plurimam pertingere par est regionem, quia similiter ponuntur ad Tex.19.

ad Solem quæ propè sunt, nisi aliquid differens habeant proprium. Quinimmo aliquando secundum hanc quidem partem, sicca exhalatio facta est amplior, secundum aliam autem vaporosa: aliquando autem, cõtrarium. Et ipsius autem huius causa est, qui vtraq; incidit in attiguæ regionis exhalationem, puta sicca quidem, secundum propriam fluit regionem: humida autem, ad vicinam, aut etiam in aliquem remotiorem locum propulsa est à spiritibus. Aliquãdo autem hæc quidem mansit, contraria autem idem. Et accidit hoc sæpe, sicut in corpore si superior venter siccus fuerit, inferiorem contrariè disponi: & hoc sicco existente humidum esse superiorem & frigidum, sic & circa loca antiperistasin pati, & permutari exhalationes. Adhuc autem post imbres ventus vtplurimum fit in illis locis, secundum quæ contingit fieri imbres, & spiritus cessant aqua facta. Hæc enim necesse est accidere, propter dicta principia. Cùm.n. pluerit, terra exiccata, & ab eo, quod est in ipsa calido, & ab eo, quod desuper, exhalat: hoc autem, erat venti corpus. Et, cùm talis segregatio fuerit, & venti obtineant, cessantibus, quia segregatur calidum semper, & sursum fertur in superiorem locum: consistit vapor infrigidatus, & fit aqua. Et cum in idem compulsæ fuerint nubes, & circũsteterit ad ipsas frigiditas, aqua fit & infrigidat siccam exhalationem. Cessare faciunt igitur aquæ factæ ventos, & cessantibus, ipsæ fiunt propter has causas.

A meridie, & septẽtrione maxime flatus fiunt. *Adhuc autem quòd fiant maximè spiritus ab Vrsa & meridie, eadem causa est: plurimi.n. Boreæ & Austri fiunt ventorum. Sol enim sola hæc loca non accedit, sed ad hæc & ab his: ad occasus autem & orientes, semper fertur. Quapropter nubes consistunt in lateribus, & fit ascẽdente quidem, exhalatio humidi, abscedente autem ad contrarium locum, aquæ & hyemes. Propter lationem igitur ad tropicos & à tropicis, æstas fit & hyems, & eleuatur sursum aqua & fit iterum. Quoniam autem plurima quidem descendit aqua in his locis, ad quæ vertitur et à quibus, hæc autem sunt quæ ad arctum & meridiem, vbi autem plurimam aquam terra suscipit hic plurimam, necessarium est fieri exhalationem, simili modo vt ex viridibus lignis fumum, exhalatio autem hæc ventus est, rationabiliter vtiq; hinc fient plurimi et principalissimi spirituum. Vocantur autem qui quidem ab arcto, Boreæ, qui autem à meridie, Austri.*

Cõm.19. Quoniam utriusq;, inquit, exhalationis altera species est, palàm quod & illa, quorum istæ sunt causæ, different etiam. Sunt autẽ hæc uentus & pluuia, neq; eadem est materia uentorum & aquæ, sicut quidam dicunt. existimant.n. eundem utiq; aerem, si motus quidem fuerit, uentum esse, aquam uero si constat. Aer quidem igitur, {sicut in sermonibus ante hos dixit, ex sui quidẽ natura calidus est & humidus.} Per sermones uerò ante hos, intelligit libros de Generatione & Corruptione. Ibi.n. determinatum est, tũ de aliorum elementorum substantia ac transmutatione, tum etiam & de aere, ꝙ.s. natura sit calidus & humidus. Talis autem existens, aliquid quidem ab utraq; exhalatione habebit. A uapore quidem humiditatem. (uapor enim, ut dictum est, frigidus est & humidus, ab aqua nãque existit) calidum autem ab ea quæ fumosa est: ipsa nãque rursus calida est & sicca, cùm ab igne existat. Ex symbolis igitur consistit aer, quippe in cuius substantiam utraq; exhalatio aliquid exhibuerit, hæc quidem humiditatem, illa uerò caliditatem. Cùm autem hæc dixerit, consequenter rursus obijcit contra illos qui existimãt uentos esse aerem motum circa terram circũfusum, ac propter hoc unum tm̃ esse uentum. Inconueniens nãque est, si uentus aer existit, undecunq; quidem & quocunq; contingat motus, & nõ sicut in fluuijs. Non.n. in his qualitercunq; fluat aqua, confestim fluuium illum dicimus, neq; etiam si multitudinem habeat: sed solũ si è fonte quodam principium effluxus habet. Similiter autem & circa uentos rem se habere existimandum est. Potest.n. quandoq; fortè moueri ab aliquo casu plurimum quidem aeris, quem tñ nullus uentũ appellabit, cùm non habeat principium quoddam & quasi fontem, à quo fluxus uenti nascatur. His autem dictis, uidelicet ꝙ sicca exhalatio, uentorũ principium sit, humida uerò aquarum, testimonium, inquit, afferunt ea quæ fieri uidentur. Cùm quidem.n. continua exhalatio fit, uel magis uel minus. (subdẽs .n. {maior & minor} exponit id quod dixerat {magis & minus.} potest etiam propter illud {cõtinuè} subdidisse {magis & minus.} innuens ex hoc ꝙ illud {continue} non significat indeficienter, ut sonare uerbum uidetur, sed potius, sæpe ac frequenter.) cũ igitur sæpius ac frequenter fit exhalatio, continue etiam, hoc est frequenter consistunt nubes & spiritus flant. Ex hoc autem, ꝙ quandoque quidem uaporosa atq; humida exhalatio, quandoq; uerò sicca rursus & fumosa, multiplicior fit, aliquãdo quidem etiã pluuiosi & humidi fiunt anni, aliqñ uerò sicci & uentosi. Quapropter aliqñ, inquit, f'm magnam & continuam regionem, contingunt simul uel imbres, uel siccitates, uel uenti: aliquando uerò f'm partes: tanq̃ existant quandoq; imbres in aliqua regione f'm plurimas eius partes, in aliqua tñ eius parte siccitas sit, uel rursus econuerso. Cuius rei causam esse dicit, qm̃ utplurimum eandem passionem ad plurimam pertingere regionem uerisimile est, qm̃ quæ adinuicem propè sunt loca, cõsimilem situm habent ad Solem, qui exhalationum omnium est causa: nisi tñ loca ipsa peculiarem quãdam sortita sint differentiam, f'm situm ad ipsum Solem, ꝓpter hoc ꝙ aliquod sibi adiaceat. Quinimmo & aliqñ accidit f'm aliquam quidẽ partem siccam abundare exhalationem, humidam uerò f'm partem aliam sibi adiacentem. Et huius causam esse inquit, qm̃ quandoq; f'm quam quidem regionis partem sicca exhalatio eleuatur, f'm eandem & permanet fluens: ac de humida eodem pacto: qñque uerò permutãtur, ac à quibusdam spiritibus impelluntur, sicca quidem ad locum, in quo humida ab eodemmet loco eleuata, permanens erat, quæ tunc impulsa, ad aliam rursus regionem coacta propellitur. Quapropter accidit, inquit, sæpius circa hæc, ꝓsimilis quædam passio, quæ etiam & in animaliũ corporibus contingere solet. Quemadmodum.n. in nobis quandoq; euenit, cùm superior uenter siccus q̃dem extiterit, inferiorem humidum fieri: humido autem superiori existente, inferiorem exiccari. Sic & in huiusmodi regionibus antiperistasin accidere existimandum est, ac f'm quam quidem regionem humidæ oriuntur exhalationes, f'm eadẽ in sublimi, exhalationem siccam reperiri: in qua uerò regione, deorsum sit sicca, sursum humidã esse. Quòd uero ambo hæc, uẽtus.s. & imber, alter quidem ex altera exhalatione fiat, non aũt ex eadem ambo, signum accipit ex hoc, quia alter propter alterum cessat: imber quidem superuenientibus uentis, ex aduentu uerò imbrium uenti: post imbres nãque uenti fiunt, ꝓpterea quia terra ipsa, postquã ab imbribus irrigata fuit, Post imbres fiunt venti.

fuit, tunc ab eo quod est in ipsa calido, & ab eo etiã ꝙ à Sole desuper est, exiccata, tãdem exhalat, q̃ sicca exhalatio, corpus & materia uentorum est. Quando autem rursus propter talem tactam segregationem ac exhalationem, uenti obtinuerint, cùm primo cessauerint, propterea quia in superiorem fertur locũ, quod in ipsis segregatum ac dissectum est, tunc à calida exhalatione derelictus uapor consistit, ac frigefactus, aqua fit tãdem: quinetiã ubi ad eũdem ipsum locum nubes à uento propulsæ sunt, frigiditas circũsistens, condensat eas, ac in seipsam collecta siccã exhalationem infrigidat, & generatur aqua. Aqua igitur uentos cessare faciet, & aquas ipsi, propter iã dictas causas: quod quidem argumento esse potest, ꝙ ex diuersis exhalationibus ortum habeant. Quòd autem ex huiusmodi dicta exhalatione generentur uenti, illud argumẽto est, qm̃ maximi & plurimi fiũt uenti ab Vrsa & Meridie, plurimi.n.& Boreæ & austri fiunt uentorum: Boreæ quidem ab Vrsa flantes, à Meridie uerò Austri. Qm̃.n. Sol sola hæc non adit loca, (usq; ad tropicos.n.tantum eius accessus est, cùm deinceps ab his uersiões faciat. & propter hoc dixit, ad hæc & ab his ipsum moueri) necesse est plures ibi nubes congregari atque consistere, cùm loca hæc ex transitu Solis non exiccentur. Per latera autẽ intelligit, Septentrionem & Meridiem, quasi ad ortũ & occasum latera uideantur. Accedens igitur Sol ad utrũque ex istis lateribus, (quãuis.n.hæc non supergrediatur, usq; ad tropicos tñ ad ipsa accedit) humidæ fiunt exhalationes, recedente autem rursus, ad uersiones oppositas, consistunt iterum ac infrigidãtur, quapropter fiunt aquæ & hyemes. Propter quidem igitur lationẽ Solis ad tropicos hyems & æstas fit, & exhalat aqua, ac sursum ducitur, & generatur rursus atq; descendit. Qm̃ autem plurima generatur & pluit aqua, in septẽtrionalibus ac meridionalibus locis, ad quæ accedit Sol, & à quibus uersiones facit: ubicunq; autem plurimam aquam terra suscipit, ibi plurima etiam exhalatio fit, quemadmodum ex uiridibus lignis fumus, (uiridia.n.ligna plurimũ emittunt fumum, qui quidem exhalatio etiam sicca est: ac simili quidem modo succensa terra, tum à calore Solis, tum etiam ab eo, qui in ipsa est, exhalationem exhibet, illi similem, quæ à lignis exit, fumosa nãque exhalatio corpus ac materia uẽti est, ut dixit prius.) rationabiliter igitur ab his utique locis plurimi ac principalissimi uenti fiẽt: tales autem sunt boreales & australes. Vocari.n.inquit boreales quidem, qui ab Arcto flant, australes uerò, qui à Meridie. Non uidebuntur autem conuenire hæc, quæ nunc dicit de uentis, cum his, quæ parum infrà dicentur. Nunc q. dem.n, propter hoc dicit plurimos, tum Boreas, tũ Austros fieri uentos, qm̃ ab his uocatis locis mouentur: quapropter & in his nubes cõsistunt plurimum. Parum autem infra ostendet Austrum non ab his locis latum, quæ non supergreditur sol. (hæc autẽ sunt apud polum australem,) sed ab æstiuo tropico, ad quem cum peruenit sol, regreditur rursus.

Tex.20. Latio ipsorũ ventorum. *Latio autem ipsorum, obliqua est: circa terram enim flãt, in rectum facta exhalatione, quia omnis, qui in circuitu est aer, consequitur lationem. Quapropter & dubitabit vtiq; aliquis, vnde principium spirituum est, vtrum desuper, an desubter? Motus enim desuper est, & antequam flent, aer euidens est, si fuerit nubes, aut caligo. Significat enim mota, spiritus principium, antequam manifestè venerit ventus, tanquam desuper ipsis habentibus principium. Quoniam autem est vẽtus multitudo quædam siccæ ex terra exhalationis mota circa terram, palàm est, quòd motus quidem principium desuper est, materiæ autem & generationis desubter. Qua enim tetenderit quod ascendit, inde causa est: latio enim eorum, quæ longius sunt à terra, domina est. & simul desubter quidem in rectum sursum fertur, & omne valet magis propè. Generationis autem principium, palàm quòd ex terra est.*

Postquam dixit ex quali quidem exhalatione uẽti fiant, modò causam assignat propter quam, cùm huiusmodi exhalatio sursum feratur, uenti etiam ex inferiori parte in superiorem nõ spirant, exhalationis motum sequentes, sed magis ad latus: non.n.ab ipsa terra flant, sed super terram. Inquit autem, omnem quidem aerem, qui terram & aquam circũamplectitur, ac cum hoc etiam uentos ipsos, lationem consequi circularem, quæ uidelicet à circulariter lato corpore est. Dubitaret autem aliquis, si ex hoc uenti obliqui sunt, ac ferũtur ad latus, quia aer, in quo eorum consistentia est, à circulariter lato corpore, circulo circũagitur: primò, qm̃ quidem huiusmodi motus uentorum, ſm naturam non erit, cùm neq; aeris etiam ſm naturam dici possit, ex seipso.n.non prouenit talis motus, quisnam igitur uentis ipsis ſm naturam motus erit? Secundo, si propter hoc ad latus mouentur ipsi, ut totius motum cõsequantur, oporteret utiq; ad easdem semper partes ferri, puta uersus occidens ipsum, modo autem non sic se res habet: aliqui enim sunt, qui ad oppositam mouentur partem, quàm sit latio totius, ueluti qui ex occidente in oriens flant. Theophrastus autem causam propter quam uenti moueãtur ad latus, inquit, esse, qm̃ non simpliciter ex calida & sicca exhalatione generentur, sursum nãque tunc efferrentur: uerum si & hoc erit causa, motus eorum ad latus, quæret quidẽ aliquis, cur nam annuentes uersus nos moueantur, & non in partem magis oppositam? Huius uerò cã est, qm̃ australibus quidem uentis, ea, quæ circa terram adusta ac exiccata sunt, ne ulterius pertranseãt impedimẽto sunt, exhalatione s. propter maximam combustionem arescente. Borealibus uerò rursus propter consistentiam uaporum, ac eorum congelationem, quam habent à tergo, ulterior transitus prohibetur. Quamobrem & merito dubitari posse, inquit Aristoteles, unde natura principium spiritus ipsi accipiant, utrum desuper, ab ipsa uidelicet latione circulari, an potius deorsum à terra? Videtur.n. uentorum motus sursum principium assumere, quapropter antequam flatus incipiant, illustratur quomodo aer, ac manifestus fit, tanquam uento futuro. Quinetiam, si nubes aliquæ uel nebulæ moueantur, spiritum indicant, tanquam ibi principium iam spiritus sit, nõdum uerò peruenerit ad nos. Quamobrem spirituum quidem motus sursum fieri principiũ existimare oportet: non.n.adhuc uentus est, donec sic incipiat ferri, cuius latio illinc ortum assumit. Qm̃ uerò uentus non simpliciter motus ad latus est, sed magis quædam siccæ exhalationis multitudo circa terram mota, palàm, ꝙ ex utrisq; principiũ assumet spiritus: motus quidem.n. ipsorum, qui circa terram est, desuper ortum habet: materiæ autem eoꝝ principium, atq; eius, quod ab initio uentos generat deorsum, ex terra est, unde prouenit exhalatio. Latio Cõm. 20.

nãque

nāque eorum, quæ longius sunt, hoc est ualde distantium à nobis, & circulo latorum corporum, domina est ipsius terræ ac principalior causa motæ sursum exhalationis. Simul autem desubter cum ipsa exhalatione, ipsius in rectum est latio, quæ quidem nō est uenti motus. Si.n. terra causa esset, ꝙ exhalatio moueretur ad latus, oporteret, cùm prope ipsam existeret exhalatio, ad latus ferri, quælibet.n. causa prope existens magis est potens: exhalatio uero, non qñ sursum eleuata est, sed cùm primum est genita ꝓpe terram est: generationis autem uentorum principiū palàm ꝙ ex terra est, ex ipsa nāque & exhalatio.

Tex.21. Septentrionalis regio, hyeme tranquilla est. *Quòd autem multis exhalationibus conuenientibus secundum modicum, sicut fluuiorum principia fiunt humorem manante terra, palam est et in operibus. Vnde.n. singulatim flant, minimi omnes sunt: procedentes autem & longe, validi flant. Adhuc autem & quæ circa arctum in hyeme tranquilla sunt, & sine flatu: sed secundum illum ipsum locum, quod secundum modicum vlterius flat & latet, extra procedens iam spiritus fit insignis.*

Cōm.21. Ostendit, ꝙ quemadmodum fluuiorum principia fiunt, non ex iam collecta præexistēte aqua, sed paulatinè emanante terra, (per hunc.n. modum dixit etiam pluuiam fieri, ſm paruas quidem partes, facta nubium in aquam transmutatione, dehinc coeuntibus adinuicem his ac descendentibus.) simili etiam, inquit, modo, uentos ipsos generationem & principium sumere. Ex multis.n. ac ualde paruis exhalationibus simul coeuntibus, in magis tādem manifestam molem procedunt uenti. Hoc autem inquit palàm esse ex ipsis effectibus, siue operibus. Vnde nāq; incipiunt flare uenti, ibi minimi quidem sunt, procedentes uerò, augentur q̄dem & ualidi fiūt: tanquam semper, dum ulterius progrediuntur, multas ꝯtinuè secum colligāt exhalationes. Amplius autem & quæ circa Arctum sunt loca tranquilla in hyeme & sine flatu uidentur: propter.n. excellens frigus, talis ibi exhalatio ꝓhibetur. At ꝙ paulatim expirat & fluit, ac propter paruitatem eodem illo in loco latet, ꝓcedens iam ualidus fiet spiritus, atque illustris. Si aūt propter frigoris excessum circa Arctum in hyeme tranquillitates, ac spirituum carentia existūt, rationabiliter etiam non ulterius ad illas partes, exhalatio quæ uentorum principium est spirabit ac fluet, sed uersus nos annuet magis.

Tex.22. *Quæ igitur est venti natura, & quomodo fit, adhuc autem de siccitate & de imbrositate, & propter quam causam & cessant & fiunt post imbres, & propter quod Boreæ & Noti plurimi ventorum sunt, dictum est: ad hæc autem, & de latione ipsorum.*

Cōm.22. Summatim per hæc colligit rursus ac resumit ea, quæ iam dicta & ostensa sunt: siccitatū autem ac imbrium causam, assignauit superius in hunc quidem modum: Ex hoc enim, ꝙ aliqñ ualde copiosior accidit fieri uaporosa exhalatio, aliqñ uerò sicca & fumosa, ex hoc inquam quandoq; pluuiosi & humidi fient anni, quandoq; uerò sicci ac uentosi. Dixit aūt & propter q̄d uentos cessare faciunt imbres, ac rursus post imbres fiunt. Cessant quidem.n. propterea, quia cùm calida ipsa exhalatio minuatur ac consumetur, propter sursum factas ab illa segregationes, in præexistentium.s. uentorum suppeditationem, tunc quidem in nubes consistit magis, ac citius trāsmutatur in aquam. Ad hoc accedit, ꝙ propulsæ nubes à uentis in unum ac simul collectæ, uelocius quidem infrigidantur, ac in aquam mutantur: quæ cum spissa magis facta sit in principium uentorum præualet, ac illud superat. Fiunt autē uenti post imbres, propterea quia delata iam in terram aqua, & dehinc à caliditate, quæ in terra est, ac etiam ab ea, quæ est à Sole calefacta atq; succensa, exhalationes producit siccas & fumosas: quæ tādem in uentos post modum transmutantur.

Cap. 5. Quibus ex causis cessent venti. Quibus item temporibus, & à Quibus locis flent. De Habitabilibus demonstratio terræ partibus agit.

Tex.23. *Sol autem, & cessare facit & commouet spiritus. Debiles.n. & paucæ existentes exhalationes exterminat, & ampliori calido illud, quod in exhalatione minus existit, disgregat. Adhuc autem ipsam terram præuenit exiccare antequam facta fuerit multa simul congregatio, sicut si in multum ignem inciderit modicum exustibile, præuenit sæpe antequam fumum faciat, exustum esse. Propter has igitur causas cessare facit ventos, & à principio fieri prohibet, cōsumptione quidem cessare faciens, celeritate autem siccitatis fieri prohibens. Quapropter & circa Orionis ortum, maximè fit tranquillitas, & vsque ad Etesias & Prodomos.* Ventorum trāquillitas ex duab⁹ est causis. *Vniuersaliter autem fiunt trāquillitates, propter duas causas: aut enim propter frigus extincta exhalatione, veluti cùm fuerit gelu fortè, aut marcefacta à suffocatione. Plurimæ autem & in intermedijs temporibus, aut eo quòd nondum facta sit exhalatio, aut eo quòd iam præteriit exhalatio & alia nondum aduenit.*

Cōm.23. Solem uerò subdit, & uentos sedare & comprimere, ac etiam augere & commouere. Cùm quidem .n. debiles ac paucæ fuerint exhalationes, tunc propter ampliorem Solis calorem marcescunt atq; exterminantur. Quinètiam & ipsam terram à qua exhalationes fieri habent, sæpe præuenit exiccans, prius q̄ spissa secretio facta sit: humida.n. exhalatione indiget sicca ipsa exhalatio, cùm utræq; simul fiant, ut dictum est. Similem aūt, inquit, fieri quandoq; calorem Solis circa ipsam terram, ueluti cùm in multum ignem, paruum proiicitur cōbustibile, utputa palea, uel aliquid tale: præuenit.n. exustum prius quam fumum faciat. Simili etiam modo, sæpius præuenit terra à Sole ipso exiccata priusquam aliquam calidam exhalationem emittat. Propter has quidem igitur causas, Sol spiritus cessare facit atq; compescit, tum quidem qm̄ dissoluit ac cōsumit calidum illud, quod in eleuatis exhalationibus est, sedās ipsas atq; exterminans: tum etiam, quia maximè calefaciens ipsam terram, generationem earum à principio prohibet. Propter hoc igitur, inquit, {& circa Orionis ortum maxima tranquillitas fit.} usq; ad prodromos, Sole quidem ad æstiuas uersiones accedente. Vtr autem tranquillitates accidunt, inquit, aut propter excellens frigus extincta exhalationis caliditate, ueluti cùm fit pollens gelu: aut cùm propter æstum ac ampliorem caliditatem, elanguescit ac suffocatur calidum, quod in exhalatione est, quippe quod minus existit. In intermedijs autem tēporibus, inter hyemem.s. fortem, & consimilem æstum, fiunt quandoque tranquillitates: aut quia non adhuc talis exhalatio orta sit, aut quoniam prior exhalatio iam prēterijt, atque in uentos coassumpta est, alia autem de nouo nondum genita est. Sol, ventos cessare facit.

Tex.24. *Indiscretus autem & difficilis Orion esse videtur, & occumbens & oriens, quia in permutatione temporis accidit occasus & ortus, æstate aut hyeme: & propter magnitudinẽ astri, dierum fit pluralitas. Permutationes autem omnium, turbatione plenæ sunt propter indeterminationem.*

Cōm.24. Cùm duo quidem ꝓposuerit, & Solem .s. sedare spiritus, & rursus augere & commouere, ac de altero tm̃ disseruerit, q̃uo .s. cessare faciat, uidebitur forte, ꝙ de reliquo quidem sermonem dimittat. Atqui non sic res se habet, uerùm ex his, quæ modò subdit manifestum facit, & q̃uo & q̃n Sol concitet uentos, Inquit autem de Orione, ꝙ & oriens & occumbens indiscretus ac difficilis esse uidetur. Indiscreti náque atq; hyemales, & modo hi, modo alij obtinent uenti, circa Orionis ortum atque occasum. Quæret autem aliquis, q̃uo natura, cùm parum superius dixerit circa ortum Orionis, tranquillitatem fieri maxime, dicit modo, & oriente ipso & occidente, difficiles ac indiscretos uentos uigere? uidetur .n. pugnantia inter se dicere. An non idem tempus significatur per illud {circa ortum Orionis} & per hoc {oriente Orione?} Quapropter nihil prohibet, trãquillitates fieri ante eius ortũ, in ortu uerò hyemales atq; indiscretos accidere uentos. Causam autem qua oriente illo ac occidente, difficiles atq; incerti accidant spiritus, hanc esse inquit, q̃n utrunq; ortus .s. & occasus, in permutationibus temporum accidunt. Occidit .n. cùm in hyemem fit permutatio, oritur uero in permutatione æstatis in autumnum. Tẽporum .n. permutationes instabiles quidem sunt, ꝓpterea quia utrorũq; temporum participant, neutrum uero sincerum ac impermixtum siue determinatum habent. In talibus igitur temporibus oriens Orion ac occidens, ab ipsis indeterminationem ac instabilitatem accipiens, tempestates manifestiores adducit. Quinetiam & Theophrastus in tractatu de uentis, de his loquens, sic inquit: In Orionis ortu & occasu, indeterminationes ac indiscretiones uentorum accidunt, q̃n quæ in permutatione temporum sunt, oĩa nata sunt ut indeterminationem semper accipiãt. Orion uerò circa principium autumni oritur, ac circa hyemis initium occidit. Quamobrẽ, cùm non adhuc tempus aliquod determinatum stabile ac firmum sit, hoc quidem iam incipiente, altero uero iamiam desinẽte, necesse est & spiritus ipsos indistinctos ac indiscretos accidere, cum utriusque temporis mediam quãdam naturam sapiant. Et hinc est, ꝙ Orion oriens & occumbens difficilis ac incertus uocatur. Amplius & propter eius astri amplitudinem, ex plurimis .n. consistit stellis, & magnam occupat cœli partem: quapropter non totus simul oritur uel occumbit, sed in pluribus quidem diebus, & ex hoc prorogatur maris procella.

Tex.25. *Etesiæ autem flant, post conuersiones & Canis ortum: & neque tunc quando maximè propè fuerit Sol, neque quando longe, & diebus quidem flant, noctibus autem cessant. Causa autem est, quia propè quidem existens, præuenit exiccare antequam fiat exhalatio. Cùm autem abscesserit modicum, mediocris iam fit caliditas, adeo vt congelatæ aquæ liquescant, & terra exiccata & à propria caliditate, & ab ea, quæ Solis est quasi ardescant & exhalent. Nocte autem deficiunt, quia congelata liquescere desistunt, propter frigiditatem noctium. Exhalat autem neque quod congelatum est, neque quod nihil habet siccum, sed cùm habeat secum humiditatem, hoc calefactum exhalat.*

Cùm de Etesijs loquens, dixerit superius q̃n natura flent, & quibus quidem temporibus, utriusq; dicti nunc causam assignat. Post quidem igitur uersiones æstiuas ac ortum Canis flant, q̃n propè quidem sit Sol, (propè enim est cùm æstiuis uersionibus proximus sit) in uersionibus autem existens, propter nimiam propinquitatem præuenit terram prius exiccare, q̃ exhalationes ab ipsa eleuentur. Sed, cùm parũper ab ipsis recesserit, tunc commensurata fit eius caliditas, adeo ꝙ congelatæ aquę liquescunt, quas suscipiens terra, ac dehinc à Solis caliditate, & ab ea, q̃ in ipsa est, exiccata euaporant tãdem, ac suppeditationem ac materiam uentorum exhibet. Dubitabit autem aliquis, q̃n si prope existẽs Sol, ac sub ipsis etiã uersionibus, præuenit exiccans, uaporem fieri, q̃uo etiam & congelatas aquas & niues non tunc dissoluit, atq; exiccat omnes? sed requiritur magis ꝙ ꝓpter huiusmodi operationem aliquantisper recedatur. An, ut par est, multæ quidem & tũc dissolutæ seu liquefactæ confestim exiccantur: quæcunq; uero ex his relinquuntur, liquefiunt quidem ut ipsæ, sed non quidem ut quãceleriter prius q̃ effluant exiccentur? has autem cùm suscipiat ipsa terra, uel quia post uersiones fluxerint magis, uel q̃n sub ipsis uersionibus, liquefactionis principium assumpserunt, tandẽ postmodum fiunt uenti, ut in sequentibus declarabit. Accedens quidem .n. Sol, ex hoc ꝙ in partes ipsius terræ congelatis niuibus coopertas impressionem primo faciat, non adhuc adeo obtinet super illas, ut niues ipsas penitus dissoluere possit, & propter hoc sub ipsis uersionibus non præualet: post uersiones uerò, q̃n iam prius niues ipsas præcalefecerat, ac quodammodo ad solutionem præparauerat, si adhuc propinquus extiterit dissoluet ipsas. Et hoc idẽ est in causa, ꝙ post uersiones ualidior fit æstus & cauma. Quòd autem Etesiæ noctu non spirent causam assignat, q̃n tunc, quæ congelata sunt propter noctis frigiditatem non liquefiant, dum uerò congelata existunt, non euaporant: quapropter noctu nõ generantur exhalationes, neque aliquid aliud quod siccitatem habeat. Hoc autem subdit etiam propter hoc, ꝙ simul causam assignauit, quare per eos, quos diximus dies, uenti flant? q̃n .s. maxima tunc existit in terra siccitas, quippe quæ præ exiccata ac præcalefacta ab ipso Sole iam fuerit. Cōm.25.

Tex.26. *Dubitant autem quidã propter quid Boreæ quidem fiunt continui, quos vocamus Etesias, post æstiuales conuersiones. Noti autem sic non fiunt post hyemales. Habet autem, non irrationabiliter: fiunt enim vocati Leuconoti, opposito tempore, non sic autem fiunt continui. Quapropter latentes faciunt inquirere. Causa autem est, quia Boreas quidem à locis, quæ sub arcto flat, quæ plena aqua & niue fiunt multa, quibus liquefactis à Sole post æstiuales conuersiones, magis quã in ipsis flant Etesiæ. Sic enim & suffocationes fiunt, non cùm maximè appropinquauerit ad arctum, sed cùm calefecerit ampliori tempore, adhuc autem prope. Similiter autem, & post hyemales conuersiones flant Ornithiæ. Etenim hi, Etesiæ sunt debiles, minores autem & tardiores Etesijs flant: septuagesimo enim die incipiunt flare, propterea quòd longe existens Sol inualescit minus. Non continui autem similiter flant, quia quæ in superficie & debilia tunc segregantur, magis autem cõgelata, ampliori indigent caliditate.*

Quapropter

Quapropter interpolantes isti flant, donec sub conuersionibus iterum æstiualibus flauerint Etesiæ, quoniam vult quam maximè continuè hinc semper flare ventus.

Cõm.26. Qm̃ manifesta apparebat dubitatio, ideo dubitare, inquit, aliquos, ꝓpter quam quidem causam post æstiuas uersiones, continui spirãt Boreæ, quos Etesias uocamus, à septentrionalibus quidem locis efflantes, non autem post hyemales etiam tropicos, à meridionalibus locis Austri continui & ipsi flant, ita ꝙ & Australes Etesiæ sint, præsertim cùm similẽ habitudinem ac situm habeat Sol post hyemales uersiones ad meridionalia ipsa loca, qualem ad septentrionalia habet post uersiones æstiuas? Hoc autem, inquit, non irrationabiliter sic se habet: fiũt quidem .n.& Austri in oppositis temporibus, hoc est, post hyemales uersiones circa initium quidem ueris, qui Leuconoti uocantur, propterea quia serenitatem faciunt, quemadmodum & Boreæ post uersiones ęstiuas, non autem sic continui quidem fiunt: quapropter latentes prętactæ dubitationis occasionẽ exhibent. Quòd aũt non continui sicut Boreæ ipsi fiant, causam esse inquit, qm̃ Boreas quidem à locis flat q̃ sub Vrsa sunt, quæ & aquarum & copiosæ niuis plena sunt: quibus liquefactis post æstiuas uersiones à sole, cùm ex tali dissolutione continue aquam terra suscipiat, propter caliditatem, ut dictum est, euaporat tãdem. Propter magis post æstiuas uersiones, q̃ sub ipsis, spirant Etesiæ: tunc nãque dissoluuntur cõgelatæ maximè. Similiter etiam & æstus & suffocationes fiunt, non cùm maxime propinquus septentrionalibus locis sit Sol, sed post ipsas uersiões, cùm .s. propè adhuc existat, ac per plurimum tẽpus congelata ipsa præcalefacta fuerint. Similiter aũt inquit, quemadmodum Boreæ post æstiuas uersiones flant, sic & post hyemales conuersiones flant Ornithiæ, q & ipsi Etesiæ sunt, quos.n. Leuconotos uocauit pri⁹, nunc Ornithias uocat. Cùm autem dixerit, Etesias hos debiles esse, propter quid debiles quidem sint, statim subdit: Minores.n.& tardiores Etesijs flant, cum non post tot quidem dies, post uersiones hyemales isti flare incipiant, post quot Boreæ à uersionibus æstiuis, illud idem efficiunt. Ornithiæ nãque post septuaginta quidem dies à uersionibus hyemalibus incipiunt flare. Cuius causam esse inquit, qm̃, cùm à locis unde Auster flat, longe existat Sol, exiccare quidem nequit exhalationes, ac post hyemales conuersiones inualescit minus. Continui uerò non flant huiusmodi spiritus, propterea quia in superficie quidem, ac debilia admodum sunt quæ tunc segregantur, & circa septuagesimũ, uidelicet post hyemales tropicos diem. Hæc uerò, cùm congelata sint magis, ac ampliori ad sui solutionem indigeant caliditate tardius dissoluuntur, ac per longius quidem tempus, magis interim accedente Sole ad loca ipsa, à quibus flat Auster. quapropter interpellantes & nõ ꝯtinui spirant ipsi, quousq; Etesiæ ipsi rursus flẽt, post uersiones, s. ęstiuas, recedente iam Sole. Hoc.n. innuit & significat illud {rursus,} minus.n. continui flabunt postmodum, cùm longius distauerit sol: qm̃ quæcunque circa meridiem loca sunt, semper ab his spiritus flat. Calidiora nãque cùm sint huiusmodi loca, plurimum quidem habent, ex humida & calida exhalatione, quæ materia uentorum est.

Tex.27. *Auster aũt, ab ęstiua versione flat, et non ab altera Vrsa.*

Cõm.27. Cùm dixerit minores & tardiores Austros flare, q̃ Etesiæ, propterea ꝙ lõgius à locis his post uersiones hyemales, existens Sol inualescit minus: ostendit modò, qũo uerum sit ꝙ longius post hyemales uersiones existat Sol à locis, unde Auster flat, & ex hoc ostendit unde Auster flat, & ubi hyemales uersiones sitæ sint. Inquit autem Austrum ab æstiua uersione flare & non ab altera Vrsa. Quod obscure quidẽ admodum dictum est, propter id quod iam dixit, {sub cõuersionibus iterum æstiualibus, flauerint Etesię.) uidetur.n. hoc dicere, Etesias ab ipsis uersionibus æstiuis flare. An non unum & idem est, Etesias flare sub æstiualibus conuersionibus, & ab æstiualibus cõuersionibus. Dixit autem in litera, {similiter flare Austros ex interstitijs.} propterea quia longius tũc existit Sol, quemadmodum & cùm Etesiæ flant post æstiuas conuersiones: recedit autem quidem Sol à quibus ipsi flant locis. Amplius & illud, {& non ab altera Vrsa.} non satis est manifestum. Videtur autẽ modo exquisitè & exactè inquirens, ostendere, qm̃ ab æstiuis uersionibus uersus non spirat Auster: sub his.n. Meridies nobis est: efflans igitur illinc uersus Vrsam, ad habitabilem nostram accedit, quæ ad Vrsam uergens sita est. Inter.n. manifestum semꝑ circulum, qui propter poli borealis eleuationem semꝑ apparet: & circulum, qui tropicus æstiuus est, pars ipsius terræ est, quam nos habitamus. Venti aũt, qui à uersionibus ęstiualibus flant, propter hoc ꝙ ab eisdem partibus accedunt ad nos, sub quibus etiã tropicus hyemalis est, ab eodem etiam tropico uidentur efflare: qui tñ habito respectu ad mundũ ipsum, ex altera parte situs est. Cùm igitur ab æstiuis uersionibus spiret Auster, sub quibus noster Meridies est, palam ꝙ longius ab istis partibus existit Sol, post uersiones.s. hyemales: quapropter post septuaginta quidem dies, flare incipiunt Austri. Videntur autem ab ipsis hyemalibus uersionibus uersus nos ferri, qm̃ ab eadem plaga, siue ab eodem latere uersus nos flant, ad quod quidem latus, similis, habito respectu ad nos, situs ac dispositio sita est, tum tropico hyemalis, tum etiam ipsius Austri. Feruntur autem Austri, ab ipsis uersionibus æstiuis, quæ à Meridie sunt quo ad nos, secundum ꝙ sol, ab hyemalibus uersionibus distans recedit: non tamen flant cum sub æstiuis uersionibus existit sol, (quamuis illinc flare habeant uersus nos,) quoniam, ut dixit prius, consumit sol exhalationes locoꝝ super quæ fertur, priusq sursum ferri possint, quapropter, & huiusmodi loca super quæ fertur sol, inhabitabilia esse uidentur. Propter hæc quidem igitur dixit Aristo. flare ipsos ab æstiuis conuersionibus. illud autem, {& non ab altera Vrsa.} idem est ac si diceret, {& non ab altero polo.} Vrsam uocans polum qui australis dicitur, quoniam Borealis, Vrsa uocatur, sic quidem dictus ab Vrsis, quæ apud ipsum stellificantur. Deinceps uero ostendit quæ loca habitata quidem sint, & quoniam terræ pars, quam nos habitamus, inter circulum quidem sita est, qui semper manifestus apparet, & prope borealem polum existens, Arcticus appellatur, & tropicum ipsum æstiualem, ultra.s. partes illas, quas supergreditur Sol. Plaga aũt illa, quæ ad arctum magis uergẽs sita est, ac intantũ hincinde protẽsa, quantũ distat polus ipse à circulo, qui semꝑ apparet, inhabitabilis utiq; est ꝓpter frigus, quemadmodum quæ ultra tropicum æstiuum est, propter superexcellens cauma. Plaga autem antoecùm rursus, quæ ad alium polum uergit inter circulum, (qui cum nobis sic existentibus immanifestus sit semper, apud polum Australem existẽs antarcticus dicitur,) & tropicum hyemalem intercipitur. Quam quidem plagam cõsentaneum est, habitabilem esse & ipsam, quõ secundum quidem situm atq; aspectum, Solis & aliorum astrorum ad ipsam terram, eandem habet temperaturam, q̃ plaga hęc, quam habitamus. Quicquid autem inter polum alterum, & circulum ipsis, qui propter poli depressionem, immanifestus semp est nobis intercipitur, propter excellens frigus habitari non potest. Quantum n. Borealis polus eleuatur apud nos, tantũdem opprimitur australis, tanquam æqualis portio intercipiat apud nos ab arctico circulo, ac polo ipso boreali, sicut & illic ab australi uocato polo & antarctico dicto circulo recuperatur, & æqualiter etiam sol utrobique ex sui recessu inhabitabilia reddit loca propter frigus excellens. Quod autẽ citra hyemales tropicos interuallum est, inhabitabile rursus existit, ita ꝙ totum quod inter tropicos est, inhabitabile sit propter æstus & caumata: id enim totum supergreditur sol.

Tex. 28. Habitabilis terræ partes. *Duabus. n. existẽtibus decisionibus possibilis habitari regionis, hac quidem ad superiorem polum, qui secundum nos est, hac autem ad alterum & ad meridiem, & existente velut tympano, talem vtiq; figuram terræ excidunt ex centro ipsius ductæ, & faciunt duos conos: hunc quidem habentem basin tropicum, hunc autem semper manifestum: verticẽ autem, in medio terræ. Eodem autem modo ad inferiorem polum, alij duo coni terræ excisiones faciunt. Hæ aũt, habitari solę possibiles. Et neq; vltra versiones. vmbra enim, nõ vtiq; esset ad arctum. nunc autem inhabitabilia prius fiunt loca, quàm subdeficiat aut permutetur vmbra ad meridiem. Quę autem sub Vrsa, à frigore inhabitabilia. Fertur autem, & Corona, secundum hunc locum: videtur enim super caput esse nobis, cum fuerit secundum meridianum.*

Cõm. 28. Ex descriptione ostendit habitabilia loca ipsius terræ, ac eius situm atq; figuram. Dixit autem, {regionis, quæ habitari potest.} & non quæ habitatur, quõ nec quidem de uocatis Antoecis, utrum circa plagam, quæ ad alterum polum habitabilis est, existant necne, fides quidem ex historia accipi potest: sed solùm coniectari potest, ex hoc. s. ꝙ propter eũdem Solis accessum, ac similẽ eius recessum, qualis accidit apud nos, similem etiam & illic temperiem esse, quæ apud nos est. Quinetiam nec de his, qui circa eãdem, quam nos habitamus plagam, existunt, ex historia fidem accipere est: ꝓpterea quia magna & innauigabilia maria, quæ in intermedio sunt, totum circularem progressum impediunt. Inquit aũt habitabilem plagam, quæ nostra est, ad superiorem uergere polum: alteram uerò ad meridiem & ad alterũ polum: non quidem quod Meridies ad ipsum polum sit, sed quia habito respectu ad nos, uersus easdẽ partes sit polus ſm quas Meridies nobis est. Asserit autem utrãq; habitabilem plagam esse sectionem sphæræ ipsius terræ ad modum tympani: talis. n. terrræ sit superficies, q̃ secta est à duobus circulis, quorũ alter apud nos est circulus ille q semper apparet, alter uerò tropicus æstiualis. Apud Antoecos aũt, alter qui semp nobis occultatur, reliquus uerò hyemalis est tropicus, ductis etiã & protẽsis ad illos rectis lineis, à cẽtro terræ. Accipit aũt in ipsa terra circulos quidem similes & ꝓportionales, circulis existẽtibus in Aplane sphæra, cùm quidẽ sphærica & terra sit: & sic inde ostendit, segmenta terræ, quæ habitari possunt, ad modũ tympani est. Circulos uerò, qui utrãq; habitabilem terræ partẽ cõprehendunt, (siue segmenta illa, quæ à protensis ex centro terræ, ad ipsos circulos rectis lineis cõpreheduntur) bases inqt esse co-

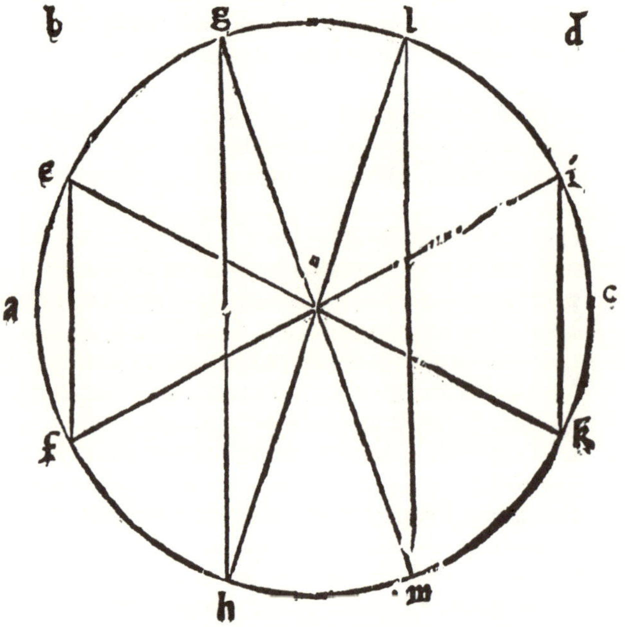

norum siue turbinum, qui ſm quãlibet habitabilem terræ partem, tum à protensis à terræ centro ad circulos rectis lineis, tum etiam ab ipsis simul circũferentijs, causantur ac fiunt: centrum uerò terræ fieri etiam conoꝝ centrum. Sit. n. uerbi gratia, sphæra q̃dem ipsius terræ A B C D. sit autem polus eius borealis A, australis uerò C, circulus meridianus B D. circulus uerò, qui semper apparet sit quidem uersus Arctum E F, æstiualis autem tropicus G H. Qui uerò rursus immanifestus nobis est semper, sit I K L, M uerò tropicus hyemalis: atq; centrũ terræ sit N. Si uerò ab ipso N, protendantur rectæ lineæ ad puncta E F, & G H. & rursus ad puncta I K & L M, causabuntur q̃dem duo sphæræ segmenta, ad modum tympani, alterum scilicet, quod ab E N F, & G N H coni sectum est: alterũ uerò quod ab I K N, & L M N. Secundũ uerò utrãq; habitabilem terræ partẽ duos fieri asserit conos, singulatim q̃dem intelligens quẽlibet circulum cum lineis à centro ductis conum siue turbinem producere. Postq̃ autem per descriptionem ostendit ad modum tympani sectiones fieri, subdit postmodum ꝙ tñ hæ ex tota ipsa terra habitari possunt, quasi de altera hoc asseuerans propter situs similitudinem ac proportionem ad hanc quã habitamus. Ostendit uerò, ꝙ nostra hæc, inter apparentẽ semper circulũ & æstiuum tropicum est, nec ultra tropicum ipsum ꝓtendi potest. Huius aũt fidem accipit ex hoc, ꝙ si ultra tropicum æstiuum aliqua loca habitarentur, non utiq; habitantium umbrę ad arctum uergerent semper: dum. n. Sol circa partes ad ipsos arcticas, existeret, necessario ad meridiem tẽderet eorum umbra, cùm necesse sit, umbrã semp ad oppositas duci partes.

tes,q̄ luminosum illud sit, à quo ꝓducitur ipsa. Nūc autem procedendo uersus meridiem, loca prius inhabitabilia redduntur,q̄ aut absumantur umbræ,aut mutent sese in meridiem,dum Sol ad arcticas partes pertrāsit.Illud autem, {prius q̄ subdeficiāt umbre,} dictum est, qm̄ quibus Sol secundum cathetum est, nullam ipsos umbram habere contingit:his uerò, q ultra tropicum æstiuum habitarent,aliquādo Solem ad cathetum esse contingit, ac simul subdeficere illis umbram.Quoniam igitur umbræ ad meridiē non incidunt, palam ꝙ habitabilia non sunt loca, quæ ad meridiem ultra tropicos sunt, quippe quæ si habitarentur, id quod de umbra diximus ibi cōtingeret. Verum qui circa Syenem uersus Æthiopiā habitant, dum quidem Sol sub æstiuis uersionibus existit,nullā facere umbram dicuntur. Quod quidem si sic se habet, habitabunt quidem hi sub æstiuo ipso tropico: nam si ulterius esset eorum habitatio, umbram utique ad meridiem quandoque haberent.Atqui si (ut quidam dicunt) aliqui sunt Æthiopum, quorū umbra,& ad meridionales etiam partes incidat,istos q-dem ultra æstiuum tropicum habitare necesse est. Cæterum & ab his etiam, qui sic dicentes, contradicere existimant dictis Aristo.fidem accipere possumus, ꝙ talia loca propter excellens cauma habitari non possunt. Dicunt.n.quāplurimas horum locorū partes,sub aquis immersas occultari:quāuis uero,& sub tropico quidam habitent,& etiam parum ultrà, difficilem illos tn̄ & uiolentam admodum, & quasi inuita natura,uitam ducere.Quę quidem igitur loca ultra tropicum sunt, propter æstū inhabitabilia existūt,propter frigus uerò, quæ sub ipsa sunt Vrsa. Sol enim,cùm nunquam ad partes illas satis accedat,inhabitabiles ipsas facit. Quemadmodum uerò se habet nostra hæc terræ portio, quæ habitabilis est, sic etiam & antoecorum portionē se habere existimandum est. Quicquid enim ab ipsis ultra tropicū hyemalem est, propter cauma habitari non potest: præ rigore uerò, quicquid mximè ꝓpe ipsorum polum existit.Ferri autem Coronam asserit,ſm hunc quippe locum, ſm quem scilicet, habitabile nostrum est, hoc est inter arcticum circulum & tropicum æstiuū. Cuius rei demonstrationem accipit ex hoc,quod su per caput nobis fit,cum secundum meridianum circulum fuerit,hoc est cū in medio cœli extiterit:Meridianus.n.dicitur circulus, q per polos describitur, ac per punctum,qui super uerticem nobis est. Quapropter ex hoc palam erit habitabilem nostram inter prædictos circulos interceptam esse:nam,si Corona quæ inter astra est, quæ quidem cum Ariadnæ
,, esset,à Baccho stellificata fuit,(Aratus enim de ipsa
,, loquens sic inquit: Et eius Coronam perpulchram
,, ac splendidam Bacchus posuit, ut iratæ Ariadnæ, à qua recesserat, postmodum gratificaretur.) Si inquam igitur Corona hæc inter prædictos circulos fulget, dum in medio cœli nobis est, palam ꝙ inter eosdem habitatio nostra erit.

Tex.29. *Quapropter & ridiculè describunt nunc periodos terre: describunt.n.circularem,habitatam. Hoc autem est impossibile,& secundum apparentia,& secundum rōnem. Nam & ratio ostendit,quòd ad latitudinem quidem determinata est, circulariter autem copulari contingit propter tēperaturam, (non.n.excedit æstus & frigus secundū longitudinem, sed ad latitudinem.Quare nisi alicubi prohibet maris multitudo,totum est perambulabile) & apparentia,circa nauigationes & itinera. Multum.n.longitudo differt à latitudine: quod.n.est ab Herculeis colūnis vsq; ad Indicā, eo quòd est ex Æthiopia ad Mœotin et extrema Scythiæ loca, plus est quàm quinque ad tria secundum magnitudinē,si quis et nauigationes ratiocinetur & vias, quantū contingit accipere talium certitudines. Et quidem ad latitudinem, vsq; ad inhabitabilia scimus habitatam,hic.n.propter frigus nō amplius habitant,hic autem propter æstum.Quæ autem extra Indicam sunt & columnas Herculeas,propter mare non videntur copulari,vt continua sit omnis habitabilis.*

Cùm ostenderit sectionem illam terræ, quam habitamus,ac etiam & habitabilem alteram,segmenta Cōm.29.
esse ipsius terræ admodum tympani:modo illos reprehendit, qui describētes periodos ac ambitus terræ,sphęricam ipsam faciunt,(circulari.n.pro sphęrico usus est.) Quòd autem hoc impoſſe sit, palam est &secundum rationem & secundum apparentia. Et qūo ſm utrunq; sit manifestum declarat: secundum rationem quidem,qm̄ ostendit ratio,ꝙ in latitudine determinata est habitabilis terra ab inhabitabili: ꝑ latitudinem autem, distātiam intelligit, quæ ab uno polo ad alterum est. Repertum.n.atq; ostensum est per rationem, qm̄ aliqua loca apud polos sunt, sub quibusdam quidem circuli partibus, qui per latitudinem describitur:q̄ quidem loca ꝓpter nimiam Solis remotionē inhabitabilia sunt: aliqua rursus uerò inter tropicos propter excellens æstum habitari nō possunt: ita ꝙ prædictæ latitudinis illud habitabile sit, tum ꝙ inter arcticum circulum & tropicum æstiualem intercipitur, tum etiam rursus qđ inter hyemalem tropicum & antarcticum circulum est. Circulariter autem nihil prohibet, utrunq; ipsorum ad modum tympani segmentorum, quo ad aeris temperiem attinet,habitari, ut copulari quidem secundum omnes partes contingat.Non.n.aliqua pars ex illis est, in qua quidem uel cauma,uel frigus excellat cùm consimilem ad omnes illorum partes habitudinem habeat Sol, adeo, ut nisi mare non usquam loci prohibeat,tota circulatio peruia sit.Per circulationem uerò, intelligit progressum ipsum ſm longitudinem ab oriente in occidens. Postquam aūt ostendit, qūo manifestum illud sit per rationem, subdit modo,qualiter & per apparentia palam sit,tum circa nauigationes, tum etiam circa itinera. Maior.n. ſm circularem ipsam periodum, longitudo reperitur ipsius terræ partis, quam habitari manifestū est, q̄ latitudo eiusdem reperiatur.Accipit autem differentiam ipsam tum longitudinis, tum etiam latitudinis,ſm ea quidem loca,quæ per historias ipsas,cōsequenter habitari manifestum fit, ac ostēdit maiorem terræ partem, secundum longitudinem, quàm secundum latitudinem habitari.Quod enim ab Herculeis columnis est usque ad terram Indicam, quòd secundum longitudinem quidem existit, ac habitari cognitum atque compertum est, (Herculeæ nāque columnæ ad occidens sunt, Indica autem terra ad oriēs iacet) duplum est ferè ad id,quod ex Æthiopia (quæ ultima ad æstiuum tropicum uersus meridiem habitatur) usque ad Mœotin protenditur, ac ad extrema Scythiæ loca, quæ ad Arctum maxime sita sunt,Habent enim,inquit,huiusmodi, magnitudines atq; distantiæ proportionē inter se, quā habēt quinque ad tria: ut ꝑ nauigatiōes & per itinera dili-

gentissime ratiocinatum, ac per dimensiones compertum fuit. Verum ad latitudinem ipsam, totum scimus habitatum esse usq; ad inhabitabile, ad longitudinem tñ, loca quæ ultra columnas Herculeas ac mare Indicum sunt, propter intermedium quidem mare, non autem propter hoc ꝙ inhabitabilia sunt, copulari non possunt, quasi cõtinens foret tota circulo terræ portio quæ habitabilis est.

Tex. 30. *Quoniam autem similiter se habere necesse est locũ quẽdam ad alterum polum, sicut quem nos habitamus ad eum, qui est suprà nos, palam est, quòd proportionaliter se habebunt & alia & ventorum constitutio. Quare quemadmodũ hic Boreas est, sic & illis ab illa, quæ ibi est Vrsa, aliquis ventus existit, quem nihil possibile est pertingere huc: quoniam neque Boreas iste in eam, quæ hic est, habitatam omnem flat: est enim velut Apogeios spiritus Borealis. Sed quia habitatio ista ad arctum est posita, plurimi Boreæ flant: tamen & hic deficit, & non potest longè peruenire. Quoniam circa quod extra Lybiam est mare australe, quemadmodum hic Boreæ & Austri flant, sic ibi Euri & Zephyri succedentes continui semper flant.*

Cóm. 30. Postquam declarauit habitudinem ac situm eius portionis terræ, quam habitamus, & ꝙ quidem Boreas à locis, quæ circa Arctum sunt uersus nos flat, Auster uerò à meridie, Meridies autẽ nobis ad æstiuum tropicum est: pertransit modo ad alteram habitudinem terræ portionem, quæ ad alterum polũ est, quæ consimilem quidem habet habitudinem ad Solem qualem & hæc habet, quam habitamus. Qm̃ uero portio illa consimiliter se habet ad polum illum, sicut & hæc ad superiorem hũc polum, manifestum, inquit, est, ꝙ quemadmodum & in cæteris omnibus, quæcunque ibi sunt, proportionabiliter correspondent his, quæ sunt hic, sic etiam & in statu & situ uentorum cõtinget fieri. Quapropter quemadmodum hic apud nos ab arcticis regionibus maxime frigidis spirat Boreas, sic etiam ab Vrsa, quæ illic est, hoc est, ab altero polo aliquis flabit uentus, quem ad nos ꝑtingere impossibile est. Boreas nãque, qui est apud nos, non solùm spirans ad illos non accedit, sed nec in ea, quæ hic est, habitatam omnem flat: apogius siue abterraneus enim est, ut inquit, Borealis hic spiritus. Apogij autem dicuntur uenti, qui non multum

Venti Apogij. longè spirant à regione ipsa, à qua flare incipiunt. Plurimi nãque Boreæ nobis hic flare uidentur, propterea quia habitatio nostra ad Arctum posita est unde & ipsi flant: tñ & hi deficiunt, & progredi longe non possunt, quandoquidẽ circa quod extra Lybiam est mare Australe, quemadmodum apud nos Boreæ & Austri flant, sic ibi non rursus hi, sed Euri & Zephyri, sibiinuicem succedentes, & ex opposito flantes, continui & absq; intercapedine flare solent. Palàm autem est ꝙ sicut uento huic qui apud nos ab Vrsa spirat, qui Boreas est, proportionalis etiam qdem illic ab altera Vrsa spiritus flat, sic & ꝓportionalis erit ibi aliquis uentus qui uẽto ex tropico æstiuo flanti correspondens, ex opposito irruet, aduersus illum qui ab altero polo flatum emittit.

Tex. 31. *Quòd igitur Auster non est ab altero polo flans ventus, manifestum est: quoniã neque ille ab hyemali versione. Oportebit enim utiq;, alium ab æstiuali esse versione, (sic enim, proportionale assignabit.) nunc autem non est: vnus.n. solus videtur flans ex ijs, quæ inde in locis. Quare necesse ab exusto loco flantem ventum, esse Austrum. Ille autem locus propter Solis vicinitatem non habet aquas, neque pascua, quæ propter liquefactionem facient Etesias. Sed, quia multò maior est locus ille & expassus, maior & amplior & magis vrens ventus est Auster Borea, et pertingit magis huc quàm iste illuc. Quæ igitur causa est horum ventorum, & quomodo se habent adinuicem, dictum est.*

Cum iam ostendiderit, ꝙ nõ est Auster apud nos, qui ab altero spiret polo, inquit modo, ꝙ nec etiam ab hyemalibus uersionibus flat uentus ille, qui apud nos Auster est. Si enim hoc ita se haberet, oportebit utiq; & alium rursus uentum flare ab æstiuis uersionibus, (sic.n. proportionale assignabitur.) non autẽ est: (unus.n. solus uidetur spirans à regione illa, ex opposito ad ipsum Boream) quare necessarium est ab æstiuis uersionibus, & ab adusta terrarum parte Austrum flare. Totum uerò, quod ab æstiuo tropico uersus æquinoctialem interuallum est, æstiuas, ut solet, uersiones appellat. Locum autem hunc propter Solis uicinitatem exustum atq; exiccatũ, nec aquas habere asserit, nec pabulum. Per pabulũ uerò aquarum materiam, seu suppeditationẽ intelligit, quasi aquarum alimentum, quod qdem pabulum ꝓpter liquefactionem, cum dissoluitur. Etesias facit. Hoc uerò attribuendum est ad ea, quæ iam dixerat post ꝑ tactam dubitationem, propter quam uidelicet cãm Boreæ quidem Etesiæ periodicè spirant, Austri uero non: dixit enim, ꝙ hoc non irrationabiliter accidit. Atqui modò ex his quæ dicta sunt cãm assignauit, quare nõ irrationabile hoc qdem fit, ꝙ Austri.s. Etesiæ non sunt. Propter hoc autem ꝙ multò maior est locus ille unde Auster flat, ac longè lateq; patẽs, q̃ locus à quo spirat Boreas, (ualde.n. maior ac amplior est exusta illa plaga, q̃ quæ ad Vrsam est) hinc est ꝙ uehementior, crebrior, & magis æstuosus Auster est, q̃ Boreas sit, & ꝑtingit magis huc q̃ Boreas rursus illuc. Quæ quidem igitur causa horum uentorum est, & qũo se habeant adinuicem, dictum est. {horum} hoc est Boreæ & Austri, de his nãq; factus est sermo: reuocat autem ex his, in memoriam rursus, ea quæ iam ostensa sunt. Cóm. 31.

Cap. 6. De numero Ventorum, situ, contrarietate, temperatura, & operationibus.

De positione autem ipsorum, & qui quibus contrarij sint, & quos simul flare contingat, & quos non, adhuc autem qui, & quot sint existentes, & ad hæc de alijs passionibus quascũq; non cõtingit dictas esse in Problematibus particularibus, nunc dicamus. Oportet autem de positione simul & ratione ex descriptione considerare. Descriptus sit igitur, vt magis insigniter habeat, horizontis circulus, quapropter & rotundus. Oportet autem intelligere ipsius alteram decisionem, quæ sub nobis, habitatam. erit.n. & illam diuidere eodem modo. Supponatur autem primò contraria secundum locum esse, plurimum distantia secundum locum, sicut secundum speciem contraria, plurimum distantia secundum speciem. Plurimum autem distant secundum locum, posita contra seinuicem secundum diametrum. Sit igitur in quo A. *occidens æquinoctialis, contrarius autem huic locus, in quo* B. *oriens æquinoctialis. Alia autem diameter hanc ad rectum incidens, cuius id, in quo* G. *sit Vrsa, huic autem contrarium ex opposito id, in quo* H *meridies. Id autẽ, in quo* F *oriens æstiualis, id autem, in quo* E *occidens æstiualis. Id autem, in quo* D *oriens hyemalis, id aũt in quo* C *occidẽs hyemalis. Ab* F *aũt dicatur diameter ad* C *et à* D, *ad* E. Tex. 32.

Quoniam

Quoniam igitur plurima distantia secundum locum cõtraria sunt secundum locum, plurimum autem distant quæ secundum diametrum, necessariũ est & ventorum hos inuicem contrarios esse, quicunq; secundum diametrum sunt. Vocantur autem secundum positionem locorum venti sic: Zephyrus quidem, ab A, *hoc enim est occidens æquinoctialis. Contrarius aũt huic Apeliotes, à* B. *hoc enim, est oriens æquinoctialis. Boreas autem & Aparctias, à* G. *hic enim, Vrsa. Contrarius autem huic Auster, ab* H. *meridies enim hæc est, à qua flat: &* H *ipsi* G *contrarium est: secundum diametrũ enim. Ab* F *autẽ, Cæcias: hic.n. oriens æstiualis est. Contrarius autem est, non qui flat ab* E, *sed qui à* C *Lybs. iste.n. ab occidente hyemali flat: contrarius autem huic, secundum diametrũ .n. ponitur.* A D *autem, Eurus: iste.n. ab oriente hyemali flat, vicinus existens Austro: quapropter, & sæpe Euronoti dicũtur flare. Contrarius autem est huic, non qui à* C *Lybs, sed qui ab* E: *quem vocant hi quidem Agesten, alij autem Olympiã, alij porrò Scirona: iste enim ab occidente æstiuali flat, & secundum diametrum ipsi opponitur solus. Hi igitur secũdum diametrum positi venti, & quibus sunt contrarij. Alij autẽ sunt, secundum quos non sunt contrarij venti. Ab* I *enim, quẽ vocant Thrasciam: iste.n. medius est Argeste et Aparctiæ: à* K *autem, quem vocant Mesen: iste.n. medius est Cæciæ & Aparctiæ. Diameter autem* K, *vult quidem secundum semper apparentem esse, non certitudinat autem. Contrarij autem non sunt his ventis, neque Mesæ: flaret enim vtique aliquis ab eo in quo* M. *hoc enim, est secundum diametrum: neq; ipsi* I. *Thrasciæ: flaret.n. vtiq; ab* N. *hoc signum enim, secundum diametrum est. Si non ab ipso & ad modicum flat quidam ventus, quem vocant qui circa locum illum sunt, Phœnician. Principalissimi igitur & determinati venti, hi sunt, & hoc ordinati sunt modo.*

Pertransit dehinc ad pertractandum de põne uẽtorum, & ad ostendendum q natura ipsorum contrarij sint, & quos quidẽ ex ipsis possibile est simul adinuicem flare, & quos rursus impoẽ. Amplius & de multitudine & numero ipsorum, ac de alijs passionibus in ipsis existentibus, quascunq; non præuenerit inter tractandũ de ipsis in problematibus particularibus. Oportet aũt, inquit, circa hæc, q̃ de positione uentorũ ostendenda sunt, rõnem ex descriptione seu ex diagrammate contẽplari. Diagramma aũt quoddam describit. Inquit igitur, describatur q̃dem ut res ipsa clarior ac insignior elucescat, circulus horizontis, rotũdus quidem à quo spũs ipsi flare habent. Oportet aũt huiusmodi descriptũ horizontem intelligere, non tanq̃ totius terræ horizon existat, sed alterius q̃dem decisionis, quæ à nobis habitatur: q quidem horizon non utiq; circulus est. Quẽadmodum.n. in circulari ipso horizonte uentorũ diuisio ac distinctio ostenderetur, sic etiam & habitabilis terræ pars per eũdem modum se habebit, circa intermissionẽ ac distinctionem uentorũ. Primò aũt, cùm de ꝯrijs uentis dicturus sit, quid sit ꝯrietas ipsa ſm locum accipit, dicens loca ꝯria esse, quæ plurimũ distant loco, sicut quæ specie plurimum distant, cõtraria ſm speciem sunt: plurimum aũt ab inuicem distant, quæ contra se inuicem ſm diametrum in circulo posita sunt. Dehinc in descripto circulo, quem horizontem esse dixit, quædam accipit signa. Cõm.32.

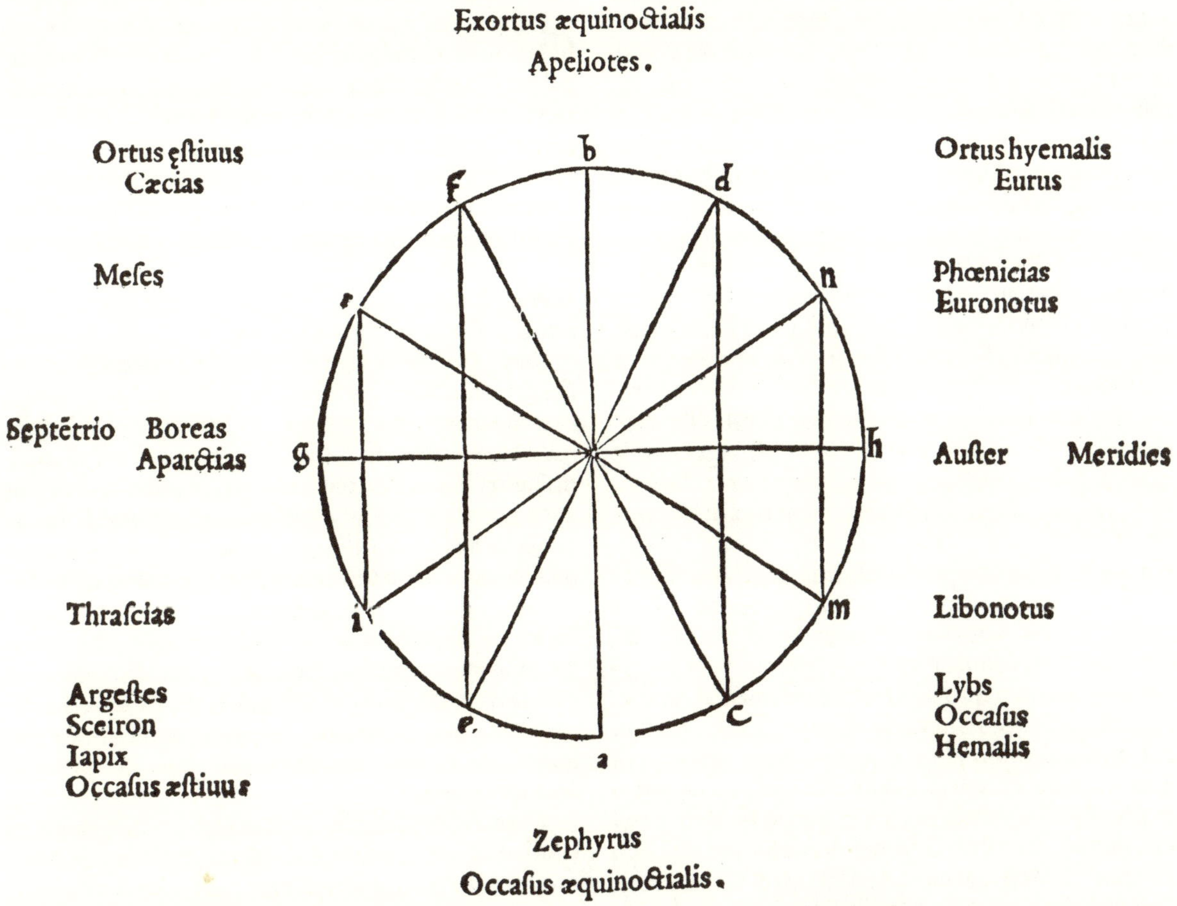

Et primò signum A supponitur occidens æquinoctialis, contrarium aũt huic secũdum diametrum signũ B, oriens.s.æquinoctialis. Capiãtur igitur hæc dicta signa, ac educatur diameter A B. quinetiam ducatur, inq̃t, alia diameter ipsius circuli, q̃ p̄dictã diametrũ A B, orthogonaliter secet, & sit G H: cuius q̃dẽ G.

Vrsa erit, H uerò ex opposito, Meridies. Accipiatur dehinc rursus signum aliud in dicto circulo, inter G & B, uidelicet F: quod ortum æstiuum ostendat, cui è contrario, sed non s'm diametrum, accipit ipsum E, qui occidens æstiuus existit. Rursus uerò inter B & H. accipit signum D, quod hyemalem indicat ortũ, cui iterum è contrario, sed non s'm diametrum ꝓ occidente hyemali ponitur C, dehinc rectam ducit ab ipso F ad C, & ab E: ad ipsum D. s'm diametrum, nãq; opponũtur. Post huiusmodi autem descriptionem, & ex hac quidem põnem uentorum ostendit, & qui natura quibus contrarij sint: & q̃m plurimum distantia s'm locum, sunt contraria s'm locum. Plurimum autem distãtia, quæ s'm diametrum, palàm, inquit, ex hoc est, & uentorum hos inuicem contrarios esse, q̃cunq; s'm diametrum sunt. Non autem accipit diametros ipsos per centrum, cùm à principio iam dictum sit, ꝙ habitabilis terra hæc sphærica quidẽ non est, uerùm ad modum tympani, ac propter hoc ex aduerso diametros determinat, s'm quos quidem sumit quæ positio uentorum sit, ac ponit quidẽ in ipso A. ubi occidens æquinoctialis est Zephyrum, in B uerò quod, s. æquinoctialis oriẽs est, ac s'm diametrum opponitur ipsi A, Apeliotem: quem, ut inquit Theophrastus, Hellespontiam, Siceliotæ uocant: apud uerò Phœnices Carban appellant, Berecynthiam autẽ in Ponto. Rursus in ipso G: ubi Vrsa est, ponit Boreã Aparctiam. Austrũ uerò in signo H, quod ipsi G. diametraliter opponitur, ac Meridies est. Rursus in F, quod ortus æstiuus erat Cæciam ponit: cui contrariũ posuit illum qui s'm diametrum, ab ipso distat, non autem per lineam ipsam aduersantem: s'm. n. diametrum ipsi F, ponitur C. ad rectam uerò lineam E in C. igitur signo q̃d hyemalis occasus est, ponitur Lybs, tanquam Cæciæ ipsi diametraliter contrarius. Dehinc uerò in ipso D. quod hyemalis exortus est, Eurum ponit, qui Austro uicinus existit. In ipso uerò E, quod occasus æstiuus est, ac diametraliter opponitur D. uentum quidem illum locat, quem aliqui Argesten appellant, Olympiam uerò alij, atque Sceirona: Aliqui etiam uocant uentum hunc Iapyga, ut Theophrastus inquit. Aduersatur autem s'm lineam ipsi D. signum C, sicut & ipsi F: signum est E. sed quæ s'm lineam aduersantur non simpliciter sunt contraria, sed quæ s'm diametrum magis. Et tales s'm diametrum positos uentos contrarios adinuicem esse dixit, atq; octo existunt. Alios autem præter hos esse dicit, qui quidem s'm diametralem oppositionem non situantur: unum. s. qui inter Aparctiam & Sceirona situs est, cui opponitur Eurus: atq; hunc Thrasciam uocant, positum in ipso I. Alium uerò, quem rursus, inquit, positum esse inter Aparctiam & Cæciam, cui Lybs contrarius est, ac Mesem uocant positum quidem in ipso K. Ducta uerò linea ab I ad K. (quam quidem cõi quodam nomine diametrum uocat, non. n. diameter horizontis est) uult quidem s'm semper apparentem circulum esse, sed non omnino exacte sub illo existit, uerum in aliquo quidem deficit. His autẽ flatibus contrarios asserit non esse uentos: non. n. Mesi, qui inter Aparctiam & Cæciam est. Si quis. n. huic contrarius esset, flaret, inquit, ab ipso M. quòd inter Lybem & Austrum est, ac diametraliter opponitur ipsi K, à quo Meses flat. Quinetiã nec Thrasciæ qui inter Aparctiam & Sceirona est, opponitur uentus aliquis s'm diametrum: flaret. n. si quis esset, ab ipso N. inter Eurum & Austrum: hic. n. s'm diametrum respicit ipsum I. nisi fortasse, inquit, ad modicum flet uentus quidam, quem qui circa locum illum sunt Phœniciam uocant. Quidam uero ex posterioribus uentum quẽdam ab ipso M. quem Libonotum uocant, flare asseuerant, & ex hoc duodecim uentos faciunt. Cùm autem ipse decem posuerit uẽtos, quinetiam & unum amplius, s'm ꝙ dictum est, hos, inquit, esse distinctissimos, ac determinatos spiritus, atq; huiusmodi situm ac positionem habere.

Quòd autem sint plures venti à locis ad Arctum, quàm ab ijs, qui ad meridiẽ causa est, habitabilem supponi ad hunc locum. Et quia multò amplior aqua & nix repellitur in hanc partem, quia illa sub Sole sunt & illius latione, quibus liquefactis in terram & calefactis à Sole & terra, necessariũ est ampliorem & ad maiorem locum fieri exhalationẽ propter hanc causam. Tex. 33.

Assignat deinde causam, quare plures flant spiritus à locis quæ circa Vrsam sunt, q̃ ex oppositis ad hæc, meridionalibus. s. Asserit autem huius rei primã quidem esse causam, q̃m pars orbis terræ, quam habitamus, ad hunc locum uergit, ac septentrioni proxima est: quicunq;. n. illinc flãt spiritus, manifesti nobis ac minime quidem latent. Secundam autem, inquit, esse causam, propterea quia ad illas quidẽ partes tanquam longe existentes, multò plures consistunt aquæ & nubes, ac cõgelantur niues. Meridionalia. n. loca minus habent de huiusmodi congelationibus, cùm Solis lationi supponatur: fiunt tñ & in his s'm Solis recessus, (cùm non semper super easdẽ meridionales partes existat) aqueæ ac humidæ exhalationes quandoque, uerum non tantæ. Inhabitabilia nãque sunt loca hæc, non quia æstum ac intemperiẽ semper habeant, sed quia ex solis accessu q̃nq; hæc eadem habent, quæ propter siccitatis ac caliditatis excessum, res animatas corrũpãt. Propter hoc igitur ꝙ aquæ & niues quæ plurimæ ad Vrsam sunt, ex solis accessu liquefiunt, qui circa æstiuum tropicum proximus illis cùm sit, necesse est ex calefacta terra, plurimas etiam fieri exhalationes, ex quibus uenti postmodum generantur. Cõm. 33.

Sunt autem dictorum ventorũ, Boreas quidem & Aparctias principalissimẽ, & Thrascias & Meses. Cæcias autem, communis Apeliotæ & Boreæ. Auster autem, & Ithagenes qui à Meridie & Lybs. Apeliotes autẽ, qui ab oriente æquinoctiali & Eurus. Phœnicias autem, communis. Zephyrus autem, & Ithagenes & Argestes vocatus. Vniuersaliter autem horum, hi quidem Boreales vocantur, hi autem Australes. Apponuntur autem Zephyrici quidem, Boreæ: frigidiores enim sunt, quia ab occidente flant. Noto autem, Apeliotici: calidiores enim sunt, quia ab oriente flant. Determinatis igitur frigido & calido & æstuoso ventis, sic vocauerũt. Calidiores autem sunt qui ab oriente, ijs, qui ab occidente: quoniam pluri tempore sub Sole sunt, qui ab oriente: hos autem, qui ab occidente, derelinquit citius, & appropinquat loco tardius. Tex. 34.

Quæ dehinc subdit, spiritus ipsos distinguens, tũ quidem Boreales, tum Australes, quinetiam & cões, facilia ac satis cognita quidem sunt: clarè. n. de ipsis loquitur, ac expositione non indiget. Zephyrum autem, inquit, & Argestem esse, (qui & Sceiron uocatur) tanquam & ipse ab occidente flet, ac apud Zephyrum positus sit. Post hæc autem, inquit, ꝙ horũ Cõm. 34.

omnium

omnium uentorum hi quidem Boreales uocantur, hi uerò Australes: omnes.n.alij sequuntur hos, tum propter uicinitatem, tum etiam propter similitudinem in qualitate, nam qui utrisque æqualiter proximi sunt, frigidiores quidem apponũtur Boreis, quapropter & Zephyrus & Sceiron Boreales sunt. Calidiores uerò Austro, atque ex hoc Eurus & Apeliotes australes uidentur. Conatur autem dehinc ostendere causam, propter quam calidiores sunt uẽti, qui ab oriente q̃ qui ab occidente. Inquit autem, ꝙ ex hoc ꝙ spiritus orientales diutius sub Sole sunt, calidiores efficiuntur. Occidentales uerò citius derelinquit, Sol etiam tardius ad ipsos accedit. Ex hoc autẽ dixit orientales uentos maiori tempore esse sub Sole, qm̃ oriens quidem Sol ac occidens rursus, simul cum ipsis est, & donec occumbat illos perlustrat. Occidentales uerò nec statim in ipso ortu perlustrãtur, & tardius ad ipsos radij Solis accedunt: cùm primùm uerò iuxta illos extiterit, ꝯfestim derelinquẽs occũbit, nec moratur admodum, quemadmodum circa orientales facit. Hos nãque, quãuis ꝓgrediens prætereat, insistit tñ adhuc illos perlustrans. Atqui & illud etiam erit in causa, qm̃ orientales quidem spiritus statim à principio Sol ipse, cùm iuxta illos existit, intensius calefacit, non sic autem occidentales: quãuis.n. ipsos illustret, cùm longe existat non similiter calefacit. Prçcalefacti igitur orientales spiritus propter solis prçsentiam, calorem ipsum conseruãt, cum ad hoc sibi opem præstet sol, qui progrediens quasi tutelam eorum gerit, donec occumbat. Quapropter quam à principio caliditatem consequuti fuerint, eam quodammodo usque ad occasum conseruant. Nam quod propter paruitatem & sufficiens quidem est ad hoc ꝙ calefaciat, sufficit tñ ad caliditatem à principio acquisitam conseruandam. Occidentales autem spiritus, nec à principio taliter calefiunt: & cùm postmodum iuxta illos existens sol, maximè ipsos calefecerit, huiusmodi tñ caliditatem nõ conseruabunt, qm̃ confestim à sole derelinquuntur, ut ne quidem ab ipso aspiciantur. Et hoc quidem acciderit etiam si per æquale tempus supponatur, & orientales spiritus & occidentales apricari: semper .n. calidiores erunt orientales, ꝓpterea quia à principio confestim calefacti, per totum usque diem, caliditatem hanc conseruabunt.

Tex.35. *Sic autem ordinatis ventis, manifestum est, quòd simul flare contrarios quidem non est possibile, secundum enim diametrum, alter igitur cessabit violentiam passus. Non sic autem positos adinuicem, nihil prohibet, puta* F *&* D. *& propter hoc, simul flant aliquando* * *secundi ambo ad idem signum, non ex eodem, neque eodem spiritu. Secundum autem tempora contraria, contrarij maximè flant. Puta circa æquinoctiũ vernale, Cæcias & totaliter qui vltra tropicum æstiualem: circa autumnale autem, Lybs. Circa versiones autem æstiuales, Zephyrus: circa hyemales autem, Eurus.*

* Ambo ourij.

Còm.35. Clara autem ac manifesta sunt quç dehinc subdit, exponens qui natura spiritus efflare simul possint, qui uerò minimè. Ex hoc autem ꝙ ex eisdem partibus flant Cæcias, qui in F positus est, ac Eurus, qui in D. ad idem ambos urios siue secundos uentos flare posse affirmãt, quãuis iidem adinuicem, siue eodem flantes spiritu non existant. Clara autem sunt etiam quæ inquit, circa id, quod ſm tempora contraria, uenti adinuicem contrarij maxime flant, ac rationi consonum etiam est. Vernale nãque æquinoctium (qđ fit cùm recedit Sol ab hyemali tropico, ad æstiuum accedens) contrarium tempus est æquinoctio autumnali, cùm rursus recedit Sol ab æstiuo tropico, & ad hyemalem accedit. Circa uernale aũt æquinoctium dum appropinquat Sol, Cæcias uentus flat, & omnino qui ultra æstiuum tropicũ collocati sunt: hi autem sunt qui ad Vrsam collocantur. Circa autumnale uerò recedente rursus Sole, Lybes flant, q Cæciæ contrarij sunt. Rursus circa æstiuas quidem uersiones Zephyros flare, circa uerò hyemales, Euros & Apeliotas, manifestum est. Apeliotes nãque seiunctus quidem, contrarius Zephyro est: aliqui tñ utrosque, Apelioten.s.& Eurum, Euros uocant.

Incidunt autem alijs maximè, & cessare faciunt, Aparctiæ & Thrasciæ & Argestæ, propterea quòd maximè de propè impetus ipsorum est. Crebriq; & fortes flant maximè isti. Quapropter & serenissimi sunt ventorum: flantes enim de propè maximè, repellentes alios ventos cessare faciunt, & efflantes consistentes nubes faciunt serenitatem. Nisi frigidi vehementer fuerint simul existentes, tunc autem non sunt sereni. Si enim fuerint magis frigidi quàm magni, præueniũt antè coagulantes quàm propellentes. Cæcias autem non est serenus, quia reflectitur in seipsum, vnde & dicitur prouerbium: Trahens ad seipsum, vt Cæcias nubem. Gyrationes autem fiunt, ipsis cessantibus in contiguos, secundũ Solis translationem, quia mouetur maximè contiguum, secundum principio: principium autem ventorum sic mouetur vt Sol. ¦ *Contrarij autem, aut idem faciunt, aut cõtrarium: puta humidi, Lybs & Cæcias, quem Hellespontian quidam vocant. Sicci autem, Argestes & Eurus, quem Apelioten: à principio autem iste siccus est, desinens autem aquosus. Niuosus autem, Mesis et Aparctias maximè: isti enim frigidissimi sunt. Grãdinosus autẽ, Aparctias & Thrascias & Argestes. Æstuosus autem, Auster & Zephyrus & Eurus. Nubibus autem condensant cœlum, Cçcias quidem valde, Lybs autem rarius. Cæcias quidem propterea quòd reflectitur ad seipsum, & quia communis est Boreæ, & Euro. Quare quia frigidus est, coagulans vaporizantem aerem, nubes constare facit: quia autem loco Apelioticus est, habet multam materiã & vaporem, quem propellit. Sereni autem sunt, Aparctias, Thrascias, Argestes. causa autem dicta est prius.*

Tex.36.

Prouerbiũ.

Operatiões ventorum.

Cõm.36. Consequenter de uentis adhuc pertractans, declarat qui nam ex ipsis flantes in alios maximè incidant, siue occurrant, ac illos tãdem cõpescant. Quare autem hoc apud nos faciant, causam assignat. Eadem autem erit causa, quare apud nos huiusmodi q dem uenti liquidi ac sereni existant. Serenos.n. inqt illos esse, cùm frigidi ualde non fuerint: si.n. frigidi ualde existunt, nec uehementes quidem erunt, nec sereni: propter enim frigiditatem præueniunt tum nubes congelando, prius q̃ illas propellant. Cùm dixit aũt serenos esse {Sceirona & Aparctiam & Thrasciam.} nisi adeo frigidi fuerint, ut præueniant coagulantes exhalationes & nubes, prius q̃ propellere ipsas possint: tunc de Cæcia subdens, {qui quidẽ nõ longè etiam est ab Aparctia.} inquit, ꝙ serenus quidem non est. Cuius causam assignat, qm̃ spiritus atq; efflatus, qui à Cçcia est, reflectitur rursus, unde prius emitti incæperit: non.n. ſm rectam lineam fertur ad latus, sed magis secundum curuam, cuius gibbositas ad terram annuens uergit: quapropter sursum rediens spiritus & incidens in nubes, illas non quidem propellit, sed magis retrorsum ad locum adducit unde

unde uentus hic flat. Hoc autem contingit circa uẽtum hunc, quoniam cùm spiret satis prope terrã, in quasdam terræ eminentias occurrit, ac regurgitat retro, & sursum fertur. Permutationes autem & gyrationes ipsorum fieri inquit, quadam quidem uicissitudine, cessantibus.s.primis, ac in sibi proximos transeuntes secundum illas quidem partes, ad quas Sol progrediens consequens transfertur: propterea quia id, quod principio contiguum est, mouetur à Sole potissimũ: secundum translationem nãque Solis de primo ad consequens, mouetur propter uicinitatem ad ipsum quicquid ad primum ipsum uentum tanquam ad principium consequens est. Sol.n.causa & principium est motus uentorum. Inquit autem Theophrastus, aliquando quidem uentos & in sibi contrarios permutari, quando.s.in contrarium locum propulsæ fuerint nubes: unde rursus acciderit uentum flare. Subdit autẽ ad ea, quæ de uentis hucusque dicta sunt, contrarios adinuicem uentos, aut idem facere, aut cõtrarium. Enumerat autem qui natura sint qui idem faciant, simul autem ponit potentias ac uirtutes ipsorum, & quantum horum quilibet ualeat, enarrat atq; ostendit. Ex quibus iam dictis accipere est, & qui eorum contrarij sint, & qui contrariorum effectiui.

Tex.37. *Coruscationes autem faciunt maximè, & hi, & Meses. Quia.n.de propè flant, frigidi sunt: propter frigidum autem, fulguratio fit: segregatur enim constantibus nubibus. Quapropter & quidam horum eorũdem grandinosi sunt. citò.n. coagulant. Ecnephiæ autem fiunt, autumno quidem maximè, deinde vere, & maximè Aparctias & Thrascias & Argestes. Causa autem est, quia Ecnephiæ fiunt maximè, quando alijs flantibus incidunt alij: isti autem maximè incidunt alijs flantibus. Causa autem dicta est & huius, prius. Etesiæ autem gyrant, habitantibus circa Occidentem, ex Aparctijs in Thrascias, Argestas, & Zephyros, (Aparctias enim, Zephyrus est) incipientes quidem ab Vrsa, terminantes autem ad eos, qui longè. His autem, qui ad Orientem, gyrant vsq; ad Apelioten. De ventis igitur, & de ea, quæ à principio generatione ipsorum & substantia, & de accidentibus passionibus, & communiter, & circa vnumquẽque, tot nobis dicta sint.*

Cõm.37. Cùm dixit serenos esse Aparctiã, & qui ad ipsum consequenter sunt Thrasciam & Argestem, qui Sceirõ dicitur: inquit modò coruscationes facere & ipsos & Mesen, qui super Aparctiam collocatur. Propter quod autem istas coruscationes faciant, assignat: frigidi.n.sunt, quia de propè flant, hoc est à locis septentrionalibus, quæ frigida sunt. Coruscatio autem fit propter frigiditatem: consistentibus nãque propter frigiditatem nubibus, calidum, quod in ipsis est, ex ipsa.s.exhalatione comprehensum, in unum colligitur ac cõcentratur, ac tãdem per uim secluditur, motu quodam ualde inflammato, ut in sequentibus declarabit, cum de his pertractabitur. Quapropter horum ipsorum spirituum aliquos esse inquit, qui grandinosi existunt, propterea quia ex maxima frigiditate citò segregatam aquam coagulant. Maximè autem ex omnibus quidem uentis, Ecnephias, inquit fieri, quas procellas uocare possumus Aparctiam & Thrasciam & Argestem. Causam uerò, propter quã tales fiant, assignat: quoniam Ecnephiæ fiunt maximè, quando alijs flantibus uentis alij ingruunt, ac incidentes in ipsos, illos compescunt. Quando.n. priores uenti nubes propulerint, aliqui ex contrarijs incidentes in ipsos, uidentur quidem ex nubibus ipsis efflare. Isti autem quos dixit, maximè incidunt alijs flantibus, ut iam dictum est: causa.n.est, quoniam de prope flãt, ac propter hoc uehementes sunt. Etesias autem circũstare inquit, habitantibus quidem circa occidentẽ ex Aparctijs in Thrascias & Argestes, & Zephyros. His uerò qui ad orientẽ habitant, circũstant ac gyrant ex manifesto, Apeliota usque in Mesem & Cæciam, hi nãq; medij sunt inter Aparctiam & Apeliotem. Per illud autem, {circũstant, siue gyrant.} significare intendit, quòd his qui ad occasum habitant, ab Vrsa Etesiæ incipientes, ad eos dehinc terminant uentos, qui Aparctiæ proximi uersus occasum sunt. His uerò qui ad ortum habitant, ad illos rursus qui uersus ortum eidem adiacent Aparctiæ. Illud uerò, {Aparctias autem Zephyrus est.} propter id fortè dictum est, quoniam illis quidem qui circa occasum habitant, Aparctias Zephyrus est. Cùm autem de uentis hæc quidem dixerit, epilogat rursus ac summatim, ut sui moris est, in memoriam reuocat, quę de spiritibus dicta sunt.

Cap.7. Tres affert antiquorum de opiniones de Terræmotu affert, ac eas reprobat.

Tex.38. *DE agitatione autem & motu terræ, post hæc dicendũ est: causa enim huius passionis, contigua huic generi est. Sunt aũt tradita vsq; ad presens tẽpus, tria, & à tribus. Anaxagoras enim Clazomenius, & prius Anaximenes Milesius enunciauerunt, & his posterius Democ. Abderites. Anaxagoras igitur ait ætherem natum ferri sursum,* Anaxag. *incidentem autem in inferiora terræ & concaua, mouere ipsam. Quæ enim sunt sursum, coniungi propter imbres, quoniam natura totam similiter esse spongiosam: tanquam existente hoc quidem sursum, hoc autem deorsum, totius sphæræ: & sursum quidem hac existente parte, in qua habitamus, deorsum autem altera. Ad hanc igitur causam nihil fortè oportet dicere, tanquam valde simpliciter dictam: sursum enim & deorsum putare sic se habere, vt non ad terram quidem vndiq; ferantur grauitatem habentia corporum, sursum autem leuia & ignis, stultum est: præsertim videntes horizontem habitatæ quantam nos scimus, alterum semper fieri nobis translatis, tanquam existente gibbosa & sphærica. Et dicere quidem, quòd propter magnitudinem in aere manet, agitari autem dicere percussam desubter sursum per totam. Adhuc autem nullum reddunt accidentium circa terræmotus: neque enim regiones, neque tempora quæcunque participant hac passione.*

Cõm.38. De terræmotibus modò, seu de quassationibus terræ dicendum proponit. Subdit autem & causam, propter quam post sermonem de uẽtis, de teræmotibus statim pertractet. Causa nãque huiusce passionis, quæ terræmotus dicitur, eidem generi hæret, cui & ipsum de sublimibus negotium, uel eidem generi, cui spiritus hærent ipsi. Eadem nãque exhalatio, ut prosequens declarabit, & uentorum & terræmotuũ est causa. Primùm uerò rursus & in hoc, sicut in cæteris suis moris est, positas iam prius ac assignatas à quibusdam de terræmotibus opiniones exponit & discutit. Tres autem prius usq; ad ipsum opiniones traditas esse asserit, & à tribus. Primus quidem Anaximenes Milesius, Secundus Anaxagoras Clazomenius, Tertius uerò Democritus Abderites, aliquid de terræmotibus loquuti sunt. Anaxagoræ aũt opinio talis est: Inquit.n. æthera natura ferri sursum, incidentem autem in interiora terræ, mouere ipsam.

Per

Per sursum autem, intelligit superficiem ipsam, s̃m quam habitamus, per deorsum uerò, quicquid sub terram est, sub prædicta.s.superficie. Superficiem autem, s̃m quam habitamus, coniunctam admodum propter imbres, ac compactam esse inquit: terrã uerò in inferiori parte inanes admodum concauitates quasdam habere, tanquam tota quidem terra, ex sui natura, spongiosa quodammodo sit. Asserit igitur æthera, qui sub terra est, cùm natus sit ad nos sursum ferri, incidentem in processu ipso in concaua, atque inania ipsius terræ, mouere ipsam, & sic terræmotũ contingere. Hæc autem ponit tanquam supponens, ꝙ terra in latus ostensa sit, atque ex hoc super sibi subiecto aere insidẽs, illic maneat ubi est. Cùm autem opinionem huius enarrauerit, nihil fortè oportet, inquit, ad huiusmodi opinionem dicere, tanquã ualde simpliciter & superficialiter ac inexquisite dictã. Sursum nãque & deorsum existimare sic se habere, ac non potius arbitrari terram circũquaq; similiter deorsum esse, ut ad ipsam undiq; æqualiter ferantur grauia, fatuum utiq; est: præsertim cùm uidere posset, horizontem ipsum, qui habitatam quam scimus, definit ac distinguit, alterum & alterum semper fieri nobis translatis: quod signum est, ꝙ sphærica sit ipsa terra, nõ autem plana. Si enim plana esset, unus quidem horizon qũocũq; translatis nobis semper maneret. Cùm igitur sphærica sit, falsum utiq; erit ꝙ plana.s.existens ac insidens aeri, ab inferiori æthere in ꝯcauas partes incidente, tãdem quassetur. Amplius ꝙ sphęrica quidem terra sit, argumento illud esse potest ꝙ similiter se habet ad ipsam, quæ undecunq; in illa sunt, ut.s.ex omni parte grauia ad ipsam descendant, leue autem rursus omne, s̃m quaslibet terræ partes, in quod sursum undequaque est, ab ipsa feratur. Improbat autem Anaxag. opinionem, & in hoc ꝙ.s.primò dicat, propter magnitudinem & planitiẽ librari terram in aere, rursus uero subdat ꝙ ab inferiori æthere desubter percussa quatitur tota. Si.n. mouebit aer sic terram, non quidem ipsamet terræ quietem conseruare poterit, ut.s.super ipsum insideat, siquidem desubter illã percutiens sursum mouebit. Si uerò terra ipsa propter eius magnitudinem permanebit, non quidem adeo facile mobilis erit ut desubter aer illã quatiat totam. Adhuc uerò neq; ullum, inquit, ex terræmotuum accidentibus assignabitur, si per hunc quidem modum terræmotus generantur. Neq;.n.regiones quæuis, eius quæ circa terræmotum est passionis participant, neq; in q̃busdam temporibus fiunt, quorum omnium causas assignare habet qui de terręmotibus pertractat.

Tex.39. Democri. *Democritus autem ait, terram plenam aqua existentem, & suscipientem multam aliam pluuialem aquam, ab hac moueri: ampliori enim facta, quia non possunt suscipere ventres, vim inferentem facere terræmotum, & exiccatam trahentem in vacua loca ex repletioribus, transeuntem incidendo mouere.*

Cõm.39. Hactenus de opinione Anaxagoræ, pertrãsit modò ad positionem Democriti, & ipsum existimare, inquit, terram aqua plenam existentem, cùm & multam ab extra ex imbribus insuper suscipere contingat, tunc ab huiusmodi aquarum mole quassari. Amplior.n.aqua facta, cùm à cauernis ipsis capi nõ possit, uiolentata admodum ac in angustum redacta, terram mouet. Quinetiam & exiccata ipsa terra, cùm à locis plenioribus in uacua loca, aquam trahat, in huiusmodi aquarum transitu atq; transfluxu ab eadem aqua mouetur.

Anaximenes autem ait irrigatam terram, & exiccatam rumpi, & ab his ruptis frustis incidentibus concuti. Quamobrem & fieri terræmotus in siccitatibus, & iterum in pluuiosis, in siccitatibus enim, sicut dictum est, exiccatam rũpi, & ab aquis superhumectatam, decidere. Oportebat autem hoc accidente, subuersam multis in locis apparere terram. Adhuc autem propter quam causam circa quędam loca sæpe fit hæc passio, nullo differentia excessu tali ab alijs? Atqui oportebat? Omnino autem sic existimantibus, necessariũ est dicere minus semper terræmotus fieri, & tãdem cessare aliquando concuti: quod enim decidit, talem habet naturam. Quare si hoc impossibile est, palam quòd impossibile est & hanc esse causam. Tex.40. Anaxime.

Post Democriti positionẽ de Anaximenidis opinione mentionem facit. Hunc autẽ existimare asserit, madefactam utique terram, quinetiam & exiccatam, disrumpi primò, de hinc à quibusdam in huiusmodi disruptione abscisis fragmentis, in ipsam incidentibus quati ac terræmotum causari. Et propter hoc fieri quandoque terræmotus in siccitatibus & squalloribus, quandoq; iterum in temporibus pluuiosis. ĩ siccitatibus enim, quia exiccata terra disrũpitur, in pluuiosis uerò, q̃m superhumectata deciderit. Obiiciens autem contra opinionem hanc, inq̃t. ꝙ primò utique oportebit, accidente quidem hoc, subuersam multis in locis, atq;, ut ita dicam, abyssatã apparere semper terram, cum partes terræ superiores disruptæ, ad partes inferiores deciderint, Amplius propter quam quidẽ causam terræmotus plerunq; fiunt, circa talia quidem loca, quæ neutrũ habent plurimum, siccitatem scilicet, nec humiditatẽ, neque per aliquem talem excessum differũt? Atqui, si per hunc modum fieret terræmotus, oportebat q̃dem aliquid tale habere ipsam terram, quæ cõquassari habet. Amplius, inquit, ꝙ existimantem sic fieri terræmotus, necesse est dicere, semper minores futuros esse terræmotus, ac tandem quandoq; huiusmodi terræ passionem desituram. Si.n.cõtinuè oneratur terra ex hoc, ꝙ altiores quidem partes in inferiores propter disruptionem descendant semper, quandoque utique acciderit ꝙ altiores ipsæ partes deficiant. Si autem impossibile est terræmotus unquam cessare, impossibile utique etiam erit, & hanc esse eorum causam. Cõm.40.

Cap. 8. De terræmotus Generatione, Natura, locis, temporibus, varijsq; eius accidentibus.

SED quoniam manifestum, quòd necessarium, & ab humido & à sicco fieri exhalationẽ, sicut diximus in prioribus, necesse est his existentibus fieri terræmotus. Existit enim terra per se quidem sicca, propter imbres autem habens in seipsa humiditatem multam, ut à Sole & ab eo, qui in ipsa igne calefacta, multus quidem extra, multus autẽ intra fiat spiritus: & hic aliquando quidem continuus extra fluit omnis, aliquando autem intro omnis, aliquando autem & partitur. Si itaque hoc impossibile sit aliter habere, quod post hoc considerandum utique erit, quale maximè motiuum erit corporum. Necesse enim est ad plurimum natum ire & vehementissimum, maxime tale esse vehementissimum igitur est ex necessitate, quod citissimè fertur: percutit enim maximè, propter velocitatem. Ad plurimum autem natum est pertransire, Tex.41.

pertransire, quod per omne ire maximè potest: tale autem est, quod subtilissimum. Quare si quidem spiritus natura talis est, maximè corporum spiritus motiuus est: etenim ignis qñ cum spiritu fuerit, fit flamma, & fertur celeriter. Non igitur aqua, neque terra causa vtique erit motus, sed spiritus, cùm intro fortè fluxerit qui extra exhalat. Quapropter fiũt trãquillitate plurimi & maximi terræmotus: continua enim existens exhalatio, consequitur vt in pluribus impetum principij. Quare aut intro simul, aut extra fertur omnis. Quosdã autem fieri & spiritu existente, nihil irrationabile: videmus enim aliquando simul plures flantes ventos, quorum cùm in terram feratur, alter, erit spiritu existente terræmotus. Minores autem hi magnitudine fiunt, propterea quòd diuisum est principium & causa ipsorum. Nocte autem plures & maiores fiunt terræmotus. Qui autem die, circa meridiem: tranquillissimum enim est, vt in pluribus diei, meridies. Sol enim cùm maximè obtinet, declinat exhalationem ĩ terram: obtinet autem maxime, circa meridiem. Et noctes etiam diebus tranquilliores sunt, propter absentiam Solis. Quare intro fit iterum fluxus, sicut recursus in contrarium eius, quæ extra fit, diffusionis. Et ad diluculum maxime: tunc enim & spiritus nati sunt incipere flare. Si igitur intro extiterit permutatum principium ipsorum, sicut Euripus, propter multitudinem, fortiorem facit terræmotum.

Nocte fiunt plures & maiores terræmotus.

Com.41. Cum aduersus Anaximenidis opinionẽ per hæc dicta obiecerit, derelinquens intactam Democriti positionem, fortasis, quia superficialis admodum & debilis est: pertransiens modo ad suimet opinionem quid de hoc sibi uidetur apponit, ac iterum & ĩ hoc, duplici illa exhalatione ꝓ principio utitur. Ad huiusmodi enim, inquit, exhalationis generationẽ, & terræmotus ipsos consequi necesse est. Et causam quidem subdit. Cùm enim existat terra per se quidẽ & naturaliter sicca, ꝓpter imbres tñ, quos suscipit, in seipsa humiditatem plurimam habet: quapropter calefacta, tum à Sole, tum etiam à caliditate, quæ in ipsa est, plurimam exhalationem facit, ac uentorum materiam. Cuius exhalationis, plurima quidem extra flat, extra .s. terræ ipsius superficiem: quandoque uerò & intus in profundiora terræ confluit, nonnũquam uerò & in partes distribui solet. Si igitur hoc imposibile est se aliter habere, ac pro manifesto positum sit, spiritus in terra fieri, & quandoque ad eius imas partes confluere, post hoc considerare oportet, quale ex corporibus maximè motiuum est: necesse.n.est, ut id, quod longisimè progredi natum est, atq; uehementisimum existit, potisimum tale sit. Vehemens autem celere est: quę nãque citisimè feruntur, uehementisima sunt, percutiunt.n. maximè hæc propter uelocitatem quicquid ipsis occurrat, quinetiam ad plurimum natum est ferri, ꝙ per omne transire maxime potest. Tale autem est quod tenuisimum & subtilisimum est corpus. Atqui neque altera talis præter spiritum est natura, ut subtilisima quidem sit, ac uehementisima, ac ad plurimum nata progredi. Ignis.n. tunc quidem quam celeriter fertur, cùm alicui spiritui permiscetur, tunc nãque & flamma fit. Si igitur hæc sic se habent, non utiq; aqua causa erit motus ipsius terræ, ut Democ. existimabat, nec etiam terra ipsa, ut Anaximenes arbitratur, sed spiritus magis, cùm illud quidem, quod natum est extra exhalare, intro influit. Vnde fit, inqt, utplurimi maximiq; terræmotus, Cœlo tranquillo fiant: continua.n. existens mota exhalatio, quo quidem eius principium annuet, eo & ipsa, principij impetum insequens, irrũpit & perfluit tota: quare aut omnis extra, aut intro omnis, utplurimũ fertur. Nihil autem irrationabile esse inquit, aliquos quãdoq; terræmotus fieri, & uentis etiam flantibus. Qm̃.n.& plures simul quandoque spirant spiritus, contingere etiam poterit, ut ipsorum aliquis extra spiret, aliqs uerò intro influens terræmotum faciat insimul uento existente. Minores tñ magnitudine tales fieri inquit, propterea quia eorum causa & principium distractũ ac diuisum fuerit. Et hinc ratio asignari potest, cur insimul flante uento, non admodum uehemens accidat terræmotus, principium nãque ipsorũ patitur. Inquit autem & noctu plurimos & ualidisimos terræmotuum fieri, cùm autẽ interdiu maximi accidãt, id potisimum circa meridiem euenire. Cuius causa est ꝙ trãquillisima dierum pars, meridies est, propterea ꝙ Sol circa illam horam maximè euincens, exhalationem intra terram propellat, ac eius foras egressum prohibeat. Quinetiã & noctes tranquilliores rursus ipsis diebus sunt: propter.n. Solis absentiam, cùm terræ superficies seu exteriores partes infrigidentur ac conspissentur, ad interiora terræ principium effluxus, uenti rursus suscipiunt, cùm quasi aquarum reciprocatio siue æstus, ab exteriori effusione fiant uenti recursus ad intus. Et hoc maxime circa diluculum accidit: tunc.n. spiritus fiunt, ac flare incipiunt. Quòd si principium externi spiritus ad interiora fluit, atq; ab extra ad intra, ueluti Euripus permutatum unitum fertur, cùm ualidius semper fiat, ualidior etiam acciderit terræmotus, propter plurimam .s. spiritus suppeditationem ac copiã.

Adhuc autem circa loca talia fortissimi fiunt terræmotum, vbi mare fluxibile est, aut regio spongiosa & subantrosa. Quapropter & circa Hellespontum, & circa Achaiam, & Siciliam, & Eubœam: circa hæc enim loca, videtur penetrare sub terram mare. Quapropter & Thermæ, quæ circa Ædepsum, à tali causa factæ sunt. Circa autem dicta loca terræmotus fiunt maximè, propter angustiam. Spiritus enim factus vehemens, propter multitudinem maris allati repellitur iterum in terram, qui natus erat efflare ex terra. Regionesq; quæcunque inania habent quæ subtus sunt loca, multum suscipientes spirituum, concutiuntur magis. Et vere autem & autumno maximè, & in pluuijs, & in siccitatibus fiunt propter eandem causam. Tempora.n. hæc, maxime spirituosa: æstas enim & hyems, hæc quidem propter gelu, illa autem propter æstum, facit immobilitatem: hæc enim valde frigida est, illa autem valde sicca. Et in siccitatibus quidem, spirituosus aer: hoc ipsum enim est siccitas. quando amplior exhalatio sicca facta fuerit quàm humida. In pluuijs autẽ, & eo quòd amplior fiat intus exhalatio, & eo quòd intercipiatur in angustioribus locis, & compellatur in minorem locũ talis segregatio, repletis concauitatibus terræ aqua. Cùm enim incæperit obtinere, eo quòd multa in paruum locum comprimatur, fortiter mouet fluens ventus & offendens. Oportet enim intelligere, quòd sicut in corpore nostro, & tremorum & pulsuum causa est spiritus intercepti virtus, sic & in terra spiritum similia facere, & hunc quidem terræmotum velut tremorem esse, hunc autem velut pulsum. Et sicut accidit sæpe post vrinationem, (per corpus enim fit velut tremor quidam, translato spiritu deforis intro subitò) talia fieri & circa terrã. Quantam aũt habeat spiritus virtutem, non solùm ex ijs, quæ in aere fiunt oportet speculari, (hic.n. propter magnitudinem existimabit vtiq; aliquis talia posse facere) Tex.42

facere) sed & in corporibus animalium. Tetani.n. & Spasmi, spiritus quidem sunt motus, tantum autem vigorem habent, vt multi simul tentantes vi tenere, non possint obtinere motum infirmantium. Tale itaque oportet intelligere fieri, et in terra, vt comparetur ad paruum, maius. Signa autem horum, ad nostrum sensum facta sunt. Iam enim terræmotus in quibusdam locis factus, non prius desit quàm erumpens in eum, qui est super terram locum, manifeste tanquam Ecnephias exiuit, qui mouit ventus: quale & circa Heracleam eã, quæ in Ponto nuper factum fuit, & prius circa Sacram insulam: hæc autem est vna vocatarum Æoli insularum. In hac enim intumuit aliquid terræ, & ascendit velut collis moles cum sono, tãdem autem rupta, exiuit spiritus multus, & fauillam, & cinerem eleuauit, & Liparæorum ciuitatem existentem non longe, omnem incinerauit, & ad quasdam in Italia ciuitatum venit: & nunc adhuc vbi exufflauit, manifestum est. Etenim facti ignis in terra, hanc putandum est esse causam, cùm decisus accenditur primò in parua discreto aere. Argumentum autem est quòd fluant sub terram spiritus, & quòd fit circa has insulas, cùm enim uentus futurus est, flare, Auster præsignificat prius: sonant etenim loca, ex quibus fiunt exufflationes, propterea quòd mare propellatur iam de longe, ab hoc autem quod ex terra exufflatur, repellatur iterum intro, qua quidem superuenit mare hac. Facit autem sonum sine seismo propter amplitudinẽ locorum, (effunditur enim in immensum intra) & propter paucitatem repulsi aeris.

Cõm.42. Validissimos subdit fieri terræmotus, circa ea loca, quæ aut fluuidi adiacent mari, aut regionem habent aridam, siue spongiosam, ac cõcauitatibus pluribus abundantem: propter hoc nãque plurimi fiunt terræmotus, & circa Hellespõtum, & circa Achaiam & Siciliam, ac circa Eubœæ loca, apud quæ angustũ est mare, ac quasi fretum, & de facili pertransibile: nam & alia omnia, quorum meminit loca, tali quidẽ angusto mari uicina sunt. Causam aũt, propter quã huiusmodi quidem loca quassationem patiuntur, assignat. Videt enim, inquit, mare ipsum per angustũ sub terram fluere, hoc est per angustas terræ partes pertransire. Quòd autem in huiusmodi maris anfractibus, fieri accidat ab ipso spiritu, parum inferius prosequens declarabit. Atqui & Thermas, quæ circa Ædepsum positæ sunt, ex tali quidem causa prouenisse inquit. Calida.n. existens terra, plurimas huiusmodi exhalationes obtinet, quas quidem, cum deorsum suscipiat ipsa terra, primò quidem quatiunt ipsam, dehinc cum spiritus per uim foras eruperit quassationem cessare facient. Calidæ autẽ illic aquæ non deficiunt, ex caliditate nãque, quæ in uisceribus terræ est, aquæ ipsæ, quæ propter internum transitũ maris adsunt, calefiũt. Causam uerò dehinc assignat propter quam loca quorum meminit, circa angustũ & fluidum mare existentia maxime quatiantur. Spiritus.n. in huiusmodi locis factus, per terræ rimas uehementer elapsus terræmotuum est causa. Vehemẽs autem fit, propter uehementiam maris allati, quodlibet.n. fluidum, & angustum mare, uehementes efficit effusiones, ac cum per angustum irruat, ac maximè unitum effluat, loca quidem attingens, unde spiritus extra fluit atq; exhalat, in profundum rursus illum repellit: repulsus autem spiritus ac maximè unitus effectus, uiolento quidem motu superpositam sibi terram conquassat. Regiones autem quæcunq; inania habent quæ subtus sunt loca, cùm in ipsis plurimum huiusmodi dicti spiritus suscipiant, propterea quia in huiuscemodi patentes cauernas, facilis spirituum fit effluxus, maxime quatiuntur ab ipso. Amplius ad ea quæ dicta sunt, subdit, ꝙ {& uere & autumno maximi fiunt terræmotus: quinetiam & per imbres & siccitates} hæc autem oĩa propter eãdem accidunt causam: prædicta.n. tempora, maximè sunt spirituosa. In æstate nãque & hyeme, rariores ac debiliores fiunt spiritus. In hyeme quidem, propterea ꝙ frigus & gelu, siccas exhalationes extinguunt. In æstate uerò propter cauma dictæ exhalationes consumuntur ac tabefiunt. Quinetiam in siccitatibus ac squalloribus, spirituosus est aer: hoc ipsum.n. est siccitas, cùm siccus terræ halitus humido copiosior factus erit. Tempore autem pluuio amplior intus fit exhalatio, ex hoc quòd madefacta existens terra, calefacta postmodum magis euaporat: euaporans uerò, plurimam tunc intra exhalationem habet. Cùm igitur propter multitudinem aquæ plutæ, cõcauitates etiam terrę repleantur, in angustioribus locis ꝓdicta exhalatio intercepta, atque in unum ab aquis cõpulsa, uim tandem facit, ac cùm magis ac magis in angustum semper redigatur ac comprimatur, demũ fortiter terram mouet, in quam primùm inciderit. Ex his autem oportet, inquit, existimare, spiritus in terra fieri, ex quibus etiã in corporibus nostris fiũt: in nostris nãque corporibus interceptus quidem spiritus, & tremorum & pulsuũ est causa Ex terræmotibus autem, hi quidem tremorosi quodammodo, siue tremori similes sunt, hi uerò ueluti pulsus. Quẽadmodum.n. in nostro corpore, frequẽter post urinationem trãslato spiritu simul collecto deforis intro subitò, fit corporis tremor quidam, eo quia ab urina propulsus angustiatur: Sic etiam & in ipsa terra huiusmodi spirituum translationes accidere, ac ab ipsis tremorosam fieri quassationem existimandum est. Dehinc asit ostendit, ꝙ maximas spiritus uires habet, & manifestum est quod dicit. Per fauillam autem, intelligit puluerem ipsam ignitam: facti nãq; ignis in terra, hoc est sub terra, spiritum asserit esse causam. Propter angustiam nãque loci, uiolẽter motus ac fractus, ac in parua dissectus, atque discerptus tãdem ignitur. facilius nãque partes ipsæ minimæ, ꝗ totum simul collatum transmutantur atq; ignescũt, uel dixit, {in parua decisum.} pro eo, ꝙ est tenuissimum ex motu factum, magis.n. subtilium partiũ est ignis ipse, ꝗ spiritus quidem fit. Quòd autem fluant sub terra spiritus, argumento id esse potest, quod circa has insulas fit. (Æoli autem insulas intelligit, harum nãque paulò antè meminerat.) In his enim, cùm flaturus est Auster, sonus quidam, qui sub terra fit, Austri flatum præsignificat: tanquam in locis illis efflãte spiritu, ex quibus exufflationes, siue ignis uomitus fiunt. Quòd quidem accidit ex hoc, ꝙ mare ipsum de longe ab Austro propellitur, priusquam Auster idem insularũ habitatoribus manifestus appareat: ab huiusmodi autem propulso mari, ac proxima attingente loca, spiritus, qui ex terra iã effluẽs exurgebat, qua quidem mare ipsum accedit, hac itidem repellitur iterum intro: repulsus uerò, dum mouetur, sonum facit. Absque autem terræmotu sonus hic accidit, tum propter locorum amplitudinem, (capaces enim alios egressus habet, per quos in immensum sub terra diffusus spiritus extra effunditur tandem)

tandem) tum etiam propter paucitatem aeris, qui ab ipso mare repulsus fuerit.

Tex.43. *Adhuc fieri Solem caliginosum & obscuriorem sine nube, & ante matutinos terræmotus aliquando tranquillitatē & frigus fortè, signum dictæ causæ est. Solem enim caliginosum & obscurum necessarium est esse, incipiente regredi in terram spiritu dissoluente aerem, & disgregante. Et ad auroram & ad matutinū, tranquillitatem & frigus. Tranquillitatem intrà, hoc autem intrà, sed simul totum latum, necessarium est valere magis. Frigus autem accidit, propterea quòd exhalatio intro vertitur, natura calida existens secundum se. Non videntur autem venti esse calidi, quia mouent aerem existentem plenum multo & frigido vapore, sicut spiritus per os exufflatus. Etenim hic de propè quidem est calidus, sicut & cùm hiamus, sed propter paucitatem non similiter manifestum: de longè autem frigidus, propter causam eandem cum ventis. Deficiente igitur in terram tali virtute, conueniens propter humiditatem vaporosus defluxus facit frigus, in quibus accidit locis fieri hanc passionem. Idem autem causa est & signi consueti aliquando fieri ante terræmotus, aut enim per diem, aut parum post occasum serenitate existente, nubecula subtilis apparet porrecta & longa, velut lineæ longitudo rectitudine exacta, spiritu deficiente propter translationem. Simile autem accidit, & in mari circa littora. Quando enim fluctuans exciderit, vehemēter grossa & distorta fiunt rhegmines. quando autem placor fuerit, propterea quòd parua sit segregatio, subtiles sunt & rectæ. Quod igitur mare circa terram facit, hoc spiritus circa eam, qua est in aere, caliginem, vt quando fuerit facta tranquillitas, omnino recta, & subtilis derelinquatur, nubecula, quæ sit tanquam rhegmin aeris.*

Cōm.43. Quòd causa terræmotuum sit spirituum motus sub terra, signa esse, inquit, & hęc: primò quidem, qm̄ Sol caliginosior absq; nube, & obscurior ante terræmotus uidetur, & hoc ante matutinos terræmotus, quandoq; accidit, incipiente. s. ingredi in terram spiritu, dissoluente aerem ac disgregante. Quinetiam & circa diluculum, trāquillitatem, & frigus ante terræmotus accidit fieri propter prædictam causam. Tranquillitatem quidem, propter spiritus intro refluxum, & præsertim ante uehementiores terræmotus, toto quidem spiritu intro fluēte, ac nequaquam discerpto: frigus uerò, propterea ꝙ calida exhalatio intro uertitur, per se. n. suapte natura spirituosa exhalatio calida est. Cùm autem dixerit, exhalationem ipsam, ex qua uenti sunt, calidam esse, quare tñ calidi uenti nō sint, sed frigidi magis, causam subdit. Ex hoc. n, accidit qm̄ aerem mouent, qui tametsi & ipse f̄m naturam frigidus quidem non sit, plenus tñ multo ac frigido uapore existens frigidus fit. Quòd per comparationem ad spiritum per os efflatum, manifestum reddit. Is. n, f̄m se calidus existens (è propinquo. n. efflatus, talis apparet,) cum tñ per angustum, longius quidem protendat, frigidus redditur: propterea quia talis est aer, quem protendens impellit. Dicens autem calidum è propinquo esse id quod efflatur, simile quidem id esse inquit, flatui, quem loquentes seu clamantes efflamus, calidus nāque est: {hiare}. n, pro {loqui} dixit, uel proprie hiare tunc dicimur, cum maximo oris hiatu efflamus, atq; hinc hiare dictum fuit. Tunc autē, cùm ex angusto & de longe exufflatur spiritus, propter paucitatem non similiter manifestum est, an calidus quidem existit. Quòd autem propter propulsum aerē exufflatus spiritus frigidum incurset, palam erit ex hoc, ꝙ in balneis, cùm exufflatus spiritus calidiorem incursat aerem, calidus semper existit. Quinetiam & calidior est, cùm collectus magis ac per uim emittitur, sicut accidit in his, qui circa aliquid insudantes defatigantur. Quod quidem proportionabiliter accidere circa frigidum ipsum, rationi consentaneum est. Quę autem, inquit, circa nubem, quæ tanquam linea recta & angusta, ante terræmotus consueuit fieri, manifesta quidem sunt. Quinetiam & quæ dicit circa factas in mari rhegmines, quæ quidem quemadmodum angustæ & subtiles in littoribus maris, tranquillitate existente fiunt, sic etiam & nubes subtilis & recta, ante terræmotum apparens, serenitate existente, talis propter tranquillitatem fit. Quasi. n. aeris rhegmis huiusmodi nubes est. Dicuntur autem rhegmines, distortæ quidem undæ, quæ in littoribus maris ex undarum incursu, circa inundatam littoris partem, irregulariter fiunt, hoc est non semper eodem modo.

Propter eandem autem causam, & circa eclypses Lunæ aliquando accidit fieri terræmotum. Quando enim iam propè est interpositio, & nondum quidem est omnino deficiens lumen, & calidum quod à Sole est ex aere, iam autem marcefactum, tranquillitas fit, contrà trāslato spiritu in terram, qui facit terræmotum ante eclipses, (fiunt enim & venti ante eclipses sæpe) in principio quidem noctis, ante eclipses mediæ noctis: in media autem nocte, ante diluculares. Accidit autem hoc, propterea quòd marcescit calidum, quod à luna est, cùm prope iam fuerit facta latio, in quo facta erit eclipsis. Remissio igitur quo detinebatur aer, & quiescebat, iterum mouetur, & fit spiritus tardioris eclipsis tardior. Tex.44.

Circa eclipses autem Lunæ fiunt, inquit, frequenter terræmotus propter eādem causam. cum. n. ꝓpe iam fuerit umbra terræ, quæ obumbrans prohibere habet, ne lumen Solis incidat ad ipsam Lunam, ita ꝙ non adhuc omnino defecerit lumen, caliditas tamē, quam ipsamet Luna à sole suscipiens, aeri dehinc exhibet, propter propinquissimam exactam obturationem iamiam emarcescere cæperit, tranquillitas fit. Ex hoc enim, ꝙ frigefactus est locus, qui sup terram est, translatus ac reclusus in terram spiritus, terræmotum ante Lunæ defectus facit. Quæret autem aliquis, si ex motu solis caliditas, quæ ab eo est, producitur in aere: qūo luna ipsa caliditatem à sole accipit, cùm nihil quidem nec ipsa patiatur, nec æther inter ipsa & solem existens, cùm passibilis non sit? Amplius dicens tranquillitates quandoq; ante eclipses fieri, ac causam dicti assignans, inquit, uentos multoties ante eclypses accidere, in principio quidem noctis si eclipsis media nocte habet fieri: in media autem nocte, si dilucularis futura est eclipsis: cuius rei rursus causam assignat eandem. Ex hoc. n. ꝙ emarcescit ac minor fit caliditas in aere, quæ à luna est, cùm proxima iam futura est rursus eclipsis, remissa exhalatio, quæ prius propter plurimā caliditatem quiescebat, uentos facit. Quæret igitur quis, qūo quod dictum est modò, non pugnet cum his, quæ prius dicta fuere? tunc. n. frigiditatem, quæ ꝓpter futurā eclipsim accidit, causam esse inquit tranquillitatis, nunc autem uentorum. An cùm maior erit caliditas, quæ à Luna est, q̄ ut exhalationes conseruet, diminutio calidi illas remittit, cùm uerò cōmensurata extiterit, eius tunc diminutio, ipsas sedabit, Cōm.44.

bit, atq; expellet? Et sic nunc quidem tranquillitatem, nunc uerò uentos accidit fieri: uerùm in alio q̃dem tempore uentos, in alio uerò tranquillitates. Per longius.n.tẽpus futura eclipsi, symmetria caloris uentos facit. prope autem ac iamiam futura existente eosdem hos quidem uentos, transmutationẽ pati, propter frigiditatem necesse est. Ostẽdere nãque uolens, ꝙ ante eclipsim, tranquillitas ꝑpter spiritus antiperistasin fiat, ostendit ꝙ existentibus quidem uentis ante eclipsim, in alium locum translatis ipsis tranquillitas fiat. Quòd autem hoc dicat, signũ est, subdit enim, {fiũt.n.& uenti ante eclipses sæpe.} cum.n.dixerit, {translato spiritu.} statim subdidit, {fiunt enim.} quasi ostendat quinam sint isti spiritus qui translationem patiuntur. Amplius tranquillitatẽ quidem, inquit, fieri, cum iam ꝑpè interpositio est, & non omnino adhuc lumen defecerit, calor uerò q̃ à sole ex aere est, iamiam emarcescere cœperit. Circa autem uentorum ante eclipses generationem nõ idem tempus assignat, sed circa ultimas noctis uigilias uentos fieri inquit, si eclipsis circa mediam noctem futura sit: in media uero nocte, si dilucularis erit eclipsis. Quinetiam circa quidem trãquillitates, tabefacto iam calido: circa uero generationem uentorum, hebetato usus est. extensio nãque hebetudinis, tabefactio est.

Tex.45. *Cùm autem fortis factus fuerit terræmotus, non mox, neque ad semel cessat agitans, sed primò quidem vsq; ad quadraginta dies agitat, posterius autem, & ad vnum & ad duos annos dominatur secundum eadem loca. Causa autem magnitudinis quidem est, multitudo spiritus, & locorum figuræ, per quæ vtique fluxerit: qua.n.repulsus fuerit, & non facile pertranseat, & maxime concutit, et intus retineri necessarium est in angustijs, velut aqua non potens pertransire. Quapropter sicut in corpore pulsus non repente cessant, neq; citò, sed per moram marcefacta passione, sic & principium, à quo exhalatio facta fuit. Et impetus spiritus, palam est quòd non mox omnem consumpsit materiam, ex qua fecit ventum, quem vocamus seisimum. Quousq; igitur consumantur reliquiæ horum, necesse est agitare, debilius autem & eo vsque donec vtiq; minus sit exhalatum, quàm vt possit mouere manifestè.*

Cõm.45. Manifesta etiam quidem sunt, quæ circa ualidos & fortes terræmotus modò enarrat, ꝙ.s.nec confestim nec ad semel agitantes cessant, sed ad plures q̃dem dies maneant. Quinetiam ad unum & ad duos usq; annos protendi accidit terræmotum, circa eadem quidem loca, in quibus à principio ortum habuit. Horum autem causæ, magnitudinis quidẽ terremotus, multitudo spiritus est: perdurationis autẽ, locorum figuræ ac situs, per quæ moturus spiritus fluxerit. Qua.n.spiritus propter figuram loci resultat, ut facilè penetrare non possit, maximè quatit, & aliquid ex ipso necesse est ĩ angustijs relinqui, quod etiam motum faciat, ueluti aqua in uase taliter quidem fabricato, ut totum euacuari facile nequeat, ꝑpter.s.spiritum in loco ipso subsistentem: quemadmodum & in animalium corporibus pulsus propter aliquam infirmitatem accidunt fieri. Non repente enim, neque citò cessant, sed paulatim diminuta ac elanguescente affectione, ita & origo ipsa, à qua exhalatio prodijt, non subitò extinguitur: neq; etiam impetuosa spiritus latio, quæ terræmotum fecerat, mox omnem consumpsit spiritus materiam. Sed aliquæ eius reliquiæ permanent, quas donec penitus consumantur, necesse est aliquem terremotum facere, circa locum ipsum in quo remanserint, debiliori tñ modo, ac eousq;, donec exhalatio minor reddatur, q̃ ut manifestè mouere possit.

Facit autem & sonos eos, qui sub terra fiunt spiritus, & eos, qui ante terræmotus. Et sine autem terræmotibus, iam alicubi facti sunt sub terra: sicut enim percussus aer omnimodos emittit sonos, sic & percutiens ipse, nihil enim differt: verberans enim omne, simul & ipsum verberatur. Præuenit autem sonus motum, quia subtiliorum partiũ est, & quia magis per omne penetrat sonus quàm spiritus. Cùm autem minor fuerit quàm vt moueat terram propter subtilitatem, propterea quòd facilè quidem penetrat, non potest mouere: quia autem offendit solidas moles, & concauas, & omnimodas figuras, omnimodos emittit sonos, vt aliquando videatur, vt quidam dicunt, prodigia vulgantes, mugire terram. Iam autem & aquæ eruperunt, factis terræmotibus. Sed nõ propter hoc, aqua causa est motus: sed si fuerit in superficie, aut desubter, vim inferat spiritus, ille mouens est: sicut fluctuum, venti, sed non fluctus ventorum causæ sunt. Quoniã et terram sic vtique quis causam faceret passionis, euertitur enim agitata, quẽadmodum aqua: effusio enim, euersio quædam est. Sed hæc ambo quidem, causæ, vt materia, (patiuntur enim, sed non agunt.) spiritus autem, vt principium. Vbi autem simul cum terræmotu fluctus factus fuerit, causa, quando contrarij facti fuerint spiritus. Hoc autem fit, cùm agitans terram spiritus, latum ab alio spiritu mare repellere quidem omnino non possit: propellens autem & coarctans in idem, congregauerit multum. Tunc enim necessarium est, victo hoc spiritu simul multum pulsum à contrario spiritu erũpere, & facere & cataclysmum. Fuit autem factum hoc, & circa Achaiam: extra enim erat Auster, ibi autem Boreas. Tranquillitate autem facta & fluente intro vento, factus fuit & fluctus & terræmotus simul, & magis, propterea quòd mare non dabat perflationem impetum facienti sub terra spiritui, sed obsistebat: vim enim inferendo inuicem, spiritus quidem terræmotum fecit, hypostasis autem fluctus cataclysmum. Tex.46.

Subdit modo, ꝙ & sonos sub terra spiritus idem facit. Ante terræmotus autem dixit, qm̃ parum suprà sonos fieri sub terra dixerat absque terræmotibus, propter sub terràm latum spiritum, uigente uẽto, ueluti circa Æoli insulas. Et nũc rursus idem asserit subdit nãq;, {& sine terræmotibus, iam alicubi facti sunt sub terra.} Sicut.n.percussus aer uelociter à quodam solido, omnimodos emittit sonos, ut est uidere in flagellis & uirgis, tactus autẽ sonus omnimodus existens, ex diuersis percussionibus, differẽs fit: sic etiam, si spiritus ipse aliquod solidum percutiat, idem acciderit, (nihil.n.differt, aut percutere, aut percuti, siquidem dũ percutit percutitur simul, cum omne percutiẽs in percutiẽdo repercutiatur.) Præuenit autem, ut inquit, sonus, qui à spiritu est, terræ ipsius motum & quassationem, quãuis simul cum ipso sit, propterea ꝙ subtilior est. hoc est, propter hoc, ꝙ spiritus subtilium partium existens, sonum suscipit, ac per aerem, qui in terræ poris existit, ipsum defert, ac tandem ante terræ quassationem foras ꝑtransiens, per exteriorem aerem usq; ad aures ipsas sonum ipsum distribuit. Cùm uero deinde subdit, {qñ autem minor fuerit q̃ ut terræmotum faciat.} quonam modo minor erit, confestim apposuit, inquiens, {propter subtilitatem partium,} qñ.n.magis Cõm.46.

gis subtilium partium fuerit, ut penetrare quidem terram possit, non autem permanere, ac angustum transitum simul facere: propter facilem ipsum pertransitum, terram quidem nō mouebit. Cùm autem solidas terræ moles offendit, & concauas existentes & omnimodas figuras habentes omnimodos emittit sonos, ut nonnūquam (id quod etiam portentorum scriptores aiunt) mugitum emittere, seu rugire uideatur terra. Amplius & aquas erūpere, inquit, factis terræmotibus, sicut parum suprà dixerat de Thermis in Edepso, sed non propter hoc aqua causa motus est, uerum solummodo, aut si in superficie sit spiritus, uim ab ipso patitur aqua, sic ut accidit in mari: aut si desubter existit uim inferens spiritus, aliquas ex existentibus intra terram aquis emittat, sicut dixit etiam circa Edepsum. Fit.n. spiritus motus aquarum causa, ueluti fluctuum ipsi uenti. Quemadmodum.n. uenti per superficiem aquarum, ipsis uim inferunt, ac ipsas mouent & fluctus faciunt, sic etiam & in terræmotibus frequēter accidit, ut spiritus desubter uim inferens aquas moueat, quæ sub terra existunt. Nam sicut fluctus à uentis mouetur, nō autem à fluctibus uenti, pari etiam passu, eductarum aquarum in terræmotibus, spiritus est quidem causa, non autem aquę ipsæ spirituum. Manifestum autem fecit hoc per comparationem ad ipsam terram. Euertitur.n. in terræmotibus frequenter & ipsa, quemadmodum & aquarum euersio quædam est: uerùm huiusce motionis hæ causæ sunt ut materia, spiritus uero, ut efficiens est. Cùm autem simul cū terræmotu, inūdatio, ut inquit, aquarum facta fuerit, non earum quidem, quæ desubter è terra emittuntur, sed earum, quæ in superficie sunt, & præsertim aquarum maris, quæ superficiales existunt: (circa huiusmodi .n. aquas passionem hanc intelligit) huius quidem passionis causam esse inquit, oppositam lationem uentorum, quæ quidē fit cùm spiritus, qui terræmotum facit, non quidem sub terram fluens, sed extra magis, cum latum à quodam contrario spiritu mare, introrsum repellere ex opposito irrumpens nequit, propter maximam.s. contrarij spiritus impulsionem: instat tñ ac progressum prohibens maris, causa fit, ut magna uis maris simul coarctetur, ac in unum colligatur: tunc enim, cum ab ipsa maris multitudine, propter immensam ac collectam eius effusionem, ex eo ꝙ ualide spiritus urget à tergo, resistens ac obstans spiritus, tādem superari contingit: tunc inquam simul quidem cataclysmi & maris incursus, ac tādem inūdationis, simul uerò & terræmotus fit causa. Narratur autem factum fuisse hoc circa Achaiam, terræmotum.s. simul contigisse ac immersionis impetum, qua maritimas urbes Buram & Elicem inūdauerit. Extra.n. Auster flabat impellens mare, ubi autem terræmotus factus fuit, Boreas ex opposito pollebat. Tranquillitate autem facta, hoc est fluente intro sub terra Borea, qui ab incursu maris euictus erat, simul quidem inūdatio ac terræmotus contingit fieri. Amborum autem idem uentus extitit causa: inūdationis quidē, propterea quia obsistēs mari, eius plurimam multitudinem coarctās, in unū colligit: terræmotus uerò, qm̄ superatus quidem spiritus hic ab ipsa maris multitudine, in terrā influens, illam mouit. Auster aūt circa Achaiam hoc facere ac pati potest. In Australi.n. Achaiæ parte, disiectæ ac inūdatæ fuerunt urbes. Causam autem, inquit, & nūc terręmotus fuisse mare, propterea ꝙ spiraculum nō dabat impetum facienti sub terram spiritui. Mare q̄dem.n. propter hoc, ꝙ obstiterat spiritibus, ac deorsum fluxerat cataclysmum fecit: spiritus uero collectus sub terra, unito ac ualido motu terram quassauit. Potest autem & illud intelligi, nō ꝙ alter ipsorum uentorum, quorum causa congregatio maris facta est, cum quidem superatus in terram incedit, terræmotum faciat, sed ꝙ altero quidem superato, reliquus quasi gloriabundus, in ipsa terra ab effluxus incursu, quodammodo dissoluatur ac extra fluat.

Secundum partem autem terræ, fiunt terræmotus, & sæpe ad modicum locum: venti autem, non secundum partem. Secundum partem quidem, cùm exhalationes, quæ secūdum locum ipsarum & vicinum conuenerint in vnum, sicut & siccitates diximus fieri, & pluuias secundum partem. Et terræmotus quidem fiunt per hunc modum, venti autem non. Quæ.n. in terra sunt, principium habent vt ad vnum omnes concitentur. Sol autem non similiter potest, quæ autem sunt suspensæ, magis vt fluant, cùm principium acceperint à Solis latione iam secundum differentias locorum ad vnum. Tex.47.

Cùm declaratum ac positum iam sit, uentos collectos ac fluētes sub terram terræmotuum esse cās: qn̄ uerò terræmotus fm̄ partem fiunt, & fm̄ determinatas regiones, ac multoties circa paruum locū, uenti aūt non quidem sic, cū magis duratiui ac sufficientes ad plurimum spirent. huius rei causam assignat. Quā esse q̄dem, inquit, qm̄ terræmotus fluente quidem sub terram spiritu fieri contingit. Cum.n. ad illas, quæ in aliquo loco sub terra exhalationes sunt, & aliæ ex uicinis quippe locis coeuntes in idem confluxerint, tunc quidem propter magnitudinem spiritus, qui ex ipsis factus, sub terram impetuose mouetur, terræmotus accidunt fieri, quemadmodū & siccitatibus & imbrium superexcessibus euenit. Horum.n. illæ quidem, siccitates.s. ex eo fiunt, ꝙ inexistentem in aliquo loco siccam exhalationem, alia etiam similis exhalatio ex uicinis regionibus confluens, accedit. Imbrium uerò superexcessus tunc q̄dem fit, cùm hoc idem circa humidū, & uaporosam accidit exhalationem. Terræmotus quidem igitur, similiter etiam & siccitates, ac imbrium superexcessus, propter eandem cām fiunt, ac circa tantūmodo terræ partem. Nihil.n. prohibet aliqua terræ parte conquassationem patiente, nullam aliam tñ partem sibi proximam conquassari: propterea, quia omnis terræmotuum effectiua exhalatio, quæ circa uicina q̄dem loca existit, in unum eūdem locum confluxerit. Atqui uenti ipsi non quidem fm̄ unam tantūmodo partem fiunt: qm̄ terræmotus, siccitas, & imbriū superexcessus intra terram, suimet principiū habēt, exhalationem scilicet: quapropter & in unū locum exhalationum confluxus fieri potest. Sol.n. non similiter potest in his quæ deorsum.s. sunt, exhalationibus: hoc est, nō adeo super has præualet ut omnimode patiantur: ꝙ si & ipsæ tñ circa quæ fiūt loca, à sole ipso disgregantur, non quidem in unū amplius colliguntur, ut fm̄ minimam quidem partem terram quatere ualeant. Sublimes uerò exhalationes ipsemet sol qui eas disgregat, etiam & sursum ducit: hæ igitur cùm ab ipso sole, siue ab eius latione sui cursus principium acceperint, uenti iam fiūt, ac uersus unam fluūt partem, ad hanc q̄dem Boreas, ad hanc Cōm.47

uero

uero Auster, & alij ad alias effluunt, ut dictum est. Fluentes autem s'm hunc modum, non latent quidē, quemadmodum confluentes ad eundem locum sub terram exhalationes, sed quæcūq; fluunt, uentus apparet. Terræmotus enim sicut nec siccitates, nec imbrium excessus, non sunt fluxus exhalationis. Ventus uerò & spiritus, fluxus est exhalationis super terram existentis: quam neq; latere super terram fluentem, neq; secundum breuem seu paruam terræ partem fluere possibile est.

Tex.48. *Quando igitur fuerit multus spiritus, mouet terram ut tremor ad latum. Fit autem rarò & secundum aliqua loca, velut pulsus, sursum desubter. Quapropter & rarius agitat hoc modo, non enim facile sic multum conuenire principiū: ad longitudinem enim multiplicatior ea, quæ à profundo, extensio. Vbicunq; autem factus fuerit talis seismus, egreditur multitudo lapidum sicut ebullientium in cribris. Hoc.n. modo facto seismo, quæ circa Sipylon euersa sunt, & cāpus vocatus Phlegræus, & quæ circa Ligusticam regionē. In insulis autem ponticis, minus fit terræmotus, quàm in ijs, quę sunt iuxta terram. Multitudo enim maris infrigidat exhalationes, & prohibet pōdere, & vim infert. Adhuc autem fluit et non agitatur obtentum à spiritibus. Et quia multum occupat locum, non in hoc, sed ex hoc exhalationes fiunt, & has consequuntur quæ ex terra. Quæ autem prope terram, pars sunt terræ: intermedium enim, propter paruitatē, nullam habet virtutem. Ponticas autem non contingit mouere sine mari toto, à quo contentæ existunt. De terræmotibus igitur, & quæ natura, & propter quam causam fiunt, & de alijs accidentibus circa ipsos, dictum est ferè de maximis.*

Cōm.48. Dehinc & terræmotuum differentias ponit, atq; aliquos ipsorū fieri inquit ueluti tremores, aliquos uerò ueluti pulsus: ueluti tremores quidem, quos ad latum ipsius terræ accidit fieri, cùm.s. propter multitudinem facti sub terram spiritus, s'm latum terra mouetur ab ipso: sic.n. & tremor fit, dum tremens corpus ad latus mouetur: id nāque est secundum latum. Raro tū fieri, inquit, secundum aliqua loca terræmotus ueluti pulsus: motus nāque secundum pulsum, non ad latera fit, sicut tremor, sed desubter sursum magis. quapropter & rariusculæ s'm hunc modū facti accidunt terræmotus. Haud.n. facile fit, ut s'm ꝓfundum adeo multa per rectum coeat exhalatio, quæ principium terræmotus est: quippe cùm segregatio ac exhalatio, in longum & latum multò plus fiat, quam quæ à ꝓfundo. Illam quidem.n. & Sol cooperans est, usq; ad locū eius sub terram sufficienter calefaciens: huic uerò, quæ à profundo eleuatus & fit, minimè talis est Sol. Ex talibus autem terræmotibus, qui à profundo sunt, ac pulsui similes existunt, multitudinem asserit lapidum proiici, ac per summa telluris iacere, quemadmodum in lyenis, siue in cribris, uel caldarijs, in quibus cum ebulliunt quæ in eis sunt grauiora, ad superficiē emergunt. Periculosissimos aūt, inquit, huiusmodi terræmotus esse. Et regiones ponit ab huiusmodi terræmotibus euersas, quæ post euersionem asperiores factæ sunt. Minus autē, inquit, fieri terræmotus circa insulas quæ sunt in medio pelagorum, (quas uocauit Pontias) q̄ circa eas quæ continenti uicinæ sunt: hoc.n. est ꝙ dicit, {quam in his quæ sunt iuxta terram.} Huius autem rei causa est, qm̄ in Pontis quidem multitudo maris ipsas circūfluentis atq; amplectentis, exhalationes infrigidat, tum q̄ ab ipso, tum etiam quæ ab insulis contingit fieri. Amplius & suo pondere insidēs obstat mare, ne exhalationum confluxus in unum fiāt, circa locum ex quo genitæ fuerint. Præterea cùm à spiritibus superatur huc atq; illuc fluens fertur, adeo ut quati nequeat: id nāq; quod quati debet quiescere primum habet, ac dehinc tandem quati, aut totū hoc non de exhalatione, sed de ipso mari dictum est. Sēper.n. mare fluit, ac agitatur à uentis: quapropter ab exhalatione non quatitur, cū ea, quæ primo quiescunt quatiantur. Propter hoc enim subdens, inquit. {Ponticas aūt non cōtingit moueri sine mari toto, in quo contentæ sunt,} quinetiam & propter id, inquit, quod magnum mare occupat locum, nō in hoc exhalationes, quæ alibi fiunt, congregantur, (ad latiorem enim distantiam q̄ oporteat, confluxus eorum fieret,) sed ex hoc, hoc est ex terra, quæ sub hoc est, exhalationes fiunt magis, quæ ad aliam quippe terram confluunt, quas & consequūtur quę ex terra. Aut dixit, {ex hoc.} intelligens, ꝙ ex hoc mari exhalationes assurgunt: & has illæ consequuntur, quas in terra, quæ.s. sub eodem mari est, fieri contingit. Insulas autem illas quæ continenti uicinæ sunt, continentis portionem esse inquit. Intermedium nāque mare, propter paruitatem nullam habet uirtutem, ut ne exhalationum quæ in continenti fiunt aliquæ ad uicinas confluant insulas, prohibere quidem possit.

Cap.9. De Generatione Coruscationis, ac Tonitrui.

De coruscatione autem & tonitruo, adhuc autem de Typhone & incensione & fulminibus, dicamus: etenim horū idem principium existimare oportet omnium. Exhalatione enim, vt diximus, existente duplici, hac quidem humida, hac autem sicca, & concretione habente ambo hæc potentia, & consistente in nubem, sicut dictū est prius, adhuc autem spissiori consistentia nubium facta ad vltimum terminum: qua.n. deficit calidum disgregatum in superiorem locum, hac spissiorem & frigidiorem necesse est esse consistentiam. Quapropter & Fulmina & Ecnephiæ & oīa talia feruntur deorsum, quāuis natum sit sursum ferri calidum omne. Sed ad contrarium inspissationis necessarium est fieri extrusionem, velut nuclei ex digitis exilientes: etenim hæc pondus habentia feruntur sæpe sursum. Tex.49.

Postquam de terræmotibus dictum est, & quænā sit eorum substantia & natura, & propter quam causam generētur, ac de cæteris omnibus, quæ ad ipsos consequi uidentur: sermonem aggreditur modo de coruscatione & tonitruo, tum etiam & de Typhone, & incensione, & fulminibus, s'm declarandi modū in cæteris superius habitum. Oportere autem asserit, horum omnium idem existimare principium, nō solum quidem horum quinque adinuicem idem, sed tum cæterorum prædictorum omnium, tum etiam & horum eandem esse causam existimandum est. Qm̄.n. permixta existit exhalatio, quę à terra sursum fertur, tum ex calida & sicca, quæ ignitorum ac uentorum materia est, tum etiam ex humida & frigida, quæ rursus aquarum, niuium, & grandinum, quinetiā & roris & pruinæ principium est, ambo hæc potentia quidem, non autem actu separata ac distincta cōtinet. Cùm autem constiterit hæc in nubem, ueluti prius dictum est, (segregato nāque ex exhalatione calido, & sursum lato, quæ relinquitur exhalatio, constat quidem ac transmutatur in nubem) Cōm.49.

& cum dehinc nubium consistentia densior facta fuerit, propter hoc quod ualde sublimes ad locum accedũt, qui frigidissimus est, propterea quia illic desinunt refractiones radiorum Solis à terra, (Superius nãq; dixit locum hunc, atq; aerem ibi existentem frigidissimum esse) tunc quidem, quæcunq; ex nubibus, propter inexistentem adhuc in ipsis calorem, ad ultimum eius loci terminum uenerint, ibi quidem sm superiorem partem densiores fiunt: (qua.n. deficit calidum disgregatum in superiorem locum, hac frigidiorem ac spisiorem necesse est esse cõsistentiã:) quapropter calidum illud quod derelinquitur, cum in superiori parte densior & constantior, propter loci frigiditatem nubes sit, per uim deorsum extrudit ac propellitur. Et qua debilior est consistentia, hac ipsi exitum exhibetur: quapropter Fulmina & Ecnephię & alia huius generis feruntur deorsum, cùm tñ ex sui natura leuia existentia, nata sint ut tanquam calida sursum ferãtur. Talis.n. est eorum latio sm naturam. uerùm qm necesse est ad contrarium semper compellentis, ac inspissantis, seu elidentis, extrusionem expulsi fieri, deorsum feruntur. Nam similiter ea quæ aliquod pondus habent, ex hoc quod desubter extruduntur, sursum ferri contingit, ueluti exilientia, quemadmodum sæpe uidemus pyrenes elabi, ac etiam aquas plurimas sursum latas.

Tex. 50. *Segregata utique caliditas in superiorem dispergitur locum, quæcunque autem intercluditur sicca exhalatio in transmutatione infrigidati aeris, hæc conuenientibus nubibus segregatur: vi autem lata, & offendens continentes nubes, facit percussionem, cuius sonus vocatur tonitrũ. Fit autem percussio eodem modo, (vt comparetur maiori minor passio) ei, qui in flamma fit sono, quod vocãt hi quidem Vulcanum ridere, hi autem Vestam, hi verò comminationem horum. Fit autem quando exhalatio in flammam conuersa fertur, ruptis & siccatis lignis. Sic enim & in nubibus facta spiritus segregatio in spissitudinem nubium incidens facit tonitruum. Omnimodi autem soni propter irregularitatem fiunt nubium, & propter intermedios ventres, qua continuitas deficit spissitudinis. Tonitruum igitur, hoc est, & fit propter hanc causam.*

Cõm. 50. Cùm hæc quidem dixerit, consequenter subdit, qũo prædicta accidunt fieri, & quæ sit causa lationis eorum deorsum: segregata quidem igitur ab exhalatione caliditas, hoc est calida ipsa exhalatio, in superiorem locum fertur, atq; dispergitur, cùm secũdum eius naturam, nullo negotio sic moueatur. Quicqd uerò ex prædicta sicca exhalatione intra consistentiam ac infrigidationem exhalationis, quæ sursum fit maxime, intercluditur, (quam aerem dixit, aut & aerem etiam, qui circa dictas nubes adiacet, infrigidari intelligit) illud quidem coeuntibus ac inspissantibus nubibus excernitur utique ex ipsis, & cùm per uim fertur nubibus ab aere frigido ipsas ambiente conspissatis incurrit, ac plagã facit, cuius sonitus tonitruum uocatur. Comparat aũt percusionẽ ipsam, quæ à segregato per uim ex imbribus calido fit, propter earum frigefactionem, atq; constipationem à circũdanti & superiacente frigore factam, ex qua qdem percusione tonitrui sonus fit: cõparat inquam sonis ipsis, qui in flamma fiunt frequenter. De quo qui de sono, alij dicunt quod risus sit Vulcani, alij uero Vestæ, nõnulli autem comminationem horum, uel Vestæ, s. uel Vulcani. Dehinc autem, qũo fiat talis sonus in flammis declarat. Cùm.n. segregata exhalatio exiccatis quidem & scissis lignis, plurima simul & in flammam conuersa fertur, plaga illa, quæ tũc fit, prædictum efficit sonum. Sic etiam & in nubibus facta spiritus segregatio. (talis quidẽ.n. est sicca exhalatio) incidens atq; incursans in ipsam nubium densitatem ac spisitudinem, ex tali percusione tonitrui sonitum facit: uice tñ uersa dispositis circa hæc percutientibus & percussis: in flamma quidem.n. exhalatio ipsa densa atque cõuersa est, quę segregata fertur in flammam ac plagam facit: in nubibus uerò calidum, igni quidem proportionatum, illud est quod segregatur & fertur, spissa aũt exhalatio est, ad quam calidi fit plaga. Multiformes autem sonorum differentiæ fiunt, propter nubium irregularitatem ad plagas: aut.n. magis densa est nubes aut minus. Vel secundum aliquam partem talis, secundum uerò aliã aliter talis. Quinetiam & propter uentres qui in nubibus sunt: uocauit autem uẽtres interiora nubium, quæ non similiter sicut exteriores earum partes inspissatæ fuerint, sed inspissationis earum continuitatem separant ac distinguunt.

Spiritus autem extrusus, vtplurimũ quidem ignitur subtili & debili ignitione, & hoc est quod vocamus coruscationem, qua vtique velut excidens spiritus coloratus apparet. Fit autem post percussionem & posterius tonitruo, sed videtur prius, quia visus anticipat auditum. Patet autem, in ductu triremium, iam enim referentibus iterum remos, primus pertingit sonus percussionis remi. Tex. 51.

Tonitruum quidem igitur, talem utiq; dixit esse sonum, ac propter prædictam fieri causam: spiritus uerò, qui extruditur, ac ex percusione ad nubem tonitruum facit, {utplurimum, inquit, subtili ac debili ignitione ignitur} propter intensæ materiæ tenuitatem. Et hoc est quod coruscationem uocamus, quæ ab illa parte, qua spiritus segregatur ex nube, secundum colorem ignis colorata apparet. Fieri autem, inquit, eius ignitionem ac decisionem ex nube, posterius ipsa plaga, cùm uiolenta percusio ac plaga ipsa ignitionis sit causa, ac prius plaga fiat ad nubem, quàm spiritus extra nubem ignitus appareat: uideri tamen, inquit, prius coruscationem quàm tonitrui sonitus audiatur, propterea quia uisus in susceptione proprij sensibilis auditum præuenit. Huius autem causa est, quoniam auditus tempore quidem indiget ad hoc, quòd factus sonus perueniat ad ipsum: omnis enim motus in tempore est, receptio autem rei uisibilis in uisu non est in tempore. secundum enim quandam dispositionem rei uisibilis, ac medij, per quod uidetur, ad ipsum uidens, uisio fit: quæ quidem dispositio seu habitudo uisibilium ad uidens cùm fuerit, simul statim fit uisio, tum eorum, quæ propè sunt, tum etiam, quæ magis è longinquo existunt, ut dictum est in his, quæ de sensu. Quòd autem celerius uisibilia suscipiat uisus quàm audibilia auditus, illud, inquit, ostendere quidem potest, quod circa remigationem triremium accidit. Iam enim referentibus ex aqua iterum remos, sonus quidem qui ex remorum percusione & plaga quæ præcesserat, factus fuit, auditur tunc, cùm uisus tamen remum percipiat qui iamiam in aquam rursus ingreditur, ac secundò percutit ipsam. Cõm. 51.

Cap. 10.

Cap.10. Nonnullarum opinionum de Coruscatione Confutatio, propriaq; determinatio ponitur.

Tex.52. *QVamuis quidã dicant, quòd in nubibus non fiat ignis. Hunc autem Empedocles quidem, ait esse interceptũ de Solis radijs. Anax. autem de eo, qui desuper est æthera, quem et ille vocat ignem delatum desuper deorsum. Micationem igitur huius ignis esse coruscationem, sonum autem intus extincti & sisin, tonitruum: tanquã sicut videtur factum, sic & prius coruscatio fit tonitruo. Irrationabilis autem & ignis interceptio vtroq; modo quidem, magis autẽ detractio eius qui desuper est ætheris. Quare.n. feratur deorsum quod natum est sursum, oportet dici causam, & propter quid aliquãdo hoc fit circa cœlum, qñ nubilosum fuerit quidem tñ, sed non continuè sic, serenitate autem existente non fit: hoc.n. omnino videtur dictum esse festinè. Similiter autem et dicere à radijs caliditatem interceptam in nubibus, esse horum causam, non probabile est: etenim iste sermo otiose dictus est valde. Segregatam.n. necessarium esse cãm semper & determinatam, & tonitrui & coruscationis & aliorum talium, & sic fieri. Hoc aũt differt plurimùm: simile.n. est ac si quis putet aquam & niuem & grandinem inexistentes prius, posterius segregari, & non fieri, velut ad manum faciente semper concretione vnumquodq; ipsorum: eodem.n. modo & illa, concretiones, & hæc, disgregationes existimandum est esse. Quare, si altera horum non fiunt, sed sunt, de ambobus eadem congruet ratio: interceptionemq; quid vtiq; magis alterum dicet quis, quàm quemadmodum in spissioribus? etenim aqua à Sole & ab igne fit calida, sed tamẽ cùm iterum constat, & infrigidatur aqua coagulata, nullam accidit fieri talem excidentiam, qualem illi dicunt.*

Cõm.52. Cùm dixerit propriam eius opinionem de tonitruo & coruscatione, aliorũ ꝯsequenter narrat opiniones. Inquit aũt, ꝙ quidam existimãt, aliqd ipsius ignis interceptum atq; coercitũ esse in nubibus: ut id causam esse, tum tonitrui, tum etiam coruscationis. Ignem autem hũc, qui in nubibus intercluditur, Emped. quidem asserit, partem esse radiorum Solis: Anaxa. aũt partem eius, qui desuper est ætheris, quẽ ipse uocat ignem, è sublimi deorsum delatam, in locum.s. ubi nubes sunt. Quod autẽ Anax. ipsum æthera, ac circulo latum corpus ignem esse dixerit, ac ipsum ab αἴθειν, quod est ardere, hunc in modum appellauerit, non aũt ab ἀεὶ θεῖν, quod est semꝑ currere, dictum est in his, quæ de Cœlo. Splendorem aũt huius ignis, qui in nubibus intercipitur, coruscationem esse arbitratur: sonitum uerò & sisin siue stridorem, qui propter eius extinctionem in nubibus ꝓuenit, tonitruum uocat: ut eodem ordine fieri appareant quo fiunt, primò quidem coruscatio, secundò uerò tonitruum. Postq̃ aũt narrauit prędictas opiniones, has deinde ostendit absurdas esse, ac temere quidẽ positas. Et primò quidem ab utroq; irrationabiliter dictum esse, inquit, ignẽ ipsum in nubibus intercludi: magis tñ irrationabile est quod ponitur ab Anaxa. ꝙ aliquod.s. ex superiori æthere detrahatur. Quare autem irrationabile illud sit, statim subdit: Quod.n. sursum natum est ferri, oportet ab aliqua quidem causa, præter naturam ferri deorsum, quam quidem cãm oportebat dicere. Amplius etiam & huius necesse erat cãm assignare, ꝓpter qd.s. huiusmodi detractio ignis circa cœlũ fiat, cùm nubilosum fuerit, continua quidem tunc facta distractione, (continuę nãque sunt coruscationes & tonitrua) serenitate uerò existente non fiat? nimis.n. prõpte ac leuiter atq; inconsiderate hæc dicta sunt. Atqui nec quod dictum est ab Empedocle probabile quidem est, ꝙ .s. ignis in nubibus sit ex caliditate quæ à radiis solis in ipsis nubibus intercipitur, quæ coruscationis & tonitrui causa quidem sit, ueluti iam dictum est. Hęc enim absq; inquisitione, ac negotio aliquo. hoc est, inaniter ac oscitanter admodum dicta sunt. Si enim res sic se haberet, causa quidem tonitrui, & coruscationis, & aliorum talium seposita utiq; cesset ac segregata, ac actu existens in nubibus ab ipsis scilicet circũplexa. Hæc autem dicere, differt plurimùm ab his quæ determinata iam sunt, ac ab ipsa etiam ueritate. Persimile nãque est, hæc per hunc modum fieri asseuerare, ac si quis existimaret aquam & niuem & grandinem, inexistentes prius, postmodũ segregari, & non fieri tunc cùm & sensus eorum est: tanquam unumquodq; ipsorum ante concretionem ꝑexistẽs, ab ipsa dehinc concretione quasi ad manum eo ordine fiat quo prius inexistebat. Pari nãque ratione, sicut nix, grando, & aquæ, segregationes existunt, sic & tonitruum & coruscatio cõcretiones sunt. Quare, si horum altera, uel quæ in segregatione, uel quæ in concretione non fiunt, sed præexistentes præiacent prius: eadem pari passu, circa altera congruet ratio. Sicut enim quæ per segregrtionem fiũt ex nubibus, pręexistentia, ac secernuntur, ac segregantur, sic etiã quæ per concretionem fient, præexistentia concernentur. Interceptio autem, quam dicunt ignis in nubibus fieri, nihil quidem diuersior erit à transmutatione, quæ fiat in his, quæ ex tenuioribus ac calidioribus inspissantur: aqua.n. & à Sole & ab igne calida fit. Si igitur per ignis interceptionem talia accidũt fieri, oportebit utiq; inspissata ac frigefacta dehinc aqua, interceptum ignem segregari: sed tamen cùm rursus constat ac infrigidatur calida aqua, nullã apparet fieri ignis excidentiam, qualem ipsi dicunt: quasi aliquid actu præexistens dehinc separetur. Quapropter neque in nubibus rationabilis est huiusmodi interceptio.

Quamuis oportebat, secundum rationem magnitudinis: & feruorem facere spiritum intus factum ab igne, quem neque possibile est inexistere prius, neq; illi sonum. feruorem faciunt, sed sisin. Est autem sisis, parua bullitio: quã enim quod extinguitur incidens obtinet, hac bulliens facit sonum. Tex.53.

Præterea & illud subdit: Quòd si ex hoc, ꝙ aliquis ignis intercipiatur in nubibus, ac in ipsis extinguat, fit sonus, oportebit ſm magnitudinem inexistentis ignis, spiritum in eius extinctione, ac sonũ fieri. Hoc autem, inquit, tanquam sonus in extinctione ignis propter hoc fiat, ꝙ in spiritum transmutetur: non fit autem sonus ſm hanc magnitudinis rationem. maior enim est sonitus, q̃ ab huiusmodi extincto igne accidat fieri. Obscurum autem propter breuitatem est id quod dicit, {quem neque possibile est inexistere prius.} quem.s. feruorem & ignem ostensum est impossibile esse, ꝙ interceptus actu præexistat prius. Illud autem, {neq; illi sonum feruorem faciat, sed sisin.} tale quid innuit atq; significat, uidelicet quoniam iam dixit feruorem fieri ſm illos, in ipsa ignis extinctione, ac in spiritum transmutatione, quem fieri non posse declarauit ex hoc quòd ignis à principio non pręexistit in nubibus: subdit modò, ꝙ nec illi feruorem intelligit ueluti soni causam fieri, sed sisim siue stridorem. Inquit autem huiusmodi Cõm.53.

sisim, quam illi dicunt paruum esse feruorem. Differt uero feruor siue ebullitio à sisi, quoniam feruor quidem seu ebullitio fit, cùm calidum obtinet in frigidum, frigido insimul exhalante: sisis uerò siue stridor, cùm ab incidenti humido ac frigido superatur calidum atq; extinguitur, Sisim aũt asserit paruũ feruorem esse: inquantum.n. incidens frigidum calidum superat, feruor est, & in spiritum transmutatio quædam à superante frigido fit, alicui quidem partis extincti ignis, secundum quam partem ebullitio fit, atq; exhalatio, & tandem sonus.

Tex.54. *Sunt autem quidam, qui coruscationem sicut & Clidemus, non esse aiunt, sed videri assimilantes, tanquam passio similis sit, & quando mare quis virga percusserit. (videtur enim aqua, effulgens nocte) sic in nube raptim moto humido apparentiam fulgoris esse coruscationem. Isti igitur nondum consueti erant ijs, quæ sunt de refractione opinionibus, quod quidem videtur causa talis passionis esse. Videtur.n. aqua fulgere percussa, refracto ab ipsa visu ad aliquod fulgidorũ. Quapropter & fit magis hoc nocte: die enim non videtur, quia lumen diei amplius existens exterminat.*

Cõm.54. Quidam, inquit, sunt qui coruscationem phantasiam quãdam esse aiunt, non aũt aliquid realiter inexistens. Inter quos & Clidemus est, percusso.n. humido in nube, ac quodammodo flagellato, quendam dicunt splendorem fieri: quemadmodum si quis mare noctu uirga percusserit: effulgens.n. uidetur aqua, quæ ex plaga eleuatur. Tale aũt quoddam circa coruscationes dicũt accidere. Cùm.n. humidum nubis percussum fuerit, ac ex plaga sonum siue tonitruum fecerit, tunc quicquid ex plaga attollitur, effulgens apparet, & illud est coruscatio, splendor scilicet, qui ex humido à plaga ipsa in sublime lato efficitur. Inquit aũt, ꝙ talia hi quidem existimant, ex eo ꝙ ignorant qũo in fulgentibus fulgor apparet: propter.n. refractionem uisus ab his, quę effulgere uidẽtur aqs, ad aliquod fulgidorum factam, fulgor uidetur, cùm ibi fulgidũ appareat, ubi refractio uisus fit. Quapropter nocte magis huiusmodi refractio ac fulgor accidit q̃ interdiu, propterea quia maius lumen, huiusmodi phantasias offuscat: maius.n. existens diei lumen, immanifestas atq; occultas facit phantasias q̃ ex refractione uisus contingunt. Quare nec in ipso mari interdiu effulgere uidetur aqua, quãuis ex percusione uirgarum attollatur. Magis aũt nocte fieri hoc asserit, qm̃ & aliquas huiusmodi phantasias interdiu quandoq; accidunt fieri, ueluti de Iride in sequenti ostendet libro. Emphansis.n. illa in aliquo fit permanenti, non aũt emphansis est in quodam percusso, quæ interdiu uideri non possit: & propter hoc apposuit illud, {percussa.} Quare si coruscatio per hunc modum fieret, oporteret quidem ꝙ per noctẽ tantummodo appareret. Amplius si huiusmodi quidem fulgores in aquam per refractiones fierẽt, cùm ab illis nihil de refractione pertractatum fuerit, nihil utiq; etiam & de coruscationibus determinarunt, ẽt si ex plaga contingat ipsas fieri. Causam.n. propter quam effulgeat aqua, non assignarunt.

Tex.55. *Quæ igitur dicuntur ab alijs de tonitruo, & de coruscatione, hæc sunt: his quidem, quòd refractio coruscatio sit, his autem, quòd ignis quidem perlustratio, coruscatio: tonitruum autem extinctio, non intus facto secundum vnamquãq; passionem igne, sed inexistente. Nos autem dicimus esse eãdem naturam, super terram quidem ventum, in terra autem terræmotum, in nubibus autem tonitruũ. Omnia enim esse hæc idem secundum substantiam, item exhalationem siccam, quæ fluens quidem aliqualiter, ventus est. Sic autem, facit terræmotus: in nubibus autem disgregata conuenientibus & congregatis ipsis in aquã, tonitrua & coruscationes, & ad hęc alia naturæ eiusdem cum his existentia. Et de tonitruo quidem & coruscatione, dictum est.*

Summatim colligit, siue epilogat quæ iam circa hæc dicta sunt: & primò quidem in medium affert aliorum opiniones, quorum posterius meminerat. Dehinc ꝓpriam eius opinionẽ, summatim ac quasi per capita colligit. Eandem enim, inquit, naturam uentorum, terræmotuum, tonitruorum, & coruscationum esse. Sicca nãque exhalatio, inquantum suꝑ terram fertur, ut eam attollere Sol quidem possit, principium fluxus accipit, uentus est, inquantũ uerò rursus in terram lata in unum confluens, uehemẽtẽ motum facit, propter transitus angustiam, terræmotus uocatur. In nubibus autem intercepta, & ſm earum inspissationem ac cõcretionem ꝑ uim extrusa, tonitruũ & coruscatio fit, & alia huius generis, atq; naturæ, de quibus in sequentibus pertractabit. Cõm.55.

Libri Secundi Meteorologicorum, cum Cõm. Alex. finis.

ARISTOTELIS STAGIRITAE, METEOROLOGICORVM LIBER TERTIVS,

Cum Alexandri Aphrodisiensis Cõmentarijs.

SVMMA LIBRI:

De Procella, Vortice, accenso Turbine, & Fulminum speciebus. De Area item, Iride, Pareliis, ac Virgis. ac demum de intra terræ partes genitis.

DE residuis autem dicamus operibus segregationis huius, inducto iam modo dicentes. Tex.1.

CVM in præcedẽti libro uersus finem, ꝓposuerit de tonitruo & coruscatione, quinetiam & de Typhone ac Prestere, & de fulminibus pertractare, cãm quidem assignãs quare de his omnibus simul proposuerit, qm̃.s. hæc omnia unum & idem quodammodo ſm subiectum sunt. Postq̃ in præcedenti qdem libro de Tonitruo & Coruscatione pertractans dixit: Qm̃ hæc quidẽ fiũt propter segregatam, ac ꝑ uim extrusam siccã exhalationem, q̃ in nubibus intercepta fuerat, ꝯsistẽtibus ipsis ac inspissantibus: quæ intercepta exhalatio ex ipsa inspissatione ac infrigidatione tanq̃ nucleus eliditur, atq; extruditur in hoc modo libro de reliquis effectibus, siue operibus huiusce segregationis, q̃ segregata facit exhalatio, pertractãdũ ꝓponit. Hæc aũt sunt Ecnephiæ & Typhones, ac simul ꝓsteres & fulmina: horũ etenim cã est, uiolẽta siccæ exhalationis ex nubibus segregatio. Illud aũt, {inducto iã mõ dicentes.} apposuit, qm̃ quẽadmodum in his, q̃ in præcedentibus dicta sunt, (duplicem dictũ fuit fieri exhalationem, atq; ex ipsa principium esse gñonis eorum, quę in sublimi) sic etiã & in his, quæ dicenda sunt, existimandum est. Primò autem de Ecnephijs pertractat: Cõm.1.

Ecnephiæ

Ecnephiæ uerò dicuntur spiritus, qui ex ipsis nubibus efflant, unde etiam nomen habent.

Tex.2. *Spiritus enim hic segregatus per modica quidem & sparsim diffusus, & sæpe factus & perflans, & subtiliorum partium existens, tonitrua facit & coruscationes. Si autem multus simul & spissior, minus autem segregetur subtilis, Ecnephias ventus fit: quapropter & violentus: celeritas enim segregationis, facit fortitudinem. Quando igitur consequitur multa & continua segregatio, eodem fit modo, quemadmodum cùm iterum in contrarium mouetur: tunc enim pluuia & aquæ fit multitudo.*

Côm.2. Dixit {hic,} spiritum quidem intelligens, de quo prius dixerat circa coruscationem & tonitruū. Hic igitur spiritus, q ex inspissatis nubibus segregatur, si in partes quidem exiguas secernitur ac sparsim diffunditur, continuam uerò generationem ac secretionem nō habeat, sed magis sæpe ac permodica q. dem factus sit ac segregatus non permanens admodum, sed interpollatim efflans, ex hoc ꝙ subtiliorum partium est, tunc tonitrua, inquit, atque coruscationes efficit, s'm iam dictum modum. Verùm, si uniuersus quidem & densior segregetur, hoc est corpulentior, ut per interpollationem quidem non efflet, sed permaneat admodum. (Cùm dixerit autem, {densior,} exponens quid per hoc intelligat, dehinc, {minus subtilis.} subdidit,) tunc uentus ille generatur, quem Ecnephiam uocāt, spiritus.s.ex ipsa nube uiolentus effluens, propter celerem ipsam atq; unitam admodum segregationem: celeritas enim segregationis fortitudinem facit, ex qua quidem fortitudine uiolentus fit spiritus ipse. Quando igitur consequitur priori secretioni multa ac continua segregatio, tunc spiritus hic simili quidem modo fit, sicut & pluuia etiā generatur, cùm exhalatio quę siccæ exhalationi contraria est, humida.s.principium segregationis acceperit. Hoc enim intelligit per illud, {quemadmodum cùm iterum in contrarium mouetur.}

Tex.3. *Existunt igitur ambo hæc potentia, secundum materiam. Cùm autem principium factum fuerit potentiæ cuiuscunq;, consequitur coexcretum ex materia, cuiuscunq; fuerit multitudo inexistens amplior, amplius: & fit hoc quidem imber, hoc autem alterius exhalationis, Ecnephias.*

Côm.3. Nubem materiam esse, inquit, & spirituū & aquarum, qm̄ potentia ambo hæc in nube sunt, sed non in actu quidem talia ibi existunt: materia autem est, ex qua fieri potest id, quod quidem potentia est in ipsa. Cùm igitur principium & causa aduenerit utriusque eorum, quę in potentia existunt in nube, tunc cuiuscuis exhalationis, maior multitudo in nube extiterit, hæc quidem cùm s'm aliquas eius partes transmutari incæperit, s'm reliquas partes consequetur. Quare, si humida quidem exhalatio amplioris multitudinis fuerit, aliqua eius parte in aquam conuersa quasi transmutationis principio, pluuia dehinc plurima atque continua consequetur: si autem sicca exhalatio huiusce multitudinis erit, tunc primā spiritus secretionem continuus & uehemens spiritus cōsequetur, qui Ecnephias est: spiritus.s.ex nube per uim segregatus, ac simul uehemens deorsum latus.

Tex.4. *Quando autem segregatus spiritus, qui in nube, alterum contra percusserit sic, vt quādo ex amplo in angustum vi fertur ventus in portis aut vijs, (accidit enim sæpe in talibus, repulsa prima parte fluentis corporis: propterea quòd non cedit, aut propter arctitudinem, aut propter repercussionē, circulum et reuolutionem fieri spiritus: hoc enim in antè prohibet procedere, hoc autem à post impellit. Quare compellitur in latus, qua nō prohibetur ferri, & sic semper contiguū, donec vtique vnum fiat. Hoc autem est circulus: cuius enim est vna latio figuræ, hanc necesse est circulum esse.) super terram vtique propter hoc fiunt reuolutiones, & in nubibus similiter secundū principium. Verūtamen sicut quando Ecnephias fit, semper nubes segregatur, & fit continuus ventus, sic hic semper continuum sequitur nubes. Propter spissitudinem autem non potens segregari spiritus ex nube, vertitur quidem circulariter primò, propter dictam causam: deorsum autem fertur, quia semper nubes inspissantur, qua excidit calidum.*

Cùm dixerit de Ecnephijs, ꝯsequēter de Typhone pertractat, qui quidem est spiritus in circulū uiolenter redactus, ac s'm hanc utiq; figuram deorsum latus. Fieri autem hunc, inquit, cùm spiritus ex nube extrusus ac segregatus alteram nubem contra percutiens, ne in rectum amplius procedat prohibetur, simili quidem modo, ueluti cùm ex amplo quidem loco confluit uentus in angustum, paruum admodū ad coarctatum decursum habens: frequēter.n.in huiusmodi spiritus latione, repulsum fluentis principium, uel qm̄ exitum non habeat, uel quia non cedat quod ante ipsum est, uel tandem qm̄ alter ex opposito fluat spiritus. circulum utiq; siue uertiginem quādam facit: siquidem aliud ante ipsum existens, ne ulterius procedat prohibet, aliud uerò à tergo fluens impellit, ac ne regrediatur in rectum unde fluxerat, impedimento est: quare necessariò cogitur se uertere in obliquum earum partium, ad quas progredi prohibetur. Quemadmodum uerò principiū spiritus, siue prima eius pars effluens facit, sic etiam & quæ sequuntur partes, dum semper primam consequuntur, facere necesse est, donec lati spiritus principium iamiam reflexum, partem illam, quæ postrema fertur, ac præcedentes partes impellit, cōtingat ac fiant unum: sic autem figura fit circuli. Cuius.n. est una latio, propter hoc ꝙ continua ac in continuo sit, & illud necesse est unū esse. Vertigines igitur siue uentorum reuolutiones, quæ in terra cōtingunt fieri, tales quidem sunt: fiunt autem & in nubibus huiusmodi reuolutiones, similiter quidem factæ, secundum principium uerò differentes: qm̄ hæc quidem in terra, hæc uerò in nubibus similiter secundū principium (talis.n.uertigo est) sese contingentes, nisi ꝙ quemadmodum circa Ecnephiam, continua quidem semper secretio spiritus, quæ fit ex nube Ecnephiam continuum uentū facit: sic etiam & circa Typhonem primam spiritus segregationem consequitur, ꝙ continuum & consequens est ex nube, cùm ꝓpter densitatem nubis non possit ab ipsa syncere spiritus segregari, absq; hoc, ꝙ aliqui ipsius nubis trahat. in orbem uerò uertitur propter eam quam diximus causam. Deorsum autem & in præceps uersus terram feruntur, propterea quia, quà nubes densantur hac q.dem segregatio spiritus ex nube fit semper: ita ꝙ quando ad partes deorsum conuersas nubes inspissatio fit, necesse est etiam & factam spiritus segregationem per uim ferri deorsum. Ipse aūt secundum literæ positionem uicem mutasse uř: non enim uidetur dicere ꝙ secundum quod inspissantur nubes secretio calidi fiat, sed uice uersa potius, ꝙ Côm.4.

scilicet secundum ꝙ secernitur calidum, inspissatio nubis fiat: ꝙ quidem non sic se habet. Non.n. segregationem spiritus, nubis condensatio consequitur, sed uersa uice magis nubis condensationem consequitur segregatio spiritus: hoc enim in præcedentibus ostensum est.

Tex. 5. *Vocatur autem, si incolorata fuerit hæc passio, Typhone, ventus existens velut Ecnephias indigestus. Borealibus autẽ non fit Typhon, neque niuosis existentibus Ecnephias, propterea quòd omnia hæc spiritus sunt: spiritus autem est sicca & calida exhalatio. Gelu igitur & frigus, propterea quòd obtinent, extinguunt mox quod adhuc fit principium. Quòd autem obtinent, palam est: neque enim vtique esset niuositas, neque borealia humida: hæc enim accidit esse, obtinente frigiditate.*

Cóm. 5. Cùm dixerit de Typhone, qũo fiat, nunc differentiam ponit inter Typhonem & presterem, siue Fulgurationem. Quando.n. spiritus in hunc, quem diximus modum latus, igneo colore non extiterit coloratus, qualis quidem est coruscatio, de qua iam dixit, Typhon uocatur, quasi Ecnephias indigestus. Nõ.n. adeo perfectè & absolutè spiritus à nube segregatur in Typhone, quemadmodum in Ecnephia: sed semꝑ aliquid nubis secum trahit, propterea quia non sic quidem incidit, ut syncere alterum ab altero separari possit. Borealibus autem non fit Typhon, hoc est, cùm frigus & niues extiterint, non fit Typhon, neq; Ecnephias: propterea ꝙ hæc quidem spũs sunt, spiritus uerò ex calida constant exhalatione, q̃ cùm primum incipit, confestim ab ipsa niue & gelu extinguitur. Quòd autẽ humida & frigida exhalatio, tunc super siccam obtineat, argumento est ipsa niuositas, quinetiam & ꝙ borealia ac frigida, humida sint: non enim talia existerent si humiditas non obtineret.

Tex. 6. *Fit igitur Typhon, quando Ecnephias factus non potest segregari à nube. Est autem propter repulsionem gyrationis, cùm ad terram delata fuerit reuolutio simul deducens nubem, non potens absolui. Qua autem secundum directum efflat, hac spiritu mouet, & circulari motu vertit, & sursum fert, cuicũq; inciderit vim inferens.*

Cóm. 6. Ex his rursus, Typhonem ab Ecnephia distinguit, non solùm quidem ſm differentiam motus, sed etiã maxime ſm ipsiusmet spiritus differentiam. Spiritus enim, qui in sui segregatione nubem ipsam secũ trahit, cum ab ipsa perfectè absolui nequeat, Typhõ est. Qui uerò magis absolutus ac sincerus spiritus est, Ecnephias dicetur. Nam, cùm Ecnephias factus spiritus, à nube absolui non poterit, tunc huiusmodi segregatio Typhon erit, cùm.s. propter repulsionem, circulo feretur: ac per hunc modum uolutans, ac turbinem faciẽs, in terram delatus, cùm à nube ipsa absolui ac liberari non possit, illam secum deorsum trahit, atq; ex hoc totum id, quod mouetur, nubes apparet. Qua autem tramite recto procedit, ea flatu agitat, ac quicquid incursat mouet, ac motu in circulum facto, quæ ab ipso mouentur contorquens, agitat: quapropter frequenter cùm in terram incidat, uel in mare, aliquid cõtorquens eleuat in excelsum: propterea quia cùm decursum ac exitum non obtineat, in idẽ rursus reflectitur: quare plerũq; ex ipso mari, aquas in altum eleuat: quinetiam aliquando & nauiculam eleuauit, ipsam uertigine circũuoluens. Ex terra autem & lapides & alia quædam eleuauit, quandoq; etiam & animalia. Quæ autem sursum ab ipso ferunt, ad parum eleuata rursus descendũt, sicciora admodũ facta, ꝓpter siccitatẽ.s. eleuãtis spũs.

Tex. 7. *Cùm autem detractus ignitur, (hoc autem est, cùm subtilior spiritus factus fuerit) vocatur incensio: coincendit.n. aerem, ignitione colorans.*

Cóm. 7. Cùm prędictus, inquit, spiritus, ſm quem diximus motum latus, detractus ignitur, (quod quidem ex motu accidit, si tenuior spiritus factus fuerit, ac digestus, non autem indigestus feratur, quemadmodũ de Typhone dictum fuit,) tunc prẹster uocatur, siue Incensio. Quare aũt sic uocetur statim subdit. Prope enim existente aere ignitione coincendit, adeo ut colore ipsum inficiat.

Tex. 8. *Si autem in ipsa nube multus & subtilis extruditur spiritus, hic fit fulmen, si quidem valde subtile fuerit non adurens propter subtilitatem, quod Poetæ Arges vocant: si aũt minus adurens, quod Psoloen vocant. Illud.n. propter subtilitatem fertur, propter velocitatem autem præuenit pertransire antequam igniat, & moram faciens denigret. Hoc autem tardius, colorauit quidem, non autem exussit, sed præuenit. Quapropter & resistentia quidem patiuntur aliquid, quæ autem non, nihil. Iuxta quod clypei iam æramen liquefactum fuit, lignum autem nihil passum fuit: propter enim raritatem, præuenit spiritus penetrare & pertrãsire. Et per vestimenta similiter, non combussit, sed velut attritionẽ fecit. Quare quòd hæc omnia spiritus sint, palam est & ex talibus. Est autem aliquando & oculis videre, velut & nunc accidit, circa templum in Epheso combustum: ad multas.n. partes flãma ferebatur continua, discerpta seorsum. Quòd quidem fumus spiritus est, & ardet fumus, manifestum est, & dictum est prius in aliis. Cùm autem simul multus secedit, tunc manifestè videtur spiritus esse. Quòd igitur in paruis ignitionibus videtur, hoc & tunc multa ardẽte materia fiebat multo fortius. Ruptis igitur lignis, vnde principiũ spiritus erat, multus secedebat simul qua efflabat, & ferebatur sursum ignitus. Quare videbatur flãma ferri, & inuadere domos. Semper enim putare oportet, sequi fulmina spiritum, & præcedere: sed non videtur, quia sine colore est. Quapropter & qua debet percutere, mouetur, prius quàm percutiatur, tanquam prius incidente principio spiritus. Et tonitrua autem diuidunt, non sono, sed quia simul segregatur qui plagã fecit, & sonum spiritus, qui si percusserit diuidit, exurit autem non. De tonitruo igitur & coruscatione & Ecnephia, adhuc autem de incensionibus, & Typhonibus, & fulminibus dictum est, & quòd idem omnia, & quæ differentia omnium ipsorum sit.*

Cóm. 8. Cùm dixerit de Typhone, & Prestere, nũc de Fulmine quidẽ pertractat. Asserit aũt fieri quidẽ fulmẽ ex eadẽmet exhalatione, ex qua & ꝓdicta fiunt, cùm ex nubibus segregatur: fieri nãque, inquit, fulmẽ, cũ ipsa nube, multus & subtilis extenditur spiritus. Typhon enim & Prester crassiorem admodum segregationẽ habent: Fulmen uerò non talẽ, uerùm magis subtilis spiritus fit segregatio. Differt aũt segregatio hæc, à segregatione, q̃ tonitrua & coruscationes facit, qm̃ illa quidem ſm modica sparsim, atq; interpollatim fit: hæc uerò quæ fulminum est, differt quidem ab illa non solùm in tenuitate, quinetiã & multitudine. Huiusmodi enim spiritus segregatio, quæ fit ex nubibus, ac uiolenta extrusio, quę propter illarum densitatem & frigiditatẽ accidit, fulmen fit: qđ quidem, si ualde subtilis spiritus fuerit, ac præ tenuitate non aduret ea, in q̃ incidet, tunc fulmẽ illud erit, qđ Poetæ Argetem uocãt: si uerò minus subtilis erit spiritus,

ſpiritus,qui ſegregatur & fertur, adurẽs feretur, qđ Poetæ Pſoloẽ uocant.Illud quidem enim, quod Argetem appellant, propter ſubtilitatem uelociter latum,præuenit pertranſire per ea,in quæ incidet,antequam illa igniat uel denigret,celeritati quidem de curſus, ſimul uelocitate motus, ſimul etiam & eius ſubtilitate conferente. Fulmen uerò, quod Pſoloen dicunt,tardius latum,cùm non adeo ſubtile ſit,colorat q̃dem quicq̃d attingit, non adurit tñ: præuenit .n.pertranſire prius q̃ adurat.Propter hãc uero cauſam, quæ ſolida, inquit,ſunt, ac denſa magis, ac reſiſtentia ab incidenti fulmine adultionem patiuntur: quæ aũt non reſiſtunt,illæſa remanent.Ex hoc igitur æs quidem pro clypeus incegebatur, propter reſiſtentiam laxatum ac liquatum fuit, lignum uerò illæſum permanſit, propter uelocem ſpũs tranſitum. In ueſtes aũt incidens attritionem quidẽ fecit,ipſas uerò non cõbuſsit. Quæ quidem omnia atteſtari,'ut inquit,poſſunt, ſpiritũ eſſe Fulmen, nõ aũt lapidem, aut ſolidum quid,ut aliqui uolunt. Quòd aũt incenſus ſpũs fulmen ſit, & ex his quæ uidentur,ſyllogizari poſſe inquit, ac hiſtoriam adducit de Epheſini tẽpli conflagratione.In cõbuſtione.n.templi huius,ad multas quidem partes pertingebãt diuulſæ ſeorſum flammæ ac continuæ ſ͠m ſeipſas ferabantur: fumus .n.ardens flamma eſt, ſpiritus uerò fumus quapropter flãma ipſa effluxum facit. Tale autem quoddã, fulmen eſt:ſemper uerò exiſtimare oportet, inquit, ſequi fulmina ſpiritum & præcedere, quem nõ adurere palàm eſt,qm̃ & fulmen ipſum ſpiritus eſt. Propter hoc autem non uidetur, inquit, ſpiritus hic, q̃a expers coloris eſt. Quòd uero ſpiritus fulmen præcedat,illud argumento eſſe inquit, quoniam quæ p̃cuti habent ab ipſo, ante plagam permouentur. Inquit autem,ꝙ & tonitrua ipſa,nõ quidem ſono ſcindunt ac diſsipant,quæ ſcinduntur ab ipſis:uerùm ſegregatus ex nubibus ſpiritus, qui nubem percutiẽs ſonum fecit,illa autem uerberans per plagam findit. In tonitruis autem ſpiritus ille qui ſciſsionem ac diſsipationem facit,non adurit quidem: alter.n.ſpiritus fulminum talis eſt.

Cap.2. De nonnullis accidentibus,quæ contingunt circa Halo,Irides,& Parelios,ac Virgas.

Tex.9. *DE Halo autem & Iride, quid vtrunque, & propter quam cauſam fit,dicamus,& de Pareliis & Virgis: etenim omnia hæc fiunt propter eaſdem cauſas inuicem.Primò autem oportet accipere,paſſiones,& accidentia circa vnũquodq; ipſorum.Ipſius igitur Halo apparet ſæpe circulus totus,& fit circa Solem & Lunã,& circa ſplendentia aſtrorũ.Adhuc autem nihil minus noɛte quàm die,et meridie quàm ſero:diluculo autem minus,& circa occaſum. Iridis aũt nũquam fit circulus, neq; maior ſemicirculo deciſio. Et occũbente quidem & oriente, minimi quidem circuli,maxima aũt portio:eleuato autem magis, circuli quidẽ maioris,minor autem portio.Et poſt autumnale quidẽ æquinoɛtium in breuioribus diebus, omni hora fit diei: in æſtiuis autem,non fit circa meridiem. Neque duabus plures,irides fiunt ſimul.Harum autem tricolor quidem vtraque,et colores eoſdem,& æquales ſecundum numerum habent inuicem: obſcuriores autem ſunt eius,quæ extrà eſt,& è contrario poſiti ſecundum poſitionem.Quæ enim intrà eſt,primam habet peripheriam, quæ maxima eſt,puniceam: quę autem exterius, minimam quidem, propinquiſſimè autem ad hanc, & alias proportionaliter.Sunt autem colores hi,quos quidem ſolos ferè non poſſunt facere pictores:quoſdã enim ipſi miſcẽt. Puniceus autem, & viridis, & alurgus, non fit miſtus. Iris autem,hos habet colores. Qui autem eſt inter puniceum,& viridem,apparet ſæpe xanthus.* *

Iterati ſoles vide infra c.5.

*flauus

Cõm.9. Cùm per hæc, quæ dicta ſunt determinauerit de Ecnephia,Typhone,preſtere,& Fulminibus:proponit modo de Halo,& Iride,& Parelijs,& Virgis pertractare: quidnam quidem ſit horum quodlibet, & quænam cauſa exiſtat generationis ipſorum. Quare autem de his rurſus ſimul tractare propoſuerit cãm aſsignat,dicens, ꝙ hæc omnia fiunt propter eaſdem inuicem cauſas, quemadmodum & eorum, de q̃bus dictum eſt, una atq; eadem cauſa ac principium exiſtit:quapropter & de illis ſimul ſermonem fecit. Eorum quidem igitur,ſegregatio ſpiritus ex nube cauſa & principium eſt:horum uerò cauſa eſt ipſa refractio, ut declarabit. Primò autem paſsiones eorum & quæ unicuiq; accidunt oportere,inquit,accipere, ut illa quidem nota ſint: quæ autem ſunt paſsiones ipſorum & accidentia, palàm eſt ex his, quæ deinde ſubdit. Ipſius igitur Halo ſæpe,ut inquit, totus apparet circulus,nõ autem ſectio ſemper circuli,ſicut de Iride inferius demõſtrabit. Amplius fieri ipſam Halo cõtingit circa Solem & Lunam, & circa fulgentia aſtrorum: præterea & noctu ſimiliter & interdiu, ac etiam in meridie, & ſero exiſtente, hoc eſt poſt meridiem: manè uerò & circa Solis obitum rarius. Videtur autem per {ſero.} non quidem occaſum intellexiſſe, ſed tempus, quod poſt meridiem ante occaſum eſt,declinãte iam Sole. Cùm autem dixit,ipſius Halo totum circulum apparere frequenter, de ipſa dehinc Iride non totum quidem unquam circulum, ſed nec portionem ſemicirculo maiorem fieri affirmat. Amplius occũbente quidem,& oriẽte Sole,minimi quidem circuli,maxima uerò curuaturæ ſeu circũferentiæ apparet portio. Quãuis.n.nunquam maior uideatur ſemicirculo Iris,occũbente tñ ac oriẽte Sole,maxime apparet curuaturæ,ſiue arcus,ex minimis tñ circulis. Hoc autem eſt dicere,ꝙ tantùm.ſ. oriente Sole atque occũbente, ſemicirculi apparent Iridis: & hi minimorum circulorum exiſtunt, tanq̃ ſemicirculi ipſi,qui apparent Iridis,minimorum circulorum portiones quidem ſunt. Quęcunq; uerò ſemicirculo minores apparent ſectiones,hæ maiorum circulorum exiſtunt. Eleuato autem, hoc eſt altiora ab ortu petente Sole, minor quidem ſemicirculo apparet arcus, maioris tamẽ circuli ſectio. Amplius & aliud de Iride narrat, ꝙ.ſ.poſt autumnale æquinoctium,in breuioribus diebus,in hyeme.ſ.omni hora diei,fieri & conſiſtere poteſt Iris:in æſtate uerò circa meridiem non conſiſtit. Adhuc plures duabus fieri ſimul Irides, non poſſe autumat. Tricolorem uerò quamlibet earum apparere,hoc eſt,tres utranque colores habere: quinetiam & eoſdem, obſcuriores tamen uideri, qui in exteriori Iride ſunt, ac uice uerſa ſeu ordine contrario poſitos: hoc enim ſignificat illud, {è contrario.} Quomodo autem ſint uerſo ordine declarat. Interior enim Iris priorem circunferentiam ac eandem maximam,puniceã habet, exterior uerò Iris interiorem ac minimam circũferentiam,propinquam q̃dem exteriori circũferentiæ interioris Iridis,puniceam ſimiliter habet, & alias quidem circunferentias proportionabiliter.

Tres autem huiusmodi colores Iridis, tales quidem esse inquit, quos solos ferè nõ possunt facere pictores. Aliquos,n.colores faciunt ipsi ex mixtione ac temperatura aliorum colorum. Iridis uerò colores nõ tales quidem sunt, ut eorum per se imitatio possit fieri. Quòd autem sint huiusmodi colores Iridis, ostendit dicens, {puniceus autem & uiridis & alurgus non fit mixtus.} Tales igitur habet Iris colores: qm̃ uerò interiacere quidem alius color sæpe apparet, xãthus scilicet,& ipsum ponit. De cuius quidem phantasia, cum de Iride in sequentibus pertractauerit, loquetur, ac eius causam assignabit.

Tex.10. *Parelij autem & Virgæ fiunt ex latere semper, & neque desuper, neque ad terram, neque ex opposito, neque etiam nocte, sed semper circa Solem. Adhuc autem, aut dum ascendit, aut dum descendit semper: secundum plurima autem circa occidentem, dum autem in medio cœli est rarò, vt in Bosphoro aliquando accidit: per totam enim diem simul orientes duo Parelij permanserunt, vsq; ad occasum. Quæ igitur circa vnumquodque ipsorum accidunt, hæc sunt. Causa autem horum omnium, eadem: omnia enim hæc refractio sunt. Differunt autem modis, & à quibus, et quomodo accidit fieri refractionem ad Solem, aut aliud aliquid fulgidorum. Et per diem quidem, Iris fit: nocte autem à Luna, vt antiqui quidem putabant, non fiebat. Hoc autem patiebantur, propter raritatem: latebat enim ipsos. Fit tamen, rarò autem fit. Causa autem est, quòd in tenebris latent colores, & alia multa oportet coincidere, & omnia hæc die vna mensis: in plenilunio.n. fieri necesse est, si debeat fore: & tunc, aut oriente, aut occumbente. Quapropter in annis supra quinquaginta, bis comperimus solum.*

Cõm.10. Consequenter & Pareliorum & uirgarum passiones, & eorum accidentia declarat. Inquit autem Parelios & uirgas fieri semper circa Solem, & propter hoc, noctu non contingere. Fieri autem inquit ex latere, siue ex obliquo. Quid autem sit ex latere, ostendit subdens, ꝙ neq; desuper supra Solem fiunt, neq; infra sub ipso, ueluti Halo, neq; ex opposito, nec ad quam fertur partem, nec à qua recedit. hoc est, neq; ad ortum & occasum, sed solum uel ad Australes q̃dem partes, ab ipso Sole, uel ad Boreales, contingũt fieri: sic.n. iuxta Solem sequentur ex latere, donec ꝑmanent. Amplius prædictos Parelios & uirgas fieri asserit, uel ascendente, siue ad meridiem accedente Sole, uel rursus ad occasum inclinante: utplurimùm autem occidente ipso, tanquam cœli umbilicum tenente Sole non fiant, aut ut fiunt, rarò tñ, ut ex historia habetur aliqñ accidisse in Bosphoro. Duo nãque Parelij simul cùm Sole eleuati, usq; ad occasum permanserunt. Non,n. propter hoc, ꝙ Sol ubiq; erat, & non in Bosphoro tñ, oportebat simul & illos esse: ubique.n. per refractionem fiunt: quæ non similiter omnibus ĩ locis fit & apparet, sed in quolibet q̃dem loco, aliqualis est situs siue habitudo ab ipso uisu ad speculum quòd nubes est, & ad ipsum solem: quæ q̃dem habitudo, non omnibus, neque ubique similis est. Horum autem omnium eãdem, inquit, esse cãm: omnia.n. hæc refractio sunt: differunt autem ſm̃ refractionis modos, & ſm̃ ea à quibus fiunt. Narrat autem de Iride, ꝙ ab ipso sole ipsam fieri notum q̃dem ac scitum est. Noctu uerò ab ipsa luna fit quidem, latet tñ, q̃a rarò accidit. Necesse.n. est plura simul coincidere ut noctu fieri posit Iris, & omnia hæc die tantũ una mensis: in solo.n. plenilunio, & tunc oriẽte uel occidente ipsa luna, possibile est fieri solum. Amplius & obscuriores fiunt colores in nocte, & ꝓpterea antiqui, nec omnino id posse fieri arbitrati sunt. Quòd etiam rarò fiat talis Iris, signum subdidit, ꝙ per quinquaginta.s. annos, bis tantum factum esse contigerit.

Quòd igitur visus refrangitur, sicut & ab aqua, sic & ab aere, & omnibus habentibus superficiem planam, ex ijs, quæ circa visum ostẽsa sunt, oportet accipere fidem: et quòd speculorum in quibusdam quidem non solùm colores, sed & figuræ apparent, in quibusdam autem colores solum. Talia autem sunt, speculorum quæcunq; parua sunt, & nullam sensibilem habent diuisionem: in his enim impossibile est figurã apparere, videbitur enim esse diuisibilis: omnis enim figura, simul videtur figura esse, & diuisionem habere. Quoniam autem intus apparere aliquid necessarium est, hanc autem impossibile, relinquitur colorem solum intus apparere. Color autem aliquando quidem clarus videtur clarorum: aliquando autem aut propterea quòd miscetur ei, qui est speculi, aut propter debilitatem visus, alterius coloris efficit phantasiã. Sit autem de his nobis speculatum in demonstratis circa sensus. Quapropter ipsorum hæc quidem dicamus, his autem vt existentibus vtamur. Tex.11.

Non quidem probat opinionem ponentem nos uidere per effusionem radiorum, ut Mathematici dicunt: cui opinioni adhæret etiam illa, quæ per refractionem eorũdem effusorum radiorum, uidere nos ea, quæ per emphansim seu phantasiam quãdam apparent, affirmat. Neq;.n. radios quosdam, qui à uisu egressi ad uisibile ipsum accedũt, causam esse nostri uisus possibile est: neq; etiam iidem radij à speculis, siue quibuscunq; speculorum uice fungẽtibus refracti, ad ipsa uisibilia, facta quidẽ ad ęquales angulos refractione, causam nobis exhibere possunt, ꝙ huiusmodi phantasias uideamus. Quòd.n. hæc impossibilia sint, ostensum est in his, quæ dicta sunt, de eo quod est, q̃o uideamus: quorum & ipse meminit in his, quæ de anima. Existimat.n. ipse, ꝙ ea, quæ quidem per rectam uidentur lineam, non per huiusmodi radios uideantur, sed propter hoc, ꝙ medium illud, quod inter uisibile & uisum, diaphanum est, à uisibili colore patiatur, ac huiusmodi passionem distribuens, uisui elargiatur, cùm & uisus etiã ipse diaphanus existat. Ea autem, quæ per refractionem apparent, ex hoc uideri autumat ipse, propterea quia primò quidẽ in speculis ipsis, siue in quibusdam speculorum uice fungentibus, uisibilis rei emphãsis uel imago per intermedium diaphanum fit, dehinc ab ipsa rursus ad uisum accedit propter intermedium rursus diaphanum, quod inter speculum & uisum est. Qm̃ uerò, quãtum ad præsentem rationem attinet, nihil refert siue dicatur, ꝙ uisus ipse ad speculum ad æquales angulos refractus, in rem uisibilem incidẽs, cùm sub huiusmodi refractione res ipsa contigerit, illam uideat: an dicatur potius ꝙ res ipsa quæ uideri habet, propter aliqualem habitudinem, uel situm ad speculum per intermedium diaphanum patiens q̃dem atq; affectum, emphansim faciat in speculo, q̃d quidem taliter diaphanum existat, ut nõ solum à colore pati possit, adeo ut alteri diaphano acceptam qualitatem elargiri ualeat, uerũetiam & conseruare, propter politiem ac splẽdorem, emphansim possit: ita ꝙ ab ipso dehinc tanq̃ ab aliquo colorato patiatur rursus atque efficiatur diaphanum ipsum quod Cõm.11.

intermedium

intermedium est. Qm̃, inquam, nihil refert in præsenti negotio, siue hoc dicatur siue illud, opinionem sequitur modo, quæ emissionem radiorum ponit, quã quidem Mathematici approbant. Quamobrem de Parelijs & Virgis tractaturus, quinetiam & de Halo atq; Iride, quæ quidem omnia per emphãsim, ac speculanter uidentur: primò de refractione loquitur. Quòd enim, inquit, uisus refrãgatur sicut ut ab aqua sic & ab aere & ab omnibus habentibus superficiem læuem ac politam, ex his, quæ in perspectiua habentur, oportet accipere: ibi.n.à Mathematicis de ipsa refractione redditur ratio, à quibus quidem fiat, & quõ, & qualem habitudinem, seu positionẽ habeant, illa ad quæ refractio habet fieri. Quinetiã & ab ipsis sumendum est, ꝙ speculorũ, quæ quidem ad sensum indiuisibilia sunt, in his utique eorum, quæ per ipsa uidentur, colores apparent tantùm, non aũt figuræ: propterea quia figura omnis ad sensum diuisibilis est, & in partes distinguibilis: huiusmodi uerò specula, de quibus loquimur, ad sensum indiuisibilia quidem sunt. Qm̃ uerò & in his aliquid necesse est uideri, cùm specula sint, impo͞ße autem est figuram ĩ ipsis apparere propter paruitatem eorum, relinquitur colores tantùm intus uideri. Cùm uerò dixit colorem tm̃ in paruis speculis apparere eorum quę uidentur, dehinc de apparẽte in speculis colore inquit, {qualis quidem omnifarius apparet} quandoq;.n.clarorum uidetur clarus, quandoque uerò, quãuis uisibile ipsum clarum existat, non tale q̃dem à speculo ostensum apparet, uerùm uel quia color rei uisibilis clarus quidem existens, cum colore speculi permiscetur, qui clarus non sit: uel quia uisus ipse debilis atq; infirmus est, alterius coloris efficitur phãtasia. Proprium autem ac conuenientem libro de Sensu, sermonem de his esse inquit, atq; ibi hæc ostensa fuisse. Librum autẽ intelligit qui de Sensu & Sensili inscribitur, in quo de his tractasse asseuerat: quapropter oportere, inquit, his quidem tanquam ostensis ac suppositis uti, his.s. quæ circa refractionem, ac circa specula & colores considerari habent: de his autem loqui, & hæc sunt, de quibus pertractare iam proposuerat.

Cap.3. De Areæ figura, significationibus, & causis earum.

Tex.12. *Primò autem de figura ipsius Halo dicamus, & quare circulus fit, & quare circa Solem, aut Lunam, similiter autem & de alijs astris: eadem enim in omnibus congruet ratio. Fit igitur refractio visus, consistente aere & vapore in nubem, si regularis & paruarum partium consistẽs extiterit. Quapropter & signum, consistentia quidem aquæ est: distractiones tamen & marcefactiones, hæ quidem serenitatis, distractiones autem spiritus. Si enim neq; marcescat, neque distrahatur, sed permittatur recipere propriam naturam, aquæ signum meritò est. Insinuat enim iam fieri talem consistentiam, ex qua continuitatem accipiente inspissatione, necessarium sit in aquam venire. Quapropter & nigri fiunt colore hi, maxime aliorum. Cùm autem distrahitur, spiritus signum est: diuisio enim à spiritu facta est, iam quidem existente, nondum autem præsente. Signum autem huius est, quòd hinc fit ventus, vndecunq; principalis facta fuerit distractio. Marcefacto autem, serenitatis: si.n. non disponitur aliqualiter sic aer, vt obtineat interceptum calidum, neque veniat in inspissationem aquosam, palàm est quòd nondum vapor segregatus est ab exhalatione sicca, & ignea: hoc autem serenitatis est causa. Quomodo igitur se habente aere, fit refractio, dictum est.*

Primò quidem de ipsa Halo sermonem facit, ac de eius figura inquit, quare.s.fiat circulus, & pp q̃d circa Solem & Lunam, aut aliquid aliorum astrorum fieri cõtingit: non autem è regione eorum, ut ita dicam, siue ex latere. Apparere autem, inquit, refractionem uisus in his à consistente in nubem uapore iam quidem altius eleuato, si regularis hæc ꝯsistentia ac paruarum partium contigerit: ſ͂m hunc enim modum, consistentia existente, si super ipsam aliq̃d ex splendentibus astris, siue sol siue luna supergredi contigerit, quicquid utiq; ad cathetũ supergredientis corporis erit, necesse est distrahi ac rarius etiam subtilius fieri, usq; ad aliquid quidem procedente in ipso uapore huiusmodi distractione ac rarefactione. Quod autem extrà fuerit, nihil tale quidem patiens, in suo esse permanebit: undequaq; igitur circa cathetum, facta tali rarefactione, necesse est propter nubis regularitatem, ꝙ terminus sufficienter distracti ac rarefacti uaporis circulus fiat: extra quẽ quicquid remanet regulare, rursus consistit ac constipatur. Regulare autem ac paruarum partium existens, parua quidem specula, ac adinuicem continua secundum circuli circũferentiam obtinebit: ad quæ q̃dem specula, ſ͂m illos, qui uisus refractionem ponunt, incidens uisus, ac ad astrũ refractus, ipsius Halo phantasiam præbet: ſ͂m uerò ueritatem, lumẽ astri in prædicta incidens specula, dehinc cùm ad oculum refrãgatur, ac distribuatur, eiusdem Halo emphansim facit. In prædictis.n. speculis propter eorum paruitatem coloris tm̃ emphansis fit. Aristotelis itaque opinio de Halo, quam breuiter & succincte dicta talis est, quem insequitur & Posidonius. Alij uerò ferè omnes, non refractionem uisus, sed fractionem potius ac disruptionem causam esse ipsius Halo assignant: quemadmodum in his, quæ uidentur in aquis fieri contingit. Supponunt.n. ac constituunt nubem ipsam sphæricam esse & concauam, dehinc superexistens ipsi astrum, secundũ circulum aiunt expansum, atq; ampliatum in ipsa uideri. Cæterum ꝙ huiusmodi opiniones de Halo falsæ sint, satis quidẽ sufficienter ostẽdit præceptor noster Sosigenes in octauo libro de uisu. Aristoteles autem, cùm dixerit à consistente uapore in nubem refractionem fieri, si regularis ac paruarum partium cõsistens extiterit, & ex tali consistentia phantasiam fieri ipsius Halo constituerit, insecutus quidem opinionem ponentem, ꝙ ꝑ refractionem uisus talia uideantur, subdit deinde, ꝙ consistentia nubis, à qua est Halo, signum aquæ est. Manifestum est enim, ꝙ talis utiq; nubes condensatur, atq; ex maiori, in qua erat dilatatione conspissatur: cùm uerò emarcescit, signum est serenitatis. Palàm.n. est ꝙ ex hoc elanguescit, qm̃ calidum & siccum quod in ipsa est, super ipsam obtineat. Distractiones autem arguũt uentos: iam.n. ibi spiritus est, à quo nubes siue huiusmodi consistentia dissipatur. Quapropter nigro, inquit, fiunt colore huiusmodi exhalationes, siue consistentes Halo, tanq̃ in aquam transmutetur iãiam nubes illa. Quòd autẽ distractio seu dissolutio ipsius Halo à spũ fiat ibi existente, nõdum aũt nobis præsente, signũ subdidit, qm̃.s. illinc fit uentus, undecũq; principiũ distractionis in nube extiterit, ac spiritus obtinere sup̃ ipsam inceperit. Cõm.12.

Refrangitur

Tex. 13. *Refrangitur autem à consistēte caligine circa Solem, aut Lunam, visus. Quapropter non ex opposito, sicut Iris, apparet. Vndiq; autem similiter refracto, necesse est circulum esse, aut circuli partem.*

Cōm. 13. Cùm dixisset unde & à quo refractio fiat in ipsa Halo, dehinc causam assignat, cur circa astrū ipsum apparet Halo, non autem è contrario ipsius. Refrangitur enim, inquit, uisus à consistente, ut dictum est, caligine circa Solem & Lunā, & circa aliquod, quod magis splendens, & manifestum sit ex cæteris astris, circa quæ Halo fit. Non autem ad Solem dixit, sed circa Solem, qm̄, cùm circulus quidem extiterit ſm illam nubis partem, quæ ad cathetum astri subtilior facta fuit, ut dictum est, ſm quem quidem circulum, refractio defierit nubis, si quod extra ipsum est, nubis, consistentiam aquosam ac regularem & paruarū partium habuerit, tunc quidem undequaq; similiter refractio astri (secundum ueritatem) ad uisum, per emphansim in aquosis ipsis speculis fiet, ſm uerò rationem refractionum, qua nūc utitur, undequaq; similiter, refractio fiet à subiecta nube ad astrum. Vndiq; autē similiter facta huiusmodi refractione, necesse est, uel totum circulum fieri, uel portionē circuli: cum. s. nubes nō ex omni parte, paruorum speculorum consistentiam habuerit, sed alicubi, aut in ipsa consistētia, aut in crassitie, siue potius in tenuitate ac irregularitate, uarians seu differens, subdefecerit. Non. n. semper Halo circulus est, sed uel circulus, uel circuli sectio: & hoc est ꝙ dicit {undiq; autem similiter refracto necesse est circulum esse, uel circuli partem.}

Tex. 14. *Ab eodem enim signo ad idem signum, æquales frangentur super circuli lineam semper. Sit enim à signo, in quo* A *ad* B, *fracta, & ea, quæ est* A C B, *& quæ* A F B, *& quæ* A D B, *æquales autem & hæ* A C, A F, A D *inuicem, & quæ ad* B *inuicem, scilicet* C B F, B D B. *& protrahatur* A E B. *Quare, trigoni æquales: etenim super æqualem, quæ est* A E B. *Ducātur autem catheti ad* A E B, *ex angulis, à* C *quidem quæ est* C E. *ad* F *autem quæ est* F E. *à* D *autem, quæ est* D E. *Æquales itaq; hæ, in æqualibus enim triangulis, & in vno plano, oēs: ad rectum enim omnes ei, quæ* A E B: *& ad vnum signum* E *copulantur. Circulus igitur erit, descripta, centrū autem* E. *Sit autem* B *quidem Sol,* A *autem visus, quæ autem est circa* C F D *peripheria, nubes, à qua refrangitur visus ad solem. Oportet aūt intelligere continua specula. Sed propter paruitatem vnūquodq; quidem inuisibile, quod autem ex oībus est, vnum esse videtur, propterea quòd deinceps sunt. Apparet autem quod quidem album est, Sol circulariter cōtinuè in vnoquoq; apparens speculorum, & nullam habens sensibilem diuisionem. Iuxta autem hoc, nigra contigua peripheria, quæ propter illius albedinem videtur esse nigrior: versus terram autem magis, quia tranquillius est: spiritu enim existente, non est statio manifesta. Sæpius autem fiunt Halo circa Lunam, quia Sol calidior existens, citius dissoluit consistentias aeris. Circa astra autem fiunt quidem propter easdem causas, non significant autem similiter, quia paruas pœnitus insinuant consistentias, & nondum fœcundas.*

Cōm. 14. Quod quidem dicit tale est: si ab eodem signo ad idem signum, super aliquam magnitudinem frangātur plures rectæ lineæ æquales adinuicem, ut quæ quidem ab uno signo ad magnitudinem extenduntur, ī qua fractio fit, æquales omnes ad inuicem sint, atque illæ rursus, quæ ab ipsa magnitudine fractæ ad aliud signum accedunt, æquales etiam omnes adinuicem fuerint, necesse est ſm circuli lineam magni-

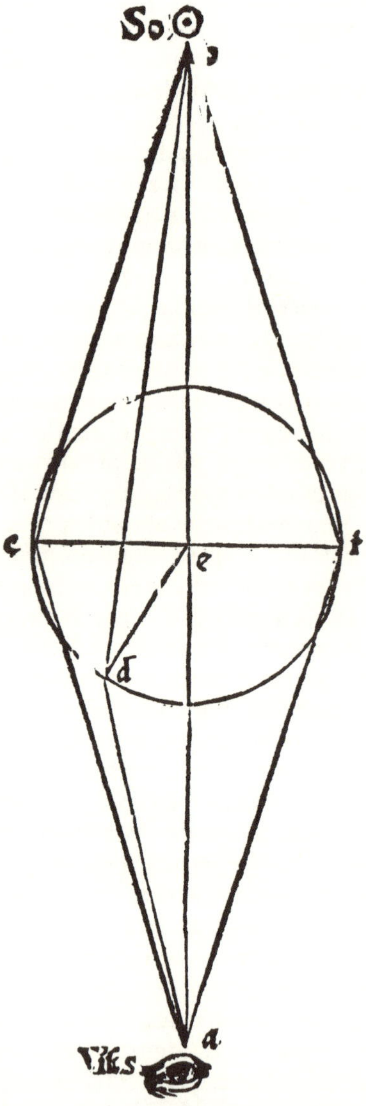

tudinem illam esse, in qua fractiones factæ fuerunt: & hoc linealiter ostendit, ſm hunc quidem modum. Ab A enim signo ad B, signum refrangantur plures lineæ, ueluti A C B, A F B, A B D, ita ꝙ æquales adinuicē sint ipsæ A C A, F A D: & rursus etiam sibi inuicē æquales C B F, B D B. Dico, ꝙ linea, quæ cū signis C F D coniuncta fuerit, circularis erit. His enim sic dispositis, protēdatur ab A, signo ad B, signum recta linea A E B, erit quidem hæc linea basis trium triangulorum, ex rectis refractis lineis, & ex dicta linea cōstitutorum, ipsorum scilicet A C B, A F B, A D B. quæ quidem tria triangula, æqualia adinuicem erūt, cùm æqualia sint quidem latera, basis uerò eadem cōmunis omnium sit. Si igitur à triangulorum angulis C F D, q. quidem anguli refractionum sunt, perpendiculares ad ipsam A C B ductæ fuerint, omnes quidem in idem signum basis A E B coinciderint, propterea quia similia & æqualia sunt triangula, & eandem habent basim. Incidant igitur in ipsum E, tres quidem perpendiculares, si itaque C E F, E D E, æquales quidem erūt adinuicem, quinetiam & in eodē plano existere necesse est. Si. n. recta linea pluribus rectis lineis in eodem plano existentibus, ad idem signum ad angulos rectos erecta fuerit, necesse est & omnes etiam lineas

ad quas

ad quas illa ad angulos rectos erecta sit, in eodē plano existere, ut undecimo elemētorum ostendit Euclides. Ipsa autem A E B super lineas C E F, E D E. secundum idem signum ad angulos rectos est, in eodē igitur plano existente C E F, E D E. Si igitur centro q. dem E, spatio autem ab altero ipsorum C F D, circulum descripserimus, quodlibet ex ipsis C F D: signis continget. Erit ergo circulus uel circularis linea, s̄m quam q. dem lineam uidebitur signum B, à nube ipsa quæ sub illo extiterit, maiori autem uel minor nube existente, ęqualis quidem & una semper erit Halo, si æqualiter nubes ipsa distabit à sole. Qm̄ oportet q. dem refractionem semper ad æquales angulos fieri: æquales autem erunt anguli, non quomodocūq; refractio continget fieri, sed ab aliquo quidem determinate disposito. Oportet autem, inquit, intelligere continua esse specula, hoc est adinuicem in densitate se consequentia, uerùm propter paruitatem, unūquodq; quidem ipsorum s̄m se inuisibile erit, quod autem ex omnibus collectum simul, & cōgregatum est, unum utiq; ac continuum esse uidetur, propterea quia adinuicem omnia consequenter se habent: hoc est, qm̄ sibiinuicem deinceps adiacētia existūt. Apparet autem, ꝙ quidem album est Sol: hoc est, album quidem illud quod s̄m circulum in Halo apparet, est Sol, qui s̄m unūquodq; sibi adinuicem adiacentium speculorum, per circulum continenter apparet, absq; tn̄ eius figura. Hoc.n. intelligit cum inquit, {nullam habens sensibilem diuisionem.} Iuxta autem circulum hunc, qui albus apparet, peripheria, quæ consequitur, propter parui circuli albedinem, nigrior quidem ur̄. Cùm autem per medium dixerit, {uersus terram autem magis, quia tranquillius est} obscuriorem admodum sensum facit: quod aūt inquit, hoc est, ꝙ.s. uersus terram magis, huiusmodi consistentia fit, ac prædicta uidetur emphansis, propterea quia tranquillior fit locus hic: spiritu nāque existente, impossibile est statim apparere exhalationem, in qua specula quidem sint. Fortassis autem & propter hoc ꝙ ex uicinitate ad terram, huiusmodi exhalatio, quādam à terra habeat nigredinis emphansim, circūferentiam, quæ albedini contigua est, nigram uideri asseuerat: hoc.n. significare ur̄, illud, {Iuxta autem hoc.} Frequentius aūt, inquit, fit Halo circa lunam, q̄ circa solem, propterea ꝙ sol calidior existens, citius inspissationes aeris ac consistentias dissoluit. Circa autem cætera astra, fieri quidem, inquit, ipsas Halo, non similiter tn̄, uel pluuiæ, uel serenitatis, uel spirituum significatiuas, quorum, ut dixit, Halo ipsæ uel inspissatæ uel marcefactæ, uel tandem distractæ significatiuæ esse possunt. Et hoc quidem, qm̄ Halo quæ circa astra fiunt magis subtilis ac debilis consistentiæ sunt, & non adeo fœcundæ, hoc est non adeo cōspissatæ ut in aquas transmutari possint. Hoc autem non accidit circa solem & lunam, qm̄ propter eorum caliditatem, huiusmodi debiles consistentias dissoluūt. Quæret autem aliquis, si per hunc q. dem modum Halo fit, ut Mathematici dicūt, per uisus.s. refractionem, qūo nam ad unum signum à paruis speculis refractiones fient? neq; enim sol, neq; luna indiuisibiles tunc apparent, sed aliquam habentes magnitudinem: ad quam igitur eorū partem, tanquam ad signum unum. (per hoc.n. ostēsum est, circularem fieri Halo) refractiones omnes contigerint? Si quis uerò dixerit, ꝙ ad centra eorum fit refractio: propter quid utiq; hoc erit, cùm s̄m quālibet eorum partem similis color appareat? An quæcunq; partes, propter speculorum paruitatem, absq; figura & magnitudine, per eamet specula uidebūtur, ad illas tanquam ad diuisibiles refractio fiet?

Cap. 4. De Iridum Generatione, Coloribus, Speciebus, & Numero.

Iris autem quòd quidem est refractio, dictum est prius: qualis autem refractio, & quomodo, & propter quam causam singula fiunt accidentium circa ipsam, dicamus nunc. Refractus igitur visus, ab omnibus videtur planis: horum autem est, aer & aqua. Fit autem ab aere quidem, cùm factus fuerit consistens. Propter visus autem debilitatem, sæpe etiam sine inspissatione, facit refractionem, qualis aliquando accidit cuidā passio, debiliter & non acute videnti: semper.n. idolum videbatur præcedere ambulantem ipsum, ex opposito respiciens ad ipsum. Hoc autem patiebatur, quia visus refrāgebatur ad ipsum. Sic enim debilis erat & tenuis valde ob infirmitatem, vt et speculum fieret propinquus aer, & non posset repellere, sicut qui longe est & spissus. Tex. 15.

Cùm dixerit de Halo, pertransit modò ad tractandum de Iride. Et ꝙ quidem refractio sit, dictum fuisse, inquit, prius: dixit autem hoc parum superius, cùm.s. proposuit de his dicere. Ibi.n. dixit, {causa autem horum omniū eadem est, omnia.n. hæc refractio sunt.} propter hoc igitur inquit, {dictum est prius.} Quærit autem, qualis natura refractio sit, & qūo fiat, & à quo, & ad quid, & quæ sit causa singulorum accidentium circa ipsam. Quòd autem ab omnibus habentibus planam seu læuem superficiem refrangatur uisus, & ꝙ queādmodum ab aqua, sic etiā & ab aere, parum suprà dixit, ꝙ accipere hæc oportet ab his, quæ de uisu, hoc est in perspectiuis demōstrationibus ostensa sunt. Modò autem sermonem de Iride aggressurus, rursus etiam refractionem uisus supponit, atq; ipsamet utitur. Primò igitur constituit ac sumit, ꝙ uisus ipse refrangatur ab omnibus planis, & non ab aqua tantùm, sed ab aere. Cæterum magis quidem secundum ueritatem, ac secundum propriam ipsius opinionem, diceretur, ꝙ non uisus quidem ab huiusmodi planis ad æquales angulos refrangatur, atq; ex uisibilibus ea per hūc modum uideatur, in quæ incidat huiusmodi refractio: sed potius ꝙ lumen ipsum à prædictis planis refractionem patiatur, ac colores etiam unà cum ipso, cùm colores ipsi motiui luminis quidem sint, ita ꝙ illud quodammodo colorant. Istius igitur luminis refractionem etiam ad æquales angulos existimandū est s̄m ueritatem, quæ cùm in aliquem uisum inciderit, tūc quidem ab ipso ea uidebūtur, quæ sic ad illū situata ac disposita fuerint. Verùm, qm̄ quantū ad propositum spectat, nihil refert, ut iam diximus, uel luminis refractionem dicere, uel uisus, quia tn̄ propter Mathematicorū usum, magis famosa erat ipsa refractio uisus, hac utitur. Cùm ergo dixerit, ꝙ & ab aqua & ab aere refrangitur uisus, dehinc subdit, qūo se habere oportet, tū aer, tum etiam uisus, ut hic ab illo refrangatur. Aut igitur tūc ab aere refrangetur uisus, cùm aer inspissatus ac consistens in nubem contigerit, aut propter imbecillitatem & debilitatem uisus: frequenter enim, inq̄t, ab aere nequaq̄ consistente, refrangi accidit tn̄ uisus, propter eius remissionem ac debi- Cōm. 15.

ac debilitatem, quasi aer, huiusmodi quidem uisui, adeo densus ex se existat, ut emissi radij per ipsum nequeant pertransire, sed tanquam à quodam corpore solido, & reobluctante refrangatur. Et huiusce quidem refractionis propter uisus infirmitatem factæ, fidem accipit ex eo, quod olim accidit cuidam remissè ac non acutè inspicienti. Dum enim ambulabat semper sui ipsius idolum, aduersa fronte præcedere sibi uidebatur, ad ipsum respiciẽs. Alibi autem dixit quis nam hic esset, hoc tale patiens: Antipherõ .s. Oreites. Hoc autem inquit, patiebatur, propterea quia debilis existens uisus, ac ualde tenuis est lãguore, cùm propinquum sibi aerem propellere ac pertransire non posset, ad ipsum refrangebatur, ita quod aer ipse, qui ante oculos sibi existebat, speculi uicem ad ipsum gereret: quod quidem bene dispositos uisus pati acciderit circa inspissatum aerem, ac è longinquo distantem: ab illo.n. refranguntur, ut dictum est. Verùm, quoniam uisum refrangi impossibile secũdum ueritatem esse diximus, quæret aliquis, quid igitur quidem erat huiusmodi facta passio circa Antipherontem? An Antipheronti accidit, quemadmodum his, quibus cùm uel ex graui admodum ophthalmia, uel ex uulnere quodam cicatricem habeant, seu tuber circa pupillam ipsam, aut suffusione oculorum laborẽt? Culex quidam ante oculos adesse uidetur, atq; ea, quæ in pupilla adiacentia præter naturã existunt, tanquam si extra existunt, propter sensationis consuetudinem uident. Consuetudo nãque est ipsi pupillæ, quæ quidem sunt extra, uidere, ac quicquid uidet, inquantum extra existens uidet. modo autem quodam, & hæc, quæ pupillæ inesse diximus, extra ipsam sunt, propterea quia præter naturam ab extra adiacent. Quòd autem ex huiusmodi aliquo affectu, culicis fiat phãtasia, illud argumento est, quoniam quæ ipsum uident, tunc maximè uident, cùm ex ore uentriculi aliqualis ascendit exhalatio ab his, quæ in ipso remanent indigesta: complentur.n. tunc uenulæ, quæ circa pupillam sunt, superfluitate quadam putri atq; incocta, unde ad ipsam sensiterij diaphaneitatem obstaculum fit, quasi agger quidam. Quod autem per hũc modum sensiterium ipsum obumbrat, uisus ipse quasi præ oculis existens, extra uidet: fieri autẽ contingit hæc eadem passio, cùm nubeculacea quædam fiat consistentia circa pupillam, insufficiens quidem ad hoc, ut obexistens prohibeat uisionem fieri, crassitudinem tñ habens, quemadmodum circa, suffusione oculorum laborãtes accidere solet. His enim, qui hunc in modum affecti sunt, lumen ipsum, simul cùm extrinsecis uisibilibus, ex huiusmodi passione seu cõsistentia, ac ex uisibili quod accedit, quasi unũ quoddam efficit, ex his quæ sunt extra. Quemadmodum igitur his aliquid præ oculis imminere uidetur simile culici, quandoq; quidem alas habenti, cùm.s. uenulæ ipsæ tumentes admodum fuerint: quandoq; uerò absq; aliquo tali additamento, cùm uidelicet minimè uenularum fuerit tumor: sic etiam & Antipheronti debiliter admodũ, ut non acutè inspicienti, propter plurimam quãdam consistentiam circa pupillam dispersam, maius aliquod præoculis præcedere uidebatur, quod homini quidem assimilauit: quemadmodum illi quos diximus, culici assimilauerant. Simile quoddam his utique patientes qui nubium consistentias ac eminentias, ex parua admodum similitudine, Satyris quandoque, ac quorũdam animalium figuris assimilant.

Quapropter & summitates retractę uidentur in mari, et maiores magnitudines omnium cum Euri flant, & quæ in caliginibus sunt, velut & Sol & astra orientia & occumbentia magis quàm in medio cœli existentia. Tex 16. Euro spirãte omnia maiora uidentur.

Quæret utiq; aliquis, cuius nam causa subdiderit quidem hæc, cùm ostendere intendat, quod ab aere refractiones fiant uisus. Non.n. hæc, quorum hic meminit, propter refractionem fieri, dicet aliquis. An quę hic dicuntur illud quidem demonstrare habẽt, quod uisus.s. ab inspissato aere aliquid patiatur? summitates.n. existentes in mari, si è longinquo quidem ac per inspissatum aerem uideantur, reuulsæ secundum cacumen à mari, ac maiores apparẽt. Amplius & maiores quęlibet eorum, quæ uideri habent magnitudines, Euro flante uidentur. Adhuc & quæ in caliginibus, seu per caligines aspiciuntur, maiora apparent, cùm caligo sit aer admodum conspissatus: & propter hoc Sol & alia astra orientia & occũbentia maiora aspiciũtur, quàm cùm medium cœli obtinent: propterea quia dum oriuntur ac occidunt, per caliginem conspiciuntur: per aerem.n. uidentur qui prope terram est, qui caliginosior ac densior est, quàm qui sublimior existit. Quòd autem eædem hæ passiones & in his, quæ per aquam uidentur, accidunt fieri, manifestum & clarum est. Si igitur quæ per densum aerem transparentiæ fiũt, similes sunt his quæ per aquam, rationabile etiam erit quod quemadmodum refractiones fiũt ab aqua, sic & ab huiusmodi affecto aere, fieri contingant. Maiora itaq; uidentur quæ per aquam ac per humidum ipsum aerem conspiciuntur, quod quidem accidit, quoniam non adeo clarè & syncerè uidentur. Obscuriora .n. admodum apparent omnia, quę per aliquod crassum ac maiorem habens diaphaneitatem, aspiciuntur: quæ autem obscuriora appareat, quasi longinquiora aspicit uisus: nam propter hoc quod è lõginquo existentia magis apparent obscura quàm si propius existerent, sequitur propter consuetudinem, quod è conuerso quæ magis obscura apparẽt, longinquiora existimantur. Verũenimuero supponi debet quod secundum angulũ ad pupillam constitutum, aspiciuntur quæcunq; uideri habent: quapropter eademmet si à longe aspiciantur, minora apparent quàm si de propinquo aspicerentur: quoniam lineæ ab ipso uisibili ductæ angulũ faciũt in oculo à maiori distantia semper minorem. Quando igitur aliquid, propter hoc, quod propè existat & de propinquo uideatur, maiori quidem angulo aspicitur, ex hoc uerò quod obscurius admodum apparet, phantasiam præbet qua maiori interuallo distare uidetur, tunc quidem maius quàm sit uisui apparebit, propterea quia minori quidem angulo ex ipsamet distantia, si uerè ac sincerè uideretur, conspiceret ipsum uisus: ex qua quidem distantia propter aliqualẽ ipsam obscuritatem, maius apparet. Hæc igitur est causa, quod maiora apparent, quàm per huiusmodi media, per aquam scilicet, & crassum aerem, conspiciũtur. Amplius & altera erit causa, quoniam expansio fit quodãmodo, ex motu, qui à sensibili fit in diaphano secundum actũ, cùm.s. diaphanũ humidũ ac crassum extiterit. Quòd autem hoc irrationabile non sit, addiscet quis ex characteribus ipsis, qui in crassioribus ac humidioribus chartis inscribuntur, expanduntur.n. ac dilatantur: quapropter simul quidem maiores & minus synceri uidentur. Cõm.16.

uidentur. Quod nãque modò quemadmodum characteres in ipsis chartis imprimũtur, sic etiam rei uisibilis color, imprimitur in diaphano s͠m actũ: quinetiam & soni & uoces, quæ in humidioribus medijs fiunt, grauiores apparent: maior.n.est grauitas, ubi plus est tumoris & molis. Testatur autẽ & hoc, illud quod circa lumen Solis accidere contingit: signum .n.uidetur esse pluuiæ, cùm solis oriẽtis radij disperguntur ac dissipantur, si uerò magis sublimetur Sol, debiles quidem uix ad terram ipsam pertingunt: ꝓpter crassitiem.n.aeris atq; humiditatem, omnia ꝯtingunt. Si autem lumen ipsum Solis ꝓpter aeris humiditatem dissipatur ac diffusum minus syncerum redditur, tantò quidem magis circa aliorum uisibilium motus, hoc accidere existimandum est, quantò maioris sunt debilitatis, q̃ qui à Sole ad nos usq; diffunditur motus. Sol uerò ipse, in prædicto radiorum eius affectu, maior illis uidebitur qui tunc ipsum aspexerint.

pluuiæ signũ à Sole.

Tex. 17. *Ab aqua autẽ maximè refrangitur, & ab incipiente fieri magis adhuc quàm ab aere. Quælibet enim partium, ex quibus fit constantibus roratio, speculum necessarium est esse magis caligine. Quoniam autem & manifestum est & dictũ est prius, quòd in talibus speculis color tantùm apparet, figura autem immanifesta est, necessarium cum incipiat pluere, et iam quidem consistat in rorationes, qui in nubibus est aer, nondum autem pluat, si ex opposito fuerit Sol aut aliud aliquid sic fulgidum ut fiat speculum nubes, et refractio fiat ad fulgidum ex opposito, fieri emphansin coloris, non figuræ, unoquoque speculorum existente paruo, & indiuisibili. Ea autem, quæ ex omnibus ipsis est continuitate magnitudinis uisa, necesse est continuam magnitudinem eiusdem apparere coloris: unumquodque enim speculorum, eundem reddit colorem continuo. Quare, quoniam hæc contingit accidere, cùm se habeat hoc modo Sol & nubes, & nos simus in intermedio ipsorum, erit propter refractionem emphansis quædã. Quinimmo & uidetur tunc, & non aliter sese habentibus, facta Iris. Quòd igitur Iris sit refractio uisus ad Solem, manifestum est. Quapropter & ex opposito semper fit, Halos autem circa ipsum. Et quidem ambæ refractio.*

Cõm. 17. Cùm declarauerit ac constituerit, ꝙ & ab aere refractiones uisus accidunt fieri, adhuc magis, inq̃t, ab aqua fiũt: maxime q̃dem.n.ab aqua, magis etiam ab incipiẽte fieri aqua, q̃ ab aere. (quod aũt incipit fieri aqua nubes est) ac humidior q̃dem est q̃ caligo, in aqua per refractionẽ fieri Halo dictum est. In transmutatione.n.nubium in aquam, unaquæque ex illis partibus, ex quibus consistentibus guttæ fiunt, speculum fieri ipsi uisui necesse est. Qm̃ aũt manifestũ est, inquit, ac superius iam ostẽsum, ꝙ in paruis ipsis speculis, color solum eorum, quæ uidentur, apparet absq; aliqua figura, necesse est in pluuiarum principijs, cùm in rorationes ac guttas iamiam facta fuerit nubium consistentia ac transmutatio, non adhuc aũt deorsum lata fuerit, si tunc è regione eius consistentiæ extiterit Sol, aut aliud aliquod fulgidorum, fieri quidem huiusmodi guttarũ consistentias, specula ad ipsum uisum, sibi quidem ostendentia colorem eius fulgidi, ꝙ è regione positum fuerit. Cum uerò unũquodq; speculorum paruum existat, ac propter hoc s͠m se quidem inuisibile, propter omnium tamen ex mutua ad se inuicem adiacentia, continuitatem, magnitudo quidem uisibilis resultet ac fiat, necesse est & coloris etiam per specula uisui apparẽtis, magnitudinem uideri continuã. Quemadmodum.n.unũquodq; ex illis speculis, ad totius magnitudinem, in qua tota emphansis apparet, aliq̃d confert, & omnia simul illam perficiunt, sic etiã ad totius coloris phãtasiam, unoquoq; ex illis conferente, colorem illum qui per ipsum apparet, totum continuum colorem tandem perficiunt. Qm̃ igitur s͠m hunc quidem modum, hoc esse & fieri contingit, palàm ꝙ cùm nubes hoc modo, se habebit in consistentia, ac habitudine ad solem, & nos in intermedio ipsorum erimus, hoc est inter solem & nubem, uidentis oculus extiterit, tunc utiq; propter refractionem uisus ab ipsis guttis seu rorationibus factis in nube, emphansis q̃dem erit. Nam si sol quidem uel aliquod fulgidum, ex opposito nubis non fuerit, ad q̃ incidit refractus uisus, refractio uisus quidem erit, emphãsis uerò nequaq̃: uerum si ex opposito erit sol, ad refractionem, accedet & emphansis. Fit nãque Iris tunc, cum nubes in aquam iamiam transmutatur, & ex opposito solem habeat, & oculus insuper qui eam aspicere habet in intermedio eorum existit: aliter uerò his se se habentibus non fiet Iris. Qñ.n.uisus noster, medius, inter centrum nubis, (cum sphærica quidem sit nubes, in qua emphansis fit) ac Solem ipsum extiterit, & ita quidem medius, ut in eadem recta linea, hęc tria sint, tunc fiet Iris, aliter autem minimè. Quòd q̃dem igitur Iris sit refractio uisus ad Solem, manifestum est. Quapropter & ex opposito semper fit: Halo autem circa ipsum, uerum ambo refractiones sunt. Non autem subdidit, ꝙ ex opposito semper Solis fiat Iris, tanquam cãm eius, quod est Iridem fieri, s͠m refractionem uisus ad Solem à paruis speculis in nube existentibus, sed solum tanquam refractionum differẽtiæ existãt hæ, quod.s.in his quidem ex opposito rei apparentis, in his uerò circa ipsam, ponatur speculũ. Et hoc quidem innuit cum dicit, {quapropter & ex opposito semper fit: Halo autem circa ipsum, & quidem ambo refractiones.} Quòd autem Iris s͠m refractionem fiat, ac specularis quædam sit phantasia, Philippus Platonis Sodalis, ostendere conatur ex hoc, ꝙ quocũq; uidentes ipsam incedunt, incedit & ipsa: cùm.n.uidentes transferuntur ad latus ad idem etiam latus Iris transferri uidetur, quasi uidentem sequens. Hoc nãque principium est eorum, quæ s͠m emphansim aspiciuntur, ut.s.simul cum uidentibus, & uersus dexteram & uersus sinistram incedant, qm̃ quæ per rectum conspiciuntur tramitem, totum oppositum facere uidentur. Cùm.n.uersus dextram transferatur uidens, illa rursus uersus sinistram declinare uidentur, cùm uerò uersus sinistram illæ, hæc rursus sinistræ declinationis præbuerint phãtasiam. Qui autem circa Gemonum & Ælium sunt, ut ostendant Emphansim Iridem esse, hoc quidem utuntur argumento, ꝙ accedentibus ad Iridem, Iris uidetur accedere, recedentibus autem, elongari uidetur: quemadmodum accidit in his quæ in speculis apparent. Quòd quidem igitur & hoc accidat circa apparentias, atq; emphanticas phantasias, ueluti & illud etiam quod Philippus asseuerat, palàm est. Verùm si & in Iride fieri contingat, propter distantiæ magnitudinem, dubitabit fortè aliquis.

Sed hæc quidem colorum varietate differt: hæc enim ab aqua & nigro fit refractio, & de longè: hæc autem, de propè, & ab aere albiore secundum naturam. Apparet autem Tex. 18.
fulgidum,

fulgidum, per nigrum aut in nigro. (differt enim nihil) puniceum. Videre autem licet viridium lignorum ignem, quòd rubram habeat flammam, propterea quòd fumo multo minus est ignis fulgidus existens & albus. Et per caliginem & fumum, Sol apparet puniceus. Quapropter Iridis quidem refractio prima, talem habere videtur colorem: à guttis enim paruis fit refractio. quæ autem ipsius Halo est, non. De alijs autem coloribus, posterius dicemus. Adhuc aũt, circa ipsum quidem Solem non fit mora talis consistentię, sed aut pluit, aut dissoluitur: ex oppositis autem in intermedio generationis aquæ fit quoddam tempus. Quoniam si fieret, esset vtiq; colorata Halos, sicut Iris: nunc autem, tota quidem non fiunt talem habentia emphansin, neque circulariter: parua autem & secundum partem, quæ vocantur Virgæ. Quoniam, si consisteret talis caligo, qualis fieret vtique ab aqua, aut aliquo alio nigro, sicut dicimus, appareret vtique Iris tota, sicut quę circa lucernas: circa has enim vt plurimum australibus existentibus, Iris fit hyeme. Maxime autem manifesta fit, humidos habentibus oculos: horum enim visus, citò propter debilitatem refrangitur. Fit autem, & ab humiditate eris, & ab euaporatione à flamma defluente, & mista: tunc enim fit speculum & propter nigredinem. fumosa enim est euaporatio illa. Lucernæ autem lumen, nõ album, sed purpureum apparet circulariter & Irinum, puniceum autem non: est enim & visus paucus qui refrangitur, & nigrum, speculum. Quæ autem à remis sursum latis ex mari Iris, positione quidem eodem fit modo ei, quæ in cœlo, colore autem similior est ei, quæ circa lucernas: non enim puniceum, sed purpureum habere colorem, videtur. Refractio autem à paruissimis quidẽ, cõtinuis autem fit guttis: hæ autem, aqua segregata sunt iam penitus. Fit autem, & si quis subtilibus rorationibus roret in aliquem talem locum, qui positione ad Solem versus sit, & hac quidem Sol illustret, hac autem vmbra sit. In tali enim si quis intus roret, stanti extrà qua permutatur radij, & faciunt vmbram, apparet Iris. Modus autem & coloratio similis, & causa eadem, est ei, quæ à remis: manu enim pro remo, vtitur rorans.

Iris circa lucernas.

Cõm. 18. Cùm dixerit, ꝙ ambo, Iris. s. & Halo refractiones sunt, Iris q̃dem cùm ex opposito rei apparentis extiterit, Halo autem ſm ipsam ac circa ipsam: ponit modò differentias earum quo ad colores. Iridem. n. inquit, uarietate colorum differre: ac causam huiusmodi differentiæ secundum colores apponit: Iris q̃dem. n. ab aqua fit, quæ nigra existit, ac de longè, ex opposito nãque ad ipsum fulgidum est. Halo autem ab aere fit, qui de prope est, ac albior secundum naturam, nam sub apparenti fulgido huiusmodi aer existit, in quo fit Halo, nõ autem ex opposito. Quapropter Halo quidem completus circulus frequenter apparet, Iris autem minimè. Consequenter uerò, colorum in Iride apparentium causas apponit: fulgidũ. n. per nigrum puniceum apparet. Quòd autem hoc sic se habeat, fidẽ accipit à uiridibus ipsis lignis, quorum flamma rubea admodum facta, ad puniceũ colorem accedit, propterea quia ignis fulgidus ac albus existens, cum plurimo tunc fumo, qui niger est commiscetur. Quinetiam & per caliginem siue fumum uisus Sol, non albus quidem, sed puniceus apparet. Propter hoc igitur, inquit, & in ipsa Iride, quæ ab aliquo fulgido ẽ regiõe eius posito refractio est, prima quidem peripheria phœniceo colore affecta uidetur, propterea ꝙ speculi color niger existens. (ex tenuioribus. n. stellis fit, nigris quidem existentibus) cum albo apparentis fulgidi permiscetur. Consistentia autem ipsius Halo, non in huiusmodi speculo accidit fieri. De alijs autem Iridis coloribus, posterius dicendum inquit. Quare autem Halo non sit cum talibus coloribus, nec à speculis talibus, hanc utiq; causam assignat, q̃m Halo ipsa circa Solem, ac prope ipsum existente speculo, contingit fieri. Impossibile autem est prope ipsum Solem, ac etiã sub ipso, aliquam fieri duratione ac moram, siue huiusce consistentiæ permanentiam, ut transmutatio ipsa nubis ad rorationes & stillas diuturnior admodũ fiat: uerùm aut citò in aquam transmutatio fit, si crassior est consistentia, aut citò dissoluitur, si tenuis dissipabatur. Cùm etiam ex opposito ac longe erit sol à nubis consistentia, tunc in intermedio g̃nationis aquæ fit quoddam tempus & mora, ita ꝙ quędam tũc partes nubis iam q̃dem in aquam sint transmutatę, nondum tñ in stillis redactæ, in quibus tanquam speculis, Iris ipsa habet uideri. Q̃m si fieret etiam circa ipsam Halo, huiusmodi duratio ac permanentia esset utiq; colorata sicut Iris. Vr̃ igitur, propter prædictã causam quæ circa solem fiunt consistentiæ, puniceum colorem non habent, nec integrè, aut cicula riter fiũt: quapropter nec ipsa Halo. Exiguæ autem & secundum partes fiunt, sed non circulariter coloratæ, quæ uocantur Virgæ: de quibus posterius dicet, cùm de Parelijs erit sermo. Cæterum si consisteret talis caligo sub sole, qualis esset aqua aut cuiuspiam alterius nigri, ueluti cõsistit ex eius opposito, appareret utique Iris tota atque incolumis. Halo nãque quæ ſm quam diximus consistentiam, ac specularem dispositionem, Iridis coloribus colorata existeret, Iris quidem esset, & appareret tunc integra, ut inquit, Iris circa Solem, ueluti quæ sæpe circa lucernas in hyeme apparet Iris, ꝙ utplurimum accidit cùm Auster flat, & humidus aer existit. Fieri autem, inquit, Iridẽ circa lucernam, refracto quidem uisu ab aere, qui circa ipsam humidus est, & à fuligine illa, quæ à flamma defluit, ac cum prædicto humido aere permiscetur, nigra quidem existens: tunc etiam speculum fit aer ipse circa lucernam, nigro iam colore affectus, fuligo nãque fumo perquàm similis est. Videtur autem tunc per huiusmodi speculum lucernæ lumen, non fulgidum quidem, quinetiam nec phœniceum, ueluti in Iride, sed purpureum magis: quapropter Irrinũ uocauit colorem illum, non autem Iridis. Quare aũt non similis color fit huiusmodi consistentiæ circa lucernam, ac ipsius Iridis, causam esse inquit, q̃m uisus ad parum refrangitur, & speculum nigrius est q̃ quidem circa Iridem: quapropter color hic ad nigrum accedit magis. Amplius, hoc quidem maxime apparet humidos habentibus oculos, propterea quia horum uisus citò, ut inquit, à quolibet ferè contingenti refrangitur, siue (si non concedatur refractio uisus) cum horum uisus imbecillis, atq; infirmus existat, infirmiora etiam atq; admodum obscuriora in ipsum uisum inciderint quæ uidentur. Debilitas aũt ipsa transmutatur in nigrum, cùm niger color fulgido atq; albo, qui maximè uisibilis est, contrarius existat: quapropter his, qui per hunc quidem modum affecti sunt, purpureus color in profundo magis q̃dem apparet. Quæ autem circa aquam, quæ ex mari ab ipsis remis attollitur, apparet Iris, situ q̃dem eodem, inquit, fit modo, quo quæ in cœlo: sicut. n. illa, sic etiam & hæc, ex opposito existente sole accidit fieri,

fieri. Quod quidem circa Iridem quæ ad lucernã est, non accidit, non.n.fit ex opposito luminis ipsius lucernæ, sed circa ipsam magis: colore uerò similior maritima ipsa Iris est ei qui circa lucernas, purpureo nãq; colore, non autem puniceo colorata apparet. Refractionem autem, inquit, ĩ huiusmodi Iride, à paruissimis quidem fieri guttis, disiectis autem ac proximè sibiinuicem positis. Propter hoc.n. dixit, {hæ autem continuæ guttæ non nisi aqua sunt, quæ iam prorsus secreta est.} non autem dixit, sicut de cœlesti Iride, ꝙ guttæ.s. à futura essent iã aqua. Quapropter illis quidem nigriores erunt istę, tanquam à nigriori speculo genitæ. Propter paruitatem quidẽ igitur guttarũ ipsarum, in huiusmodi etiam Iride color Solis apparet tñ absq; eius figura: propter spissitudinem autem earum, & propter hoc ꝙ proximè sibiinuicem sunt, tanquam ab uno tantum continuo speculo uidetur refractio fieri. Inquit autẽ, ꝙ & Iris simili quidem modo facta, & similem habens colorem, apparet etiam, cùm quis in aliquem locum roret, qui sibi quidem oppositus sit, quo in loco hac quidem Sol ipse collustret, illac autẽ umbra fiat. Siquis.n. intro roret, in parte.s. loci, quę à Sole illustratur, tunc statim in reliqua loci parte, quæ umbrã habet, Iris apparet. Cùm autem deinde dixerit, {modus autem & coloratio similis, & causa eadem est ei, quę à ramis.} statim subdidit, quod manu pro remo utitur rorans, omnimodam nãque uoluit ostendere similitudinem.

Tex. 19. *Quòd autem color talis sit, simul, palam erit & de aliorũ colorum phantasia, ex his. Oportet enim intelligere, sicut dictum est, & supponere primò quidem, quòd fulgidum in nigro, aut per nigrum colorem facit puniceum. Secũdò autem, quòd visus protensus debilior fit & minor. Tertiò, quòd nigrum velut negatio est: quia enim deficit visus, apparet nigrum. Quapropter quæ longè sunt, omnia nigriora apparent, propterea quòd non pertingit visus. Considerentur igitur hæc ex ijs, quæ circa sensus accidũt, illorum enim proprij de his sunt sermones, nunc autem quãtum necesse est, de ipsis dicamus. Apparent igitur propter hanc causam, & quæ lõgè sunt nigriora & minora & planiora, & quæ in speculis. Et nubes nigriores aspicientibus in aquam, quàm in ipsas nubes, & hoc valde notabiliter: propter refractionẽ enim, pauco visu aspiciuntur. Differt autem nihil, quod videtur permutari, aut visum: vtroque enim modo erit idem. Ad hæc autẽ oportet nõ latere & hoc: accidit enim cum fuerit nubes prope Solem, in ipsam quidem respicienti, nequaquam apparere coloratam, sed esse albam: in aqua autem eãdem hanc intuenti, colorem habere aliquem eorum, qui Iridis. Palam igitur est, quòd visus, sicut & nigrum, fractus propter debilitatem, nigrius facit apparere, sic & album minus album, & adducit ad nigrum.*

Quæ de longe aspiciunt cur nigriora apparent.

Cõm. 19. Pertransit modo ad tractandum de reliquis coloribus Iridis. Inquit autẽ, propter quid talis quidem sit color in ipsa Iride, & propter quid cæteri etiam colores ultra puniceum in ipsa appareant, secundus .n. uiridis, tertius uerò alurgus, simul manifestũ erit ex his, quæ dicentur. Accipit autem ad propositum quidem ostendendum aliquas suppositiones indubitatas ac manifestas, quarum una quidem est, ꝙ fulgidum si in nigro (hoc est permixtũ cum nigro) uel per nigrum uĩ, punicei phantasiam præbet: quemadmodum uidemus fieri in Sole, cum per fumum conspicitur. Secunda suppositio est, ꝙ uisus longè protensus debilior fit, hoc autem accidit, qm̃ nõ eodem modo uidentur quæ de longè sunt, sicut quę de propè, cùm ex ipsa protensione uisus debilitetur. Tertia est suppositio, ꝙ nigrum negatio est uel priuatio ipsius uidere: propter hoc.n. quæ iamiam ex distantia uidere non potest uisus, nigra admodum ipsi apparent. Cæterum exactior ac diligentior perscrutatio de his tum ad Perspectiuos pertinet magis, tum etiam maximè propria est his, quæ de sensu. Nunc autem, inquit, quantum sermo de his præsenti confert negotio, {in tantum de ipsis dicamus.} propter hoc igitur ꝙ uisus ipsæ non simili quidem modo, ꝓpter debilitatem ipsam longinquiora uidet, ac propter hoc etiam ꝙ nigrum negatio ac priuatio uisibilis est: sequitur ꝙ quæ de lõgè uidentur nigriora appareant, & minora q̃ sint, quinetiam & læuiora siue planiora, propterea quia eminentiæ ipsorum, faciẽtes asperitatem non uidentur. Atqui & quæ in speculis inspiciuntur, nigriora etiam apparẽt q̃ uerè sint. Amplius & nubes aspiciẽtib⁹ ipsas ĩ aqua, nigriores uidentur, q̃ si recto tramite respiciãtur. Idq; admodum insigniter accidere inquit. Causa uerò, cur tales in aqua uideantur nubes, refractio ipsa est: nõ.n. exquisitè uidentur, cùm tanq̃ è longinquo conspiciantur. nam nihil differt, aut quod uidetur, magis è lõginquo factum uideri, aut uisum ipsum ꝑ ampliorem distantiam uidentem efficere: quæ.n. per refractionem aspiciuntur, ex maiori uidentur distantia, q̃ si q̃s recto tramite illa aspiceret. Ad hæc nec id nos, inquit, latere oportet, ꝙ cùm fuerit nubes prope Solem, si quis in eã uisum dirigat, nullo colore infectã, sed albam ipsam aspiciet: at si in aqua, aut per aquam spectet eãdẽ met nubem, colorem quendam habere ipsius Iridis per uisum existimabit. Palàm igitur ex hoc fit, ꝙ uisus ipse, quẽadmodum refractus nigrum nigrius uidet, sic & album minus album. Coloratam igitur nubem, nigrum uidebit, propter ampliorem ipsam distantiam, quæ à refractione causatur ad nubem ad nigrum adducit, tanquam ad albi negationem ac priuationem.

Qui igitur fortior, in puniceum colorem permutauit: contiguus autem, in viridem: qui autem adhuc debiliori in alurgum. In plus autem non amplius apparet, sed in tribus, sicut & aliorum plurima, sic & horum se habet finis: aliorum autem insensibilis permutatio est. Quapropter & Iris tricolor apparet, vtraq; quidem, opposite autem. Tex. 20.

His quidem positis, per hæc ad reliquos dehinc Iridis colores accedit: Inquit igitur, ꝙ prima q̃dem ac exterior Iridis peripheria, phæniceo affecta colore apparet, propter fortitudinem uisus, fortior.n. ab hac peripheria est refractio uisus ad Solem. cuius causam assignat, qm̃ à maxima peripheria fit, à maxima uerò plurima fit refractio, plurima igiĩ ab ipsa ad Solem refractio erit, quare etiam & fortior. Fortiori aũt existenti uisui minus nigrum album ipsum apparebit, quapropter cùm magis tunc accedat ad album, phœniceum quidem ex speculo ipso uidebitur. Quę autem post primam est peripheria, uiridem colorem habebit: cum.n. debilior sit, magis etiam ad nigrum accedet. Tertia uerò adhuc imbecillior existens (à minima.n. fit peripheria) adhuc & nigriorẽ habere colorem apparebit, alurgum.s. qui uiridi nigrior est. In plus autem non excedunt, inquit, colores Iridis, sed in tribus insistũt, sicut natura ipsa quę- Cõm. 20.

dam

dam alia facit tria: quapropter & in his quæ de cœlo dixit, quod magnitudinum progressus, usq; ad tres tantummodo dimensiones prodijt, tanquam numerus ternarius perfectus existat. Omnes igitur colores Iridis tres sunt, sicut & aliorum plurima. {Aliorum autem insensibilis permutatio est,} hoc est, permutatio autem, quæ ex refractione, in alios fit colores insensibilis est: alterius.n. coloris, propter huiusmodi ex refractione transmutationem, sensus non fit. Quapropter utraque, inquit, Iris in tribus tantũmodo coloribus ut. Dicet autem in sequentibus, ꝙ duplex sit Iris, ueluti plerunq; uisum est, hęc quidem interior, illa autem exterior reliquam ambiens, ac maioris circuli portio existens: utraque igitur, inqt, tribus coloribus consistens uidetur. Opposito autẽ ordine, sunt earum colores collocati: prima nãque Iris quæ interior est, primam quidem peripheriam phœniceam habet, secundam uiridem, tertiam uerò alurgam. Secunda autem Iris quæ exterior est, exteriorem peripheriam alurgam habet, secundam uiridem, tertiam uerò interiorem.s. phœniceam, ita ꝙ phœnicei colores ipsarum, proximi sibiinuicẽ sunt.

Iridis colores tres sũt.

Tex.21. *Prima igitur exteriorem puniceam habet: à maxima.n. peripheria, plurimus incidit visus ad Solem: maxima autem, quæ extrà: contigua autem, & tertia proportionaliter. Quare si quæ de colorum phantasia dicta sunt bene, necesse est et tricolorem esse ipsam, & his coloribus colorari Solis. Xanthus autem apparet, propterea quòd secus seinuicem apparent: puniceum enim iuxta viride, album apparet. Signum autem huius est. In nigerrima enim nube, maximè pura fit Iris: accidit autem tunc, puniceum videri magis Xanthum esse. Est autem Xãthus in Iride, color inter puniceum & viridem colorem. Propter nigredinem igitur eius, quæ in circuitu est nubis, totum ipsius apparet quod puniceum est album: est enim ad illa, album. Et iterum marcescente Iride propinquissimè, cùm soluatur puniceum, nubes alba existens adiuncta secus viride, permutatur in Xanthum. Maximum autem signum horum est, quæ fit à luna Iris: apparet enim alba valde. Fit autem hoc, quia in nube obscura existente apparet, & in nocte. Sicut igitur ignis super ignem, nigrum ad nigrum facit debiliter album penitus apparere album: hoc autem est, puniceum. Fit autem hæc passio manifesta, & in floribus: in texturis enim & variaturis valde differunt secundum phantasiam, alij secus alios positi colores, velut & purpurei in albis, aut in nigris lanis. Adhuc autem, splendore tali aut tali. Quapropter & variatores florum aiunt se peccare operantes ad lucernam sæpe, & decipi accipientes alios pro alijs. Quare igitur tricolor, & quòd ex his apparet coloribus solum Iris, dictum est.*

Cõm.21 De ordine & situ colorum primæ Iridis, quæ interior est, pertractans rursus, huiusce quidem ordinis causam apponit. In mentem autem nobis reuocat, quæ parum supra de colorum phantasia dicta sunt, quæ utiq; tanquam manifesta supposuerat. Quorum primum quidem erat, ꝙ fulgidum (per fulgidum aũt album intelligit) in ipso permixtum nigro, aut si per nigrum aspiciatur, colorem phœniceũ efficit. Secundum uerò, ꝙ uisus ex protensione debilis fit, ac minoris uirtutis efficitur. Tertium modò suppositum fuit, ꝙ nigrum ipsum tanquam abnegatio est, ex hoc .n. ꝙ deficiat uisus, nigrum apparet. Si ergo perpulchrè hæc dicta sunt, necesse est tricolorem Iridem esse, & his coloribus colorari solis, à principio quidẽ phœniceo facto colore, propterea quia album, si cũ nigro permisceatur, phœniceum apparet: nubes autem, in qua Iris fit, nigra est, cùm iamiam transmutatur in aquam. Secundus uerò color uiridis erit, qm̃ debilior uisus, nigriora uidet, quæ alba sunt, q̃ si debilis non existeret: magis.n. nigrum est uiride, q̃ phœniceum: debilior autem atq; infirmior est refractio uisus ad Solem à secunda peripheria q̃ à prima, à minori nãque fit peripheria, quapropter & minor erit uisus refractio, quo circa & debilior. Propter hæc eadem & tertia peripheria alurgo colore inficietur, nam nigrior est alurgus color q̃ uiridis, & refractio etiam, quæ à tertia fit peripheria, imbecillior ac debilior est q̃ quæ à secũda, non autem sensibilis est color, qui ex debiliori adhuc refractione, & à minori peripheria constituatur: quare tribus tm̃ coloribus colorabitur Iris. Qm̃ uerò & xanthus in Iride ostenditur color, inter phœniceum.s. & uiridem, iccirco & de ipsius phantasia causam assignat, qm̃.s. non ex refractione uisus ad Solem, huiusmodi color apparet in Iride (non.n. amplius tricolor esset Iris, nec prædictos tres colores haberet solos,) uerum propter iuxta positam phœnicei ac uiridis coloris phãtasiã, xanthi q̃dem coloris resultat spẽs: phœniceus nãq; color iuxta uiridem albus apparet. Quòd aũt iuxta positio colorum, huiusmodi apparentiæ fit causa, signũ subdidit, qm̃ cum ualde nigra fuerit nubes, tũc maximè pura synceraq; fit Iris: hoc est, nullum alium refert colorum, uerùm in tribus his tantum perdurat. Causa autem est qm̃ exterior peripheria q̃ phœnicea est, ꝑ nigredinem nubis alba apparet: ꝓpter nigredinẽ enim eius quæ in circuitu est nubis, phœnicea eius peripheria alba uidetur, cùm phœniceum prope nigrum appareat album. Quinetiam & uiridis color albo permixtus, phantasiam facit Xanthi coloris. Quapropter in nigerrima nube, cùm quidẽ phœniceus color, ut diximus, uideatur albus, albus autem color prope uiridem xanthũ efficiat, necessario exterior Iridis peripheria, in nigerrima, ut dictũ est, nube xantho colore infecta spectabitur. Est autẽ xanthus color, nigro quidem proximior q̃ phœniceus, inter phœniceum existens & uiridem. Atqui & marcescente Iride, cùm dissoluitur, puniceum albũ spectatur, ad colorem nubis accedens: quæ quidem ante consistentiam alba erat, qua tandem soluta, in pristinum quidem redit colorem. Tunc uerò exterioris peripheriæ color xanthus apparet, propterea quia nubis albedo mixta cum ipso uiridi, ac sibi quidem iuxta posita, xanthi coloris efficit phantasiam. Potest autem intelligi per hoc, ꝙ maximè pura fiat Iris, ꝙ.s. ualde synceros ac impermixtos prædictos habeat colores. Quòd autem alij quidem colores prope nigrum, albi appareant, uel saltem magis ad albedinem accedant, illud maximè, inquit, signum est, quod Iris, quæ à luna fit, omnes quidem colores albiores habet, q̃ quæ à Sole: cuius quidem est causa, ꝙ in nube nigra existente fit emphansis hæc, insuper & in nocte. Duplata igitur tunc circa emphansim ipsam, obscuritate siue nigredine, quod quidem aliquantulum est album, magis albescens spectatur, aliquantulum uerò album phœniceum est: album ergo uidebitur. Similiter etiam & aliorum Iridis colorum unusquisq; magis accedẽs ad albedinem apparebit, quare & tota simul etiam albescet magis. Quòd aũt diuersorum colorum iuxtapositio plerunq; alterius coloris

coloris apparentiam efficiat, palam est, inquit, ex ipsis floribus. In texturis.n.diuersorum florum, secùs positio maximam effici t colorum differẽtiam. Nam non idem apparebit purpureus color, si apud album & nigrum,uel apud alium quendam colorem iuxta ponatur:quapropter & eædem purpure, non iuxta quemlibet colorem arrident ac congruunt: præterea & in splendore tali,aut tali positi colores, nõ similes quidẽ apparẽt.Vestes etiam,quæ ab ipso colorę Taonica uocantur, ex uaria circunuersione ad lucem,omnifariorum colorum phantasias exhibent: ex qualibet enim dispositione ipsius lucis,uarias colorum efficiunt apparẽtias: quinetiam & qui intexunt acu, aiunt se peccare operantes ad lucernam,& decipi,colorem alium pro alio accipientes.

Tex.22. *Dupla autem & obscurior coloribus est illa, quæ ambit, & positione colores ex opposito habet positos, propter eandem causam. Longius enim protensus, visus sicut quod longius uidet, & quod hic eodem modo. Debilior igitur à superiori refractio fit, quia à remotiori fit refractio. Quare minor incidẽs colores facit obscuriores apparere, & è cõuerso etiam, quia amplior à minori & interiori peripheria incidit ad Solem: propinquior enim visus existens, refrangitur à peripheria propinquissima primæ Iridi: propinquissima autem ĩ exteriori Iride, minima peripheria. Quare hæc habebit colorem puniceum: contigua autem & tertia, secundum proportionem.*

Cõm.22. Cùm dixerit de Iride, quo modo quidem fiat, & qui nam colores,& quot sint in ipsa,& quare tales & tot:nunc de secunda pertractans Iride, quæ,scilicet exterior uidetur & continens,dicit quidẽ, ꝙ & obscurior in coloribus, ac lõginquior est,& positione colores ex opposito habet positos, q̃ sint in prima, quemadmodum dictum est. Aliqui quidem igitur dicunt, ꝙ secunda Iris, non per refractionem ad Solem fieri accidit, sed ad ipsam præinexistentẽ Iridẽ. Ita quod usus ipse ab exteriori nube,quę simili quidem modo disposita ad refractionẽ sit, sicut & prima, in qua prima Iris est, ad præinexistentem Iridẽ refrangatur,& ex tali refractione secunda Iris appareat: quapropter & languidiores sunt secũdę Iridis colores,tanquam ex secũda rursus refractione producti. Aristotelis autẽ, & hæccine etiam refractionem ad Solem fieri similiter inquit,sicut & in prima Iride,atq; unam eandemq; causam assignat,tũ quarẽ obscuriores colores habeat secunda Iris q̃ prima,tum etiam cur opposito ordine ac situ, ad illum positos:ambo enim hæc ab ipsa uisus debilitatione causantur,magis enim è longinquo ab exteriori nube ad solem refractio uisus fit, cùm distantior à uisu nostro exterior nubes existat.Quemadmodum igitur uisus ipse,illud quod longius uidet secundũ rectam lineam,non adeo exactè spectat propter debilitatem: sic etiam & quæ per longinquiorem uisus refractionem spectantur,cùm debilitatus iamiã admodum accedat ad Solem, obscuriora, ac nigriore colore infecta uidentur. Et hoc idem oppositi etiã colorum ordinis atq; situs est causa, à qua quidem enim Iridis peripheria fortior uisus incidens tendit ad Solem, hæc itaq; phœnicea apparebit, quemadmodum etiam & in prima Iride, à qua uerò minus fortis inciderit,uiridis erit:& à qua uerò adhuc minus alurgo colore inficietur. Atqui in secunda qdẽ Iride,maxima ac fortissima refractio, ab ĩteriori fit peripheria,hęc enim propior est ipsi uisui: quapropter non è longinquo ualde, refractionem oportet fieri.Omnes quidem enim, quæ ab hac secunda nube ad Solem refractiones fiũt,debiliores sunt quàm quæ à prima,propter quod magis è longinquo fiũt. Si igitur hoc ipsius debilitatis est cã, palàm ꝙ quæcunque ipsarum fieri contingunt ab ea nubis parte, quæ propior sit ipsi uisui, ipse quidem cæteris fortiores extiterint. Atqui propior uisui est interior secundæ Iridis peripheria:ab ipsa ergo plurimæ, ac fortiores refractiones erũt,propterea, quia ex hoc ꝙ per ualde nimis distans interuallum, non remouetur, uisus in refractione conseruatur. Omnes nanq; refractiones,quæ à maioribus peripheriis fiunt,accidunt quidem tunc,cùm ex hoc, ꝙ longius distant, uisus ipse refractus in fortitudine conseruari nõ potest.Interior igitur secũdæ Iridis peripheria, ꝓpter prædictam causam phœniceum colorem habet,similem quidem exteriori peripheriæ primę Iridis,debiliorem tñ,quia per maiorem distantiam refractio facta fuerit.Vic initatem itaq; contrahunt quodam modo adinuicem, phœnicei colores utriusq; Iridis. Secunda uerò peripheria,magis distans à uisu, cùm debilior fiat refractio ab ipsa ad solẽ, uiridẽ colorẽ suscipit:exterior uerò quia adhuc magis distans existit, ac magis etiam debilem obtinet refractionem, alurgo colore infecta apparet. Per illud autẽ, {propinquior enim uisus existens refrangitur à peripheria propinquissima primæ Iridi.} hoc quidem intelligit quod ꝓpinquior existens uisui peripheria, refractiones facit, quę.n.ab hac sunt refractiones, à peripheria quidem fiunt,quæ prope primam peripheriam primæ Iridis est:exterióris enim Iridis propinquissima ad ipsum uisum est peripheria, q̃ minima existit.Quapropter hæc quidem,ut dixit,phœniceũ colorem obtinet: reliquæ uerò secundum proportionem,quemadmodum dictum est.Quæret autem aliquis,nã si minor peripheria exterioris Iridis phœniceum colorem habet,quæ prope ampliorem primæ Iridis peripheriam est, quæ & ipsa per similem colorem retinet:propterea quia ab ambabus his peripheriis, fortior fit refractio uisus ad solẽ: quid nã, non & quod intermedium istarum peripheriarũ est oẽ phœniceum etiam habet colorem?propinquiorem enim hæccine nubis par phœniceæ peripheriæ primę Iridis existit,q̃ minima ipsa secundę Iridis peripheria. An neq; ex qualibet quidem parte refrangi habet uisus, ſm opinionem eorum qui sic uisionem fieri existimant: neq; ab oĩ parte refrangĩ habet lumen ad uisum, secũdum aliorum opinionem, qui sic fieri uisionem arbitrantur?uerùm determinata ac definita sunt loca refractionum,ac præfinitam distantiã esse oportet luminosi ipsius corporis à speculis ipsis,quæ suscipere eius lumen habeant. Quapropter ab his quidem refractio accidit fieri, quæ huiusmodi determinatum habeant situm.

Exterior Iris, in quo B, *interior in quo* A. *Colores autem, in quo* C, *puniceus, in quo* D, *viridis, in quo* E, *alurgus. Xanthus autem apparet, in quo* F. *Tres autem non adhuc fiunt, neque plures Irides: quia & secunda fit obscurior, intantum ut & tertia refractio ualde debilis fiat, & impotens sit pertingere ad Solem.* Tex.23.

Describit autem diagramma siue figuram, & totum clarum est. Fit.n.inquit Iris exterior, in quo B, Cõm.23.

iterior uerò in quo A, coloris autem, phœniceus in quo E, uiridis in quo D, alurgus in quo E, xanthus uerò appareat in quo F. Tertiam autem non adhuc fieri Iridem asserit, propterea quia secunda quidem propter longiquiorem refractionẽ obscurior fit, longinquior uerò adhuc post secũdã existeret. Qđ au-

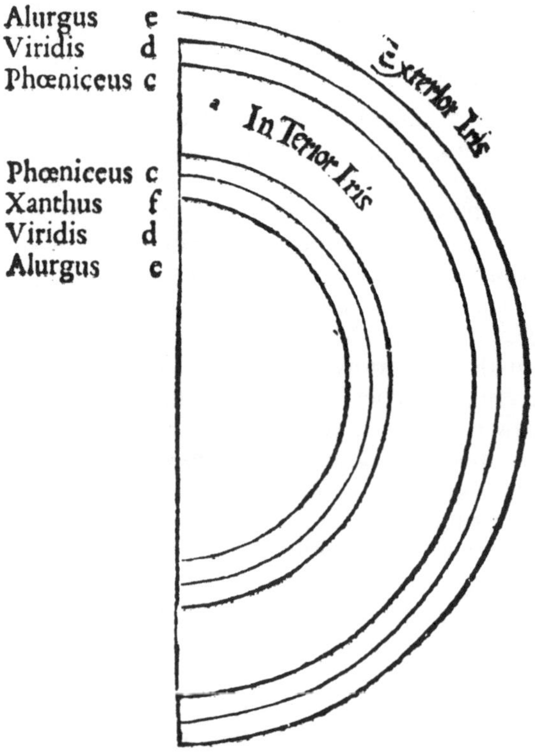

tem prædictos ipsius Iridis colores, pictores syncerè imitari ac componere nequeant, quĩetiã & qđ puniceus color proximior sit ipsi albo, quàm uiridis & quàm alurgus: ex his etiam palàm erit. Naturalis quidem phœniceus color in ipso Cinabary uideri potest, quinetiam & in draconteo, quod ex animalis sanguine est. Componitur uerò phœniceus idem color, ex cupholitho seu leuilapide, & ex purpura commixtus: qui tamen color ab ipso naturali multũ deficit. Viridis uerò color & Alurgus, naturales quidẽ sunt in auriglutino quidẽ, & in eo qui color ostrinus est. Compositi uerò siue ex arte facti, uiridis q; dẽ ex cœruleo, & luteo seu pallido componitur: alurgus uerò ex eodem cœruleo & phœniceo. Luteus enim color si cum cœruleo per collustrationem ꝑmiscebitur, uiridem efficit, si autem cum phœniceo alurgum. Et hi quidẽ colores ualde utiq;, si ex arte constituentur à naturalibus subdeficient. Quòd q; dem igiur pictores, maximè huiusmodi colores, imitari non possint, patet ex his. Quòd autem phœniceus color proximior albo sit, quàm uiridis & alurgus, ex constitutione siue cõpositione ipsarũ, manifestum erit: phœniceus nanq; ex cupholitho comparatur, atq; constituitur qui albus est, uiridis autem ex luteo colore, qui debiliter albus existit, lumen.n. cum remittitur ac offuscatur in hunc colorẽ primo pertransit: quapropter proximior est phæniceus color ipsi albo quàm uiridis. Non ĩmerito igitur, ubi plurimum apparet lumen Solis in nube, quæ nigra existit, ibi phœniceus spectabitur color: uiridis uerò, ubi minus erit lumen. Viridis autem rursus color magis ad album accidit, quàm alurgus, siquidẽ alteri quidẽ ex luteo generatio est, alteri uerò alurgo, s.ex phœniceo (cœruleus enim color, ambobus cõmunis existit.) Luteus enim color magis ad album accedit quàm phœniceus, quod ex hoc, ut diximus, palàm est quoniam, cùm lumen retunditur ac remittitur, in aliũ quidem colorẽ non pertransit prius, quàm in luteum siue pallidum, quamobrem non absque causa color uiridis in Iride, secundus in ordine est, postremus uerò alurgus, tanquam maximè ꝓximus ipsi nigro quod albi negatio atq; priuatio est. Attestatur preterea & illud: qñ enim ad solẽ uel aliquod fulgidũ respicientes, oculos dehinc subniuentes claudimus, obseruantibus quidem nobis, primò quidẽ fulgidus uidetur color, dehinc in phœniceum transmutatus, deinceps in uiridem, consequenter in purpureum, donec in nigrum redactus tandem dissoluitur. Motu nanq; qui à fulgido existens conseruatur aliquantis ꝑ in usu, paulatim elãguescente, continue ad proximiorem colorem declinatio ac remissio fit. Ita quòd in phœniceũ prius q̃ in uiridem, cum proximior illi existat, similiter etiam & in uiridi, & in alurgo.

Iridis colores nonnullos, imitari non possunt pictores.

Cap. 5. Figuram Iridis, vel semicircularem, vel semicirculo minorem esse dicit: Et quibus ipsa magis, vel minus appareat anni temporibus.

QVòd autem neque circulum possibile sit fieri Iridis, neque maiorem semicirculo portionem, & de alijs accidentibus circa ipsam, ex descriptione erit considerantibus manifestum. Hemisphærio enim existente super horizontem, circulum, in quo A, centro autem K, alio autem quodam oriente signo, in quo C, si quæ à K, lineæ secundum conum excidentes faciunt uelut axem, lineam in qua G K: & à K ad M, protractæ refranguntur ab hemisphærio ad G, super maiorem angulum, ad circuli periphæriam incidenti lineæ quæ à K. Et si quidem in ortu aut in occasu astri refractio fiat, semicirculus assumetur circuli ab horizonte, super terram factus. Si autẽ suprà, semper minor semicirculo, minimus autem, cùm in meridie fuerit astrum. Tex. 24. De Iridis quantitate.

Cùm dixerit & quid sit Iris, & quomodo nã fiat, ac etiam de apparentibus in ipsa coloribus, causas quidem assignans, tum multitudinis eorũ, tum etiã & ordinis ac situs: pertransit modò ad pertractandum de quantitate & figura eiusdem Iridis. Inquit autem ꝙ nec unquam totum integrũ circulum possibile est fieri Iridis, nec ẽm maiorem semicirculo sectionem. Simul autem & de his & de aliis accidentibus circa ipsam, manifestum fore, ĩquit, ex diagrãmate, siue ex descriptione, quàm apponit. Alia uerò accidentia sunt, quod quandoq;, scilicet semicirculus fiat Iris, quandoque uerò semicirculo minor: quinetiam & aliquando utrunq; istorum. primùm uerò, cur ẽm peripheriam circularem appareat, declarat: cæterũ prius, problema ipsum exponit, ac ea, quæ concludenda sunt fieri proponit, quorum dehinc demonstrationes apponit. Inquit ergo quasi proponens id, quod primum probare intendit, ꝙ si super horizontẽ circulum, hemisphærium extiterit, in quo A, (oportet autem sic quidem horizontem circulũ sup hemisphærium accipere, ut illi quidẽ adiaceat, ac eundem cum ipso terminum habeat,) centrum uerò horizõtis, s. & hæmisphærij, fuerit in quo K, (idẽ nãq; amborũ est cẽtrum.) aliud autem signũ oriens quoddam ac in horizonte existens fuerit in quo G, (accipit autem pro centro quidem uisum, Cõm. 24.

qui

qui ad terram existit, quæ tota simul rationem habet cētri ad ipsum cœlum comparata: pro oriente uerò signo, Solem assumit, ad quem refrangi habet uisus,) His sic stantibus, si ducantur ab ipso K, uidelicet à uisu, lineę secundum conum excidentes, hoc est taliter excidentes, ut conum faciant: quod quidem erit, si non in eodem plano, uerùm ī alio & alio ductæ fuerint, ita ꝙ conum constituant apicem habētem ī signo G: axis aūt cōstituti coni, sit linea G K.

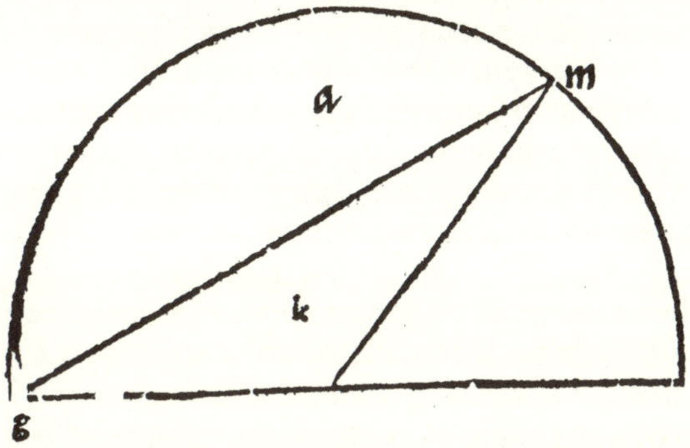

Dixit autem secundum conum, ut quidem angulus qui scilicet ad basim coni est, acutus fiat: sic enim cōstituitur conus à lineis ab ipso K, eductis. Refrangi autem, inquit, ipsas ab hemisphærio super minorem angulū: ut ostēdat, ꝙ ita quidē oportet lineas ipsas à K excidere, (non quidem ad rectos angulos, sed ad hoc, ut conum constituant) ac ita etiam ad signa ipsa in quibus M, in circulo sumpta coniungi, ut angulum qui sub G K M comprehēditur obtusum efficiāt. Ex hoc autem fieri oportet refractionem ad obtusum angulum quoniam uisus quidem ponitur ī quo K, inter nubē, s. in qua fit refractio ad solem (quæ nubes suscepta est ubi signum.) & solem ipsum qui cōstituitur ubi G. nam talis quidem habet esse dispō nubis ad uisum & solem, ut Iris fiat, quemadmodum dictum est prius. Hæ igitur inquit lineę excidentes ad signa, in quibus M, refractę uerò ab ipsis M ad G, & habentes ab illa parte ad quam refranguntur maiorē angulum, qui ex lineis A K, secundū conum excidētibus constituitur ad circuli peripheriam incident: ita ꝙ signa M, à quibus quæ à K, incidūt ſm conū refrangūtur ad G, secundum circularem peripheriam existant, quæ quidem basis erit coni, quæ ab ipsis ex K, excidentibus lineis producetur. Cùm quidem ergo in ortu uel occasu existente astro, refractio à signis M, ad ipsum fiet, semicirculum quidem assumetur ab horizonte: pro astro autem modò accipit ipsum G, quòd prius pro signo acceperat. Si igitur existente astro, Sole, s. uel Luna, (& ab ipsa enim fieri dixit Iridem,) uel in ortu, uel in occasu, hoc est in horizonte ipso, refractio super terram fiat, tūc quidem, inquit, semicirculus ab horizonte absumetur, ex circulo qui in nube constituitur, in qua Iris apparet. Si uerò non amplius in horizonte extiterit, nec in ortu, scilicet nec in occasu astrum ipsum, ad quod refractio habet fieri, sed supra, tunc minor semicirculo portio erit illa, quę super terram ex circulo nubis ab horizonte excipitur, atque intersecatur, ac proportionabitur quidem distantiæ astri ab horizonte semper minor: minima autem portio, cùm astrū ad quod refrangi habet uisus, ad meridiei circulum peruenerit. Hęc igitur dixit, quasi proponēs: dehinc demonstrare aggreditur, quę proposita sunt.

Sit enim in oriēte primum ubi G, & refracta sit K ad M, Tex.25. *& planum erectum sit, in quo E, quod à trigono, in quo G K M. Circulus igitur, decisio erit sphæræ: qui maximus, sit ī quo E. Differt enim nihil, si quocunque eorum, quæ super G K, secundum trigonum K M G, erectum fuerit planum. Lineæ igitur ab ijs, quæ G K ductę in hac ratione, non constituentur ad aliud & aliud signum quàm semicirculi, in quo E.*

Postquam dixit, quod cùm quidem astrum, ad qđ Cōm.25. refractio fit, & cuius color apparens in nube īridem efficit, in ortu uel occasu extiterit, semicirculus super terram absumetur ab horizonte, ex circulo, qui sub ipsis signis M, ī quibus fit refractio, cōstituitur: si uerò supra horizontem erit astrum, minor excipietur portio quàm semicirculus: Nunc quidem primò, astrum accipit in ortu seu in horizonte, & simul ostendit, ꝙ secūdum circularem peripheriā fractiones fiunt linearum, quę à uisu eductæ, qui in K ponitur, à signis M, quę in nube accipiuntur, ad oriens astrum franguntur. Simul uerò etiam ꝙ portio illa, quæ ex circulo ab huiusmodi fractionibus constituto, super terram excipitur ab horizonte, semicirculus sit, ac nunquam maior. Accipit itaque sphæram, ac astrum oriens in signo horizontis ubi G. excidentem uerò lineam à K, quod centrum sphæræ est ad signum M, quæ sit K M, quæ refracta sit ad G. manife-

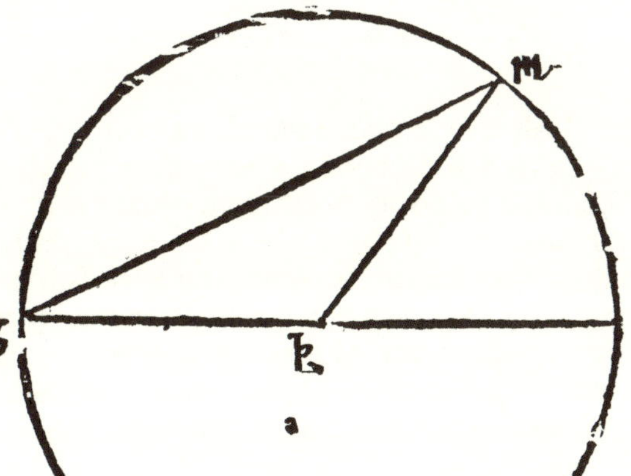

stum enim, ut dixit, quòd secundum maiorem angulum refractio ad G, facta erit. Accipit uero M, ad quod lineam coniungit quæ à K, ex superficie, scilicet horizontis exciderit. Fiet igitur triangulus K G M: & secundum hunc quidem triangulum. Dehinc planum protendit, & inquit, ꝙ decisio sphæræ quæ ab hoc plano per triangulum hunc erectum producetur, circulus maximus erit: quodlibet enim planum, quòd per centrum sphæræ extendatur, in duas æquales sectiones dissecat illam, quarum utraque secundum maximum circulum constituitur: maximus enim semper est qui per centrum sphæræ pertransit. fit igitur circulus hic maximus, in quo A. Cùm dixerit autem hoc statim subdit, {differt enim nihil si quodcunque eorum quæ super G K secundum trigonum erectum fuerit planum.} hoc autem est quod dicit, quoniam quidē plura pn̄t triangula G K M. similiter fieri in eadem sphæra, (nō autem in eodem plano: hoc nanque impossibile est, ut demonstrabit, sed in alio & in alio) & secundum unumquodque istorum triangulorum potest erigi planum ꝙ sphæram dissecet. Nihil, inquit, refert, à quonam istorum planorum supponatur diuidi sphæra: à quouis enim ex illis dissecabit, & maximus fiet circulus, propterea quia quodcunque per huiusmodi triangula, extendatur planum, per centrum sphæræ pertransierit. Cùm uerò hoc dixerit, dehinc subdidit, {lineæ igitur ab his, quæ G K ductæ, in hac rōne non cōstituent ad aliud & ad aliud signū, in semicirculo in quo A,} hoc aūt est, quod dicit, ꝙ, s. in semicirculo eius circuli, qui à plano per dictū triangulū erecto, productus est lineę quidē à signis G & K ad M, ꝓductę, ad aliud quoddam signū non constituētur, ita ꝙ in eodem utique plano ac eodem semicirculo, alię contingant duci lineæ, quæ adinuicem sic se habeāt sicut se habet G M ad M K. Nam in alio quidem semicirculo eiusdem circuli, possent utique aliæ lineæ

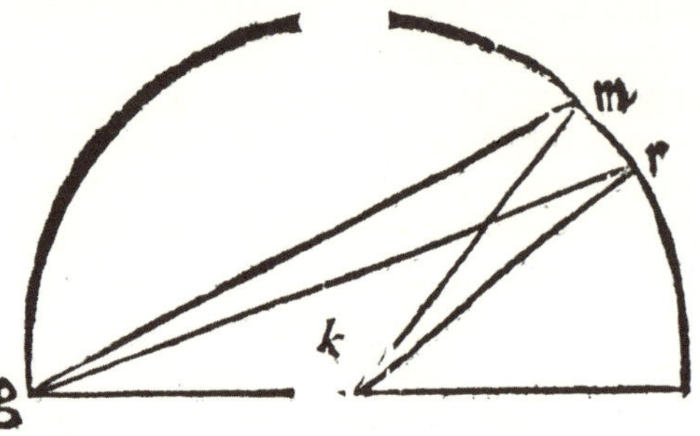

constitui in eadem rōne adinuicem existentes: sicut & ipse G M & M K, nā æquales his possunt sumi, & quæ sic adinuicem positę sint in semicirculo illo, quemadmodum hæ in isto, uerùm in eodemmet semicirculo, in quo istæ sunt, illas constitui impossibile est. In alio quidem enim & alio plano, alias utique constitui eandem inter se habentes rationem, quàm habent istæ, possibile est, ut ostendetur: in eodem uerò, impossibile. Huius autem demonstrationem, ipse tanquam manifestam prætermisit, potest autem sic ostendi: Nam si possibile id concedatur, sit in eodem quidem semicirculo sic se habens G R ad R K, sicut se habet G M ad M K, Quoniam ergo sicut se habet G M ad M K: sic se habet G R ad R K, & permutatim igitur sicut est G M ad G R: sic erit L M ad L R: est autē K M æqualis ipsi R K, ambæ enim ex cētro: ęqualis igitur erit G, R ipsi G M: sed & maior, quod est impossibile. Quod autem sit maior ex eo patet, quoniam maiori angulo subtenditur, ipsi. s. G K R: G M uerò subtēditur angulo G K M: propinquior autem est G R ipsi diametro, quare & maior. Similis autem erit ratio, & sic quęlibet aliæ in eodem circulò capiantur tanq̄ habentes adinuicem rationem, quam habet G M ad M K. Hoc quidem igitur, ut dixi, tanquam notum dimisit. Ostendit autem deinde, ꝙ ſm circuli peripheriā refractio fit, excidentibus ſp lineis à signis G K, ī eadē semp rōne, quā habet G M ad M K. Inq̄t aūt,

Tex. 26. *Quoniam enim signa G K data sunt, & quæ K M data utique erit & quæ M G. Quare & ratio eius, quæ M G ad M K. Datam igitur peripheriam tanget M. Si itaq; hæc, in qua N M. Quare decisio peripheriarum data est. Apud aliam autem quàm ad eam, quæ M N peripheriam, ab eisdem signis eadem ratio in eodem plano non consistit,*

Cōm. 26. Hoc est autem, ꝙ inquit, signum quidem G, positione dictum est, (hoc. n. in ortu signum assumptum fuerat) q̄ etiā & K, datū est, cùm cētrum circuli existat. His autem positione datis, fit data magnitudine & positione, linea G K: & quoniam ęqualis est G K, ipsi K M, cum ex centro sint ambæ, relinquetur & ipsa K M magnitudine data: nam quæ datæ æqualis est, data & magnitudine & ipsa est, quod aūt hæc etiam data esset ipsa, tanquam notum dimisit. Accipit aūt ipsam G M, datam ex hoc, ꝙ G K datum est, fit autem ipsa G M, & magnitudine data, propterea, ꝙ angulus, qui ab ipsis G K M continetur, datus est, quoniam lineę, quæ ab ipso K, secundum conū & circa eius axē, sic circulariter incidunt, ut conum unum efficiant, æquales semper, tum in peripheria, tum etiam in coni constitutione, conseruant angulos: hoc. n. per excidere secundum conum habet intelligi. Cùm autē ergo data sit G M, & datum etiam signum G, ipsa quidem G M, circuli peripheriam attinget, cuius centrū erit quidem K, interuallum uerò K M: sit ergo circulus iste M N: continget itaq; K M, in signo M, circūferentiā circuli, cuius centrū K, extremitas uerò M, q̄ quidem circulus ille est qui à principio horizon positus est, Hoc aūt acciderit, ꝓpterea q̄a datū est signum K, & datæ sunt K M & G M, In signo igiī M, ſm communem decisionem contangentur: & quoniam duobus circulis sese inuicem secātibus cōis decisio pōne data est, datum erit & M, signum. Cùm ergo data sit G M, data etiam & M K: rō etiam earū adinuicē data erit: data ergo erit ratio ac uia qua possimus propositum īquirere. Cùm uerò declarauerit ꝙ datum est signum M, & data ratio G M, ad M K: repetit rursus ꝙ iam positum fuit, ꝙ, s. ad aliud signum peripheriæ M N, ab ipsis signis G K, secundum eandem rationem lineæ in eodem plano non cōstituentur.

Extraponatur igiī quędā linea, quę D ad B, & scindatur ut M G, ad M K, sic quæ D ad B. Maior autem quæ M G, ea quæ M K, q̄m super maiorem angulum, refractio coni: sub maiori enim angulo subtenditur trigoni M K G: maior igitur est & linea D, linea B. Adiungatur igitur ad eam, quę B, in qua F, ut sit quod D, ad B, quę B F, ad D: deinde quod F ad K G, quæ B, ad aliam fiat, quæ K Q: & A Q, ad M, copuletur quæ M Q. Erit igitur Q polus circuli, ad quē lineæ à K, incidunt. Erit. n. quod quæ F, ad K G, & quæ B ad K Q, & quę D ad Q M. Non. n. sit, sed aut ad minorem, aut ad maiorē ea, quæ Q M, nihil. n. differet, sit ad Q R. Eandem ergo rōnem G K, et K Q, & Q R, adinuicem habebunt, quā quæ F B D. Quæ aūt F B D, proportionales erant, quod quidē D ad B, quæ F B, ad D. Quare quod quæ Q G, ad Q R, quæ Q R, ad eam, quæ Q K. Si igitur ab ijs, quæ K G, quę G R, & K R, ad R coniungantur, copulatæ hæ eandē habebunt rōnē, quā quæ G Q, ad eā, quæ Q R. Circa eundem. n. angulum, Q, proportionaliter & quæ trianguli G Q R, & eius qui K R Q. Quare & quæ G R ad eam, quæ K R, eandē rōnē habebit, quam & quæ G Q, ad eam, quæ Q R. Habet aūt & quæ M G, ad M K, eam rōnē quā quæ D, ad eam, quæ B. Quare ambæ à signis G K, non solum ad peripheriam M N, concurrent eandē habentes rōnē, sed & alibi: quodquidem impossibile. Q̄m igitur quæ D, neq; ad minorem ea, quæ Q M, neq; ad maiorem, (similiter enim demonstrabitur) palam est, quod ad ipsam utiq; erit, in qua Q M. Quare erit quod quæ M Q, ad Q K, quæ Q G, ad Q M. Si igitur eo, in quo Q, polo utens, distantia aūt ea, in qua Q M, circulus describatur, omnes angulos attinget, quos refractæ faciunt, quæ à K G. Si aūt non, similiter ostendentur eādē habere rōnem, quæ alibi quàm in semicirculo cōcurrunt, quod Tex. 27.

quidem

quidem erat impossibile. Si igitur circũducas semicirculum, in quo E, circa diametrum, in qua G K Q, quæ à G K, refractæ ad id, in quo M, in omnibus planis similiter habebunt, & æqualem facient angulum qui K M G, & quem facient autẽ angulum quæ K Q, & Q M super eam, quæ G Q, semper æqualis erit. Trianguli igitur super eam quæ G Q, æquales ei qui G M Q, consistunt: horum autem catheti, ad idem signũ cadent eius quæ G Q, & æquales erunt & cadant ad O. Cẽtrum ergo circuli O, semicirculus autem qui circa M N, abse-ctus est ab horizonte.

Cõm. 27. Cùm datam iam habeat rõnẽ ipsius G M, ad M K: eandem etiam accipit rõnem, quãdã exponẽs lineã D B, & illam diuidens, ſm rõnem, quam habet G M, ad M K: ita ꝙ, sicut se habet G M, ad M K, sic se habeat D linea ad B: & qm̃ maior est M G, q̃ M K: (positum iam. n. est refractum esse ad maiorẽ angulum, qui ab ipsa M K, ad diametrum circuli constituitur: qđ aũt obtuso angulo subtenditur latus in triãgulo G K M, maius est reliquis trianguli lateribus,) maior igitur erit linea D, q̃ B linea. Hoc autem, cùm acceperit, lineam quãdam adiungit ad eam, quæ est B, hoc est protendit lineam D B, uersus F, ex qua abscindit lineam F, ita ꝙ sicut se habet D ad B, sic se habeant utræq; simul sum ptæ B F, ad D: eandẽ igiẽ rõnẽ q̃ habet M G, ad M K, habebunt etiã D ad B, & B F, ad D. Præterea accipit rursus, quod sicut se habeat B, ad aliquam aliquam aliã lineam, quæ ab ipso K, indirectũ lineæ G K, assumpta fuerit, q̃ ponit esse K P, & ab ipso P, signo qđ terminus est lineæ G P, rectã protrahit ad signum M, ipsam scilicet M P.

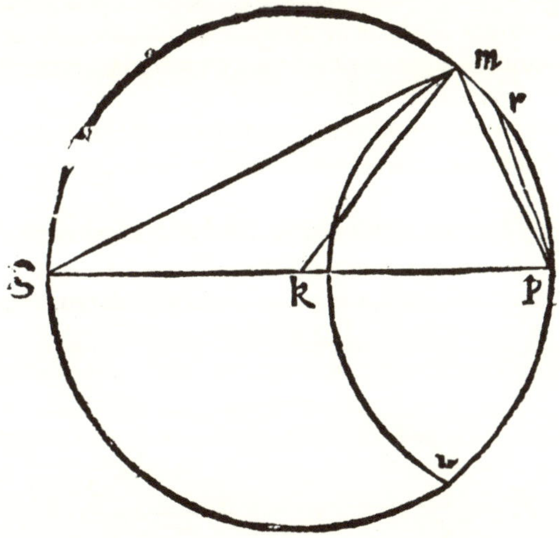

Cùm autẽ hæc sic disposuerit, dicit signum P, polum esse circuli, ad quem incidunt lineę, quæ à signo K, ſm conum circa axem G K, exciderit. Quo modo aũt tale signum prædicti circuli polus sit, deinceps ostendit: Erit enim, inquit, sicut F ad G K, & B, ad K P, sic & D, ad M P. Qũo quidem igitur, cum hoc sic se habeat P, signum polus prædicti circuli cõstituatur, parum infrà ostendet. Nam prius per impossibile ostẽdit, quod sicut se habet F, ad G K, & B ad K P, ita se habeat D, ad M P. Non. n. sicut se habent pdicta ad prædictas, ita se habeat D ad M P. Eandem igitur rationem q̃ habent illæ, habebit D, uel ad maiorẽ quãdam q̃ sit M P, uel ad minorem habeat ad minorem & sit P R. Eadem enim ostensio congruet etiam, si ad maiorem concedatur. Propter hoc nanque illud subdidit, {nihil enim differt.} nam siue maior per, q̃ sit P M, accipiatur, siue minor, idẽ utiq; sequitur impossibile. Quem igitur rationem habent adinuicem F B D, eãdem etiã G K, K P, P R, sibiinuicem habebunt: sed F B D, se adinuicem proportionaliter habent, sicut D ad B, sic F B ad D: & in reliquis igitur sicut se habet R P, ad P K, sic tota G P, ad R P, se habebit. Ipse autem conuerso ordine dixit, sicut G P, ad R P, sic R P, ad K P. Cùm uero hæc inter se sic se habere declarauerit, dehinc ad signum R, à signis G K, rectas ꝓtrahẽs lineas G R, & K R, has ĩquit eãdẽ habere rõnẽ ad-

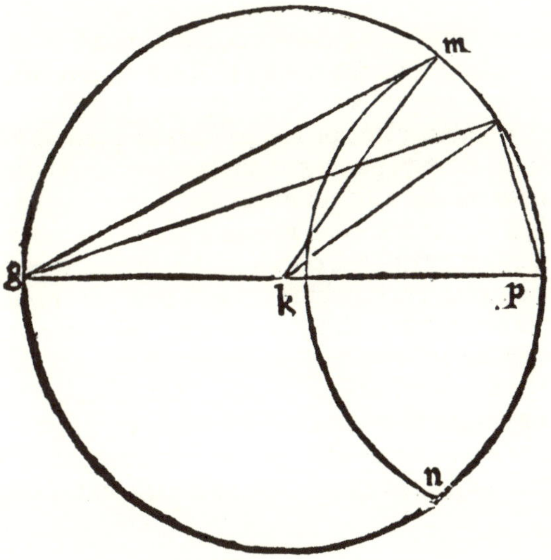

inuicem q̃ habet G P, ad P R. Cuius quidem causam assignat, quoniam circa angulum P, qui communis est duobus triangulis P R G, & K P R, proportionaliter eiusdem rationis sunt latera: latera nanque circa angulum P, maioris quidem trianguli sunt G P, & P R, minoris uerò K P, & P R. Similis autem rationis est linea quidem G P, maioris existens trianguli latus, lineæ P R, quæ latus minoris existit. Hę nanq; in rõne añtes sunt, in collatione, s. triangulorum. Rursus uerò & similis sunt rõnis maioris quidem trianguli latus P R, & minoris P K, cõsequentes: nanq; hæ rursus sunt in prædictis rõnibus. In prima quidẽ ratione P R linea, ut minoris trianguli latus accipitur. In secunda uerò P K, quæ & ipsa minoris trianguli latus existit. His autem sic se habentibus lateribus, & reliqua etiam triãgulorum latera eandem habebũt rationem, si simili rõne accipiantur: reliqua uerò latera sunt maioris quidem triãguli linea G R: minor is uerò K R: habebit igitur G, ad K R, eãdem rõnem quã habet G P, ad P R, siue R P, ad P K, sic enim acceptis lineis antecedentes à maiori triangulo similis rõnis fient. Atqui q̃ habet rationem G P, ad P R, & P R, ad P K, eãdem habet & G M, ad M K: erit enim prius G M, ad M K, sicut D ad B, & B F, ad D. sicut aũt se habebat F B, ad D sic accepta fuit G P, se habens ad P R, & P R, ad P K, sic igiẽ se habet G M, ad M K, sic se habebit G R, ad R K. Erunt ergo ad aliud & ad aliud signũ in eodẽ semicirculo ab ipsis signis G K, fractæ, ac constitutæ rectæ lineæ ĩ eadẽ rõne: ꝙ ostẽsum est esse impoẽ. Impoẽ igiẽ est, ꝙ linea D, ad minorẽ q̃ P M, eandẽ habeat rõnẽ, q̃ hẽt F, ad G K, & B ad K P, sed nec ad maiorẽ. Sĩr. n. ostẽdetur esse impoẽ: ad ipsam igiẽ M P, eandem

eandem habebit rationem q̃ habent prædictæ. Erit igitur, sicut G P, ad P M, sic P M, ad P K, i triãgulis quidem P M K, & P M G. Hę uerò, quæ ꝓportionales sunt circa angulũ P, constituuntur, qui ab ambobus triãgulis communis est, & reliqua igitur latera eandem rõnem habebunt adinuicem, si ſm similitudinem rationis accepta fuerint. Sunt aũt reliqua latera, linea s. G, M, quæ existens maioris trianguli latus añs erit, & linea K M, quę cum minoris latus existat, cõsequẽs fuerit: erit ergo sicut G P, ad P M, sic P M, ad P K, & G M, ad M K. Quę quidem cùm sic se habeant polo quidem P, interuallo autem P M, descriptus circulus signa attinget omnia in quibus refractio linearũ fiet, quæ à signis G K, in eadem rõne excisæ fuerint, quas quidem fractiones angulos uocauit. Quod si nõ attigerit, accidet utique eandem habere rationem lineas, quæ ad aliud & ad aliud signum, ab eisdem signis in eodem plano productæ fuerint: quod est impõle. In illo. n. plano, in quo quidem prædicti circuli peripheriã non attinget, lineas hasce, quæ à signis G K, ductas in eadem rõne assumimus, in illo, inquam, plano, quæ peripheriã circuli attingentes, frangentur lineæ, eãdem habebũt rõnẽ, q̃ & oẽs, quę à signis G K, ad M, exciderint, etiam habent. hoc autẽ, si in eadẽ rõne, etiã non attingentes exciderint, impõle erit. cum igitur hæc sic se habeãt, si semicirculus qui s. horizontis est in quo fractio linearũ quę à signis G K, ad M, excidentium facta est, circũducatur circa diametrũ G K, secum una circũducens triãgulum G K M,

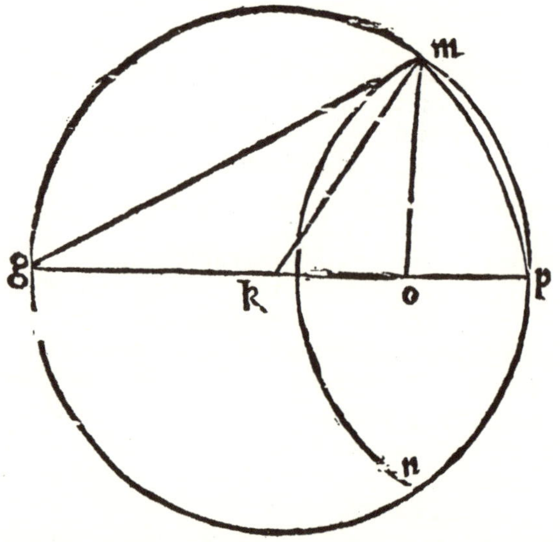

circulum quidem efficiet, ſm M, signum, qui polo P, ĩteruallo autem P M, descriptus erit: nihil. n. differt, an circulus descriptus attingat signa in quibus M, an uerò M, signum circunductum, circulum ipsum describat. Circunducto itaq; circulo, omnes, quæ à G K, refractæ erunt ad id, in quo M, in oĩbus planis similiter se habebũt, & æqualem facient angulum, qui K M G. Similis enim in circunductione triangulus semper manet: quinetiam & angulus, quem faciunt, in circunductione G P, & P M, super eam quæ G P, semper æqualis erit: triangula igit, quæ in circunductione super G P, & K P constituuntur, æqualia erunt semper ipsis triãgulis G P M, & K M P, quorũ oĩum catheti, ad idem signum cadent in diametro G P, & palàm est ꝙ æquales erunt. Cadant ad O, omnino nanq; cadent inter K, & P, ipsum igitur O, signum cẽtrum erit circuli qui secundum lineas à signis G K, in eadem ratione refractas, descriptus erit: cuius quidẽ circuli, semicirculus ab horizõte super terrã absectus erit. Semicirculus. n. absumet, ꝓpterea quia dicti circuli centrũ in diametro horizontis existit, q̃. s. est G K P.

Iterum sit horizon quidem, in quo A C: *ascendat autem supra hunc* G: *axis autem sit nunc in quo* G Q. *Alia igitur omnia, similiter ostendentur vt & prius. Polus autem circuli, in quo* Q, *erit sub horizonte eo in quo* B C, *eleuato signo in quo* G. *In eadem autem, & polus, & centrum circuli & terminantis nunc ortum: est enim iste, in quo* G Q. *Quoniam autem supra diametrum quæ* A C, *quod* K G, *centrum vtiq; erit sub horizonte priori, in quo* A C, *in linea* K Q, *in quo* O. *Quare minor erit superior decisio semicirculo, in qua* S T, *(nam* R S T, *semicirculus erat, nunc autem abscissus est ab* A C, *horizonte: itaq;* R S, *disparens erit) eleuato ipso sole. Minima autem, cùm in meridie. Quantò enim superius* G, *tãtò inferius & polus & centrum circuli erit.* Tex. 28.

Postquam demõstrauit, ꝙ semicirculus fiat Iris, non autem maior, dum in horizonte existit astrum, ad quod refractio habet fieri: nunc per ea, quę demõstrata sunt, ostendit, ꝙ si astrum super horizontem extiterit, semper minor semicirculo fiet Iris. Sit igitur rursus horizon circulus, cuius diameter sit A C: si ergo astrum, ad quod refractio est, non in horizonte, sed supra eleuatum extiterit, ueluti ĩ signo G K, s. centro horizontis existente, tunc axis quidẽ coni, q ab excidentibus lineis, secundum conum, à signo K, in M, & refractis in G, cõstituitur, non amplius ĩ priori diametro adhuc fuerit. Signum uerò P, polus existens circuli, qui basis sit coni, in quo apparet iris. nõ adhuc in horizontis diametro extiterit, sed sub terra deorsum occultatur: quare & centrum etiam circuli cuius P, signum polus est, erit sub terra, oportet enim ꝙ oĩa hæc in eadem sint recta linea G, s. quod astrum est ad quod refractio habet fieri, & K, in quo cùm centrum horizõtis sit, uisus ponitur, & O, quod centrũ est circuli in qua emphansis apparet Iridis, & tãdẽ eiusdẽ circuli polus. Tãtò aũt inferius est signũ P, ab ipso C, quãto superius est G, ipso A, qm igit in eadẽ recta linea, est polus circuli, & cẽtrũ circu- Cõm. 28.

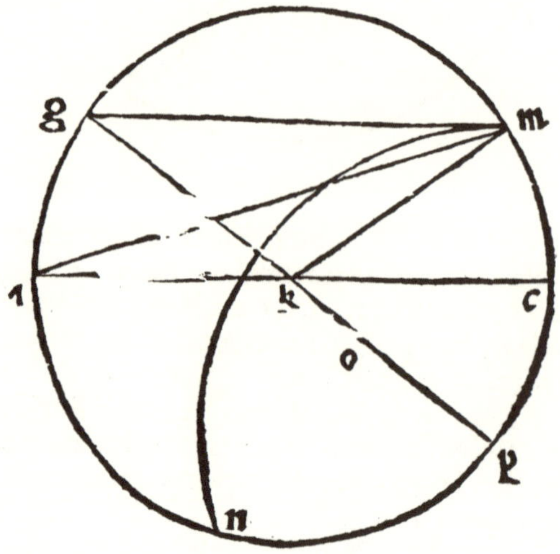

li, cuius polus est P, & uisus ipse, qui est in K signo, cẽtro, uidelicet horizõtis: erit igitur centrum circuli, ſm quem Iris tunc fuerit in linea K P, inter K & P.

Cùm

Cùm igitur fit in ipſa K P, linea ſub diametro quidem horizontis extiterit, quapropter, cùm deſubter centrum ſit, minor ſectio circuli ſuper terram ab horizonte relinquetur, q̃ ſemicirculus ſit: tunc enim ſemicirculus relinquebatur, cùm in horizonte cẽtrum erat ipſius. Secundum igitur quantitatem eleuationis aſtri ab horizonte, portio circuli ipſius Iridis ꝓportionabiliter minorabitur ſemper: quantò nãque aſtrum ſublimabitur, tantò infirmior ac magis ſubterraneus fiet polus circuli, in quo Iris apparet: quãto autem magis remouetur dictus polus à diametro horizontis, tanto minor erit circuli portio, quæ ſuꝑ terram eſt, cuius centrum ab horizonte ſub terra interceptum ſit, in qua quidem portione tm̃ apparet Iris. Et hoc continue ſic ſemper acciderit, donec in in ipſo meridie, aſtrum, ad quod refractio habet fieri, accipiatur: tunc nãque minima circuli erit portio quæ ſuper terram ab horizonte abſecta fuerit. Hoc autem oſtendit ipſe cum dixit, {quantò.n.ſuperius C, tantò inferior & polus & centrum circuli erit.} quantò uero inferius centrum circuli fuerit, palàm, ꝙ tanto minor portio circuli erit, quæ ſuper terram eſt ex circulo relinquetur.

Tex.29. *Quòd autem in minoribus quidem diebus ijs, qui poſt æquinoctium autumnale contingit ſemper fieri Iridem, in lõgioribus autem diebus ijs, qui ab æquinoctio altero ad æquinoctium alterum, circa meridiem non fit Iris, cauſa eſt, quia quæ ad Arcton deciſiones, omnes maiores ſunt ſemicirculo, & ſemper ad maiores: quod autem eſt immanifeſtum, paruum. Quæ aũt ad meridiẽ deciſiones æquinoctialis, quæ quidem ſurſum deciſio parua, quæ aũt ſub terra magna, et ſemper in maiores, quæ longius. Quare in ijs, quæ ad æſtiuas verſiones diebus propter magnitudinem deciſionis, antequam ad medium veniat deciſionis, & ad meridianam G ſubtus, iam penitus fit T, propterea quòd longè diſtat à terra meridies, propter magnitudinem deciſionis. In ijs autem diebus, qui ad hyemales verſiones, quia non multum ſuper terram ſunt deciſiones circulorum, contrarium neceſſarium fieri: modicum enim eleuato in quo G, in meridie fit Sol.*

Cõm.29. Minores ipſis noctibus dies intelligit, in toto nãque anno breuiores q̃dem ſunt dies, poſt ęquinoctiũ ipſum autumnale, propterea, q̃a cùm per auſtraliores ac meridionaliores quidem partes decurrat ſol, minores utiq; ꝓpter auſtralis poli depreſſionẽ fiũt ibi ſuper terrã, portiones circuloꝝ, quos delatus deſcribit Sol, minores uerò ſub terra: longiores uerò poſt uernale æquinoctiũ exiſtunt dies, ex eo rurſus, ꝙ ſol tũc circa boreales uerſatur partes ab æquinoctiali: ubi quidem propter eleuationem borealis poli, maiores circuloꝝ, quos ſol ipſe deſcribit, portiones ſuꝑ terram exiſtũt, minores uerò, quæ deſubter. Ex his aũt aſsignat cãm eius, quod à principio tractatus de Iride, iã prius dixerat. Dixit enim, {& poſt autumnale q̃dem æquinoctium in breuioribus diebus, oĩ hora fit diei, in æſtiuis aũt non fit circa meridiem.} Hãc itaq;, inq̃t, huius eſſe cauſam, q̃m ex deciſionibus circulorum, quos poſt uernale æquinoctium deſcribit ſol, circa loca, quæ ad urſam ab æquinoctiali ſita ſunt, maiores ſemper ſuper terram exiſtunt: ex hoc.n.& dies ipſi longiores ſunt. Per illud autẽ, {ad maiorem.} aut intelligit quod & Sol tunc propter hoc ad maiorem & ſublimiorem cœli partẽ eleuatur, aut quod Sol ſ̃m elõgationem ab æquinoctiali, ſemper tunc maiores circulorum portiones ſuper terrã deſcribit. Ex deciſionibus uerò, quæ ad meridiem ab æquinoctiali fiunt, eorũdem circuloꝝ, ſ̃m quos mouetur ſol poſt æquinoctium autũnale, minor quidem ſemper deciſio ſuper terram, maior uerò ſub terra intercipitur: & quãtò magis ab æquinoctiali tunc elongatur ſol, tantò maior erit portio quæ ſub terra, minor uerò quæ ſuper terram: oppoſito.ſ.ordine ad ea quæ circa urſam. His itaq; in hũc modum ſtantibus, in his quidẽ qui ad uerſiones æſtiua ſunt diebus, qui utiq; accedente fiunt ſole, ad circulum arcticum ab æquinoctiali, ac rurſus à prędicto circulo ad æquinoctialem recedente: q̃m tunc maximi ſunt quidem dies, & per conſequens, maximæ ẽt deciſiones ſuper terram circulorum, per quos mouetur ſol, neceſſe eſt, anteq̃ ad medium deciſionis ueniat ſol, ac meridiem faciat ſubtus iam penitus eſſe polum eius circuli, in quo Iris appareat: polo aũt deſubter facto, fit & ſubtus etiam centrum, quod iam dixit eſſe in quo O. Q̃m.n.in eadem recta linea exiſtere habet, polus circuli ſecundum quem apparet Iris, ac centrum eiuſdem, inſuper & ſol, quemadmodum & uiſus ipſe, palàm ꝙ quantum ſol ſublimior factus fuerit, tm̃ etiam & polus & centrum prædicti circuli inferius deprimuntur, quibus quidem depreſsis, circulus, etiam ipſorum minimam ſemper ſuper terram portionem habuerit, ita ꝙ circa meridiem propter plurimam centri ſubterraneam depreſsionem, ſ̃m nullam utiq; partem ſui, ſuper terram eminens erit: quamobrem in hiſce quidem diebus, omni hora poſſe fieri Iridem impoſ̃e eſt. Non.n.illud dicit, quod.ſ.in talibus dieb⁹ nulla penitus poſsit fieri Iris, ſed quod circa meridiem non poteſt. Propter hanc quidem igitur rationem poſt uernale æquinoctium circa meridiem Iris non fit. Poſt autũnale uerò, qualibet ſemper hora poſsibile eſt ipſam fieri: propterea quia circulus ipſe, qui circa polum P deſcribitur, in quo.ſ. Iris apparet, ſemper aliqualem ſui portionem ſuper terram retinet, quoniam tunc ſol ad ualde maximam eleuationem nõ ſublimatur: modicum enim in meridie per id temporis eleuatur ſol. Eadem ergo cauſa eſt, tum ꝙ exiſtente ſole ſuper horizontem, minor ſemicirculo fiat Iris, tum etiã quod in longiſsimis diebus, circa meridiem nulla fiat: ꝓgreſſus enim ſolis ad ſublimes cœli partes, utriuſq; horum eſt cauſa.

Cap.6. De Parelio ac virgis, ac de his, q̃ ĩ terræ partib⁹ gñant̃.

Tex.30. *EAſdem aũt dictas cauſas, exiſtimandum & de Parelio et Virgis. Fit.n. Parelius quidem, refracto viſu ad Solem. Virgæ aũt, propterea quòd incidit talis exiſtẽs viſus, qualem diximus ſemper fieri cùm prope ſolem exiſtentibus nubibus ab aliquo refrangitur humidorum ad nubem. Videntur.n. ipſæ quidem incoloratæ nubes, ſecundum rectũ aſpectum intuentibus. In aqua aũt, virgis plena nubes: uerũtamen, tunc quidem in aqua videtur color nubis eſſe: in virgis aũt, intra ipſam nubem. Fit aũt, hoc cùm irregularis fuerit nubis conſiſtentia, & hac quidem ſpiſſa, hac aũt rara, & hac quidem magis aquoſa, hac aũt minus: refractio.n. viſu ad Solem, figura quidem non videtur, color autem quia autem in irregulari apparet fulgidus & albus Sol, ad quem refractus eſt viſus, hoc quidem puniceum videtur, hoc aũt viride aut xanthum. Differt.n. nihil, per talia videre, aut à talibus refractum: vtroq;.n. modo apparet colore ſimile. Quare, ſi et illo modo puniceum, & iſto. Virgæ igitur fiunt, propter irregularitatem ſpeculi, non figura, ſed colore.*

Cùm dixiſſet de Halo & Iride, nunc tranſit ad ſermonem de Parelijs & Virgis, & inquit, ꝙ eaſdē oportet exiſtimare eſſe cauſas & horum & illorum, quæ dicta ſunt. Halo. ſ. atq; Iridis. Omnia. n. hæc refractio fiunt uiſu ad Solem ab aliqua conſiſtentia inſpiſſata, ac nebuloſa. Virgas autem, ex hoc inquit, per hunc modum fieri, qm̄ talis quidem exiſtens uiſus à nube ad Solem refrangitur, qualē fieri diximus prius, cùm prope Solem exiſtentibus nubibus ab aqua ad ipſas refrangitur. Inquit autem, ꝙ plerunq; eædem nubes ſm̄ ſeipſas, alterius coloris expertes albæ apparent, propterea quia prope Solem exiſtentes, ab ipſo illuſtrantur: ſi per aquam tn̄ ſpectentur, ſecundū aliquas rectas lineas, coloribus Iridis infectæ uidentur, propterea ꝙ craſſa quædam conſiſtentia in illis eſt, cui permixtum lumen Solis, coloris phantaſiā in aquam præbet: qui quidem color, ſecundum aſpectum intuentibus nubem, non percipitur, cùm à fulgētibus eius lateribus occultetur, ac offuſcetur, per aquam tn̄ nubem ſpectantibus manifeſtus apparet. Ibi quidem igitur in ipſam nubem recto tramite inſpicientibus, cùm prope Solem extiterit nubes, color utiq; non apparebit. Virgæ uerò in ipſamet nube, ſi ex latere Solis fuerit, ſecundum quaſdam rectas lineas, manifeſtum colorem habent. Huiuſmodi aūt phantaſiam contingere inquit in nubibus, cùm earū conſiſtentia irregularis extiterit, ut in altera parte denſitas ſit, in altera uerò raritas, & altera magis, & in altera minus aquoſa ſit. Ab huiuſmodi nāque conſiſtētia, refractus uiſus ad Solem propter paruitatem ſpeculorum, figuram quidem Solis non uidet: color uerò cùm fulgidus & albus ſit Sol, ex huiuſmodi ſpectatus ſpeculis, ſecūdum aliquam eius partem, phœniceus, ſecundum aliam uerò uiridis uel xanthus apparet: quemadmodum. n. per quādam craſſam & caliginoſam conſiſtentiā ſpectatus ſol, uel phœniceus, uel xāthus, uel quodam alio colore infectus uidetur, ſic etiam quando ab huiuſmodi conſiſtentijs, refractio fit uiſus ad ipſum, uel (quod uerius eſt,) quādo ipſius lumen à tali nube refrangitur ad uiſum, idem acciderit fieri. Virgas q̄dem igitur fieri, inquit, propter prædictam ſpeculorū irregularitatem, quæ ſpecula non figuræ quidem irregularitatem oſtendunt: (ſpecula. n. quædam ſunt, quæ propter ſui irregularitatem, figuras etiam irregulares, & permutatas atque euerſas intuentibus offerunt.) Verùm hæc de quibus loq̄mur, non irregularitatē figuræ oſtendunt ſolis, (cum nec figuram penitus propter paruitatem offerre poſsint) ſed colores tantummodo, quorum tantum ſunt ſpecula.

Tex. 31. *Parelius autem, cùm quāmaximè regularis fuerit aer & ſpiſſus ſimiliter: quapropter apparet albus, Regularitas enim ſpeculi facit vnum emphāſeos colorem. Refractio autem ſimul totius viſus, propterea quòd ſimul incidit ad Solem à ſpiſſa exiſtente calinige, & nondum quidem exiſtente aqua, prope autem aquam, colorem, qui in Sole ineſt apparere facit, ſicut fractio ab ære polito propter ſpiſſitudinem. Quare qm̄ color Solis albus eſt, & parelius apparet albus. Propter hoc idem autem magis aquæ ſignum eſt parelius, quàm virgæ: magis enim ſignificat aerem efficaciter ſe habere ad generationem aquæ. Auſtralis autē Boreali magis, quia magis Auſtralis aer in aquam permutatur, quàm qui ad Arctum. Fiunt autem, ſicut diximus, & circa occaſus & circa ortus, & neque deſuper neque deſubter, ſed ex lateribus, & virgæ & parelij, & neque prope Solem valde, neque longè penitus. Propè enim exiſtentem, Sol diſſoluet conſiſtentiam: longè autem exiſtentem viſus non refrangetur: à paruo enim ſpeculo longè protenſus, debilis fit. Quapropter & Halo non fiunt ex oppoſito Solis.*

Pareliꝰ aquę indiciū magis eſt, q̄ virgæ.

Cūm dixerit de uirgis, de parelijs inquit modò, ꝙ tunc utiq; fiunt, cùm maximè regularis conſiſtentia aeris fuerit, & ſpiſſa ſimiliter. Propter hoc. n. parelios, inquit, albos fieri: nāq; ex ſimilitudine, ac regularitate ſpeculorum, unius tm̄ coloris oritur phantaſia. Ex hoc autem albus eſt, qm̄ propter conſiſtentiæ craſsitudinem ac regularitatem, uniuerſus aſpectus ſimul ad ipſam incidens, ac ab ea dehinc ad Solē refractus, cùm p̄dicta q̄dem ꝯſiſtentia adhuc aquoſa & nigra nō ſit, ſed propè tn̄, ut aqua fiat, coloris, qui in Sole ineſt, efficit phantaſiam, quemadmodum ab ære polito propter eius denſitatem, uniuerſus ſimul refractus uiſus, propter unitam ac ſimul uniuerſam refractionem, uerum ac ſyncerum rei uiſibilis colorem apparere facit. Cùm igitur Solis albus ſit color, & parelius etiam albus exiſtet, propter hoc idem autem magis, inquit, ſignum aquę eſt parelius, q̄ uirgę: intelligens per illud {propter hoc idem} dēſitatem ac regularitatē conſiſtentiæ. Inditio. n. eſt hm̄oi conſiſtentia, ꝙ aer quidem procliuis ac diſpoſitus ſit, ad trāſmutationem ac generationem aquę. Magis aūt, inquit, ſignum pluuiæ eſt, parelius auſtralis à ſole factus, (ex latere nāque ſolis fiunt parelij, ut dictū eſt) q̄ borealis ab eodem: qm̄ aer auſtralis magis in aquā tranſmutatur, q̄ qui ad arctum. Fieri aūt inquit, & parelios & uirgas, & circa occaſum, & circa ortum exiſtente ſole, (medium nāque cœlū tenens, hm̄oi conſiſtentias ut plurimum diſsipat ac diſſoluit,) ac tunc quidem neq; ante ipſum, neq; poſt ipſum: hoc. n. intelligit, ꝑ neq; deſuper neq; deſubter. Poteſt etiam intelligi per deſubter ſub ipſo Sole, quemadmodum generatur Halo: uerùm ex ipſius latere fiunt, latera autem Solis per partes uerſus polos determinātur. Quinetiam neque ualde prope ipſum fiunt, neque longe nimis: conſiſtentiæ enim prope Solem exiſtētes, ab ipſo diſtrahuntur, ac diſterminantur, ac diſſoluuntur. Si uerò è longinquo ualde cōſiſtunt, impoſſe erit uiſum refrāgi, à paruo enim ſpeculo, cùm tenuis ſit refractio, ſi longe poſtmodum protendatur, debilitabitur. Et hanc dicit eſſe cauſam, quare etiam Halo non fiant ex oppoſito Solis, ſed ſub ipſo. Prope enim exiſtentes ſegregantur, cùm facillime diſsipētur efficientes Halo conſiſtentiæ, è longinquo uerò refractiones non ſuſcipiunt. Cōm. 31.

Tex. 32. *Surſum igitur ſi flat & propè, diſſoluet Sol: ſi autem longè, minor viſus exiſtens quàm vt faciat refractionem non incidet. In latere autem eſt tātum diſtare ſpeculum, vt neq; Sol diſſoluat, viſusq; multus ſimul veniat: quia ad terram latus, non pertingit tanquam per immenſum latus.*

Cōm. 32. Per ſurſum quidem intelligit, ſm̄ rectum ad Solē, ueluti motum facit, ſm̄ quam quidem partem conſiſtentiæ non fiunt, quæ parelios & uirgas, aut ipſas Halo ſuſcipiant: qm̄ uel prope Solem exn̄tes diſſoluuntur, uel ſi de longè exiſtunt, refractionem firmā non conſeruant. Oportet. n. ſm̄ conuenientem ac cōmenſuratam quandam elongationē ipſas diſtare, ita ꝙ Sol ex acceſſu, uel receſſu ab eis ꝓpter hoc q̄d ſm̄ eaſdem partes moueatur, nec propior unquam, nec lōginquior ſit q̄ poſcat ipſa ſymmetria. Ex latere aūt, re aũt, inquit, cõmensuratam distantiam est recipere, quæ præter hoc, quod commensurara existit, permanet etiam secundum eandem symmetriam per aliquod tempus, non accedente quidem ad consistentiam Sole, nec recedente ab ea, propterea quia secundum easdem partes non mouetur. Cùm autem dixit, quod neque Sol tunc dissoluit uisusq; multus simul uenit, statim subdidit, {quia ad terram latus non pertingit tanquam per immensum latus,} quod fortè est ac si diceret, quod cùm non fuerit prædicta consistentia, secundum symmetriam distans à Sole, ac ex latere ipsius, sed ad terram lata erit, non poterit refractio ab ipsa pertransire ad solem, tanquã per immensum lata, per distantiæ uidelicet magnitudinem. Potest autem accipi lectio in litera per hyperbaton, seu uerbi transgresionem, ut consequenter litera sic legatur: Si autem longè minor uisus existẽs q̃ ut faciat refractionem, nõ incidet, quia ad terram latus non pertingit, tanquam per immensum latus palam est quod tunc quidem longè adeo à sole erit consistentia, ut ab ipsa ad solem refrangi uisus non posit, cùm .s. ad terram fuerit, à consistentia nãque ad terram lata, tanquam per imensum refractiones ad solem fiunt. Dehinc post huiusmodi ordinem literæ, subiungendum ac ordinandum est illud, {in latere autem est tantum distare speculum, ut neque Sol dissoluat, uisusq; multum simul ueniat.}

Tex.33. *Sub Sole autem non fit, propterea quòd prope terrã dissoluitur vtique à Sole: sursum autem in medio cœli, visus dispergitur: & totaliter neque ex latere in medio cœli fit, visus enim non ad terram fertur. Quare paucus pertingit ad speculum, & refractus fit omnino debilis.*

Côm.33. Cùm dixerit, q; si prope terram fuerit consistentia, lõgè tũc erit à Sole, & nõ fiet refractio ad ipsum: inquit modò, propter quid uniuersaliter non fit sub Sole consistentia quidem talis, ut in ipsa parelij, aut uirgæ contingant fieri. ac simul etiam asignat causam, quare ex latere tantum solis, constitutio eorum accidat. Nam, si sub sole, inquit, huiusmodi consistentia facta fuerit, si prope quidem terram contigerit, dissolutio eius à sole refractionem præuenerit: sublimi uerò facto, ac medium tenente cœlum, uisus rursus propter distantiæ longitudinem dispersus ac debilitatus illi occurret, qui quidem talis existens usque ad solem ab ipsa refrangi non poterit. Non solùm enim sub sole cœli umbilicum tenente, consistentia existente, refractionem imposibile est fieri ab ipsa ad solem, uerùm nec si ex latere solis, medium rursus habentis cœlum, consistentia cõstituatur. Nam cùm ipsa sic se habuerit, ac longe à terra extiterit, tunc incidens ei uisus, nec prope quidem, nec ad terram feretur, sed per ampliorem magis distantiam, quapropter paruus & debilis illam pertingit: quare & eius refractio à speculo seu à consistentia, infirmus nimis ac imbecillis extiterit.

Tex.34. *Quęcunque igitur opera accidit exhibere segregationem in locis ijs, quæ super terram, hæc ferè sunt & talia. Quæcũque autem in ipsa terra, inclusa terræ partibus operatur, dicendum. Facit.n. duas differentias corporũ, propterea quòd duplex natura est & hæc, quemadmodum & in alto. Duæ.n. sunt exhalationes, hæc quidem vaporosa, hęc autem fumosa, vt diximus: duæ autem & species eorum, quæ in terra fiunt, nam hæc quidem fossibilia, hæc autẽ metallica. Sicca igitur exhalatio, igniens facit fossibilia omnia, puta lapidum genera illiquabilia, & vernicem, & oricellam, & minium, & sulfur, et alia talia. Plurima autem fossibilium sunt, hæc quidem puluis coloratus, hæc autem lapis ex tali consistentia factus, velut cinnabari. Exhalationis autem vaporosæ, quæcunque metallantur, & sunt aut fusilia, aut ductilia, puta ferrum, aurum, æs. Facit autem hæc omnia exhalatio vaporosa, inclusa, & maximè in lapidibus, propter siccitatem in vnum coarctata & coagulata, velut ros aut pruina, cùm segregata fuerit. Hic autem antequam segregetur, generantur hæc. Quapropter hæc, sunt quidem vt aqua, sunt autem vt non: potentia enim materia aquæ erat, est autem non adhuc. Neque ex aqua facta propter quandam passionem, sicut humores, neque enim sic fit, hoc quidem æs, hoc autem aurum: sed antequam fiant, coagulata exhalatione. singula horum sunt. Quapropter & igniuntur omnia, & terram habent: siccam enim habent exhalationem. Aurum autem solum non ignitur. Communiter igitur dictum est de omnibus his, sigillatim autem considerandum intendentibus circa vnumquodque genus.*

Quæcunque, inquit, in loco, qui super terram est opera facit exhalatio ac segregatio, quæ fit ex terra, tot ferè & talia sunt: nam si quod ex his operibus p̃termissum fuerit, ex his, quę dicta sunt, innotescet & eius ratio. Quæcunque autem eadem illa exhalatio ac segregatio, quæ in ipsa terra, aut terrea partibus inclusa est operatur, consequenter dicendum est. Quoniam enim duplex est ista exhalatio, ut dictum est, altera quidem sicca & fumosa, altera uerò humida, quàm uaporem appellat, duas corporum differẽtias, intra terram ipsam efficiet, quemadmodum, ut dictum est, efficit super terram. Duas itaque esse, inquit, species corporum, quæ ex intercepta ac inclusa exhalatione, generantur sub terra: hęc quidem enim fosibilia existunt, hęc uerò metallica. Fosibilia autem ab ipsa fiunt sicca & fumosa consistente exhalatione, cùm quidem superabundat: hæc autem sunt lapidũ genera illiquabilia, sandaracha, sulphur, miltus sinopicus siue minium, ochrea, auriglutinum, & alia id genus. Plurima autem fosibilium esse asserit, hæc quidem puluis coloratus, hæc uerò lapis, ex tali calida & sicca consistentia stabilitus & factus. Metallica uerò corpora fieri inquit, rursus ex uaporosa exhalatione, hæc autem sunt, quæcunque aut ductilia, aut fusilia existunt, ueluti ferrum, aurum, æs, & quæcunque his similia. Fieri autem inquit, prædicta hæc ab exhalatione uaporosa, intra terram inclusa, ac maxime in lapidibus: propter enim eorum siccitatem in unum constringitur ac coarctatur. Quemadmodum enim ros & pruina, cùm ab exhalatione calida & sicca, à qua sursum mouentur, derelinquuntur, ac secernuntur, tunc in unum constipantur, sic etiam accidit fieri circa uaporem ipsum sub terra interceptum, atque inclusum. Differunt autem quæ sub terra ex uapore consistunt, ab his, quæ super terram, quoniam super terram quidem, post segregationem humidæ exhalationis, & transmutationem in aquam, fiunt ros & pluuia: generatio autem metallorum sub terra, ex uapore fit, non quidem prius à siccitate segregato, ac in aquam transmutato, & postmodum constipato, sed ante constipatio ac coagulatio quidem fit, quàm penitus segregatus sit uapor, ac actu aqua: quapropter & quęcunque Côm.34.

cunque

cunque per hunc modum coagulantur & fiunt, ueluti fiunt metallica corpora, quodãmodo sunt aqua, quodãmodo non. Qm̃ quidem enim generantur ex uapore q̃ potẽtia aqua est, ac eius materia quatenus quidem hoc patiuntur, sunt ut aqua: qm̃ uerò ex non actu aqua, atq; ex non penitus segregato prius uapore generantur, quemadmodum accidit circa sapores: (hi enim ex aqua, propter quandam passionem transmutata fiunt) quatenus utique hoc rursus patiuntur, ut aqua non sunt. Ex hoc nanque quod ante secretionem aquæ coagulatio eorum fit, aliquod terreum in ipsis inest: non enim penitus ab ipsa sicca exhalatione absoluuntur. Propter hoc autem, inquit, {igniuntur quidem talia.} hoc est, per exustionem ac conflationem demulcentur admodum ac subdeficiunt, ac diuortium quodammodo faciunt. Aurum autem solum ex metallicis corporibus non ignitur: si enim syncerum ac depuratum est aurum, nullus quidem defectus, siue diminutio ex eius conflatione contigerit. Cùm uerò hæc quidem dixerit, tunc, inquit, quòd communiter ac modo quodam uniuersali dictum est de his, fossibilibus scilicet ac metallicis corporibus, quæ uidelicet sit horum differentia, & unde, & ubi generatio eorum fit: proprie autem de his considerare habent illi, qui de quolibet horum genere, determinare susceperint: de quibus Theophrastus diligenter pertractat, in libro de Metallis, & in quibusdam alijs.

Libri Tertij Meteorologicorum, cum Cõmentato. Alexandri finis.

ALEXAND. APHRODISIENSIS PRÆFATIO,

In Quartum Librum Meteorologicorũ Aristotelis, Alex. Piccolomineo interprete.

LIBER hic, qui Quartus inscribitur Meteorologicorũ Aristo. Aristotelis quidem est verùm ad Meteorologicum negotium non attinet. nam quæ in ipso pertractantur, huiusce theoriæ propria non videntur: sed magis (quantum ex his, quæ in ipso dicuntur ratiocinari potest) consequi habet ad libros de Generatione & Corruptione. Cùm enim in ipsis pertractauerit de quatuor virtutibus tangibilibus, caliditate scilicet frigiditate, humiditate, & siccitate, ostendens ex combinatione istarum virtutum elementa fieri: quinetiam aliquas ipsarum actiuas esse, aliquas verò passiuas, in præsenti modò libro, quæ nam sint ea declarat, quæ vnaquæque dictarum virtutum facit, aut patitur, & quæ ab ipsis geruntur ac fiunt.

ARISTOTELIS STAGIRITAE, METEOROLOGICORVM, LIBER QVARTVS,

Cum Alexandri Aphrodisiensis Cõmentarijs. Alexandro Piccolomineo interprete.

SVMMA LIBRI:

De Actiuarum Qualitatum operationibus, ac de speciebus à qualitatibus ipsis prodeuntibus. De Passionibus item, ac Similarium corporum à passiuis qualitatibus prodeuntibus, differentijs. De cognitione demum temperaturarum corporum similarium.

Caput primum. Ex qualitatibus, quæ nam actiuæ, & quæ passiuæ dicantur exponit.

QVONIAM *autem quatuor causæ determinatæ sunt elementorum, harum autem secundum coniugationes & elementa quatuor accidit esse, quarum duæ quidem actiuæ caliditas & frigiditas, duæ autem passiuæ, siccitas & humiditas: (fides autem horum, ex inductione.) Videntur enim in omnibus caliditas quidem et frigiditas terminantes, & copulantes & permutantes, & homogenea & non homogenea, & humectantes et exiccantes, & indurantes & mollificantes. Sicca autem & humida terminata, & alias dictas passiones patientia, & ipsa secundum se, & quæcunque communia ex ambobus corpora constant. Adbuc autem ex rationibus palam est, quibus determinamus naturas ipsorum: calidum enim & frigidum, vt actiua dicimus, concretiuum enim, sicut actiuum aliquid est: humidum autem & siccum, passiua. Facile terminabile.n. & difficile terminabile, eo quòd patitur aliquid natura ipsorum dicitur. Quòd igitur hæc quidem actiua sunt, hæc autem passiua, manifestum est.* Tex.1.

IN memoriam nobis reuocat, quæ in Secundo de Generatione & Corruptione ostensa sunt. Ostensum.n.ibi est, quatuor esse causas, secundũ quas prima corpora, hoc est elementa ipsa, specificantur, caliditatem.s.& frigiditatem, humiditatem & siccitatem. has nãque demonstratum est, primas esse ex tangibilibus contrarieratibus, secundum uerò tangibiles primas contrarietates specificari habent ipsa elementa. Quatenus enim tangibilia sunt, subsistentia existunt, ac à mathematicis corporibus differunt. Propter hoc uerò & secunda elementa, quoniam secunda etiam existunt illa, ex quibus specificantur: binarum nãque contrarietatum, quæ quidem per simplicem ex duobus semper compositionem, uniuersæ fiunt combinationes, sex tantum sunt, quarum, cùm duæ ex oppositis consistentes impossibiles sint, quatuor erunt reliquæ, à quibus elementa ipsa specificantur: ignis quidem à caliditate & siccitate, aer uerò à caliditate & humiditate, aqua ab humiditate & frigiditate, terra tãdem à frigiditate & siccitate. Ex contrarijs enim impossibile est aliquid specificari, ut simul.s.calidum cum frigido, uel siccum cum humido uniantur. Harum autem quatuor causarum, duas esse inquit actiuas, Cõm.1.

caliditatem

caliditatem & frigiditatem,duas uerò passiuas, siccitatem & humiditatem: hæc autem dicta sunt & in his,quæ de Generatione. Quod uerò hæ quidem ex dictis causis actiuę sint, hæ aũt passiuæ,fidem affert, tum quę ex inductione est,tum etiam ex ipsamet ratione diffinitiua. Ex inductione quidẽ, qm̃ caliditas & frigiditas uidentur in oĩbus terminantes,copulãtes,& transmutantes. Per terminare quidem igitur, coniungere & impingere intelligit, ac ita conglutinare,ut quæ quidem propriam,prius propter humiditatem non habuerant figuram,sed ad continentis terminum figurabantur, propriam dehinc accipiãt formationem ac terminum. Interminata.n.uocantur quęcunque propter humiditatem,propriam figuram non obtinent:terminata uerò,quæ cùm definitum ac sibi proprium habeant terminum, ab ipso continenti non figurantur. Aqua igitur, cùm ex se interminata existat, à frigido congelata, proprium terminum ac figuram sibi lucratur: humida uerò à calido condensata,ac in crassum redacta,terminantur,ueluti mel ipsum ab igne,& ul'iter quæcunq; per decoctionem crassa fiunt, determinatam sibi figurã assumunt. Quinetiam & quod dictæ duæ qualitates copulantes sint ac segregatorum unitiuæ manifestũ est. Ignis.n.homogenea,simul copulat ac cõgregat: quicquid aũt alterius naturæ est, ab ipsis secernit ac separat. Hoc nanq; propriũ ignis est,utputa ab auro ipso,si quid alterius naturæ est, siue æs, siue argentũ fuerit, secernit ac segregat, auri autem partes oẽs, sibiinuicem unit ac copulat. At frigidũ nõ solùm homogenea copulat,sed & quæ non homogenea sunt: per coagulationem.n.quæcũq; simul existentia, ac iuxta seinuicem posita inuenit, cuncta unit ac congregat. Quod autem demum prædictæ hæ qualitates,caliditas,s.& frigiditas permutantes sint palam etiam erit:humectant.n.& exiccant,indurant ac diluunt,siue soluũt. Aliqua nanq; à calido sicciora fiũt, aliqua uerò à frigido, & quædã rursus ab utroq; humectantur, quinetiã & aliqua ad ipsum ignem propter eius caliditatẽ mollificari manifestũ est. Quẽadmodũ uerò calidũ & frigidũ terminantia copulãtia & transmutantia uideantur, sic rursus humidum & siccũ,hæc eadẽ pati uidemus,ab illis.n.prædictas passiones patiẽtia terminant:terminat nanq; humidũ,dũ in crassitiem reducitur ac cõgelatũ redditur, mollificatur uerò siccũ & durũ, dum remittitur ac elanguescit. Coagulatur aũt humidũ,humidum.n.& siccũ s̃m seipsa existẽtia, ac quæcũq; cõia ex ambobus corpora commiscẽtur,prædictas passiones à calido & frigido pati uidentur. Cum aũt ex inductione,ac ex operationibus ipsis demõstrauerit aliquas harum cãrum actiuas esse,aliquas uerò passiuas,manifestum & hoc idem ĩquit esse ex rõnibus, quas assignauimus determinantes naturam ipsarum. Calidum nanq; & frigidum definientes actiua dicimus: calidum quidem enim homogeneorum cõcretiuũ, discretiuũ uerò heterogeneorum, ac alterius naturæ existentium asserimus:frigidum aũt omnium dicimus concretiuũ esse,siue homogeneorum siue nõ homogeneorum existentium. Atqui concernere ac congregare,agere est. Quapropter substantiam ac rationem ipsorum, actiuitas ingreditur. Siccum aũt & humidum definiuimus per hoc, ꝙ facile, uel cum difficultate terminabilia sint:quod pati quoddã est.

Cap.2. Quid nam sit, generatio simplex, & corruptio,& de multa putrefactione.

Determinatis autem his, sumendum vtiq; erit operationes ipsorum,quibus operantur actiua & passiuorum species. Primò igitur vniuersaliter simplex generatio & naturalis permutatio, harum virtutum est opus, & opposita corruptio secũdum naturam. Hæ igitur,plantis insunt,& animalibus,& partibus ipsorum. Est autem simplex & naturalis generatio, permutatio ab his virtutibus, cùm habeant rationem ex subiecta materia vnicuique naturæ. Hæc autem sunt,dictæ virtutes passiuæ. Tex.2.

Cùm declarauerit,ꝙ ex pdictis his quatuor, quibus prima corpora specificãtur, hæc quidem actiua sunt,calidum,s.& frigidũ,hæc uerò passiua, humidũ quidem & siccum:oportet dehinc,inquit,operationes ipsorum sumere, quibus operantur actiua, {& passiuorum spẽs} hoc est, quęnam sint operationes ab actiuis effectæ, & quæ harum sint differentiæ s̃m spẽm,quæ etiam passiones existunt, quas patiantur passiuæ:& quæ rursus harum sint s̃m speciem differentiæ. Dicit itaq;,ꝙ ul'iter simplex atq; absoluta generatio & ꝑmutatio naturalis, ab his uirtutibus fiũt ac ipsarum sunt opus. Per simplicem uerò generationem propriam ac principalem generationẽ intelligit,non aũt illam,quę s̃m aliquam appendicem fit: alteratio nãq; quædam gñatio est. Subdidit uerò & naturalem permutationem,qm̃ non solum simplex gñatio naturalis transmutatio est,sed etiam & quædam aliæ transmutationes sunt, quæ ab eisdem his uirtutibus,& ipsæ fiunt,ueluti sunt,augmentationes plantarũ,diminutiones ac digestiones, & alia id genus. Nõ solùm aũt generatio,sed opposita ipsi corruptio,quæ etiam s̃m naturam fit,dictarum uirtutũ est opus:omni enim s̃m naturam generato, corruptio etiam debetur. Corruptio uerò,quæ s̃m naturam fit,illa est quæ per extremum senectutis,ac per ipsammet debilitatem atq; infrigidationem contingit fieri, non aũt quæ uiolenta existit, ueluti si quis gladio percussus corrumpatur. Aut, cùm dixit, {hæ igitur plantis insunt & animalibus,& partibus ipsorum,} secundas quidem intelligit uirtutes siue potẽtias, s̃m quas generatio & corruptio est: quarũ quidem omnium, unumquodque dictorum particeps est. Nec duo tm̃ ex prædictis habet,quemadmodũ elementa ac simplicia corpora,ueluti dictũ est. Dehinc uerò subdit quæ nam sit hmõi simplex ac naturalis generatio, ac ipsam asserit trãsmutationem ab actiuis uirtutibus factam caliditate,s.& frigiditate, ea quidem transmutantibus quæ ab ipsis pati nata sunt,quę subiectam materiam appellauit,propterea quia potentiam ac aptitudinem habẽt ad hoc ut patiantur,quæ,s.sunt siccitas & humiditas, tunc quidẽ cùm talem ad illam rõnem habuerint,s̃m quam hæc quidem facere,hæc uerò pati possibile fit. Nam nõ quodcunque quidem calidum,nec quodcunque siccum aut humidum humectabit uel exiccabit:sed cu iusdam opus est determinatę rõnis atq; symmetrię. Cõm.2.

Generant autem calidum & frigidum obtinentia materiam, cùm autem non obtinent, secundum partem quidem molynsis & indigestio fit. Simplici autem generationi contrarium maximè commune,putrefactio. Omnis enim secundũ naturã corruptio, ad hoc via est,puta senectus & auasis. Finis enim omnium horum,marcedo,nisi aliquid violentia corrumpatur natura constantium: est enim & carnem Tex.3.

& os

& os et quodcunque comburere, quorum finis secundum naturā corruptionis, putrefactio est. Quapropter humida primò, deinde sicca tandem fiunt putrescentia. Ex his enim facta sunt, & terminatum fuit humido siccum operantibus actiuis. Fit autem corruptio, cùm id, quod terminatur, obtinet propter circundans & terminans.

Côm.3. Cùm dixerit generationem, quæ secundum naturam est, permutationē esse naturalium ac passiuarum uirtutum ab actiuis, quæ quidē permutatio tūc utiq; fiet, cùm in quadam proportione adinuicem erunt, secundum quam illæ quidem agere, hæ uerò ab illis pati, natæ sint: (sic enim & plantæ & animalia generantur, patientibus quidem tanquam materia passiuis uirtutibus, ac ꝑmutatis ab actiuis,) inquit modò, quod generatio eius, quod ad generationem substernitur, tunc quidem fit, cum uirtutes actiuæ passiuas ac materiales euincunt. Cùm uerò quæ agunt, super his, quæ patiuntur, non obtinent, sed potius debilitantur, ac uiribus deficiūt propter asymmetriam, qm̄ aut istæ quidem debiliores ac minores existunt, aut illæ ualidiores & potentiores: tunc utiq; s͡m partem quidem, molynsis siue inquinatio, ac indigestio fit. Per molynsim autem, uel illud intelligit, quod circa aliqua, quæ elixantur contingit fieri: cùm.n.ignis super his nō obtinuerit, euaporabunt quidem, ac non coquentur, ut dicet parū infrà. Per indigestionem uerò, illud intelligit, quod circa aīalium accidit alimentum, uidelicet, cùm ab inexistente caliditate, ad salutem aīalis nō superat, sed corrumpitur magis: uel potius ambo hæc per figuram parallelem dixit, pro eodem molynsim & indigestionem accipiens. Illud autem, quod subdidit, {secundum partem.} hoc quidem significat, quod .s.si s͡m aliquam sui partem talis sit agentis uirtutis debilitas, ut non totum corrumpat, sed aliquam tm̄ earum partiū, quę toti addictę sunt, s͡m quarū quidem permutationem, uel augeri habet, uel nutriri quod subiicitur, tunc utique agentis debilitas circa hæc, indigestionem & molynsim efficiet. Cùm autē dixit, ꝙ agentis debilitas s͡m partem, īdigestionem facit, tunc subdit, quod gn̄ationi ipsi non quidē cuidam ac s͡m partem, uerùm propriè ac simplici, contrarium, ac id quidem cōe putrefactio est. Quemadmodum.n.quælibet generatio simplex, & s͡m naturam, ex hoc fit, ꝙ patientia ab agentibus patiantur, superātibus quidem his, superatis uerò illis, sic etiā quælibet naturalis coruptio, materiam actiuis non euincētibus, per putrefactionem accidit fieri. Oēm enim s͡m naturam corruptionem, uiam esse asserit ad putrefactionem, ueluti senectutem quidē in aīalibus, auansim uerò siue ariditatem in plantis: ambo enim hæc putrefactiones existunt. Naturalis nāque finis omnium compositorum ac natura constantiū, marcedo est ac putrefactio: nisi aliquid uiolētia corrumpatur, quę quidem corruptio naturalis non est: non.n.ex putredine seu rancedine corrumpetur caro, cùm cōburetur, sil͡r neq; os, neq; alia quæuis animalis pars, quarū quidē oīum nālis corruptio, putrefactio est. Quòd aūt eorū, quæ corrūpunt, nālis corruptio putrefactio sit, signum affert, ꝙ humectātur primò. Ex his enim & à principio facta erant, cùm siccum ab humido terminaretur, ac ex huius mixtione figuram & terminum utraq; accepissent, operantibus quidem hoc actiuis ipsis, caliditate, s.& frigiditate. Generatio igitur quidem sic, corruptio uerò qn̄ id quod in ipsa humidi mixtione, siccum determinat, quod factiuum existit, (hoc autem principaliter calidum est,) ab eo euincitur quod ab ipso terminatur, illud aūt est siccū. Quod.n.ī humidi mixtione terminat̄, siccum est: siccum nanque ex seipso indeterminatum est, ac non constipatum, uerum intercisum ac effluens, nisi aliquid secum habuerit humiditatis. Qn̄ igitur id, quod terminatur & patitur, super ipsum actiuum, à quo terminatur, propter circūdans ac continens obtinebit, tūc corruptio erit: propterea quia maior caliditas continentis siue circūdantis, caliditatem consumit quę in corrupto est, quippe quæ minor existit. Quapropter quæ corrūpūtur, humectantur prius, quod quidem est putrefactio: transmutatio enim subiecti in humidum, propter indigentiam propriæ caliditatis, à continente seu circūdante facta, ut declarabit, putrefactio est.

Quinimmo singulariter dicitur putrefactio in ijs, quę secūdum partes corrumpuntur, cùm separentur à natura. Quapropter & putrescunt omnia alia, excepto igne: etenim terra, & aqua, & aer putrescunt: omnia enim hæc, sunt materia igni. Putrefactio autem est corruptio eius, quę ī unoquoque humido proprie & secundum naturā caliditatis, ab aliena caliditate: hæc autem est, quæ ambientis. Tex.4. Putrescunt omnia præter ignem.

Cùm dixerit omnia, quæ naturaliter corrumpuntur, putrefactionem pati, īquit modò, ꝙ proprie putrefactio dicitur in his, quæ secundum partem corrumpuntur, cùm abdicantur, ac separantur à propria eorum natura, hoc est, à motiuo in ipsis principio, quod quidem ī quolibet, ipsum calidū est. Propter hoc aūt omnia, inquit, putrescūt pręter ignem, qm̄ maxime actiuum calidum est, quapropter quod ab ipso specificatur, non putrescit propterea quia tunc putrefactio fit, cum id, quod in putrescente pati habet, obtinet super id, quod actiuū in ipso est. In ipso autem igne impossibile est, quod calidum qđ in illo est, à quouis alio ibidem existenti euincatur: cum caliditas non sit, quę caliditatem ignis euincat. Aer uerò quamuis & ipse s͡m naturā calidus sit, hoc tamen inest illi secūdario, ac magis ab ipso humido specificatur q̃ à calido. Amplius corruptio calidi in humido putrefactio est, in igne uerò nihil humiditatis existit. Terra autem quamuis humiditatem s͡m propriam naturam non habeat, est tamen humiditas quædam in ipsa, ꝑ quam unitur ac simul manet: Dehinc autem declaratis his, quidnam sit putrefactio definiens assignat, ac esse inquit corruptionem eius, {quæ fit in unoquoque humido, proprie & secundum naturam caliditatis, ab aliena caliditate.} Aliena autem caliditas, à qua pluri & ampliori existente, corrumpitur propria & naturalis humidorū caliditas, ea quidem est quæ ambientis. Côm.4.

Quare quoniam secundum indigentiam patitur calidi, indigens autem tali virtute existit frigidum omne, ambæ vtique causæ erunt, & putrefactio communis passio & frigiditatis propriæ & caliditatis alienæ. Propter hoc enim et sicciora fiunt putrefacta omnia, & tandem terra, & fimus, Exeunte enim proprio calido, coeuaporat quod secundum naturam humidum, & inducens humiditatē nō est amplius: inducit enim trahens propria caliditas. Et in frigoribus autem minus putrescunt, quàm in æstu. In hyeme enim paucū est in ambiente aere & aqua calidum, quare nihil potest: in æstate autem, amplius. Et neque quod coagulatum: magis, n. frigidum, Tex.5.

Corruptionis varię species.

frigidum, quàm aer calidus: non igitur obtinetur, mouens autem, obtinet. Neque feruens aut calidum: minor enim quæ in aere caliditas ea, quę in re: quare non obtinet, neque facit permutationem vllam. Similiter autem & quod mouetur et fluit, minus putrescit quàm non motum: debilior enim fit motus, qui ab ea, quæ in aere caliditate, quàm qui in re præexistit: quare nihil facit permutari. Eadem autē causa, & quare multum minus quàm paucum putrescat: in maiori enim, amplior est ignis proprius & frigidum, quàm vt obtineant quæ in circunstante virtutes. Quapropter & mare secundum partem quidem diuisum citò putrescit, totum autem non. Et aliæ aquæ, eodem modo. Et animalia fiunt in ijs, quæ putrescunt, propterea quòd segregata caliditas naturalis existens, constare facit segregata.

Cōm.5. Cùm dixerit omnem naturalem corruptionem, putrefactionem esse, ac declarauit quid sit putrefactio, ostendens ex eius ratione siue diffinitione, q calidum continentis putrefactionis est causa, quia iā supra acceperat, duo quidem actiua esse; calidum & frigidum, ideo quō & frigidum ipsum putrefactionis sit causa, consequenter declarat. Cùm. n. ea, quæ putrescunt ſm indigentiam proprij ac sibi naturalis calidi corrumpuntur, illud uerò ſm quod aliquid calidę indiget uirtutis, frigidum est: ambo igitur, calidum, s. & frigidum, putrefactionis causæ erunt, quare putrefactio cōis erit passio, & frigiditatis ppriæ & caliditatis peregrinæ. Dehinc uerò subdit, {propter hoc. n. & sicciora fiunt putrefacta omnia,} ex hoc causam assignans, quare putrescentia, postquā humidiora facta fuerint, dehinc tandem exiccantur: exiens enim proprium calidum, atque extra effluxum, una secum ducit ac euaporare facit, quod in ipsa re putrescente humidum est neq; amplius aliquod est, quod aliam humiditatē attrahat; propriū in unoquoque calidum, attractiuum humiditatis est illam ab extra abducens. Ostēdi autem postmodū, q consequenter ad ea, quæ dicta sunt, in frigoribus minus q̄ in æstu, putrescibilia putrefactionē patiūtur: qm̄ enim tunc minus in continenti existit calidum, super calidum quidem non obtinet, quod in unoquoq; est: in æstate uerò existit maius. Amplius & causam assignat, quare neque congelatum, neque ualde calidum, aut feruens putrescit unquam: congelatum quidem, quoniam magis existēs frigidum, quàm aer continens calidus sit, non superatur ab illo, adeo ut educere possit aer naturale calidum, quod intra ipsum est: putrefaciens enim atq; transmutans per hoc q putrefactū superet ac ipsum moueat, putrefacere habet. Calidum uerò & feruens, qm̄ amplior est q̄ habet caliditas, caliditatis ipsa cō tinentis, non superatur quidem ab ea: maius enim existens caliditas, minorem euincens, corrumpit illam atq; disterminat. Adhuc illud qđ cietur ac fluit, minus eo qđ immotum manet, putredine tangitur. Quapropter & stationariæ aquæ facilius putrescūt q̄ fluentes. Nam cùm in fluentibus & motis inexistens caliditas, ab ipso motu excitetur ac magis inflammetur, imbecilior incontinenti aere redditur calor; propter eandem etiam causam, quod multum est minus q̄ paucum putrefit. Facilius enim calidum putredini exponitur, qm̄ minorem habens caliditatem, magis à calore continentis aeris, euincetur. Nam in re maiori, maior inquit calor, & minus frigus existit: quare neq; hæc à caliditate continentis euicta facile putrefiunt: neq; à frigiditate etiam, tale quid rursus patiuntur, quæcunq; ex frigiditatis uictoria id pati habent. Quapropter & mare, inquit, ſm partes quidem distractum citò putrescit, (quæ enim ab ipso derelinquūtur paludes & stagna, putredini subiacent.) totum autem non putrescit. Similiter & in cæteris aquis putrefactibiliores sunt quæ paucæ ac minores existunt, q̄ quæ ualde multæ. Subdit autem & causam quare in putrefactis, animalia quædam generentur, uti sunt uermes, uespę, ac culices: segregata enim ex ipsis caliditas naturalis quæ simul separata sunt corpora, consistere facit humiditatem applicans atq; adducens.

Cap. 3. De digestione, & indigestione.

Quid igitur est generatio, & quid corruptio, dictum est. Tex. 6.

In mentem reuocat quæ dicta sunt. Dictum aūt est, q generatio est permutatio à uirtutibus seu potentiis actiuis, in subiectam materiam, ſm uirtutes ipsas passiuas: quæ quidem fit, cū in tali quidē proportione atq; symmetria actiuæ ad passiuas extiterint, ut ipsas euincant. In his autem quæ de generatione & corruptione, generationem diffiniēs, trāsmutationem dixit esse ex ente in potentia ad actu ens. Atqui uniuersaliorem ibi, ac magis cōem eius diffinitionem assignauit: hic uerò exactiorem ac naturalem magis, si quidem physici est materiā in qua fiunt quę naturaliter fiunt, coassumere in diffinitionem, atq; comprehendere. corruptio uerò uersa q̄dem uice, tunc quidem fit, cùm passiuum obtinet super actiuum, propter ambiens atq; circundans: est enim uia ad putrefactionem. Putrefactio nanque in omnibus est, in quibus secundum naturam corruptio existit. Fit autem putrefactio secundum hunc quidem modum. Cōm. 6.

Reliquum est autem dicere contiguas species, quascunque dictæ uirtutes operantur ex suppositis natura constantibus iam. Est itaque calidi quidem, digestio: digestionis autem, pepansis, hepsesis, optesis. Frigiditatis autem, indigestio: huius autem, omotes, molynsis, stateusis. Oportet autem existimare non propriè hæc dici nomina, rebus enim non posita sunt vniuersaliter, ijs, quæ similiter. Quare nō has, sed tales oportet putare dictas species. Dicamus autem, ipsarum vnamquamque quid est. Digestio igitur, est perfectio à naturali & proprio calido, ex oppositis passiuis: hæc autē, sunt propria vnicuique materia. Cùm enim digestum fuerit, & perfectum est & factum. Et principium perfectionis à caliditate propria accidit, quamuis per aliquod exteriorum auxilium consumata sit: velut alimentum condigeritur, & per balnea, & per alia talia, sed principium, quæ in ipso est caliditas. Finis autem, his quidem natura est: (natura autem, quam dicimus vt speciem & substantiam) his autem, in subiectam quandam formam finis est digestionis, cùm tale fuerit factū & tm̄ humidū, aut optesin passum, aut hepsesin aut putrefactū, aut aliqualiter aliter calefactum. Tunc enim vtile est, & digestum esse dicimus: sicut mustum, & quæ in nascentiis constant, cùm factum fuerit pus, & lachryma, cùm facta fuerit lippitudo: similiter autem, & alia. Accidit autem omnibus hoc pati, cum obtineatur materia & humiditas: hæc enim est, quæ terminatur ab ea, quæ in natura caliditate: quandiu enim insit in ipsa ratio, natura hoc est. Quapropter & sanitatis signa, quæ talia, & vrinæ, & secessiones, & totaliter superfluitates, quæ dicuntur digesta esse, Tex. 7.

quia

quia insinuant caliditatem propriam obtinere humidum, Necesse autem est digesta, grossiora, & calidiora esse: calidum enim efficit tale melioris molis, & grossius, & siccius, Digestio igitur, hoc est.

Cõm.7. Cùm dixisset de generatione & corruptione in uniuersali, reliquum inquit est, species dicere consequentes ad ea, quæ dicta sunt, ad gñonem, s. & corruptionem: quæ quidem spẽs & ipsæ à prædictis uirtutibus siue potentiis efficiuntur. Hæ autem, sunt per quas prædictæ uirtutes quicquid faciũt, in constantibus iam natura substantiis faciũt: sicut sunt corpora animaliũ & plantarũ. Harũ aũt spẽrũ, aliquæ sunt communiores, per quas quælibet prędictorum fiũt, digestio, scilicet & indigestio, utraq; quidem maxime utriusq; existẽs, hæc, s. generationis, illa uerò corruptionis: calido qdem digestio, à frigido autem indigestio, altera, s. alteri correspondens. Sub quauis autem harum, alię ponuntur species. sub digestione qdem, pepansis, hepsesis, optesis: hæc enim quamuis inter se differant, omnia tamen digestionis sunt. Sub indigestione uerò, omotes, molynsis, stateusis: etenim harum, quælibet ĩdigestio quędam est: Et sicut digestio indigestioni contraria est, sic etiam & quæ sub illis: pepansi nanq; omotes contraria est, hepsesi uero molynsis, & optesi stateusis. Cùm aũt dixit, digestionis quidem species esse pepansim, hepsesim optesim, uidelicet maturationem, elixationem, assationem: indigestionis uerò, omotem, molynsim, stateusim, immaturitatem, s. inquinationem, ac tostionem: oportere inquit existimare, ꝙ nõ propria hæc nomina sunt rerum, pro qbus accipiuntur, uerùm quoniam non est commune unũ nomen, ac uniuersaliter omnium similium positum, illud qdem, quod in aliquibus positum est, ad oĩa illis similia, ita transferrimus, ut ex quadam similitudinis ratione dinoscantur. Dehinc autem quid unumquodq; prędictorum sit, declarare aggreditur, & primò quidẽ quid sit digestio. Digestionem itaq; ꝑfectionem esse inquit, à naturali & proprio calido ex oppositis passiuis. In animalibus enim digestio est perfectio alimẽti, ab anima per naturalem ac proprium calorem, ut qđ potentia alimentũ est, actu fiat. Atqui & in aliis omnibus, à calore, ĩ ipsis perfectis digestio fit. Illud uero, {ex oppositis passiuis.} loco eius dixit, quod est ex subiecta materia, quę à calido ĩ oppositas earũ, quas habet, passionum transmutatur. Duplici. n. existente alimento, altero quidem quod primum est, ante digestionem, scilicet: altero uero, quod ultimum ad digestionem sequitur, primum qdem ultimo contrarium est. Quamobrem & in his, quæ de Generatione dixit, ꝙ id, quod nutritur, quoquo modo à contrario nutritur, quoquo modo à simili. Alimentum enim adhuc indigestum, cùm nutribili apponitur, ipsi contrarium est: idem uerò post digestionem, cùm quidem aggenerat̃, ac proprie alimentũ diei potest, ipsi nutribili assimilatũ est. Per intermediam enim alterationem ac transmutationem, digerit̃ quicquid in ipso digestibile est, transmutatio uerò ex contrario in contrarium est. Materiam uerò quæ digeritur contrariam esse inquit, ei, quod ex ipsa digeritur ac perficit̃, atq; ad formam educitur. Vocat autem & ipsam passiuam, qm̃ quælibet talis est, ex hoc enim quod patitur perfectionẽ acquirit. Quinetiam & ipsemet exponens quod dixerat subdit, {hæc autem sunt propria unicuique materia} per, {hæc.} opposita ipsa atq; passiua intelligens, propriam uerò unicuique materiam dixit, qm̃ non omnibus quidem quæ digeruntur idem subiectum existit, neq; in omnibus eadem sunt quæ digeri habent, quæ quidem cùm digesta sint, tunc perficiant̃ ac illud quod potentia erat, efficiãtur in actu. Principium autem & causam perfectionis, propriã fieri caliditatem quæ in eo est in quo fit digestio. Hæc. n. organo natura ipsa utitur ad digestionem inducendam, quamuis aliquo externorum adminiculo, digestio compleatur, ac (ut ita dicam) comperficiatur. Quãplurima enim exteriorum ad alimenti digestionem cooperari uidentur, ut sunt lauacra, tẽporum qualitates, & exercitationes. Cæterum hæc, coadiuuãtia ac cooperantia qdẽ fiũt ad digestionẽ, dũ magis digestibilia: reddũt ea q̃ digerunt: principiũ tamen & cã, caliditas est q̃ existit in alito. Cùm uerò dixit, digestionem perfectionem esse, dehinc quęnam sit talis perfectio, & quis nam digestionis sit finis, declarat, ac illum naturam esse ĩquit. Verũ, qm̃ duplex est natura, hæc qdem ut materia, hęc uerò ut forma, confestim subdit, qualis nam natura sit quæ digestionis est finis. Illa enim, quæ ut forma & substantia est: uniuscuiusq; enim substantia, & quod sibi inest esse, secundum formam est. Digestionis igitur finem in quibusdam inquit esse formam ipsam, q̃ sm̃ naturã accipitur, siue quæ natura ipsa est, quẽadmodum in fructibus. Talis nãq; est horum digestio, ueluti in alimento, cuius quidem finis est ad formam quidem trãsmutari, quæ naturalis alito fit. Verùm, qm̃ non solùm circa alimentum digestio dicitur, sed & quædam alia digeri dicimus, ueluti mustũ, ac tubercula, siue quæ in apostematibus constant, & alia id genus, in his quidem, inquit, per hunc modum digestis finem esse digestionis, ad aliquam utique formam transmutari, ad quam, cùm quid peruenerit, utilius ac efficacius nobis reddatur. Quæ autẽ sit hmõi subiecta forma, quasi exponens inqui: {qm̃ enim tale uel tantum humidum fuerit factũ, aut optesim passum, aut hepsesim, aut putrefactum, aut aliqualiter aliter calefactum} ut utile sit, tunc digestũ esse dicimus ipsum: sic enim mustũ digeri dicimus, & quæ in nascentiis constant. Mustum nanq;, tunc digestum esse asserimus, cùm uinum efficitur: quæ aũt in nascentiis constant, cùm pus siue ulcus factũ fuerit: catarrhus uerò ĩ oculis, cùm leme, seu lippitudo effecta erit: similiter autem & quæ in pituita & phlegmate digestio dicitur, Accidit autem, inquit, hoc quidem pati, omnibus, quæ digeruntur, digeri, . s. ac digesta esse cũ subiecta materia, & humiditas ipsa, à naturali calido obtinetur. Donec enim inqt, in hisce humidis omnibus, calidum, quod ĩ ipsis est, ĩ proportione quadam extiterit ad ipsum humidũ, tali quidem ut mouere ac trãsmutare ipsum possit, natura horum hæc erit, quod enim in unoquoque principium motiuum est, per se & non secũdum accidens, hoc tale est eius natura, quemadmodum in Physica Auscultatione ostensum est. Quoniam uerò, ex hoc quod humidum à proprio calido superatur, digestio constituitur, iccirco dicit, sanitatis signa esse talia, ea uidelicet quæ digesta dicuntur, & urinæ ac alia sedimenta, & omnino superfluitates. Horum nãq; digestio, indicio est ꝙ propria animalis

Digestio quid sit.

lis caliditas super humidum obtineat: hoc enim est quod interminatum atque indiscretum existit atque à calido terminari habet. Subdit autem & qualia nam fiant ea quæ digesta sunt: necesse enim ĩquit est, ꝙ calidiora sint atque crassiora ipsis indigestis, nam calor crassiora atque calidiora ipsa facit, & melioris molis, & arida magis.

Tex. 8. *Indigestio aũt, ĩperfectio est propter indigẽtiã propriè caliditatis: ĩdigentia aũt caliditatis, frigiditas est. Imperfectio aũ t, est oppositorũ passiuorũ, quę quidẽ est vnicuiq; natura, materia. Digestio igiť et ĩdigestio, determinatæ sint hoc mõ.*

Cõm. 8. Cùm dixerit, quid nam digestio sit, cõsequenter de suo contrario subdens, quod indigestio est: hanc utiq; esse inquit imperfectionem propter indigentiam propriæ caliditatis, indigentia autem propriæ caliditatis, propria frigiditas est. Quare indigestio quidem erit imperfectio propter propriam frigiditatem facta. Quemadmodum uerò cùm dixit, digestionem esse perfectionem, statim subdidit, quorum nam esset perfectio, oppositorum, scilicet passiuorum, hæc enim digestioni subiiciebantur eius materia existentia: sic etiam, cùm dixit ĩdigestionem esse ĩperfectionẽ rursus apposuit, quorum nam sit imperfectio, subiectorum enim passiuorum, hæc nãq; subiecta sunt materia, omnium passionum ac transmutationum, quæ circa digestionem quamlibet fiunt.

Cap. 4. De speciebus digestionis, & indigestionis, Maturatione, & Cruditate, Elixatione, & Inquinatione, Assatione, atq; Tostione.

Tex. 9. *MAturatio. Pepansis autem, est digestio quædam, Digestio enim alimenti in pericarpijs, pepansis dicitur. Quoniam autem digestio, perfectio quædam est. tunc pepansis perfecta est, quando semina, quæ in pericarpio possunt efficere tale alterum quale ipsum: etenim in aliis, perfectum sic dicimus. Pericarpij igitur, hæc pepansis. Dicuntur autem & digestorum alia multa pepona, secundum eandem quidem spẽm: metaphora autem, propterea quòd non sunt posita (sicut dictum est prius) nomina secundum vnamquamque perfectionem circa ea, quæ terminantur à naturali caliditate, & frigiditate. Est autem nascentium & phlegmatis & talium pepansis, à naturali calido inexistentis humidi digestio: impossibile enim est terminare, non obtinens. Ex spirituosis igitur aquosa, ex talibus autem terrestria consistunt, & ex subtilibus semper glossiora fiunt, pepansin passa omnia. Et hæc quidem in ipsam natura ducit, secundum hoc: hæc autem, eijcit. Pepansis igitur dictũ est quid est.*

Cõm. 9. Cùm dixerit de digestione, ac indigestione, quid nam utraq; ipsarum sit, pertransit modò ad sermonem de speciebus, quæ sub utraq; ipsarum existunt, ac primò quid sit pepansis, aut maturatio declarat. Dicit autem pepansim esse in genere digestionis. Quod autem sic se res habeat in diffiniendo ipsam pepansim demonstrauit: diffiniuit enim pepansim esse digestionem alimenti in pericarpijs. Pericarpiũ uerò dicitur illud, quod circa fructũ ipsum, seu semẽ, circumpositum est: in quo quædam est humiditas, cuius putrefactio, pepansis est. Cùm autem accepit, quod pepansis digestio sit, quoniam in definitione pepãsis, perfectionem ipsam esse positũ fuit, quando nam igitur perfecta pepansis erit, apponit. Tunc enim contigerit, quando semina, quæ in pericarpio, poterunt efficere tale alterum quale ipsum. Etenim & in alijs, unumquodq; perfectum sic dicimus: ueluti perfectum asserimus hominem, cùm iam generare potest alterum qualis est ipse: & equũ similiter, & aliorum quodlibet. Pepãsis quidem igitur in pericarpijs hæc est, in quibus proprium sibi nomen obtinere uidetur pepansis. Dicuntur autem & alia multa digeri, ac pepona esse secundum speciẽ quidem per similẽ factum digestioni in pericarpijs: hęc autem, proprio quidem nomine non decorantur, uerùm ẜm translationem à pepansi, quæ in pericarpijs, eodem etiam nomine appellantur. Quemadmodum enim iam dixit, non secundum unãquãque specierum sub digestione ac ĩdigestione existẽtium, commune nomen positum est, sed à quodam eorum, quæ sub ipsis existunt, quod tali quidem nomine nuncupatur, & alia etiam ẜm similitudinẽ, atq; metaphoram, eodem nomine appellantur. Cùm autem dixit, quædam metaphoricè nominari, propterea quia proprium nomen ẜm unamquãq; specierũ digestionis, ac secundum quamlibet perfectionem positum non est, confestim subdit, {circa ea, quæ terminantur à naturali caliditate & frigiditate.} nõ q̃dem tanq̃ à frigiditate aliqua digestio fiat. (positũ enim est digestionem fieri à caliditate,) sed tanquã ad ipsam digestionem conferente ac cooperante etiam frigiditate: caliditas enim humidũ ipsum atq; frigidum, tanquam materiam terminat, in digestione eueniens. Quod autem & alia de quibus per similitudinem metaphoricè, pepansis nomen prædicatur, pepansim quidem & ipsa patiantur, secundum similem speciem his quæ in pericarpijs, ostendit dicens: {Est autem & nascentium & phlegmatis, & taliũ pepansis }digestio, ab inexistẽte calido inexistẽtis humidi in his q̃ digerunť. Impoẜe. n. est terminari humidum, cuius est pepansis, nisi à calido obtineatur. erat autem & in pericarpiis pepansis quidem talis. Ex spirituosis igitur siue aeris, aquosa inquit fieri ea quæ pepansim patiũtur: crassus enim redditur ex transmutatione in aquam, ac compingitur spiritus. Ex aquosis rursus, terrea per consistentiam fiunt, aquosa enim quanto magis consistunt, ac crassitiem accipiunt, & terrea fiunt, tantò magis dicuntur digeri. Vniuersaliter autem quæcunque pepansim passa, ex tenuibus crassiora redduntur. Per illud autem, {& hæc quidem in ipsam natura adducit, hæc autem eiicit. } hoc est quidem quod dicit, eorum quæ pepansim patiuntur, hæc quidem ad naturalem formam transmutantur, quandiu pepansi subiiciuntur: ac huiusmodi ad ipsam formam transmutatio, finis illis est pepansis ẜm naturam. Hæc uerò eiiciuntur ac secluduntur, ex eo quod secundum naturam se habet, ueluti phlegma, pus lippitudo, superfluum.

Omotes autem, est contrarium. Contrarium autem pepansi, indigestio alimenti in pericarpio: hoc autem est, interminata humiditas. Quapropter aut spirituosa, aut aquosa, aut eorum, quę sunt ex ambobus, est omotes. Quoniam autẽ pepansis perfectio quædam est, omotes, imperfectio erit. Fit autem imperfectio, propter indigentiam naturalis calidi et incommensurationem ad humidum, quod pepansin patitur. Nullum autem humidum, ipsum secundum se pepansin patitur sine sicco. Aqua enim non ingrossatur sola humidorũ: accidit autem, aut eo quòd calidum sit paucum, aut quia Tex. 10.

quod terminatur humidum, multum. Quapropter & subtiles humores eorum, quæ oma sunt, & frigidi magis quàm calidi, & inesibiles & impotabiles.

Cōm. 10. Cum dixerit quid nam sit pepansis, cōsequenter de Omote, quæ quidem sub indigestione existens, contraria est ipsi pepansi. Inquit autem, omotem pepansi contrariam esse, quæ enim propriè omotes dicitur, indigestio quædam alimenti est in pericarpio, quod quidem alimētum est ipsi humiditas interminata, hoc est non consistens: & pp hoc omotē dicit esse aut spirituosam, aut aquosam, uel ex ambobus permixtam. Siquidem igitur quod digeri debet spiritus sit, siue aer, spirituosa quidē erit, si uerò aqua aquosa. Potest autem & ex ambobus constare, qn̄ quod debet digeri, fuerit aereū, siue spirituosum, & aquosum ex utrisq; mixtum. Quoniam autem pepāsis perfectio est, palàm ꝙ & omotes utiq; imperfectio erit, cùm pp indigētiam calidi nālis ac pp asymmetriā ad ipsum humidum, pepāsim passum contigerit fieri. Qn̄.n. minus existit calidum, q̄ ut supra humidū obtinere possit, indigestū humidū manet. Qm̄ uerò dixit humidū esse illud, qđ pepāsim patit̄, q̄ nam modò talia sint humidorum subdit: quæcūq; enim calefacta compingi, ac crassitiem accipere possunt. Nā quod pepāsi subiicit̄, consistit oē: nullū autem humidum constabit unquam, quòd cum aliquo sicco uel terreo permixtum non fuerit: quare neq; etiam pepansim patietur. Oportet igitur, ꝙ humidum ipsum, quod pepāsi subiici debet, aliquid secum de sicco uel terreo ꝑmixtū habeat: pp hoc.n. humidorum sola aqua crassior calefacta nō redditur, quoniā in sui substantia, nihil siccitatis intercluditur. Citius.n. dum calefit, per euaporationem corrumpitur, quàm crassior fiat atq; constantior. Oleū uerò & uinum calefacta cōsistunt, quoniam aliquid ex sicco & ex terrestri, in eorum substantia intercipitur. Cùm aūt dixisset ꝙ nullū humidum, sicco nō permixtū, pepansim patitur: de ipsa rursus omote dicit, ac de eius īperfectione. Posuit.n. omotē fieri pp īdigentiā calidi nālis, ac asymmetriā ad ipsum humidū qđ pepansim pati debet. Hanc aūt asymmetriā siue incōmensuratione calidi ad humidū ꝙ pepansim patit̄, fieri inquit, aut eo qđ calidū paucū sit, ac minus quàm secundū naturam sibi competat: aut quia humidum quod terminatur, ac pepansim patitur, multum sit ac amplius, q̄ naturaliter requiratur. Quapropter humores, inquit, ac crudorum consistentię, subtiles sunt ac plus habent frigiditatis q̄ caliditatis: quinetiam & inesibiles sunt atque impotabiles, tanquam euicto humido ab ipso calido.

Tex. 11. *Dicitur autem & omotes sicut & pepansis, multis modis. Vnde & vrinæ, & secceßiones, & catarrhi, omi dicuntur, propter eandem causam: eo enim quod non sunt obtenta à caliditate, neque constant, oma omnia appellantur. Longe autem procedentibus, & later omus, & lac omum, & alia multa dicuntur, si cùm poßunt mutari & constare à caliditate, non passa sint. Quapropter aqua hepsesin passa dr̄, oma autem non, quia non ingroßatur. Pepansis igitur & omotes dictum est quid est, & propter quid vtrunque ipsorum est.*

Cōm. 11. Quemadmodum pepansis multifariam dicebatur, propriè nanque de pepansi ipsorum fructuum prædicabatur: dicebantur uerò & alia quædam pepansim pati, secundum metaphoram sumptam à fructibus, ex eo ꝙ simili modo quodam fiebant, ac secundum speciem persimilem his, quæ in fructibus, erat quod in ipsis fieri cōtingebat: sic etiam inquit, omotes multifariā dicitur. Vrinæ enim & alia sedimina & catarrhi, omi, hoc, est, crudi dicūtur omnes: propterea, quia à propria caliditate non obtinētur, neq; consistunt: longe autem procedentes & tegulam omam dicimus, quinetiam & lac & alia quamplura. Quæcunque enim, cùm consistere ac transmutari possunt à caliditate, non consistunt tamen, neq; aliquid tale patiuntur, oma dicuntur. quæ autem ab ipsa caliditate constare non possunt, oma siue īmatura nequaquam uocantur. Aqua igitur omā nō dr̄, quoniam non nata est à calido crassa fieri. quamuis enim, inquit, aquam hepsesim passam seu elixatam esse, ac etiam inelixatam dicamus, nō tn̄ aut omam, aut pepāsim passam eā dicimus. Quòd quidē igit̄ tegula ipsa oma dicatur, secundum remotiorem metaphoram q̄ cætera, & non secundum tantam similitudinem sicut illa, palam est: illa quidem enim qm̄ à propria caliditate pepāsim paterentur, oma etiā dicebātur ex hoc ꝙ proprium calidum quod in ipsis erat, super humidum non obtinebat. Tegula uerò oma dicetur, eo quia calidum deforis adueniens, supra propriam humiditatem nō obtineat. Quæret aūt aliquis, quo modo nam & lac ſm remotiorem metaphoram, & non sicut & illa similiter omum dicitur? an si omum quidem diceretur lac quod in animali est, per consimilem utiq; modum diceretur, sicut & illa? omum enim tunc esset, propterea quia calidum quod in animali est, non obtinuisset super humiditatē quæ in ipso. Si uerò lac illud quod ad ignē elixatur, omum dicamus, tunc per consimilem modum dicetur omum sicut etiam & tegula, ex eo, s. ꝙ ab externo calido non euincatur.

Hepsesis autem, est secundum totum quidem, digestio à caliditate humida inexistentis interminati in humido. Dicitur autem nomen propriè, solùm in elixatis. Hoc autem vtique erit, sicut dictum est, spirituosum aut aquosum. Hepsesis autem fit ab eo, qui in humido, igne, vt quod enim in sartaginibus assatur: ab extrinseco enim calido patitur. In quo autem est humido, facit illud magis siccum in seipsum assumens. Quod autem elixatur, contrarium facit: segregatur enim ex ipso humidum, à caliditate quæ est in extrinseco humido. Quapropter, quæ hepsesim passa sunt, sicciora sunt quàm assa: non enim attrahunt in seipsa humidum, quæ hepsesim patiuntur. Præualet.n. quæ deforis caliditas, ei quæ ītus est. Si aūt vinceret quæ ītus, traheret vtiq; in seipsam. Tex. 12.

Elixata sunt assis aridiora.

Cùm dixisset de pepansis & omote, quorum alteri digestio genus erat, alteri uerò indigestio, atque utrunque diffiniuisset, & causas assignasset, propter quas fiant: consequenter modò de hepsesi, seu de elixatione, ac eius cōtrario, Molynsi, s. sermonem aggreditur, ac primò quidem de hepsesi. Dicit autem hepsesim uľiter quidē digestionem esse à caliditate humida, inexistentis interminati in humido. Caliditatem uerò humidam dicit, quoniam quæ elixātur à calido humido elixantur: ab aqua enim calida ac in humido calido elixationem patiuntur. {Inexistētis interminati,} hoc est eius humoris interminati atq; aquosi in humido illo inexistentis, quo in elixatis existit: quod enim in illis humidum est interminatum existens, digestum ac terminatum à dicta caliditate, per elixationē redditur. Nā, si caro uel olus erit, qđ elixari habet, siue aliud quoddā, tūc elixata dicentur, Cōm. 12.

dicentur, cùm humidum, q in ipsis est, interminatũ existens, à caliditate, q̃ in extrinseco humido est, digestũ erit ac terminatũ. Dici aut, ĩquit, nomẽ ipsius hepsesis ꝓpriè solùm in elixatis: qd uerò nam sit qđ inexistit interminatum in humido, declarauit dicẽs, {hoc aũt utiq; erit, sicut dictum est spirituosum & aquosum,} hoc est illud, qđ in humido inexistit interminatũ, spirituosum est & aquosum. Cùm uerò dixisset hepsesim esse à caliditate humida, quasi exponens quidnã sit ipsa caliditas humida, subdidit: {Hepsesis aũt fit ab eo, q in humido igne.} qđ idẽ est, ac si diceret, à calido, qđ est ĩ humido. Qm̃ uerò ex diffinitione Hepsesis, quã assignauit, uñr & ea, quæ in sartaginibus, siue in patellis assantur, elixari, cum in calido humido cõcoquantur, (calefit enim quod in sartagine est oleum,) iccirco subdit, {quod enim in sartaginibus assatur.} In illo nanque humido, in quo illa, quæ in sartagine assantur, concoquuntur, transmutationem quidem quandam patiuntur, non tamen elixari dicuntur, sed frictionem pati, quoniam à calido, quod in humido est, non patiũtur, sicut ea, quæ elixantur, sed ab extrinseco igne, quemadmodum quæ assantur. Et propter hoc, inquit, quòd ea, quæ in sartaginibus, assantur magis quàm elixẽtur: ab extrinseco enim calido, hoc est ab ipso igne patiuntur ac transmutantur, non autem à calido quod in circundanti, ac ambienti humido inexistit. Quod autem à tali calido non patiantur, signum est, quòd humidum ipsum, in quo sunt, hoc est quod illa circũdat, patitur potius ab illis, quæ per hunc modum in sartaginibus assantur: calefacta enim hæc ab igne ipso, propter ferri sartaginis inflammationem, humidum ipsum, à quo ambiuntur, exiccant, ac ĩ se attrahunt: quę autem elixantur huius contrarium faciũt: non enim solum humidum, in quo sunt, & à quo ambiuntur. in seipsis non suscipiunt, sed magis passa ab illo ac transmutata & calefacta, humiditatem abiiciunt, quæ in ipsis dum cruda erant, inexistebat. Cuius signum, inquit esse, quod hepsesim passa ficciora sunt q̃ assata. Elixata. n. ꝑꝑ hoc q à circundanti calido humido, euincunt̃, non trahũt illud in seipsa, sed eiiciunt potius, qđ in ipsis est. Quæ aũt in sartaginibus assantur, & uł'iter oĩa assa, ꝑꝑ caliditatem q̃ dum assant̃ acquirũt ab igne, in externũ humidũ obtinẽt ac ipsum ad se attrahunt. Quare humidiora sunt assa his quæ elixantur, quod etiam palàm est ex his quæ inueniuntur, dummodo assata prius non elixentur.

Tex. 13. *Est aũt non oẽ corpus, hepsesis passibile: neq; .n. in quo nullum est humidũ, velut in lapidibus, neq; in qbus inest quidẽ, sed non põt obtineri ob spißitudinẽ, vt in lignis: sed quæcunque corporũ habẽt humiditatem passibilem ab ea, quæ est ĩ humido ignitione. Dicitur autem & aurum hepsesin pati, & lignũ & alia multa, secundum spẽm quidẽ eandem, metaphora autem non enim posita sunt nomina differentiis. Et humida aũt hepsesin pati dicimus, velut lac & mustũ, cùm qui in humido sapor in speciem aliquã permutatur ab eo, qui in circuitu & deforis in igne calefaciẽte. Quare modo quodam simile dictæ hepsesi facit.*

Cõm. 13. Cùm dixerit hepsesim esse digestionẽ inexistentis interminati in humido ab humida caliditate factam, non ab re, modo inquit, non omne corpus esse hepsesim possibile. Neq; enim in quo nullum est humidum, (hoc nanq; est quod in hepsesi habet digeri,) neq; in quo inest quidem, sed propter inspissitudinem impossibile est quod ab ambientis humidi caliditate, obtineatur ac secernat̃: quapropter neque lapides, neque ligna hepsesim pati, seu elixari possunt. Illi enim quia humiditatem non habẽt, hæc uerò quia talem habent, quæ ab ipsa, quæ in humido est caliditate, secerni ac superari nõ possit, propterea quia secundum maximam consistentiam ex sui natura condensata existunt. Hepsesim autem patiuntur quæcunq; corporum humiditatem habẽt, quæ à caliditate, quæ in ambiẽti humido ab igne ꝓducta est pati queat. Quædam autem, inquit, & alia hepsesim pati dicuntur, uerum non propriè sed metaphoricè, propterea q non omnibus his differentiis nomina imposita sunt. Non enim propter hoc, q humiditas, quæ in auro est, à caliditate, quæ in humido sit, euincatur, aurum hepsesim pati siue elixari dicitur, quia etiam nec ligna, (iam enim prius dixerat q talia quidem hæc ex corporibus, hepsesis passibilia non sunt,) neq; etiam hęc propter hoc in humido ponuntur calida, ut ab ipso eorum humiditas secernatur atq; educatur. Verùm metaphoricè secundum aliqualem similitudinem, & hæc hepsesim tunc pati dicimus, cùm propter calefactionem eorum ab igne, aliquid tantum separatur de humido quod in ipsis est. Quando enim in auro talis quidẽ quam diximus fit ab igne segregatio, externæ ac simul cum ipso permixtæ humiditatis, puta argenti, uel ęris, uel alicuius huiusmodi, tunc quidem aurũ, hepsesim pati dicimus: similiter etiam & alia metalica. Ligna uerò, quæ quidem propter sibi proximũ ignem separatum eiiciunt fumum, ac ficciora fiunt hepsesim passa dicuntur. quæ etiam acapna siue nõ fumantia appellantur. Dicitur autem, ĩquit, & in ipsis humidis fieri hepsesim, ueluti in lacte & musto: & magis est quidem similis huiusmodi hepsesis, hepsesi propriè dictę, quàm fit illa quę circa aurum & similia cõtingit fieri. Humida enim ipsa tunc hepsesim pati dicuntur, cùm humor qui proprius ac non extraneus ipsorũ est, digestus quidem fuerit, ac in speciem aliquam permutatus, ab eo qui est in circuitu, & forinsecus calefacit igne. Cùm enim segregatum fuerit quod interminatum in ipsis est, siue aquosum ueluti serum in lacte, siue spirituosum, ueluti in musto, tunc subiecti ipsius digestio, ac ad formam permutatio fiet. Modo autem quodam, quod in his, inquit, fit, persimile est ipsi hepsesi: non autem simile penitus, quoniam neque in humido calido ponuntur hæc, neque à tali calido humiditas digeritur, quę in ipsis est: sed in uasculis posita, ab extrinseco igne, huiusmodi passionibus subiiciuntur.

Finis autem non idem omnibus, neque elixatis, neque digestis, sed his quidem ad esum, his autem est sorbitionem, his verò ad aliam opportunitatem: quoniam & pharmaca elixare dicimus. Quare quæcunque grossiora possunt fieri, aut minora, aut grauiora, aut hæc quidem ipsorum talia, hæc autem contraria, propterea quòd disgregata hæc quidem ingrossantur, hæc autem subtiliãtur, sicut lac in serum et coagulum, omnia elixabilia sunt. Oleum autem non elixatur ipsum secundum seipsum, quia horum nullum patitur. Secundum hepsesin igitur dicta digestio hoc est, & nihil differt, in organis artificialibus aut naturalibus si fiat: propter eandem enim causam omnia erunt. Tex. 14.

Finem asserit modò, non eundem esse oĩbus elixatis, nec eiusdem gratia omnia elixari: aliqua qdẽ enim Cõm. 14.

enim,ut ad esum apta existant,elixantur,& hoc quidem sibi finis existit:aliqua uerò ad sorbitionem, & aliqua alicuius alterius causa.Dixit autem neque elixatis,neq; digestis,aut per figuram parallelem,cùm hepsesis per digestionem fiat:aut quoniam communior ac generalior est digestio quàm hepsesis. Non enim solùm hepsesis per digestionem fit, sed etiam pepansis,ut iam dixit;& optesis,ut declarabit.Cùm autem dixisset,non esse eundem finem omnibus elixatis,subdidit, quod neq; uliter digestis, tanq̄ neq; aliis speciebus digestionis,eodem omnibus finē existente.Postquam autem dixit,non esse eundem finē oībus elixatis,huius dehinc signum subdidit,ꝗ in ipsis pharmacis est uidere: quæ quidem & ipsa elixari dicimus,non tamen ut ad esum uel sorbitionem,aut omnino ut ad alimentum,utilia futura sint. Quinetiam nec hepsesis,seu elixatio pharmacorum eadē est hepsesi propriè dictæ,cuius quidem diffinitionē assignauit.Cùm hoc autem dixit, summatim modò colligit,quænam elixabilia sint,nō solùm de hepsesi propriè dicta, sed de qualibet hepsesi uniuersaliter loquens. Quæcunque igitur crassiora ꝑ calefactionē fieri possunt,elixabilia sunt: per digestionē enim īterminat ī ipsis humidi, crassities fit. {aut minora} separato,scilicet spirituoso quod in ipsis est:eadem autem hæc & grauiora etiam redduntur: nam non omnia quæ simpliciter minora fiunt, elixari dicuntur.Oleum enim minus quidem fit, non autem elixatur,ut declarabit:{aut hæc quidem ipsorum talia, hęc autem contraria,} hoc est,hæc quidem crassiora,hæc uerò subtiliora,propterea, quia in elixatione ipsa segregatio fiat,& hæc quidem ipsorum crassa fiant,hęc uerò subtilientur,ueluti in lacte fieri cōtingit. Aliquid.n.ipsius subtiliatur, quod,s.serosum existit: quod uerò subtile est consistit,ac condensatur,qđ coagulum siue caseum dixit, quasi aliquid in se habeat,ꝙ crassitiem passum sit. Elixari autem & ſm hunc quidē modum, cibaria ipsa dicimus.Ipsorum etenim,hoc quidem in humiditatem ab ipso calido segregatur, qualis est urina: hoc uerò cōspissatur ac crassum redditur. Oleum uerò, ſm seipsum quidem, non elixari inquit, cùm alijs quidem enim permixtum elixari uidetur:secundum seipsum tamē nequaquam, quoniam neque calefactum ingrossatur,neque minus factum grauius fit.Nec hoc quidē ipsius humidius fit, hoc autē crassius: idem.n.secūdum speciem in tota elixatione manet, donec penitus consumatur. Talem quidem igitur, quam dixit digestionem,esse inquit illam, quæ ſm hepsesim fit: digestio enim non in hepsesi tantum,sed etiā in alijs reperitur. Nihil autem differre inquit,siue per artificialia fiat organa,ueluti in his,quę elixantur,siue ꝑ naturalia,quemadmodum in alimento. Quocunq; enim fiat eandem habet causam.Nanque in his,quę per artificialia organa elixantur, calidum,quod extra est,causa existit, & hepsesis & digestionis interminati humidi quod in elixato est.Atque hoc quidē accidit & in his quæ per naturalia organa elixātur, siue hepsesim patiuntur:alimentū.n.ab externo existēte calido,hepsesim patitur. Nam in ipsomet quidem alimento non inest calidū quod elixat ac digerit,quāuis naturale ac ꝓpriū inexistat ipsi nutribili.

Tex.15. *Molynsis autem,indigestio quidē,contraria autem hepsesi.Erit autem contraria primæ dicta,indigestio eius,quod in corpore indeterminati propter defectum caliditatis, quæ in humido,quod in circuitu. Defectus autem cum frigiditate quòd sit,dictum est: fit autem propter motum alium:expellitur enim digerens.Et defectus autem,aut propter multitudinem frigiditatis in humido,aut propter multitudinē, quæ in hepsesi patiente:tunc enim accidit eam,quæ humido caliditatem,ampliorem quidem esse quàm vt non moueat, minorem aūt quàm vt regulet & condigerat.Quapropter duriora quidem quæ molynsin patiuntur fiunt, quàm hepsesin passa:humida autem,determinata sunt magis,Hepsesis igitur & molynsis,dictum est,& quid est,& propter quid est.*

Cùm dixerit de Hepsesi,ꝑtransit modò ad sermonem de Molynsi,quæ hepsesi contraria est.Inquit autem;ipsam esse in digestionem hepsesi contrariam. Illud uerò, {erit etiam contraria primæ dicta.} idē est,ac si diceret,ꝙ contraria est hepsesi primę dicta. non enim dixit adhuc, quid nam sit molynsis, præterquam in potentia. Nam,cùm iam declarauerit, quænam esset prima & propriè dicta hepsesis, & cōtrariam etiam ipsi molynsim, in potentia, quænam esset manifestauit:Quoniam enim hepsesis siue elixatio digestio est in elixato corpore, interminate humidi,à caliditate quæ in circuitu est: erit etiam & cōtraria ipsi molynsis, indigestio(ut diffiniēs inqt) eius quod in corpore indeterminati, ꝓpter indigētiam caliditatis in humido quod in circuitu. Quod autem indigentia siue defectus calidi cum frigiditatē sit, dictū esse asseuerat:dixit.n.hoc circa initium huius libri,cùm de corruptione ac putrefactione ꝑtractauit.Nā cùm dixisset quid nā esset putrefactio, confestim subdidit, {Quare qm̄ ſm indigentiam patitur calidi,indigens autem tali uirtute existit frigidum omne,ambæ itaq; erunt causæ.} hoc igitur nūc in memoriam reuocat.Fit enim inquit propter motum alium molynsis,ac prædicta indigestio, non ex hoc quidem quod calidum non moueat neq; transmutet,sed quia propter motum ipsius frigidi expellitur ac superatur digerens,hoc est calidū ipsum, qđ digerere habet.Cùm uerò dixisset ꝓpter īdigentiā caliditatis in humido,quod in circuitu, indigestionē ſm molynsim fieri,subdit postmodum, quomodo fiat talis indigentiam calidi in circundanti humido:quoniam aut fit propter multitudinem frigiditatis in humido,hoc est,quando humidum,quod elixabile ipsum ambit,magis est frigidum, q̄ calidum: aut propter multitudinem frigiditatis in hepsesim patiente,cum,s.calidum in circundanti humido talem non habeat proportionem ad elixabile,aut obtineat super illum.Vtroque.n.modo accidere possibile est,ita quod caliditas,quæ in humido,quod in circuitu elixabilis est,amplior quidem fit, quàm ut penitus non moueat humidum in ipso elixabili, minor autem rursus q̄ ut cōdigerat,atq; regulet.Cùm autem sic se habebit,ac talis extiterit calidi indigentia, molynsis fiet,moto quidem ac permutatio ipso elixabilis humido,non autem digesto ac regulato. Propter hanc igitur,inquit,irregularitatem,duriora fiunt,quæ molynsim patiuntur,q̄ hepsesim passa. Quemadmodum uerò illa magis q̄ hæc dura fiunt propter irregularitatem, sic etiā & in humidis quæ & ipsa hepsesim pati dicuntur,sicut lac, propter irregularitatem,separata ac distincta fiunt:secundum hanc quidem partem cōstantia, secundum illa uerò partē, fluentia magis. Cùm autem dixisset de molynsi.

Cōm.15.

lynsi, qđ quidem est indigestio contraria hepsesi, ac illud subdidisset, {est autem contraria prima dicta.} nõ apposuit dehinc de aliis quæ nam sint. Nam cùm molynsis propriè dicta talis sit q̃ diximus, facile est secundum iam dictum modum & secundas molynses diffinire: erunt.n. indigestiones contrariȩ secũdariis ac communiter dictis exhalationibus.

Tex.16. *Optesis autem, est digestio à caliditate sicca & aliena. Propter hoc etsi quis hepsesin exercens faciat permutari et digeri non ab humidi caliditate, sed ab ea, quæ ignis, cum consummatum fuerit, assum fit, & non elixatum & excessu, adustum esse dicitur. A sicca autem caliditate fit, cùm siccius fit consummatum. Quapropter & exteriora, sicciora interioribus. Elixata autem, contrarium. Et opus est in manufactis magis assare, quam elixare: difficile enim, exteriora & interiora regulariter calefacere. semper.n. propinquiora igni, desiccantur citius, quare & magis. Conclusis igitur exterioribus poris, non potest segregari intus existens humidũ, sed includitur, cùm pori clausi fuerint. Optesis igitur & hepsesis fiunt quidem arte, sunt autem, sicut dicimus, species vniuersaliter eædem, & natura: similes enim quæ fiunt passiones, sed innominatæ. Imitatur enim ars naturam. Quoniam & alimenti in corpore digestio, similis hepsesi est: etenim, in humido & calido à caliditate corporis fit. Et indigestio, similis molynsi. Et animal non fit in ipsa digestione, sicut quidam aiunt, sed in segregatione putrefacta in inferiori ventre, deinde ascendit sursum. Digeritur enim in superiori ventre, putrescit autem in inferiori segregatum: propter quam autem causam, dictum est in aliis.*

Cõ.16. Quid nam sit optesis, & quo differat ab hepsesi, ostendit modo. utraq; quidem enim digestio est, ac ab aliena fit caliditate, non autem à propria, quemadmodum pepansis. Ab inuicem uerò differunt in quatuor: hepsesis quidẽ ab humida caliditate fit, optesis uerò à sicca, ab ipso nãq; igne digeritur ac terminatur humiditas in assatis, aut cùm ad ignem apponũtur, aut per aliquod uas mediũ, in quo quidem nullum humidum imponatur, aut imponatur quidẽ, quemadmodũ in frictis, non tamen euincens humiditatem, quæ in assatis existat, sed potius uincatur ab ea. Dixit enim, quòd & frictio, optesis quædam spẽs est. Postq̃ aũt optesim definiuit, dicens ipsam fieri à calido sicco alieno, ex eo qđ talis existit optesis: accidere & ipsam, inquit, & si quis hepsesim exercens, ꝑmutari facit qđ elixati habet, ac digeri humidum, qđ in ipso est, non ab ambientis humidi caliditate, sed ab igne magis. Qñ.n. perfecta, ac consumata fuerit in eo pepansis, assatum illud fiet, & non elixatum. Hoc aũt euenit, cùm aqua modica fuerit, ac uigor & potentia ipsa ignis plurima existens, elixabile ipsum exiccando euincet: quietiam, & si ad illa, quæ in modica aqua hepsesim, fiat adhuc caliditatis superexcessus, adusta esse ĩquit quȩ sic elixanť, tanq̃ ab ipsomet igne, non aũt à calido humido hoc patiantur. omne.n. quod post perfectionem ac digestionem, siccius reddit, à sicca caliditate id patitur. Propter hoc.n. inqt, in assatis extimæ partes sicciores ĩtimis sunt, tanq̃ exiccata, atq; adusta superficie ipsorum ab igne, ex eo, quod uicinior illi est, nõ adhuc aut segregata humiditate, quæ profundior, atq; intimior erat, ꝑpterea quia extimȩ partes ꝑp ignis uicinitatem prȩueniũt condẽsari. In elixatis aũt opposito modo se habet: humidiora.n. exteriora sunt q̃ interiora, ꝑpterea ꝙ extimæ qdẽ partes ab elixato humido humectanť, intimiores uerò ꝑp separationem humidi, quod prius inerat exiccanť: quapropter in his, quæ per artem fiunt, maius opus ac difficilius est assare, q̃ elixare. Difficile nãque admodum est, exteriora ac interiora regulariter, atque æquabiliter calefacere: semper.n. proximiora igni desiccãtur citius: citius aũt hæc calefacta ac coeuntia, atq; inspissata segregari prohibent, quod intus inexistit humidum. Nam cùm ex condensatione ipsa claudũtur pori, intus intercipitur ac concluditur humidũ. Comparat autem quæ secundũ artem fiunt, his quæ natura, tanquã & in ipsis etiam naturalibus, alia quidẽ elixentur, alia uerò assentur, quemadmodum declarabit. Ars enim naturam imitatur. Cùm quidem enim à caliditate quæ existit in humido digeriť alimentum, qđ quidem humiditas est, in parte, s. illa in qua digestio fit, cum alimento permixta, hoc utique hepsesis naturalis erit. Cùm uerò amplior facta caliditas exiccando humiditatem ipsam opprimet, tũc aliquid optesi simile continget fieri, atque alimentum adustum esse dicetur. Quare non solùm alimenta indigesta sunt, cùm à frigido euincuntur, sed etiã, quando à calido secundum iam dictum modum opprimuntur. Inquit autem, ꝙ in alimenti digestione, quæ in superiori uentriculo fit, nullum generať animal, sicut aliqui existimarunt, sed in excremẽtis, atque in ipsa secretione, quæ in inferiori uentriculo putrefiat: quemadmodum in his, quæ exterius putrefiunt, quædam uidentur generari animalia, sicut prius dixerat, cùm de putrefactione pertractauit. Genita autem huiusmodi animalia in inferiori uentriculo, quemadmodum diximus, plerunque ad superiorem ascendunt. Talia autem sunt, quæ teredones ac lumbriculi nuncupantur: quapropter plerũque in ipsis ægritudinibus euomunť. Causam uerò propter quàm inferius quidem genita, plerunque in superius ad superiorem, s. uentriculum ascendũt, in aliis dictam esse inquit, in problematibus scilicet. Inferius quidem igitur ac in inferiori uentriculo generantur, quoniam ex putrefactione fiunt, putrefactio uerò ibi fit. Ascendunt uerò in ipsis ægritudinibus, ad uentriculum superiorem ꝑpter causas quas dixit in illis, uidelicet Problematibus.

Molynsis igitur, hepsesi contrarium. Ei autem, quæ vt optesi dictæ digestioni, est quidem aliquid oppositum similiter, minus autem nominatum. Erit autem vtiq;, si fiat stateusis, sed nõ optesis propter defectum caliditatis, quȩ accidet vtique, aut propter paucitatẽ exterioris ignis, aut propter multitudinem aquæ, quæ in eo est, quod optesin patitur: tunc.n. amplior quidem est, quàm vt non moueat, minor aũt quàm vt digerat. Quid igitur est digestio, & indigestio, & pepãsis, & omotes, & hepsesis, & optesis, & contraria his, dictũ est. Tex.17.

Hepsesi quidem igitur, ac tali qualis illa est digestioni, molynsis, inquit, ac per humidum facta indigestio, contraria est. Illi autem, quæ sicut optesis digestio est, contraria quidem, inquit, & ipsi quædam indigestio est. Innominata uerò est huiusmodi pasio, similis tamen erit ei, quam in assationibus stateusim dicimus: quæ tunc quidem est, cùm propter caliditatis indigentiam imperfecta optesis fit. Hæc autem indigentia, aut propter paucitatem assantis ignis est, aut propter multitudinem humidi, quod in eo est, quod optesim patitur. Quando enim amplior quidem erit ab igne Cõ.17.

 caliditas;

caliditas; quàm ut non penitus moueat, ac transmutet ipsum, quod assari habet, minor uerò quàm ut digerat, tunc indigestio fiet, quæ quasi stateusis dicitur, contraria existens ei quæ per assationem digestio fit. Post hæc tandem epilogat ac summatim colligit quæ dicta sunt, ea rursus adducens. Epilogat igitur de digestione & indigestione, quę communes ac genericæ passiones existunt, ac sibi inuicem contrariæ. Amplius de pepansi & omote, quę rursus sibi inuicem opponuntur. Adhuc de hepsesi & optesi, subdens rursus & quæ contraria illis existant: sunt autem hæc molynsis, & stateusis, molynsis quidem hepsesi contraria, stateusis uerò optesi.

Cap. 5. De siccitate, ac humiditate, passiuis corporum principijs, Duritieque, & mollitie: de causis item concretionis, & liquefactionis.

Tex. 18. *Passiuorum autem humidi & sicci, dicendum species. Sunt autem principia quidem corporum passiua, humidum & siccum. Alia autem, mixta quidem ex his, ex quocunque autem magis, huius magis secundum naturam sunt, puta hæc quidem sicci magis, hæc autem humidi. Omnia autem hæc, hæc quidem actu erunt, hæc autem in opposito. Habet autem sic, liquatio ad liquabile.*

Cõ. 18. Postquam de operationibus actiuarũ uirtutum, q̃ sunt calidum & frigidum, pertractauit, ostẽdens quę nam & quot, tum in generatione ipsarum substãtiarum, tum etiam in iam constitutis substantijs operãtur: pertransit modò ad sermonem rursus de uirtutibus ipsis passiuis, quę quidem sunt siccitas & humiditas: & quæ nam sint illarum species, inquirit. Dicit itaque, ꝙ principia quidem passionum in corporibus sunt humidum & siccum: hæc enim principia sunt causæ ut materia passionum in ipsis. Et hæ quidem primò in corporibus passiones existunt, cęterę autem corporum passiones, mixtæ quidem inquit, sunt ex his. Cuiuscunque autem harum passionum, magis participantia sunt corpora, huic, inquit, attributa esse dicũtur. Quæ quidem enim ex mixtis, plus de sicco habent, sicca dicuntur, quæ uerò ex humido plus, humida nuncupantur. Omnes autẽ, inquit, passiones in corporibus existentes, hæ quidem actu in ipsis existunt, hæ autem in potentia: aut omnia. s. corpora uel ex hoc ꝙ actu talia sint sub aliqua passione existere dicuntur, uel ex hoc ꝙ in potentia ad illam sint. In quo autem differat, aut actu tale quid existere, aut potentia, ostendens subdit, {habet autem sic liquatio ad liquabile.} liquabile enim uocatur id quod eliquari potest, liquatur autẽ quod actu iam sub ipsa liquatione existit.

Tex. 19. *Quoniam autem humidum quidem benè terminabile, siccum autem difficile terminabile, simile aliquid pulmento & condimentis adinuicem patiuntur. Humidum enim sicco causa est ut terminetur, & vtrunque utrique uelut colla fit: sicut et Empedocles fecit in Physicis, farinam aqua conglutinans. Et propter hoc, ex ambobus est terminatum corpus. Dicuntur autem elementorum proprijssimè, siccum quidem terræ, humidum autem aquæ. Propter hoc, omnia terminata corpora hic, non sine terra et aqua: cuiuscunque autem plus secundum potentiam huius unumquodque uidetur. Et in terra & in aqua animalia solum sunt, in aere autem & in igne non sunt, quia corporum materia, hæc.*

Cõ. 19. Cũ dixerit, principia ac primas passiones in corporibus esse humidum & siccum, cætera autem omnia, ex his permixta esse: subdit modò, qũo nam adinuicem se habeant humidum & siccum, & qualiter mixtio ipsorum fiat. Quoniam enim, inquit, humidũ quidem bene terminabile est: (interminatum nãq; secundum proprium terminum existeus, facile terminabile est, cùm semper ab ipso continenti terminum ac figuram suscipiat) siccum uerò difficile terminabile, (proprium nãque terminum ac figuram habens à continenti non figuratur,) similem igitur aliquid adinuicem patientur, quale pari adinuicem solent, obsonium & condimenta. Sal enim & omnino unumquodque condimentum, si cum obsonio permisceatur, unum quoddam ex ambobus perficitur, suscipiente quidem edulium obsonio à condimento ipso propter mixtionem. Quemadmodum igitur in his se habet, sic etiam in humido & sicco idẽ accidit. siccum enim ab ipsa mixtione cum humido posse terminari accipit, & alterum alteri ex mutua permixtione fit, sicut gluten. Humidum nãque causa est ipsi sicco, ut consistat & non amplius elabatur: siccum uerò humido, ut non dispergatur ac diffluat, sed consistentiam accipiat. Cùm autem dixit, humidum & siccum in mixtione alterum alteri sicut gluten seu collã fieri, de Empedocle meminit, qui quodammodo & idem dixit, propter illud, {farinã aqua conglutinans:} ille enim mixtionem humidi cũ sicco, conglutinio assimilauit. Et propter hoc, omne constãs & terminatum corpus ex ambobus, inquit, est, ex humido scilicet & sicco: ita quod si hæc impermixta accipiantur, interminata existent. Subdit autem & quæ nam ex simplicibus corporibus, secũdum huiusmodi potentias ac uirtutes maximè specificentur. Terra quidem nãque ab ipso sicco, aqua uerò ab humido. Quare cum omnia terminata corpora ex mixtione, ut inquit, constent humidi cum sicco, humidum autem & siccum aqua sunt & terra, omnia igitur terminata corpora, ex aqua constant & terra. Apposuit autẽ illud {hic} ut innueret corpora, quæ generationi & corruptioni subijciuntur. In his enim uerum est, quòd quæ terminata sunt ex ambobus his construi necesse sit, non autem quæ in diuinis. Horum igitur mixtorum ac terminatorum corporum, cuiuscunque ex duobus his, magis participat unumquodque, secundum eius potentiam dicetur atque excedet magis: secundum enim terram dicentur lapides, quoniam siccum in ipsis ac terrestre magis excedit: secundum aquam rursus, uinum & mel & huiusmodi humores alij. Propter hoc autẽ, inquit, & in terra & in aqua solum animalia sunt ac fiunt. In igne uerò & aere nequaquam, oportet quidem enim animalibus ipsis materiam subijci: materia autem existit, quod passiuũ est: passiua uerò existunt humidũ & siccũ quæ sunt terra & aqua. Quod autẽ uolatilia ĩ terra fiãt, cognoscere nõ est difficile.

Corporaliũ autẽ passionum has primas necesse inexistere terminato, duritiẽ aut mollitiem: necesse enim quod ex humido & sicco, aut durũ esse aut molle. Est autem durum quidem, quod non cedit in seipsum secundũ superficiẽ. Molle autẽ, quod cedit, non contrà circũstando. Aqua enim nõ mollis, non enim cedit cõpressione superficies in profundum, sed cõtra circũstat. Simpliciter igitur durũ aut molle, quod simpliciter tale, ad alterum autem, quod ad illud est tale. Adinuicẽ igitur indeterminata sunt, per magis & minus. Quoniam autem ad sensum omnia iudicamus sensibilia, palam quòd et durum & molle simpliciter ad tactum determinauimus, tãquam Tex. 20.

quam medietate vtentes tactu. Quapropter excedens quidē ipsum, durum, deficiens autem, molle esse dicimus. Necesse autem durum aut molle esse terminatum corpus proprio termino: aut enim introcedere, aut non.

Cō.20. Cùm declarauerit, ꝙ omne terminatum corpus, ex humido & ſicco cōpoſitum eſt, neceſſe eſt, quòd præ alijs paſsionibus ſe habeāt durities & mollities: durum quidem enim plus habet ſicci, molle uerò de humido magis. Atqui unumquodq; terminatorum corporum neceſſe eſt, inquit, uel durū eſſe, uel molle: durum uerò illud quidem eſt, quod non cedit in ſeipſum ſecundum ſuperficiē, hoc eſt, quod non cedit tactui ſecundum ſuperficiem: molle uerò, ꝙ cedit non contra circūobſiſtendo. Aqua nāque mollis non eſt, neq; aer, quāuis tactui cedāt: cedunt enim, eo quod diuiſa circūobſiſtunt, nō autem qm̄ ſuperficies eorum continua manens ex compreſsione in profundum contrahatur. Cùm autem diffinierit durum & molle, qm̄ ex compoſitis corporibus, aliqua quidem ſimpliciter dura uel mollia eſſe dicuntur, aliqua uerò adinuicem tātum, (idem enim ad hoc quidem erit durum, ad illud uerò molle,) conſequenter ſubdit, quod hæc quidē ſimpliciter dura ſunt uel ſimpliciter mollia, hæc uerò non ſimpliciter, ſed ſ͡m cōparationem adinuicem prædicta ſuſcipiunt diffinitiones. Ad altera autē dura, uel ad altera mollia, ea quidem ſunt quæ ſic ſe habent ad illa, ut conuenientius quàm ipſa prædictas diffinitiones ſuſcipiāt. Tūc enim dicentur dura ad altera, cùm minus cedent ſecundum ſuperficiem in profundum in ſe contrahentia, quàm cedant illa quorum duriora eſſe dicuntur. Quæ quidem igitur ad altera dicuntur dura uel mollia, & non ſimpliciter indeterminata utique ſunt: ſecundū enim magis & minus interminatio in illis eſt. At quæ ſimpliciter ſunt dura uel mollia non utique indeterminata exiſtunt: non enim eſt dicere, cui nā cōparētur, aut à quo quidem determinentur. Quoniam autem ſenſibilium omniū proprius ſenſus iudex eſt, palam uerò ꝙ & mollium & durorum proprius eſt tactus, ipſe igitur quod ſimpliciter molle ac durum eſt determinabit: quō autem determinet, ſtatim ſubdit. { Qm̄ enim tactus immediate cōſiſtit ſuorum ſenſibilium. } Non enim ſimiliter tangibilia ſentit tactus, quemadmodum uiſus colores: nam uiſus cùm aliquem colorem non habeat omnium quidem colorum ſuſceptiuus eſt, propterea quia eorū recipit ſpecies: tactus uerò nō quia tangibiles paſſiones penitus extra ſint, earum ſuſceptionem facit: (nāque impoſsibile ꝙ aliquod corpus actu ens abſq; ulla tangibili paſsione exiſtat, cùm ex hiſce paſsionibus diffiniatur ac determinetur) corpus igitur, ꝓ quod ſenſatio tactus fit, tangibile erit & ipſum. Nō igitur tactus ex eo ꝙ tales paſsiones nō habeat, ſed ex eo magis, ꝙ in medietate illarum eſt, utriuſq; ex contrarijs æqualiter participans, & ex ipſis exceſsibus, ac defectibus permixtus, medietatem hanc nō utiq; ſuſcipit. Quapropter non omnia tangibilia ſentit tactus, quemadmodum uiſus colores omnes. Nō enim ſimiliter calidi, ſicut ipſe eſt, neq; ſimiliter duri, aut mollis, aut ſicci, aut humidi, ſuſceptiuus eſt tactus: ſed de unoquoque iſtorum, quod ipſum ſuperexcedat, & quod ab ipſo ſubdeficit. Circa igitur durum ac molle ſic ſe tactus habebit: erit enim ſimpliciter quidem durum, quod ſecundum duritiem, mediocritatē tactus exceſſerit, atque ita ab ipſo ſuſceptibile erit, ut ceſsionē non faciat: rurſus uerò, ſimpliciter molle, quod à ſenſu tactus ita ſuſcipitur, ut magis cedat. Erit itaque ſimpliciter quidem durum, quod tactus mollior exiſtens ſuſceperit, ſimpliciter uerò molle, quod à duriori tactu ſuſceptum fuerit. Tactus uerò horum mediocritas erit. Vocantur autem ſenſus ipſi mediocritates, tū quatenus uniuſcuiuſq; ex contrarijs adinuicē ſpeciebus ſuſceptiui exiſtunt: quod enim contraria recipit medium, quodāmodo eſt illorum tum etiam inquantum ab excellētijs ac defectibus ſenſibilium corrumpuntur, ab ipſa autem mediocritate, ac cōmenſuratione ſaluantur. Aſsignat deinde cauſam propter quam omne terminatum corpus, ſit uel durum uel molle: nam uel cedere, inquit, tactui neceſſe eſt, uel non: quorum hoc quidem molle erit, hoc uero durum.

Adhuc coagulatum eſſe, hoc enim terminatur. Quare, qm̄ omne quidem terminatum & conſtans, aut molle, aut durum, hæc autem coagulatione ſunt, omnia utique erunt corpora & compoſita & terminata non ſine coagulatione. De coagulatione igitur dicendum. Sunt itaque cauſæ, quæ circa materiam, duæ, agens & paſſio: agens quidem, ut unde motus: paſſio autem, ut ſpecies. Quare, & coagulationis & diffinitionis & exiccationis & humectationis. Agit autē agens duabus uirtutibus, & patitur patiens paſſionibus duabus, ſicut dictum eſt: agit quidem calido et frigido, paſſio autem, aut præſentia aut abſentia calidi aut frigidi. Tex.21.

Cùm acceperit iam, quod omne terminatum corpus uel durum eſt, uel molle, & aliā nunc ſubdit paſſionem ipſius. Oportet. n. inquit, oē terminatū corpus, ſiue molle ſiue durū ſit aliqua coagulatiōe coagulatum exiſtere. Nam, cùm oē terminatum & conſtans corpus uel molle, uel durum ſit, tale uerò eſſe non poteſt niſi per quādam coagulationem, nullum igitur cōpoſitum corpus ac terminatum abſq; coagulatione erit: quapropter neceſſarius utique erit ſermo de coagulatiōe, de corporalibus paſsionibus pertractanti. Pertractans itaq; de coagulatione, cauſas ipſius apponit, { ſunt itaque, inquit, cauſæ, quæ circa materiam, duæ, agens & paſsio } paſsionē quidem uocans, per quam agens inducit formā: ita ꝙ tres ſint cauſæ, materia, forma, & agens, tāquam unà cum efficiente, finem etiam comprehenderit: talis enim in naturalibus uidetur finis. Si igitur omnium, quæ fiūt tales & tot ſunt cauſæ, coagulatio autem ex his eſt, quæ fiunt, erunt igitur & coagulationis tot quidem cauſæ, ac etiam diffuſionis, quæ coagulationi contraria eſt. Quinetiam & ipſius exiccari & humectari, quibus mediantibus coagulatio & effuſio fiunt. Subdit autem dehinc, quibus nam uirtutibus utens agens agat, calido enim agit & frigido, nāque hæ ſunt uirtutes actiuæ, propterea quia has agit agens, cum calefaciens uel frigefaciens agat. Si autem ſic ſe habet, ac per huiuſmodi uirtutes agit agens, paſsio etiam ipſa quæ in patiente fit, per præſentiam calidi uel frigidi accidet fieri. Cō.21.

Quoniam autem coagulari, exiccari aliquo modo eſt, de hoc dicamus primò. Patiens itaq;, aut humidum aut ſiccū, aut ex his. Ponimus autem humidi corpus, aquam, ſicci autem, terram: hæc enim humidorum & ſiccorum, paſſiua. Quapropter & frigidum, paſſiuorū magis: in his enim eſt: etenim terra et aqua, frigida ſupponuntur. Actiuū autē, frigidū, vt corruptiuum, aut ſecundū accidēs: ſicut dictum eſt Tex.22.

prius. Aliquando enim & comburere dicitur & calefacere frigidum, non ut calidum, sed quia congregat, aut quia contra circūstat calidum.

Cō.22. Cùm dixerit de duro & molli, quæ primas cōpositorū ac terminatorū corporū paſsiōes eſſe aſſeruit, amplius cùm & dehinc propoſuerit, de coagulatione dicendum, (huiuſmodi nāque paſsio fit in corporibus, ac actiuis ipſius uirtutibus) prius quàm quid nam coagulatio ſit declaret. De ipſo deſiccari primò pertractat, qm̄ coagulari ſub deſiccari eſt, coagulatum.n. quoquo modo deſiccatur. Patiens itaq;, aut humidum eſſe, inquit, aut ſiccum, aut ex his: hæ nāque uirtutes paſsiuæ exiſtūt. Ponit autem humidi quidem aquam eſſe, ſicci uerò terram, hoc eſt, aquā ab humido ſpecificari, à ſicco uerò terram: propter hoc.n. ex corporibus habentibus humiditatē & ſiccitatem, paſsiua hæc ſunt, aqua. ſ. & terra. At uerò & ignis etiā ſiccitatē hēt, & aer humiditatē: uerùm, qm̄ hæc ab his uirtutibus non ſpecificantur, paſsiua non ſunt. Qm̄ uerò paſsiua ſunt corpora, aqua & terra, utriſq; autem ineſt frigiditas. Terra.n. præterquam ſicca, frigida etiam eſt: aqua uerò præter humiditatem, frigiditatem etiam obtinet: propter hoc frigidum ipſum magis ex paſsiuis uidetur quàm ex actiuis eſſe. Verùm, quoniam iam poſuerat frigidū actiuum eſſe, nunc uerò poſuit paſsiuum magis, quia in paſsiuis exiſtit corporibus, declarat quomodo actiuum ſit { ut corruptiuum enim. } Nam cùm & corruptio ſit quoddam facere, corrupta uerò propter frigiditatis exceſſum, ac eius uictoriam ſuper ipſis, corruptionem patiantur: per hunc utique modum, actiuum eſt, frigidum. { Aut ueluti ſecundum accidens } quando ſcilicet aliquid operatur calidum, aut quia à congregante & condenſante frigido, in unum compingatur atque uniatur calidum ipſum, quod in eo exiſtit quod infrigidatur, ſicut ī tonitruis ac corruſcationibus accidit: quinetiā & digeſtionis quandoque ſic fiunt. Aut quia antiperiſtaſin patiatur calidum à frigido retrocedens, ueluti in hyeme interanea loca calidiora fiunt: quapropter & fontes in tempore hyemali calidiores exiſtunt. Horum nāque frigidum uidetur eſſe cauſam, non principaliter quidē agens, ſed quoniam calidum congregat atque diſponit: & ita reddit intenſum ut illud efficiat, aut quoniam à frigido habeat calidum quod in talibus exiſtat locis, in quibus dehinc aliquid operetur.

Tex.23. *Deſiccantur autem, quæcunq; ſunt aqua & aquæ ſpecies, aut habent aquam ſiue ſuperinductam, ſiue connaturalem. Dico autē, ſuperinductā quidem, velut in lana: connaturalē autem, velut in lacte. Aquæ autem ſpecies talia, vinū, vrina, ſerū, et totaliter quæcunq; nullā, aut paruā habent hypoſtaſin, non propter viſcoſitatē; quibuſdā enim cauſa nō ſubſtādi aliqd, viſcoſitas, ſicut oleo, aut pici. Deſiccantur autē oīa, aut calefacta, aut frigefacta: ambo autē calido, et ab interiori caliditate aut exteriori. Etenim quæ infrigidatione deſiccātur, ſicut veſtimentū, ſi fuerit ſeparatū ipſum ſecundū ſeipſum humidū, ab interiori calido ſimul euaporare faciēte humidū, exeunte caliditate à circūſtante frigido. Deſiccantur igitur, ſicut dictum eſt, omnia, aut calefacta, aut frigefacta: & omnia calido, aut interiori, aut exteriori coeducente humidum. Dico autem extrà quidem, ſicut quæ elixantur: intrà autem, quando ablato humido à caliditate, quam habet, conſumptū fuerit expirante. De deſiccatione igitur, dictum eſt.*

Cō.23. Cùm propoſuerit ſe dicturū de ipſo deſiccari, ac prius in memoriam nobis reuocauerit, quæ nam ex corporibus paſsiua ſint, humida. ſ. ſicca, & mixta ex his: ſubdit modò, quæ ſint illa, quæ deſiccantur. Deſiccari itaque, inquit, quæcunque uel aqua, uel aquæ ſpecies ſunt: quæ autē ſint ſpecies aquæ parū infrà declarat. Quæcunq;.n. uel nullā uel paruā hypoſtaſin habent, cùm aquoſa exiſtant, ueluti uinū, urina, ſerū, deſiccantur: quinetiā & quæ aquā in ipſis habēt ſiue extrinſecā ac ſuperfuſam, & non ſ'm propriā naturā ipſam habeant, ueluti lana madefacta & ueſtes: non enim in madefactione lanæ cōnaturalis illi fit aqua, ſed extra ſubſtantiā eius eſt. Quæcunq; igitur ſiue ex madefactione, ſiue ex propria natura aquā habeāt, deſiccabilia ſunt: q̄ enim connaturalē aquam habēt, deſiccantur etiam, ac tale quoddā eſt lac: illud enim in ſui propria ſubſtantia & natura humidum retinet, hoc.n. eſt ſibi eſſe. Cùm uerò dixit, aliquas eſſe aquæ ſpecies, quæcunque inquit, uel nullam uel paruā hypoſtaſim habent, non propter uiſcoſitatem: uiſcoſa enim non ex eo quod in ipſis parum habent de hypoſtatico tale quid nō patiuntur, uerùm ex eo quod propter uiſcoſitatem ſibi annexā, aliquid ſubſiſtētiæ continent, ita quod ab humido, quod in ipſis eſt, abſolui ac ſeparari nō poſſunt. Poſtquam autem dixit, quænam ſint deſiccabilia, conſequenter ſubdit, qūo deſiccentur, & à quo. Deſiccantur itaque, inquit, omnia deſiccabilia, aut calefacta, aut frigefacta: dicit autem, ꝙ etiam & quæ propter frigefactionem deſiccantur, à calido deſiccationem patiuntur. in frigefactis enim euaporans calidum, quod in ipſis eſt & inexiſtens humidum unà ſecum educit, ſi humidū modicum erit, ac per hunc modum deſiccabūtur. Cùm autem dixit ab interiori calido, & ab exteriori deſiccationem fieri: quo modo nam ab interiori deſiccātur quædam, oſtēdit in ipſis ueſtibus, quæ infrigidatione deſiccantur, cū madefactæ exiſtunt, & humidū in ſeipſis habent ſ'm ſe ſeparatum: quædā nāq; ſunt, quæ connaturale habent humidum, ueluti lac, quæ quidem ſ'm hunc utique modum non deſiccātur, ita ſcilicet ꝙ caliditas in ipſis exiſtens, propter frigus euaporans, unà ſecum etiā humidum euaporare faciat: ſed ab exteriori calido euaporante humido qđ in ipſis eſt, deſiccationē patiuntur. Deſiccantur quidem igitur, omnia deſiccabilia uel calefacta uel frigefacta, ac omnia quidem calido, ut oſtenſum eſt, uel exteriori euaporare faciente humidum quod in deſiccabilibus eſt, uel interiori, cum. ſ. propter circūſtans frigus, euaporās ex ipſo deſiccabili, una ſecum educit humidum quod in illo eſt. Ab exteriori igitur caliditate deſiccantur illa, quę ueluti quæ elixantur deſiccabilia ſunt: ab interiori uerò, ueluti quando in elixatis ablato exteriori igne, humidum quod in illis eſt, à caliditate in ipſis exiſtente, expirante ſcilicet ac humidum extra educente, conſumuntur: frigefactis enim ipſis, expirans calidum, una ſecum & humidum ipſum educit.

Humectari autem, eſt unum quidem, aquam fieri conſtantem: unum autem, liquefieri coagulatum. Horum autem cōſiſtens frigefactus ſpiritus. De liquefactione autem ſimul et coagulatione, erit palàm. Tex.24.

Cùm dixerit, quæ nam deſiccabilia ſint, & quomodo & à quo deſiccantur: deſiccantur enim humida, quemadmodum dixit, uel ex eo quòd calefiāt, uel frigefiāt, abſumpto ac corrupto humido ab Cō.24.

exteriori

exteriori caliditate: uel ab ea, quæ intus est, ad sermonem modò de humectatis pertransit: hæc enim passio contraria est, ipsi desiccari. Inquit autem, ꝙ humectatio dupliciter accidit: aut enim, cùm ex cõsistenti ac condensata exhalatione, transmutatio in aquã fit: humectatur enim tunc exhalatio ipsa, cùm transmutetur in aquam: aut cùm coagulatũ, ex coagulatione solidum existẽs, liquefactionem patitur, humectatur enim & hoc. Quod quidem igitur, consistens per hunc modum humectatur, { spiritus, inquit, est} per spiritum, exhalationem intelligẽs, quæ uaporosa existens, fumosæ etiam ac siccæ exhalationis aliquid retinet: in illa enim parte in qua plus de uaporoso est consistentia fit. De liquefactione autẽ & de his quę per liquefactionem humectãtur, simul, inquit, manifestum erit, si de coagulatiõe dicemus.

Cap. 6. De coagulatione, liquefactione, & incrassatione, ac de his, quæ hæc ipsa patiuntur & quomodo.

Tex. 25. *Coagulantur autẽ quæcunque coagulantur, aut aquæ existentia, aut terræ & aquæ, & hæc aut frigido aut calido sicco. Quapropter & soluuntur contrariis, quæcunq; soluuntur coagulatorum à calido, aut à frigido. Quæ enim à sicco calido coagulata sunt, ab aqua soluuntur, quæ est humida: quæ verò à frigido coagulata sunt, ab igne soluuntur, qui est calidus. Coagulari autem quædam vtique putabuntur ab aqua, vt mel elixatum, coagulatur autem nõ ab aqua, sed ab eo, quod in ipsa est, frigido. Quæcunq; igitur sunt aquæ, non coagulantur ab igne: soluuntur enim ab igne. Idem autem eidem per se, non est causa contrarij. Amplius non abscedẽdo calidũ, coagulatur. Quare palàm, quòd in ingrediendo soluetur: quare, faciente frigido coagulatur. Quapropter, & non ingrossantur talia coagulata. Ingrossatio enim, humido quidem abeunte fit, sicco autem constante: aqua autem, humidorum non ingrossatur, sola. Quæcunque autem communia terræ & aquæ, & ab igne coagulantur & à frigido. Ingrossantur autem ab ambobus: est quidem vt eodem modo, est autem vt aliter. A calido quidem humidũ educente, euaporante enim humido, ingrossatur siccum & constat. A frigido autem, calidum exprimente, cum quo humidum simul recedit, coeuaporante. Quæcunq; igitur mollia, sed non humida, nõ ingrossantur, sed coagulantur, exeũte humido, velut assatus later. Quæcunq; autem mixtorum humida sunt, & ingrossantur, velut lac. Mutam autem & humectantur primo, quæcunque aut grossa aut dura à frigido ꝑextiterint, quẽadmodũ & later, primò dum assatur euaporat, et mollior fit. Quapropter, & peruertitur in caminis.*

Cõ. 25. De coagulatione pertractat, ac primò quidem & in hac, quæ nam sint coagulabilia declarat. Coagulari itaque, inquit, aut quæcunq; aquæ existunt, aut quæ terræ & aquæ: talia autem sunt, cenum & cera & his similia. Cùm autem dixit, quæ nã coagulationem patiuntur, consequenter subdit, & quomodo & à quo coagulatio fiat. Coagulari igitur, inquit, coagulabilia ipsa, aut frigido, aut calido, aut sicco. Cuius signum est, ꝙ coagulata ipsa, quæcunque liquabilia existunt, dissoluuntur ab his, quæ causis coagulationis contraria sunt: aliqua quidem enim ipsorum coagulatorum ab aqua dissoluuntur, quæ frigida est & humida, tanquam à calido & sicco coagulata sint: quod enim quæ ab igne coagulãtur, non solùm quatenus calidum est, ab illo id patiantur, sed quatenus etiam siccum existit, ex hoc palam est, ꝙ eademmet à calida aqua non coagulantur, propterea, quia pręter caliditatẽ, siccitatẽ illa non habet. Quæcunq; uerò ex his, ꝗ coagulantur, dissolutionẽ ab igne patiũtur, cùm ꝑter siccitatẽ caliditatẽ habeat ignis, coagulata quidẽ erunt ab ipso frigido: nã humidum ipsum nulli ut actiuum coagulationis est causa: qm̃ ut materia humidũ coagulatur. Quod autẽ humidum coagulationis factiuum nõ sit, ex his, quæ apparent ostendit, propterea quia mel ipsum elixatum, aqua frigida coagulat, nõ quatenus humida est, sed quatenus frigida solùm: à frigido.n.nõ humido coagulatur quidẽ, ab humido autem nõ frigido, nequaquã: ita quod à frigido humido congelatur ab aqua.s.nõ tñ ab ipsa, ut humida est, sed ut frigida, illud patitur. Qm̃ autem aliqua à calido humido coagulari dixit, aliqua uerò à frigido, quæ nam à quo uis horum hoc patiantur apponit. Quæcunq; igitur aquæ sunt, non congelantur ab igne: soluuntur enim ab illo. Impossibile autem est, idem eidem secũdum idem, hoc est secundum eandem uirtutem, contrariorum causam esse. Quare si ignis per caliditatẽ coagulata ab aqua soluit, ueluti crystallum siue glaciem, idem utiq; simul per eandem caliditatem non coagulabit: quinetiam nec per siccitatem eorum coagulationis con uenit esse causam: ab humido nãque dissoluerentur. Modò autem nullum taliũ dissolutiuũ est, nisi inerit simul & caliditas, ueluti in aqua calida. Amplius in abscedendo quod in ipsis est calidum coagulantur, quare in ingrediendo soluuntur. Ex prima igitur argumentatione, tanquam clarũ accipiens, hmõi coagulata ab igne dissolui, ostendit ꝙ non coagulantur ab ipso. Ex secunda uerò argumentatione, accipiẽs rursus, qũo hmõi coagulata coagulantur, quod.s.ab igne coagulari non possunt: ex hoc uersa uice demõstrauit, ꝙ soluuntur ab ipso. Cùm autem declarauerit quod ab igne non coagulãtur, quæcunq; ex aqua existentia dissoluuntur, tum subdit, à quo nã, coagulationem talia patiantur. A frigido enim, {quapropter, inquit, non ingrossantur siue crassescunt} quæ ex aqua coagulata existũt. Crassities.n. siue ingrossatio in his quæ coagulantur, abeunte fit quidem ex ipsis humido, sicco uerò in ipsis consistente. Impossibile autem est aquã ipsam ingrossari, aut quæcunq; species aquæ sunt: propterea quia nihil quidem penitus uel saltem modicum de terrestri, in propria habent natura. Cùm autem dixerit ꝙ quæcunq; coagulabilium aquæ sunt ab igne non coagulantur, sed à frigido, subdit dehinc quænam sint quę coagulationem patiãtur ab igne. Quęcunq; enim cũ aqua & terra commixta sunt, hæc quidem inquit, & ab igne & à frigido coagulantur: quinetiam & ingrossari asserit hæc, quæ ex aqua & terra commixta existunt. Horũ enim coagulatio per ingrossationem fit, uerùm non omnium, ut declarabit. Atqui quod in his, inquit, ꝗdam ingrossantur ab ambobus, est quidem ut eodẽ modo, est autem ut non similiter. Eodem quidẽ modo, quatenus ab utrisq; per humidi ex ipsis eductionem à calido factã, ingrossantur, non simili uerò modo, quatenus differunt ſm illud, per quod segregari habet humidum ab ipsis. Calidum quidem enim ex seipso, coagulatum crassum reddit, ex eo quod ab extra calefaciens ipsum, euaporare facit humidum, quod in ipso est. Frigidum uerò non tanquã ex seipso, humidum separat, sed calidum ex primo, quod in coagulato est, cum quo & humidum etiã simul euaporatum recedit, ita ꝙ & tũc etiã per actionẽ calidi separa-

separatur. Consequenter autē subdit, quæ nā coagulabilia primò ingrossantur. Eorū itaque, quę ex aqua & terra commixta sunt, hęc quidē mollia inquit esse, hæc autem humida: mollia quidem uocās quæ prosequens, mollificabilia appellabit, tale autem quoddam est cenum ipsum, humida uerò ut lac. Horum igitur, mollia quidem, inquit, assata non ingrossantur, humida uerò primò ingrossantur. Later enim assatus non ingrossatur, primò desiccatus: quæcunq; uerò humida ac mixta sunt, hæc utiq; primò ingrossantur, ueluti lac separato sero. Rationabiliter autē dixit, {quæcunque humida mixtorum.} aqua nāque humida quidem existit, sed quoniam mixta non est, non etiam ingrossatur: parum enim etiam suprà dixit, {aqua autem humidorum nō ingrossatur sola.} Quamplura autem mollium assatorum, præter hoc quòd non ingrossantur, humectantur etiam primo, quæcunq;.s. aut grossiora aut duriora propter coagulationem à frigido, præextiterint: hæc enim calefacta, primo quidem dissoluuntur, ac humectantur, dehinc tandem siccantur, quorum inquit later est. Hic nāque assatus primò euaporat, soluta.s. à calore coagulatione, quapropter mollior fit, qđ & illi causa est ut peruertatur ac deprauetur: mollior enim factus peruertitur (quod enim mollius, de facili magis patitur.) peruertitur autem later ab irregularitate ac inæqualitate assantis caliditatis.

Tex. 26. *Quæcunque igitur à frigido coagulantur communiū terræ & aquæ, plus autem habentium terræ, quæ quidem, quia calidum egreditur coagulantur, hæc liquefiunt calido, ingrediente iterum calido, velut lutum cum congelatum fuerit. Quęcunque autem propter infrigidationem, & calido simul educto omni, hæc insolubilia sunt non superabundanti caliditate, sed mollificantur, velut ferrum & cornu. Liquescit autem & elaboratum ferrum, ita vt humidum fiat, & iterū coaguletur. Et calybes faciunt sic: subsidet enim & purificatus subtus, scoria. Cùm autem sæpe patitur & purum fit, hoc calybs fit. Non faciunt autem sæpe ipsum, propterea q, abscessus fit multus, & pondus minus purificato: est autem melius ferrum, quod habet pauciorem purificationē. Liquescit autem & lapis pyrimachus, vt stillet et fluat: quod autem coagulatur, cùm fluxerit, iterum fit durum. Et mollæ, liquantur vt fluant: fluens autem coagulatum, colore quidem nigrum, simile autem fit calci. Liquescit autem, & lutum & terra. Quæcunque autem à sicco calido coagulātur, hæc quidem insolubilia, hæc autem soluuntur humido. Later igitur & lapidum quorundam genera quicunque ab igne terra cōbusta fiunt, velut molares, insolubilia. Nitrum autem & sales, solubilia humido, non omni autem, sed frigido. Quapropter aqua & ijs quæcunque aquæ species liquescunt, oleo autem non liquescunt: sicco enim calido contrarium frigidum humidum. Si igitur coagulauit alterum, alterum soluet: sic enim contrariæ erunt causæ contrariorum. Ingrossantur igitur ab igne solum, quæcunque aquæ plus habens quàm terrę: coagulantur autem quæcunq; terræ. Quapropter & nitrum & sales, terræ sunt magis & lapis, & later.*

Cō. 26. Quæcūq; quidem igitur compositorum ex aqua & terra, & plus habentium terræ, à frigido coagulantur: euaporante quidem ex ipsis calido, non autem & una secum segregāte, atque educente humidum, quod in ipsis est, propterea, quia ex hoc, quod unitum non exit, secundum totum educere humidum nequit. Quod quidem in his accidit, in quibus adeo parum existit calidi, ut extrahere ac per uim educere humidum nequeat. hæc utiq; inquit, à calido rursus dissoluuntur ac liquefiunt. Ingrediente enim iterū calido, quæ per eius egressum coagulata fuerunt, soluuntur rursus, ac in pristinam naturam reuertuntur. ueluti cōtingit in luto, quod propter frigus cōgelatum existit: calefactum enim humectatur rursus & soluitur ac lutum fit. Quæcūque uerò propter infrigidationem coagulantur, euaporante calido, ac secum unà etiam humidum educente, quod in ipsis est, hæc utique omnia insolubilia quidem sunt, nisi superexcedenti caliditate: non enim quælibet contingens caliditas, neque illa, quæ à Sole est, aliquod ex metallicis dissoluere quidem poterit. Metallica enim secundum hunc modum, ut dixit, coagulātur, uerum mollificabilia quidem sunt, ac laxant utique & extenduntur, ueluti ferrum, & cornu. Humectatur enim ferrum, postquam in camino digestū quodammodo fuerit, ac mollificatum redditur: & cornu etiam calefactum remittitur. Cum autem dixit, insolubilia esse quædam, præterquam per superexcellentem caliditatem: aliqua tamen per huiusmodi superexcellentem caliditatem, liquationi subijci asseuerat. Elaboratum itaq; ferrum, & ferrū adhuc existens soluitur, rursus à superabundanti calido, ita q humidum fit, non quidē præexistente humiditate, propter præsentiā calidi redeunte rursus in talibus; sed ea solùm quę potentia existebat in ipsis, (horum enim generatio non ex coagulatione aquæ constituitur, sed ex exhalatione illa, quę potentia aqua est, nō autem actu) ab igne ad effluxum permutata, defertur ad actum. Subdit autem q ex huiusmodi permutatiōe ipsius ferri facta ab igne, expurgatio semper ac secretio quædam fit. Separatur enim q terrestre est, q scoriam uocant: quod uerò depurgatur, si sæpe id quidem patitur, calybs redditur, robur.s. ipsius ferri. Quod quidem igitur maxime depurgatum fuerit ferrum, optimum erit. Non autem ipsum operantes expurgant propterea q abscessus fit multus. Liquescit autem, inquit, & lapis pyrimachus in maximo igne: quod autē ex ipso fluit ac stillat, cùm congelatur durum fit rursus. Liquescere autem subdit & molas. Inquisitione autem dignum est, quas utique intelligat molas, non enim de myleis uocatis lapidibus loquitur: hoc enim nō dissolui, parum infrà asseuerat. Quod autem ab ipsis pyrimachis coagulatum fluit, colore quidem nigrum, simile autem fit inquit, ipsi gypso seu calci, illi.s. quæ uiua dicitur. Liquescere etiam subdit & lutum & terram, illam.s. quæ humiditatem in se habet, qualis est ex qua nitrū fit. Cùm uerò dixerit de coagulatis à frigido, dicit postea de his, quæ à calido sicco coagulationē passa sunt. Horum itaque, inquit, hæc quidem insolubilia penitus sunt, hæc uerò humido solui, quemadmodū laterum quidem & lapidum genera quædam, quicunque terra feruore ignis deusta fiunt, insolubilia sunt, ac tales etiam molares lapides esse asseuerat. Atqui parum suprà, molas ab igne liquescere, affirmauit: uerùm fortasis non molares istos lapides, sed aliud quoddam per molas ibi intellexit. Nitrum uerò & sales solubilia sunt humido frigido, quale q. dē est aqua: propterea qui ab aqua & ab aquæ speciebus liquescunt hæc. Species uerò aquæ, parum suprà, uinum, urinam, & serum uocauit: erit autē acetum & in his. Ab oleo uerò non liquescūt: quoniam calido

calido sicco, à quo coagulantur, contrarium est frigidum humidum, ꝙ eorum dissolutiuum est, quæ à contrario coagulantur. At oleum frigidum non est, quinetiam neque eius humiditas separabilis est, sed per uiscositatem compacta. Mixtorũ autẽ ex aqua & terra, quæcunque plus habent aquæ quàm terræ, hæc utique ingrossantur ab igne, non autem coagulantur, ueluti est lac: coagulantur uerò quæcunque plus habent terræ quàm aquæ. Quapropter & nitrum & sales magis sunt terræ, plus enim de ipsa habent, quare ab igne coagulantur. Similiter & later & lapides quicunq; ab igne, ut dixit terra cõbusta fiũt.

Tex.27. *Maxime autem dubiè habet, olei natura. Si enim aquæ, oportebat coagulari à frigido, vt glacies. si autẽ terræ plus, plus ab igne, vt later: nunc autem coagulatur quidem à neutro, ingrossatur autem ab ambobus. Causa autẽ est, quia plenum est aere. Quapropter, & in aqua supernatat. etenim aer fertur sursum. Frigidum igitur, ex inexistente spiritu aquam faciẽs, ingrossat: semper enim, cùm mista fuerint oleũ & aqua, ambobus fit grossius. Ab igne autem & tempore ingrossatur & albescit: albescit quidem, euaporante aqua, siqua inerat: ingrossatur autem, propterea quòd marcescente calido, ex aere fit aqua. Vtroque igitur modo eadem fit passio, & propter idem, sed non eodem modo. Ingrossatur igitur ab ambobus, desiccatur autem à neutro: neque enim Sol, neque frigus desiccat, non solum quia viscosum, sed & quia aeris est. Non desiccatur autem aqua neque elixatur ab igne, quia non vaporat propter viscositatem.*

Cõ.27. Per quàm ambigua existit, inquit, olei quidem natura, utrum terræ plus habeat, uel aquæ. Si enim plus habet aquæ quàm terræ, oportebat coagulari ipsum à frigido, si uerò plus terræ, à calido: modo autem à neutro coagulatur: ingrossatur uerò à frigido & calido. Causam autem huius inquit esse, quòd plenum aere oleum sit. Quòd uerò aere plenum sit, ex eo cõ probat signo, quoniam in aqua supernatat, quod ab aere in ipso existente causatur, qui supermotiuus ad aquã est: & si quando intra ipsam intercipiatur, sursum tamen effertur. Quod autem aer, qui in oleo est, causa illi sit, ꝙ ab utroque calido. s. & frigido ingrossetur, consequenter declarat. Frigidum nãque spiritum ipsum, siue aerem infrigidans ac in aquã transmutãs ingrossat, ita ꝙ aer ipse, qui in oleo est, ex infrigidatione consistens ac inspissatus, & in aquam transmutatus, causa ipsi oleo sit, ꝙ tandem ingrossatur. Semper enim, cùm mixta fuerint oleum & aqua, amborum mixtio crassior redditur, tũ aquæ ipsius, tum impermixti cùm aqua olei. Cæterum non existimandum quidem est, omnem, qui in oleo est, aerem propter frigus exaquescere, sed aliquas eius partes. nam, si omnis in aquam transmutaretur, quod utiq; remaneret, nõ amplius esset oleũ. Siquidem de substantia olei est, ut plenum aere fit. Rursus uerò & ab igne, inquit, quinetiam & à tẽpore ingrossatur oleũ ipsum & albescit: albescit quidem propter calidum, euaporante si qua in ipso existit aqua, ex cuius permixtione nigrior olei erat color: qua quidem aqua euaporata, simul etiam & oleum ipsum ingrossatur. Ignis quidem igitur per hunc utiq; modum ingrossationis olei, ac albefactionis est causa. Tempus uerò ingrossationis quidem eius causa fit, albificatiõis autem nequaquam: marcescẽte enim calido quod in oleo est, ac frigefacto aere in ipso existente, in aquam tandem transmutatus aer, crassius oleũ facit. Vtroque igitur, inquit, modo eadẽ fit passio: utroq; modo, uidelicet & ab igne & à tempore, quia etiam & utroque modo, & ex eo. s. quia euaporatur aqua, & ex eo etiam quoniam aer qui in oleo est permutatur in aquam: ab utroque enim horum eadẽ in oleo fit passio, ingrossatio. s. Subdit autem, {& propter idem.} hoc est, propter aquam, sed non eodem modo, uerùm quandoque quidem quoniam aqua ipsa euaporat, quandoque uerò quia generatur. Potest etiam illud, {utroque modo.} quinetiam & illud, {propter idem.} intelligi & de frigido & de tempore, ab utroq; enim horũ ingrossatur oleum ex hoc, quod ex transmutatione aeris aqua in ipso fit: uerũ à frigido quidem, quoniam ipsummet aerem frigefacit: à tempore uerò, quia marcescere facit calidũ quod in illo est. Ingrossatur quidem igitur ab utroque, desiccatur autem à neutro: quoniam neq; aer, neq; humidorum uiscositas, nec à sole, nec à frigido desiccatur. Viscositas enim desiccationis prohibitiua est, aer uerò non est ex his quæ desiccantur, sed solum, ut dixit aqua, & quæ sunt species aquę, hęc enim oĩa, uel euaporata desiccantur, uel inspissata. Atqui neque aqua quæ in oleo est elixatur ab igne, nec desiccatur. Nam quæ ab igne desiccatur aqua, ex eo illud patitur, quoniam euaporans transmutatur in aerem: aqua uerò quæ in oleo est, cum propter uiscositatem non euaporet, utique non elixabitur.

Quæcunque autem mixta aquæ & terræ, secundum pluralitatem vtriusque dignum dici: vinum enim quoddam, et coagulatur & hepsesim patitur, velut mustum. Abscedit autem ab omnibus talibus dum desiccantur, aqua. Signum autem quòd aqua, vapor enim constat in aquam, si quis velit colligere. Quare quibuscunque relinquitur aliquid, hoc terræ. Quædam autem horum, & frigido, sicut dictum est, ingrossantur & desiccantur: frigidum enim, non solum coagulat & exiccat, sed & ingrossat. Exiccat quidem aquam, ingrossat autem aerem aquam faciens: coagulatio autem, dicta est quædam desiccatio esse. Quæcũque igitur non ingrossantur à frigido, sed coagulantur, aquæ sunt magis, velut vinum, & vrina, & acetum, & lixiuium, & serum. Quæcunque autem ingrossantur non euaporantia ab igne, hæc quidẽ terræ, hæc autem communia aquæ, et aeris sunt: mel quidem terræ, oleum autem aeris & aquæ. Sunt autem & lac & sanguis amborum quidem communia, & aquæ & terræ: magis autem vtplurimum, terræ, quemadmodum et ex quibuscunque humidis nitrum fit & sales: & lapides autem, ex quibusdam constant talibus. Quapropter, si non separetur serum, exuritur ab igne decoctum: quod autem terrestre est, constat & à coagulo, si aliqualiter decoquat quis, sicut Medici coagulum imponentes: sic autem separatur serum & caseus. Separatum autem serum, non amplius ingrossatur, sed exuritur sicut aqua. Tex.28.

Quæcunq; autem, inquit, ex terra & aqua mixta sunt, hæc quidem attribui oportet his, quorum plus habent, aquæ. s. si eius habent plus, terræ uerò quæ terræ plus. Quoddam autem est uinum, inquit, quod & coagulatur & elixatur, hoc est, ingrossatur: eorũ autem erat quidem coagulatio, quæ plus habent de sicco, ingrossatio uerò eorum, quæ plus de humido: uidebitur itaque propter hæc quoddam intelligere uinum, ꝙ plus terræ habeat quàm aquæ. coagulatur enim. Atqui prius dixerat uinum speciem esse aquæ, ac non simpliciter coagulari signũ est, ꝙ plus inexistat terra quàm aqua, sed solùm ab igne coagulari: à frigido Cõ.28.

frigido enim & aqua etiam ipsa coagulatur: sic autẽ & coagulatum uinum a frigido coagulatur, mustum uerò per elixationem ingrossatur, aqua tamen non ingrossatur, qm̃ nondum syncerum ac depuratũ uinum est, sed indigestum. Ab omnibus autem, inquit, talibus desiccatis abscedit aqua, quippe quæ mixta sint ex terra, & aqua, plus tamen habeant terræ, quę a calido desiccantur: desiccatis enim his abscedit aqua: uapor nãque per sursum, dũ desiccãtur, aqua est. cuius signum subdidit: quoniã uapor ille si colligatur in aquã consistit: qui enim in æris coopercuilis congregatur, aqua est. Quibuscunq; igitur eorum quæ ab igne euaporãt, derelinquitur aliquid qđ amplius euaporare non potest, illud terræ existimãdum est esse. In aqua enim si per se desiccatur ac euaporat, nihil utiq; derelinquitur, quod euaporare nequeat amplius. Quædam autem, inquit, mixtorũ ex terra & aqua, & à frigido coagulata, ingrossantur & desiccantur: frigidum enim non solùm coagulat & desiccat, sed etiam & ingrossat: coagulat quidem & desiccat aquam ipsam, nam quod coagulatur desiccatur etiam: (iam enim dixit sub desiccatione coagulationem positam esse,) ingrossat uerò oleũ, dum aerem frigefaciens in aquam trãsmutat. Quinetiam & ipsum etiam aerem ingrossat, in ipsa.f. transmutatione in aquam, ac nubium cõsistentiam. Quoniam uerò dixerat, {exiccat quidem aquã.} propter hoc subdidit, {coagulatio autem dicta est quædã desiccatio esse,} per coagulationem enim frigidum ipsum aquam desiccat. Cùm autem dixerit quòd à frigido aqua quidẽ coagulantur & desiccantur, aliqua uerò ingrossantur, subdit, ꝙ quæcunq; à frigido non ingrossantur, sed coagulantur, aquæ sunt, ueluti uinum, urina, lixiuium, serum: quæcunq; uerò ingrossantur à frigido, sed non euaporãtia ab igne, quemadmodum lac ingrossantur: quæcunque autem non sic, hæc quidem terræ dicit esse magis, hæc uerò cõmunia aquæ & aeris: mel quidem terræ magis, (mel enim non solùm coagulatur à frigido, sed ingrossatur,) oleum uerò palam, ꝙ aeris & aquę: hoc nãque subdere prætermisit. Lac autem & sanguinem amborum esse dicit, & aquæ & terræ, magis autem utplurimum terræ: aut plurimũ dixit sanguinem plurimũq; lac: potest enim & aquosum fieri & sanguinem & lac, quod plurimũ quidem aquæ habeat. Humida autem ex quibuscunq; facti sales & nitrum coagulantur, plurimum inquit habent terræ. Similiter enim his se habent, inquit, & sanguis, & lac: ex his nãque solida quædam fiunt, ut sunt ossa, nerui, & carnes, quemadmodũ ex illis sales & nitrum: quinetiã & lapides quidam, inquit, ex quibusdam constantibus humidis fiunt sicut & sales. Talia autem humida sunt, quæ influxu fluuiorum duras quasdã consistentias ac lapides generant: aquæ enim & talia sunt, terræ tamen plus habent. Quod autem serum aquę est, lac uerò terræ habet plus ostendit dicens, {ꝙ si serum ab elixato lacte non separetur, exuritur} quod quidem patitur & aqua, quod autem terrestre est cõstat & ingrossatur atque coagulatur, sic enim caseus in lacte coagulatur: quod autem de terra habet lac, constare dicit illud ab ipso coagulo, at cuiusdam meminit elixationis à Medicis factæ, in qua quidem, inquit, cum lacte coagulum permiscentes, serum & caseum abinuicem segregant. Separatum autem serũ non amplius coagulatur, tanquam aqua existens: uerùm si adhuc elixatur, exuritur, quẽadmodũ & aqua.

Si autem aliquod lac non habeat caseum aut paucum, hoc magis aqua, & non nutriens. Et sanguis autem, similiter: coagulatur enim, eo quòd desiccetur infrigidatus. Quicunque autem non coagulantur uelut cerui, tales aquæ magis & frigidissimi. Quapropter non habent ines: ines enim sunt terræ & solidum. Quare & extractis, non coagulantur: hoc autem est, quia non desiccantur: aqua enim est quod relinquitur, vt lac caseo ablato. Signum autem est, morbosi enim sanguines nolunt coagulari: nam uelut ichor sunt. Hoc autem est phlegma & aqua, propterea quòd indigestum est et insuperatum à natura. Tex.29.

Cõ.29. Cùm dixerit parum superius, ꝙ utplurimum lac & sanguis plus terræ habent quàm aquæ, subdit modò de ipso lacte, ꝙ lac non habens caseum, aut modicum, aquæ magis est, & non nutriens. Ostendit autem, ꝙ sanguis plus terræ habeat, quoniam coagulatur eo ꝙ desiccetur. quod quidem accidit, quoniã segregata à frigido caliditas, quæ in sanguine est, dum quidem recedit secum unà & humiditatem educit, quæ in eodem sanguine existit, sanguis uerò qui nec coagulatˢ nec desiccatur, qualis est sanguis cerui, magis, inquit, aquæ est & frigidus ualde. Quòd uerò aquæ magis sit huiusmodi sanguis, signum apponit, ꝙ ines non habet, quæ terræ sunt & solidæ: quæ quidem ines, si ex sanguine eas habente atque coagulato extrahuntur, non amplius coagulatur, nec desiccatur quod remanet, quippe ꝙ aqua existat, quemadmodum accidit in lacte, cum caseus separabitur: serum enim aqua est. Quòd autẽ aqueus sit sanguis ille, qui non coagulatur, neque consistit, signum esse, inquit, quoniam morbosi sanguines nõ coagulantur, eo quia ichori ac corrupto & tabefacto cruori similes sint. Cùm autem dixit morbosos sanguines ac saniei similes non coagulari, subdit ꝙ ichor est quoddam phlegma & aqua: talis autem saniosus sanguis ex eo fit, quod indigestum existens à digerente natura non superatur.

Adhuc autem hæc quidem solubilia sunt, uelut nitrum, hæc autem insolubilia, uelut later & lapis: & horum hæc quidem mollificabilia uelut cornu, hæc autem non mollificabilia uelut later & lapis. Causa autem, quia contrariæ contrariorum causæ. Quare si coagulantur duobus, frigido & sicco, necesse solui calido & humido. Quapropter igne & aqua, hæc enim contraria. Aqua quidem, quæcunque igne solo: igne autem, quæcunque frigido solo. Quare si à duobus accidat coagulari, hæc insolubilia maximè. Fiunt autem talia, quæcunque calefacta deinde frigido coagulantur: accidit enim cùm calidum exudauerit egrediens, plurimum humidum comprimi iterum à frigido, ut non humido det penetrationem. Et propter hæc, neque calidum soluit: quæcunq; enim à frigido coagulantur solo, hoc soluit. Neque ab aqua: quæcunque enim à frigido coagulantur, non soluit, sed quæcunque à calido sicco solum. Ferrum autem liquefactum à calido, frigido coagulatur. Quare ad coagulationem duobus indiget, quapropter insolubile. Ligna autem sunt terræ et aeris: quapropter vstibilia, & non liquabilia nec mollificabilia: & in aqua supernatant, præter ebenum, hæc autem non: alia enim aeris habent plus. Ex ebeno autem nigra euaporauit aer, & est plus in ipsa terræ. Later autem terræ solum, propterea quòd desiccatus coagulatur secundum modicum. Quare neq; aqua soluit: neq; enim aqua introitus habet, per quos solum spiritus exiuit: neq; ignis, coagulauit enim ipse Tex.30.

Conse-

Cô.30. Consequenter causam assignat, propter quam coagulabilium hæc quidem solubilia sunt, ueluti nitrum & sales, hæc uerò insolubilia, ueluti later: & insolubilium hæc quidē mollificabilia sunt, ueluti cornu, hæc uerò mollificabilia, quemadmodum later & lapis. Dicit itaque, ꝙ cùm unumquodq; solubilium à contrario eius soluatur, à quo coagulatū est, (quæcunque enim frigidum coagulat, ea calidum soluit, quæ uerò coagulat calidum, à frigido dissoluuntur.) Quorum igitur coagulationis ambo erunt causa, calidum scilicet & frigidum, ea utique non irrationabiliter, maxime insolubilia erunt, cùm eius causæ, à quibus coagulata fuerunt, contrariam non habeant causam, à qua dissoluantur: ab ambobus autem coagulantur quęcunque calefacta, deinde à frigido coagulationem patiuntur. Accidit enim, cùm calidum exudauerit, humidum frigefactum cōprimi rursus, & adeo condensari, ut ne alicui humido amplius penetrationem largiatur. Quapropter neque à calido hæc dissoluuntur, (calidum enim dissoluit quæ à frigido coagulantur solo) neque ab aqua etiam soluūtur: nam quæ à frigido coagulantur non dissoluuntur ab aqua: quoniam ab aqua, ut dictum est, solui habent ea quæ à sicco calido coagulantur. Ferrum uerò à calido prius liquefactum, à frigido coagulatur: quare ad coagulationem utroq; indiget: quapropter solubile non est, præterquàm à superexcedenti calido, ut iam dictum est: aut intelligit quod ferrum non à calido quidem coagulatur, humidius enim ex liquatione ab igne fit, coagulatur autem à frigido: quare cùm à solo frigido coagulationem patiatur, meritò dissoluetur à calido. Subdit autem de lignis, ꝙ mixta sunt ex terra & aere, quare ustibilia, inquit, sunt, non autem liquabilia, neque mollificabilia: talia nāque sunt quę aquam habent. Propter hoc autem, inquit, in aqua supernatant, præter ebenum nigram, ipsa enim plurimum terrę habet, propterea, quia aer ex illa expirauerit: cùm tamen cętera ligna plus aeris habeant quàm terræ. Laterem autem terram habere solùm asseuerat, hoc autem est illiquabilem esse. Terra enim cùm uel nullum habeat in ipsa humidum, uel saltem modicum, illiquabilis est: talis autem later est, propterea ꝙ desiccatus ab igne, paulatim coagulatur. Ex eo enim quod paulatinè, ac non simul coagulatio eius fit, aqua ipsa euaporata & tanquam in aerem permutata, separatur. Quare nec aqua ipsa recipi amplius in ipsum potest, ut. s. ipsum dissoluat, cùm inspissatus sit nimis: qua enim separatus aer egreditur pertransire nō potest aqua, cum subtilior ac tenuior sit aer quàm aqua, & propter hoc ab aqua solui non potest: ab igne uerò nō soluitur, quoniā iam primo coagulatus fuit ab ipso.

Tex.31. *Quid igitur sit coagulatio, et liquefactio, et propter quot, & in quibus sit, dictum est.*

Cap. 7. Quibus nam medijs similarium corporum passiones vel differentiæ cognoscantur, earumq; differentiarum enumeratio, ac explicatio.

EX *his autem manifestum est, quòd à calido & frigido constant corpora: & hæc autem ingrossantia et coagulantia faciunt operationem suam. Propterea autē quòd ab his cōdita sunt, in omnibus inest caliditas, aliquibus autem & frigiditas, qua deficit. Quare, quoniam hæc quidem insunt, propterea quòd faciunt, humidum autem & siccum propterea quòd patiuntur, participant ipsis communia omnibus. Ex aqua igitur & terra, homœomera corpora constant, & in plantis & in animalibus. Et quæ metallantur, velut aurum, & argentum, & quæcunque alia talia, & ex ipsis & exhalatione ea, quæ vtriusque inclusa, sicut dictum est in alijs.*

In memoriam rursus reuocat nobis ea, quæ dicta sunt. Cô.31. Diffinitiones quidem igitur, tum ipsius coagulationis, tum liquationis non assignauit, ex dictis tamen ab eo utraque harum diffiniri potest. Coagulatio quidem enim erit consistentia aquæ, aut terræ & aquæ, facta à frigido, uel à calido & sicco. Liquatio uerò dissolutio erit coagulati, facta à contrario coagulantis. Inquit autem, { & propter quot, & in quibus. } quoniam dictum est quidem propter quot: propter frigidum enim & propter calidum & siccū coagulatio, & liquatio fiunt, & quod in aqua sunt, aut in mixto ex aqua & terra, coagulatio enim ī his. Subdit autem, ꝙ ex dictis manifestum est, ꝙ à calido & frigido fit consistentia in corporibus: calidum. n. & frigidum, quemadmodū dictum est, aut desiccando, aut coagulando, aut ingrossando, consistentiam in ipsis corporibus operantur. Propter hoc autem, ꝙ consistentiæ corporum effectiua, sunt hæc in omnibus quidem mixtis ac huiusmodi consistentiā habentibus, hoc est, in terminatis corporibus, caliditas utique inerit: in quibusdam uerò frigiditas, quatenus calidum in ipsis deficiat; uidetur nāque frigiditas secundum indigentiā calidi in corporibus fieri, cum actiua corruptionis existat. Quoniam igitur in terminatis corporibus, calidum quidem & frigidum propter hoc insint, quoniam actiua in illis sint, siccum uerò rursus & humidum, propter ea ꝙ patiantur, mixta utique & terminata corpora, omniū horum participabunt. Ex aqua igitur & terra constabunt, inquit, homœomera corpora in animalibus & in plantis, ueluti sunt, os, neruus, caro, lignum, cortex: non quidem tanquam ex solis his constent homœomera corpora, sed tanquā ut plurimum ex habentibus hæc. Subdit autem & quæ metallantur constare ex his: sunt autem hæc, æs, ferrum, aurum, argentum, plumbum, stannum, & si qua sunt huiusmodi: horum autem consistentia ex aqua & terra fit simul, & ex exhalatione quæ utriusque est. Per exhalationem autem utriusque, tum illam intelligit quæ ab aqua fit, uaporosa existens, tum etiam quæ à terra est, sicca scilicet & fumosa. Ex tali enim duplici exhalatione, ab utroque scilicet horum existente, cùm in ipsa terra intercepta siue interclusa ac compacta fuerit, tum metallica ipsa fiunt, tum etiam fossibilia: fossibilia enim ex exhalatione habente plurimum de sicco, metallica uerò ex plurimum de humido obtinente. De his autem pertractauit in fine tertij Meteorologicorum.

Hæc autem omnia differunt abinuicem, & ad sensus proprijs, Tex.32. *& in eo quod est posse aliquid facere: album enim, & bene odorans, & sonatiuum, & dulce, & calidum, & frigidum, eo quòd est posse aliquid facere in sensum sunt, & alijs magis conuenientibus passionibus, quæcunque patiendo dicuntur. Dico autem, puta liquabile, & coagulabile, & flexibile, & quæcunque alia talia: omnia enim talia, passiua, sicut humidum & siccum. His itaque differt, os, & caro, & neruus, & lignum, & cortex, & lapis, & aliorum vnumquodque homœomerorum quidem, naturalium autem corporum.*

Cō.32. Hæc autem, inquit, quæ ex prædictis conſiſtunt, tum proprijs obiectis ſenſuum abinuicem differūt, quatenus quidem actiua ſunt, tum etiam in eo, ꝙ aliquorum paſsiua exiſtunt. Per ea enim, quibus ſenſus ipſos diſponunt, ſiue afficiunt, differentia ipſis eſt: ea autem ſunt, colores, ſapores, boni odores, mali odores, ſonorum differentiæ, (quædam nãque ipſorum magis ſonatiua exiſtunt, quædam uerò minus.) amplius & tangibiles contrarietates. His igitur, quatenus actiuis exiſtentibus, abinuicem differunt dicta corpora. Amplius & alijs proprijs paſsionibus differunt, inquit, ſecundum quas magis ſpecificantur: hæ autem ſunt, à quibus dicuntur, ſiue determinantur, ſecundum ꝙ aliquas ex ipſis pati poſſunt. Dicuntur enim hæc quidem coagulabilia, quæ talem paſsionē pati queunt, liquabilia uerò rurſus, quæ talem, ſimiliter & flexibilia, & alia huiuſmodi: prædicta enim corpora homœomera. ſ. ſecundum has quidem paſſiones differunt abinuicem, maximè enim ſunt ſicut & ſiccum & humidum. Quemadmodū enim hæ potētiæ, ſiue uirtutes paſsiuæ ſunt, ſic autem & quæ ex his conſtant corpora, quæ quidem ſunt ipſa homœomera, quæ ex terra conſtãt & aqua: in quibus quidem humidum ab aqua eſt, ſiccum uerò à terra: & naturalia corpora ſunt, ac compoſitis ipſis priora. Heterogenea enim ex homœomerorum compoſitione conſiſtunt.

Tex.33. Species paſſionum. *Dicamus autem primò, numerum ipſorum, quæ ſecūdum potentiam & impotentiam dicuntur. Sunt autem hæc, coagulabile incoagulabile, liquabile illiquabile, mollificabile nō mollificabile, intingibile non intingibile, flexibile inflexibile, frangibile non frangibile, comminuibile incomminuibile, impreſſibile non impreſſibile, formabile non formabile, capibile non capibile, trahibile non trahibile, ductibile non ductibile, fiſſibile non fiſſibile, detruncabile non detruncabile, uiſcoſum fragile, commaſſibile non commaſſibile, vſtibile non vſtibile, exhalabile non exhalabile. Plurima igitur corporum, ferè his differunt paſſionibus, quam autem unumquodque horum habeat potentiam, dicamus. De coagulabili igitur & incoagulabili, & liquabili & illiquabili, dictum eſt quidem uniuerſaliter prius, attamen redeamus & nunc. Corporum enim quæcunq; coagulantur & indurantur, hæc quidem à calido patiūtur hoc, hæc autem à frigido: à calido quidem deſiccante humidum, à frigido autem exprimente calidum. Quare hæc quidem humidi abſentia, hæc autem calidi hoc patiuntur: quæcunque quidem aquæ calidi, quæcunque autem terræ humidi. Quæ igitur humidi abſentia, ab humido liquefiunt: niſi ſic conuenerint, ut minores relicti ſint pori quàm aquæ moles, uelut later. Quæcūque autem non ſic, hæc humido ſoluuntur, uelut nitrum, ſales, terra ex luto. Quæ autem calidi priuatione, à calido ſoluuntur, uelut glacies, plumbum, æs. Qualia igitur coagulabilia & liquabilia, dictum eſt, & qualia illiquabilia.*

Coagulabilia. Eliquabilia.

Cō.33. Tractaturus de paſsionibus, ſecundum quas ſpecificantur compoſita homœomerorum corporum, & eorum etiam, quæ ab ipſis ſpecificationē ſuſcipiunt, primò enumerans exponit, quæ & quot ſint ea, quæ ſecundum potentiam uel impotentiam ad aliquam iſtarum paſsionum, ſecundum quas compoſita atq; homœomera corpora abinuicem differunt, diſpoſita atque affecta ſint. Cùm autem enumerauerit decem & octo contrarietates, ſecundum quas plurima corporum differre inquit abinuicem, conſequenter dehinc de unoquoque eorum, quæ in prædictis contrarietatibus poſita ſunt, pertractat, declarãs quid nam ſit, & quàm uirtutem ac potentiam habeat. Et quia primæ contrarietatum erant, coagulabile, incoagulabile, liquabile & illiquabile, cùm in ſermone de ipſis iam prius præueniſſet, ſubdit quidem, quòd iam dixit de his uniuerſaliter ac communiter prius: reiterans tamen de his dicet & nunc, ac ſtatim ſubdit, quod coagulatorum corporum, hæc quidem à calido coagulãtur, hæc uerò à frigido, ut dictum eſt. A calido quidem, quoniam ab ipſo deſiccatum euaporat humidum ꝙ in ipſis eſt, quemadmodum coagulantur ſales & nitrum: à frigido uerò, propterea ꝙ exprimitur humidum quod in coagulatis exiſtit. Per hunc nãque modum ex coagulata aqua fit glacies, ex hoc ꝙ calidum, quod in ipſa eſt, à frigido euictum ſegregatur & euolat. Quapropter coagulatorum, hæc quidem abſentia humidi, hæc uerò calidi coagulantur. Cuius autem abſentia patitur hoc, eius præſentia ſoluitur poſtmodum, ueluti ſales & nitrū, quæ ſoluuntur ab humido: quæcunque enim per abſentiã humidi coagulantur, hæc ab humido ſoluuntur atque liqueſcunt, niſi ſic coagulata coierint ac condenſata fuerint, ut aquam per poros ſuſcipere nequeant, propterea ꝙ anguſtiores exiſtunt pori, quàm aquæ moles. Propter hoc enim nec later ipſe, ut paulò ſuperius dixit, liqueſcit ab humido: oporteret quidē enim ab aqua ipſum hoc pati, cū coaguletur ab igne. Nō ſoluitur autē ab aqua ꝑꝑ maximã cōdenſationē: nam, cùm paulatim deſiccetur à calido, ſegregationem efficit aquæ, dum hęc. ſ. in aerem trãſmutatur: per quos autem aer egreditur poros, pertranſire aqua non poteſt, cùm ſubtilior aer exiſtat. Quæcunque autem non ſic à calido coagulãtur, quemadmodum coagulatur later: hęc quidem omnia ab humido diſſoluuntur, ueluti nitrum & ſales, & terra ex luto, non enim quæ ex latere. Glacies uerò, & quæcunque alia per priuationem calidi coagulantur, quemadmodum metallica omnia, à calido ſoluuntur atque liqueſcunt. Quæ quidem igitur corporum coagulabilia, & quę liquabilia, dictum eſt: quinetiam & quæ coagulabilia quidem illiquabilia tñ, later enim & quidã etiam lapides tales utiq; exiſtunt. Tex.34.

Incoagulabilia autem, quæcunque non habent humiditatem aquoſam, aut non aquæ ſunt, ſed plus calidi & terræ, puta mel & muſtum: nam uelut feruentia ſunt. Et quæcunque aquæ quidem ſunt, habent autem plus aeris, ſicut oleum, & argentum uiuum, & ſi quid uiſcoſum, uelut gluten & pix. Mollificabilia autem ſunt, coagulatorum quæcunque non ex aqua, velut glacies, (oīs enim glacies aquæ eſt) ſed quæcunque terræ magis, & neque euaporauit totum humidum, ſicut in nitro, aut ſale: neque habet irregulariter, ſicut later, ſed ſunt trahibilia non exiſtentia humectabilia, aut ductilia non exiſtentia aquæ, & mollificabilia igne, uelut ferrum, cornu, & ligna. Sunt autem liquabilium & illiquabilium, hæc quidem intingibilia, hæc autem non intingibilia, uelut æs, nō intingibile, liquefactibile exiſtens: lana autem & terra, intingibilia, madefiunt enim. Et æs quidem liquabile, non ab aqua autem liquabile. Sed ab aqua liquabilium, quædam nō intingibilia, uelut nitrum & ſales: neque enim intingibile aliquid, quod non mollius fiat madefactum. Quædam autem intingibilia exiſtentia, non liquabilia ſunt, uelut lana, & fructus. Sunt autem intingibilia quidem, quæcunque terræ exiſtentia habent poros maiores aquæ molibus, exiſtentium duriorum aqua. Liquabilia autem aqua, quæcūque per totum. Mollificabilia.

Propter

Propter quid igitur terra quidem & liquefit & intingitur ab humido, nitrum autem liquefit quidem, intingitur autem non? Quia in nitro quidem, per totum pori. quare diuidũtur mox ab aqua partes. In terra autem, permutatim sunt pori qualitercunque susceperit, quare differt passio.

Cõ.34. Quæ autẽ incoagulabilia sunt, consequenter subdit. Dicit itaque, incoagulabilia esse quęcunque non habẽt in seipsis humiditatem aquosam, aut nec aqua sunt, sed plus habent calidi & terræ, quale quidem est mustum & mel, nam hæc plurimum in seipsis habent de calido, & sunt ueluti feruentia: qua propter ingrossantur quidem à calido, non autem coagulantur. Incoagulabilia etiam, inquit, sunt quæ aquam quidem habent, aeris autem plus, propter hoc enim neque oleum coagulatur, neq; argentum fusile, per quod quidem intelligit, argẽtum uiuum, quinetiam neque pix, neque uiscus. Consequenter autem quęnam coagulatorum mollificabilia existant, declarat. Dicit itaque, ꝙ mollificabilia quidem sunt, quæcunque coagulatorum non ex aqua sunt, sed terræ magis: glacies enim ex aqua existens & coagulata, non est mollificabilis. Quæcunque igitur terræ sunt magis, ac ita coagulata sunt, ut neque totum ex ipsis humidum exhalauerit, ueluti in nitro, & in sale, (horum nãque totum euolauit humidum) neque irregulariter se habeant ueluti later, (dicit autem laterem irregulariter se habere, aut propter humiditatem, tanquàm aliquam quidem habeat humiditatem irregularem tamen, aut intelligit ꝙ irregulares habeat later poros, quoniam in rectum non sint.) Quæcunque igitur terræ plus habentia ita coagulata extiterint, ut nec totum ex ipsis humidum exhalauerit, nec irregulariter positos habeant poros, uerum trahibilia sunt, ut tracta præbeant incrementum, cùm tamen humectabilia sint, ueluti sunt, nerui & corigiæ, hæc utique mollificabilia erunt. Quinetiam & quæcunque coagulatorum ductibilia sunt, non existentia aquæ, hæc utique etiã mollificabilia existunt, mollificabilia autem igne, ueluti ferrum: calefactum enim mollificatur. Quinetiam & cornu, amplius & ligna quædam calefacta, nata sunt flecti, & mollificationem suscipere. Quęret autem aliquis, utrum nam & aliqua coagulatorum, ex aqua ductilia sint. Subdit autem dehinc, ꝙ ipsorum liquabilium, ac etiam illiquabilium, hæc quidem intingibilia siue humectabilia existunt, hæc uerò non intingibilia. Intingibilia quidem quæcunque madefacta suscipiunt in ipsis aquam, ita ꝙ humidiora ac mollificabiliora fiant: non intingibilia uerò, quæ talia non sunt. Intingibilis quidem est lana & terra illiquabiles existentes, æs uerò liquabile existens, non intingibile est: est autem æs non quidem ab aliqua liquabile, sed ab igne. Cæterum & eorum, quæ ab aqua liquescunt, aliqua, inquit, non intingibilia sunt, ueluti nitrum & sales: non enim hæc ipsa madefactione, seu aquæ perfusione permanentia, molliora fiunt, ꝙ proprium intingibilium est. Vniuersaliter autem, inquit, intingibilia sunt, quæcunque terræ existentia, poros maiores habent, quàm aquæ moles: quinetiam & duriores: maiores quidem, ut aquam suscipiant, duriores uerò, ut ab ipsa non dissoluantur. Liquabilia autem aqua ea, inquit, sunt quæ per totum in seipsis aquam suscipiunt, ita ꝙ pori post susceptionem aquæ non saluentur, aut maneant. Causa uerò cur terra quidẽ & intingatur & liquescat, nitrum uerò liquescat quidem, intingatur uerò nequaquam, subdit dehinc. Quoniam nitrum quidem per totum poros habet, ac ubique confracti adinuicem sunt, qui in ipso existunt pori: quare in susceptione aquæ, confestim ipsa partes illas dispescit. In terra uerò, hi quidem pororum ita se habent, ut per totam ipsam existant: hi uerò sic ut permutatim posita sint, nec adinuicem confringantur. Cùm igitur secundum contritos adinuicem poros, ac per totam terram existentes, suscipitur aqua, tunc quidem liquescit: cùm uerò secundum permutatim positos aqua recipitur, intingitur quidem terra, non autem liquescit. Atqui & illud dicendum est, quòd non consequitur ad ea quę dicta sunt, quòd scilicet cuius quidem terræ duriores fuerint pori, hæc intingatur, non autem liquefiat: cuius uerò molliores, illa liquescant. In nitro autem quia molliores existunt, in susceptione aquæ semper soluuntur.

Sunt autem & hæc quidem corporum, flexibilia & dirigibilia, uelut calamus & uimen: hæc autem inflexibilia, uelut later & lapis. Sunt autem flexibilia quidem, & dirigibilia, quorumcunque corporum potest longitudo in rectitudinem ex peripheria, & ex rectitudine in peripheriam permutari. Et flecti, & dirigi, est in rectitudinem aut peripheriam mutari, aut moueri: etenim quod reflectitur, & quod deflectitur, curuatur. Qui igitur ad conuexitatem, aut concauitatem motus longitudine seruata, flexio est. Si enim & in rectum, esset utique simul flexum & rectum, quod quidẽ impossibile, rectum flexum esse. Et si flectitur omnino aut reflexione, aut deflexione, (horum autem hoc quidem ad conuexum, hoc autem ad concauum transmutatio est) non utique erit & ad rectum flexio, sed est flexio & rectificatio aliud & aliud. Et hæc sunt flexibilia & rectificabilia & inflexibilia, & non rectificabilia. Et hæc quidem frangibilia, & comminuibilia, simul & separatim: ut lignum frangibile quidem est, comminuibile autem non: glacies autem & lapis, comminuibile, frangibile autem non: later autẽ, & frangibilis & comminuibilis. Differunt autem quia fractio quidem, est in magnas partes diuisio & separatio. comminuitio autem, in quascunque & plures duabus. Quæcunque igitur sic coagulata sunt, ut multos habeant uicissitudinarios poros, comminuibilia sunt, usque ad hoc enim distinguuntur. Quæcunque autem ad multum, frangibilia: quæcunque autem ambo, ambo. Et hæc quidem impreßibilia, uelut æs & cera: hæc autem non impressibilia, uelut later & aqua. Est autem impressio, superficiei secũdum partem in profundum cessio pulsione aut percussione, in totum autem tactu. Sunt autem talia, & mollia, ut cera manente alia superficie secundum partem trãsmutatur: & dura, uelut æs. Et non impressibilia & dura, uelut later, non enim cedit in profundum superficies: & humida, ut aqua cedit quidem, sed non secundum partem, sed contrà transmutatur. Impressibiliũ autem, quæcunque manent impressionem passa, et bene impressibilia manu, hæc quidem formabilia sunt. Quæ autem aut non bene impressibilia, uelut lapis aut lignum, aut bene impressibilia quidem, non manet autem impressio, uelut lanæ, aut spongiæ, non formabilia, sed capibilia hæc sunt. Sunt autem capibilia, quæcunque pulsa in seipsa conuenire possunt, in profundum superficie permutata, non diuisa, & non trãslata aliò alia parte, quale aqua facit. hæc enim contrà trãsfertur. Est autem pulsio, motus à mouente, qui fit à tactu: percussio autem, cùm à latione. Capiuntur autem, quæcunq; poros habent uacuos cognati corporis. Et capibilia, hæc quæcunque

Tex.35. Flexibilia.

Frangibilia.

Impressibilia.

Formabilia.

cunque possunt in propria vacua conuenire, aut in proprios poros, (aliquando enim non vacui sunt, in quos conueniunt) velut madefacta spongia: pleni.n.sunt ipsius pori. Sed quorumcunque pori pleni fuerint mollioribus quàm ipsum, quod natum est conuenire in seipsum, capibilia quidem sunt, velut spongia, cera, caro. Non capibilia autem, quæcũque non sunt nata conuenire pulsione in eos, qui in se sint poros, aut quia non habent, aut quia durioribus habent plenos. Ferrum.n. Trahibilia. *non capibile est, & lapis, & aqua, & omne humidum. Trabibilia autem sunt, quorumcunque potest ad latus transferri superficies. Trahi enim, est transferri admouens planum continuum existens. Sunt autem hæc quidem trahibilia, velut pilus, corigia, neruus, pasta, gluten: hæc autem non trahibilia, velut aqua, & lapis. Hæc igitur eadem sunt trahibilia & capibilia, velut lana: hæc autem non eadem, velut phlegma, capibile, quidem non est, trahibile autem: & spongia, capibilis quidem est, non trahibilis autem. Sunt autem & hæc qui-* Ductilia. *dem ductilia, velut æs: hæc autem non ductilia, velut lapis & lignum. Sunt autem ductilia quidem, quæcunque eadem percussione possunt simul in latus & in profundum secundũ superficiem transferri secundũ partem: non ductilia autem, quæcunque non possunt. Sunt autem ductilia quidem omnia, & impressibilia: impressibilia autem nõ omnia, ductilia sunt, velut lignum (vt tamen ad omne dicam) conuertuntur. Capibilium autem, hæc quidem ductilia sunt, hæc autem nõ: cera quidem & lutum, ductilia sunt: lana autem non, neque aqua. Sunt autem & hæc quidem fissibilia, velut lignum: hęc* Fissibilia. *autem non fissibilia, velut later. Est autem fissibile, quod potest diuidi ad plus quàm diuidens diuidit: finditur enim, cùm ad plus diuidatur quàm diuidens diuidit, & præcedit diuisio: in detruncatione autem, non est hoc. Non fissibilia autem sunt, quæcũque non possunt hoc pati. Est autem, neque molle vllum fissibile. Dico autem, simpliciter mollium, & non adinuicem: sic enim & ferrum erit molle. Neque dura omnia, sed quæcunque neque humida sunt, neque impressibilia, neque comminuibilia. Talia autem sunt quæcunque secundum longitudinem habent poros, secundos quos adnascuntur inuicem, sed non secundum latitudinem. Detruncabilia autem sunt, constãtium durorum, aut mollium, quæcũque possunt neque ex necessitate præcedere diuisionem, neq; comminui diuisa. Quæcunque autem aut humida, aut talia, non detruncabilia. Quædam autem sunt eadem & detruncabilia & fissibilia, velut lignum: sed vt plurimum fissibile quidem secundum longitudinem, detuncabile autem secundum latitudinem. Quoniam enim diuiditur vnumquodque in multa, qua quidem longitudines multæ vnum sunt fissibile hac est: qua autem latitudines multæ vnum, detruncabile* Viscosa. *hac. Viscosum autem est, cùm trahibile aut humidum existens, molle fuerit. Tale autem fiunt concatenatione, quæcũque velut catenæ componũtur corporum: hæc enim ad multum possunt extendi & conuenire. Quæcunque autem non* Commassabilia. *sunt talia, fragilia sunt. Commassabilia autem sunt, quæcũq; capibilium manentem habent capturam. Incommassabilia autem, quæcunque aut totaliter non capibilia sunt, aut non manentem habent capturam. Et hæc quidem sunt, hæc aũt inustibilia: velut lignum quidem vstibile est, & lana & os: la-* Vstibilia. *pis autem & glacies, inustibile. Sunt autem vstibilia, quæcũque habent poros susceptiuos ignis, & humiditatem in his, qui secundum directum poris, debiliorem igne. Quæcunque autem aut non habent, aut fortiorem, velut glacies, & quæ valde viridia sunt, inustibilia.*

Cõ.35. Consequenter subdit, quænam corporum flexibilia & dirigibilia sint, & quæ inflexibilia & indirigibilia: & omnino quidnam flexibile sit, & quid dirigibile, & quid flecti, & quid dirigi: amplius & quod reflexum flectitur, & deflexum. Dicit autem dehinc & de frangibilibus & comminuibilibus, quòd, s. aliqua quidem horum alterũ suscipiunt, aliqua uerò utrũque, ita ꝗ & frangant & diminuãtur. Amplius quidnam sint utrunque istorum assignat, & quæ eorum differentia, quinetiam & quæ utriusq; istarum pasionum sit causa. Subdit uerò postmodum & de impressibilibus & non impressibilibus, quænã quidem sint, & propter quid, & quid si imprimi, uel non imprimi: quinetiam & ꝗ impressibilium, hæc quidem mollia sunt, sicut cera, hæc uerò dura, ut æs: quinetiam & ꝗ non impressibilium, hæc quidem dura sunt, ut later, (in impressibilis enim est later) hæc uerò humida, ueluti aqua: non enim imprimitur in aqua dum cedit, uerum diuiditur ac circunstat. Dicit deinceps, ꝗ nam impressibilium formabilia sint, hoc est formationi parentia, & quæ formabilia quidem non, capibilia tamen sunt. Insuper & quid sit capibile, & quænam capiantur, siue comprimant corpora. Amplius & propter quid capiantur. Subdit uerò quid pulsio sit, & quid percussio, & quæ eorum sit differentia. Declarat insuper quæ corporum trahibilia sint, & quidnam sit trahi. Quinetiam & ꝗ corporum quædam trahibilia sunt & capibilia, quædam uerò alterũ horum tantũ habent. Subdit uerò & de ipsis ductilibus & inductilibus, quid quidem sit ductile, & quid inductile, & ꝗ ductilia quidem omnia impressibilia sunt, impressibilia uerò non oĩa sunt ductilia. Quinetiam & ꝗ ipsorum capibilium, aliqua ductilia sunt, aliqua uerò nequaquam. Insuper & de fissibilibus & infissibilibus pertractans quænam sint, inquit, infissibilia: & quid sit findi siue scidi, & in quo scissio differat à detruncatione. Amplius quænã sint detruncabilia, & ꝗ quædam fissibilia & detruncabilia sunt, fissibilia quidem ut plurimum secundum longitudinem, detruncabilia uerò secũdum latitudinem. Subdit præterea & de aliis quæ parum suprà enumerando, secundum potentiam uel impotentiam fieri asseuerauit: uiscosum enim illud inquit est, quod cùm tractatur, uel humidum est uel molle: talia autem fiunt ex corporibus, quæcunque quidem taliter construuntur, ut coalterna quadam cõcatenatione, partes adinuicem per alterius ad alteram complicationem, coaptentur quemadmodum catenæ, ita ꝗ non de facili dissoluantur. Talia enim trahibilia quidem sunt, & absq; aliqua disruptione seu dissipatione ad multum extendi ac rursus conuenire possunt: quæ autem talia non sunt frangilia ac contusilia quidem existunt. Subdit autem ꝗ aliqua quidem commassabilia sunt, aliqua uerò incommassabilia: & rursus aliqua ustibilia & aliqua inuestibilia, & propter quid talia sint. Propter hoc enim quòd susceptiuos ignis poros habeant, & humiditatem in his s̃m directum sunt poris, igne debiliorem, hoc est combustibilem.

Tex.36. Exhalabilia. *Exhalabilia autem sunt, corporum quæcũque humiditatem habent quidem, sic autẽ habent, vt non euaporent seorsum ab ignitis. Est enim vapor, à calido vstiuo ĩ aerem et spiritũ segregatio ex humido madefactiua. Exhalabilia autem tempore in aerem segregantur, & hæc quidem disparentia, sicca: hæc autem, terra fiunt. Differt autem hæc segregatio, quia neque madefacit, neque spiritus fit. Est autem spiritus fluxus continuus aeris ad longitudinem. Exhalatio autem est, à calido vstiuo cõmunis segregatio sicci & humidi simul.*

Qua-

Quapropter non madefacit, sed colorat magis. Est autem lignei quidem corporis exhalatio, fumus: dico autem, & ossa, & pilos, & omne, quod tale est in eodem: non enim est positum nomen commune, sed secundum analogiam tamen in eodem omnia sunt, quemadmodum et Empedocles inquit. Hæc, pili, & folia, & auium plumæ spissæ: & squamæ fiunt super solida membra. Pinguis autem exhalatio, lignys: vnctuosi verò, knissa. Propter hoc oleum non patitur hepsesin, neque ingrossatur, quia exhalabile est, sed non vaporabile: aqua autem non exhalabilis, sed vaporabilis. Vinum autem dulce quidem, exhalat: pingue enim est, atque eadem facit oleo, neque enim à frigore coagulatur, vriturq;. Est autem nomine vinum, opere autem non est: non enim vinosus humo est. Quapropter non inebriat, quodcunque autem vinũ, paruam autem habet exhalationem: quapropter, & emittit flammam.

Cõm.36. Subdit præterea & de exhalabilibus & non exhalabilibus & asserit exhalabilia esse, quæcunque humiditatem quidem habent, nõ talem tamẽ, ut ignitis ipsis ac calefactis, ipsa secundum se seorsum euaporent, absq; corpore ipso humiditatem habente. Cùm uerò dixit, quòd humiditas inexistens in corporibus exhalabilibus, secundum se non euaporat ignitis ipsis, de uapore subdens, quidnam sit uapor declarat: est enim à calido ustiuo ex humido in aerem ac spiritum segregatio madefactiua. Exhalabilium autem humiditas, non utiq; ab igne in aerem calefactis his segregatur, adeo quòd maneant ipsa, atque saluentur, simul enim & ipsa in huiusmodi exhalatione consumuntur) uerùm à tẽpore tale quid patiuntur: ueterascẽtibus enim ipsis humiditas quidem euaporat, ipsa uerò hæc quidem arida fiunt, hæc uerò in terram tandem transmutantur Segregatio autem humidi ab exhalabilibus, quæ à tempore quidem, non autem ab igne fit, differt ab ea, quæ generatur ab igne, quoniam illa madefactiua nõ est: nec spiritus fit, segregatio humidi, quæ ab illis est. Definiuit autem spiritum, fluxũ, scilicet continuum aeris in longitudinem: cui si adderetur, quòd à tali quodam principio flueret, uentus esset. Humidum quidem igitur secundum seipsum, calefactis exhalabilibus, non segregatur: communis uerò segregatio & humidi & sicci, aeris simul est. Quapropter humefactiua non est huiusmodi segregatio, sed colorat magis: inquinat enim quæcunque proxima sibi fuerint. Subdit autem dehinc, quòd lignosorum corporum exhalatio fumus dicitur, talia autem sunt & ossa, & capilli, & folia. Pinguium uerò exhalatio lignys uocatur, siue fuligo, ea autem quæ unctuosorũ est knissam dicimus, siue nidorem. Propter hãc itaque causam, neque oleum, inquit, hepsesim patitur neque ingrossatur: exhalabile nanque est, cùm unctuosum existat: uaporabile uerò nequaquam. Ab ipsis autem quidem uaporabilibus humidum ipsum secundum se, seorsum segregatur. Exhalabilia uerò simul & ipsa cum humido quod in illis est, exhalantia consumuntur. Aquam autem non exhalabilem, sed uaporabilem esse, inquit, quoniam humida est, neque ab ipsa calefacta cũ aliqua simul siccitate segregatio fit. Amplius de uinis ipsis, dulce qdẽ, inqt, exhalat: pingue enim est ac simile facit ipsi oleo. Nam neque à frigore coagulatur, & uritur quemad modum oleum, quinetiam nec proprie uinum est, sed solum nomine, cùm non faciat ea quæ uinum facit. Vinosum nanque saporem nõ refert, neq; ebrietatis est causa: uniuscuiusque autem uini, inebriare est. Paruam autem fieri ab ipso exhalationem, inqt, quæ scilicet ad multum nõn fluit, quapropter exhalatio flammam emittit, ignita, scilicet ac inflammata exhalatione propter crassitiem.

Vstibilia autem videntur esse quæcunque corporum in cinerem dissoluuntur. Patiuntur autem hoc omnia, quæcunque coagulantur aut à calido, aut ab ambobus, frigido & calido: hæc enim videntur obtineri ab igne, minime autem lapidum sigillum, vocatus carbunculus. Vstibilium autem, hæc quidem inflammabilia sunt, hæc autem non inflammabilia: horum autem, quædam carbonabilia. Inflammabilia igitur sunt, quæcunque flammam præbere possunt: quæcunque autem non possunt, non inflammabilia. Sunt autem inflammabilia, quæcunque non humida existentia, exhalabilia sunt: pix autem, & oleum, & cera, magis cum alijs, quàm per se, sunt inflammabilia: maximè autem quæcunque fumũ emittunt. Carbonabilia autem, quæcunque talium terræ plus habent quàm fumi. Adhuc autem quædam liquabilia existentia, non inflammabilia sunt, velut æs: & inflammabilia non liquabilia, velut lignum: alia autem ambo, velut thus. Causa autem est, quia ligna quidem simul totum habent humidum, & per totum continuum, vt peruratur: æs autem, secus vnamquamque quidem partem, non continuũ autem, & minus quàm vt flammam faciat: thus autem, hac quidem sic, hac autem illo modo habet. Inflammabilia autẽ sunt exhalabilium, quæcunque non liquabilia sunt, propterea quòd magis sunt terræ: siccum enim habent commune igni: hoc igitur siccum, calidum si fiat, ignis fit. Propter hoc flamma, spiritus aut fumus ardẽs est. Lignorum igitur exhalatio, fumus. Ceræ autem & thuris & picis & talium, & eorum quæcunque habent picem aut talia, lignys. Olei autẽ & eorum quæcunque oleosa sunt, knissa, & quæcunque minimè ardent sola, quia paucum sicci habent, transitio autem per hoc, cũ altero autem citissimè: hoc enim est pingue, siccum, vnctuosum. Exhalantia igitur humidorum, humida magis sunt: ardentia autem, sicca.

Tex.37. Combustibilia. Inflammabilia. Carbonabilia.

Quænam sint, inquit, corpora ustibilia, & quæ nõ ustibilia: & ustibilium rursus quæ quidem flammam faciunt, & quæ uruntur quidem, flammam uerò non emittunt, aliqua etiam, inquit, ipsorum inflammabilium sunt quæ carbones efficiunt. Flammam autem facere dicuntur ea, quæcunque, cùm exhalabilia existant, humida tamen non sunt: oleum enim, & pix, & reliqua humida per se inflammabilia non sunt, sed cum aliis permixta atque infusa, inflammationem patiuntur: maximè autem inflammabilia sunt, quæcunque fumum emittunt: flamma enim est fumus ardens. Carbonabilia autem eorum, quę flãmam faciunt, esse inquit, quęcunq; plus terræ habent quàm fumi. Assignat uerò & causam, quòd aliqua quidem corporum, liquabilia existentia, inflammabilia non sint, aliqua uerò inflammabilia quidem sunt, liquabilia autem nequaquam. Insuper & propter quàm causam, hæc quidem exhalabilium, cùm non liquabilia existant, inflammabilia tamen sint, non liquabilia autem quæ plus habent terræ quàm humidi: quapropter exhalabilia quæ plus terrę quàm humidi habent, inflammabilia sunt. Terra enim, quę in ipsis existit, siccum habet commune igni: si igitur post assumet & calidum, ignis fit. Propter hoc enim flamma, Cõm.37.

fumus

fumus uel spiritus ardens existit: quorum uterque siccus est. Lignorum quidem igitur ac lignosorum exhalatio fumus est, quemadmodum & prius iam dixit. Ceræ uerò, & thuris, & picis, & eorum quęcũque picem habent, quatenus illam habent, exhalatio lignys dicitur: olei uerò & oleosorũ, hoc est, unctuosorum, knissa uocatur: quæ quidẽ unctuosa, minimũ, inquit, uruntur ꝑ seipsa, qm̃ modicũ de sicco ĩ ipsis existit: transitio aũt ac transmutatio ad ignẽ ꝑ sicca fit, qđ cùm calidũ euadit inflãmat̃. Verũ si hæc, oleũ, s. siue alia unctuosa, simul cũ altero ponunt̃, qđ s. siccũ sit, citissimè incẽdũtur: si siccũ. n. cũ unctuoso permisceatur, pingue fiet. Palàm igitur quòd per {alterũ,} siccorũ aliquid intellexit. Subdit aũt ꝙ exhalantia humidorũ, humidi magis sunt: ardẽtia uerò atq; exustionẽ patiẽtia magis sicci ac terræ existũt.

Cap. 8. Qua ratione corpora, humido magis, vel sicco cõstare dignoscantur.

Tex. 38. *His aũt passionibus & in his differentiis, homœomera corporũ, sicut dictũ est, differũt adiuicẽ secundũ tactum, & adhuc, saporibus, & odoribus, & coloribus. Dico aũt homœomera, velut ea, q̃ metallant̃, æs, aurũ, argentum, stannum, ferrum lapidem & alia talia, & quæcunque fiunt ex his segregata: & quæ in animalibus & plãtis, velut carnes, ossa, neruus, pellis, uiscera, pili, ines, venæ, ex quibus iam constant anomœomera, vt facies, manus, pes, & alia talia: & in plantis, lignum, cortex, folium, radix, & quæcunque talia.*

Cõm 38. Postquam tractauit de omnibus cõtrarietatibus, quæ secundum potentiam uel impotentiam dicuntur, secundum quas homœomera ipsa corpora abinuicem differre asseruit, præassumens modo quod dictum est, inquit, ꝙ hisce quidẽ passionibus differunt abinuicem homœomera corpora, ac his tãgibilibus differentiis, (oẽs nanq; prædictæ contrarietates tangibiles sunt) quinetiam & adhuc, saporibus, & odoribus, & coloribus. Non apposuit aũt, ꝙ hæc quidẽ homœomerorũ corporũ sonatiua existũt, hæc uerò non sonatiua, quorũ iudex auditus sensus est. Hoc aũt fecit, aut qm̃ nõ ꝓprius hoc in loco sibi sermonem, ut scilicet de dñia sensibiliũ ꝑtractat, aut qa & de ipso sonorũ sensu, tanq̃ manifesto intelligat, ꝓsertim cùm de his dixerit parum supra. Enumerat aũt postmodũ, q̃nã sint corporũ homœomera, & ea ponit, q̃ metallant̃, & q̃cunq; ex his ꝑ segregationẽ efficiũtur: quędã. n. ex plũbo quidẽ fiũt, quædã uerò ex fossibilium aliquo. Quinetiam & homœomera ponit, q̃ in plantis & in aĩalibus ipsis existunt, ex quibus anomœomerorum constitutio fit. Ines autem q̃ in aĩalibus existunt, inter homœomera connumerauit.

Tex. 39. *Quoniam autem hæc quidem ab alia causa consistũt, ex quibus autem hæc materia quidem siccum & humidum, quare aqua & terra, (hæc enim euidentissimam habent potentiam, vtrunque vtriusque) facientia autem calidum & frigidum, (hæc enim constare faciunt & coagulant ex illis illa) decipiamus homœomerorum quæ sunt terræ spẽs, & quæ aquæ, & quæ communes. Sunt itaq; corporum cõditorum, & hęc quidem humida, hæc autem mollia, hæc autem dura. Horum autem quæcunque dura, aut mollia coagulatione, dictum est prius. Humidorum igitur, quęcunque quidẽ euaporant, aquæ sunt. quæcunque autem non, aut terræ, aut communia terræ & aquæ, velut lac: aut terræ & aeris, velut mel: aut aquæ & aeris, velut oleum. Et quæcunque quidem à calido ingrossantur, cõmunia. Dubitabit autem vtique aliquis de vino, humidorum: hoc enim euaporabit vtiq;, & ingrossatur, sicut nouum. Causa autem est, quia nec vna specie dicitur vinum, & quia aliud aliter: nouum enim magis terræ est, quàm antiquum. Quapropter & ingrossatur maximè calido, & coagulatur minus à frigido. habet enim & calidum multum, & terræ: vt quod in Arcadia, sic exiccatur à fumo in vtribus, vt eductum coaguletur. Si autem omne fæcem habet, sic vtriusque est aut terræ aut aquæ, vt huius se habet multitudine. Quæcunque autem à frigido ingrossantur, terræ. Quæcunque autem ab ambobus, communia plurium: velut oleum, & mel, & dulce vinum. Consistentium autem quæcunque quidem coagulata sunt à frigido, aquæ: velut glacies, nix, grando, pruina. Quæcunque autem à calido, terræ: velut later, caseus nitrum, sales. Quæcũque autem ab ambobus, talia autem sunt, quæcunque infrigidatione coagulata sunt: hæc autem sunt, quæcunque amborũ priuatione & calidi & humidi simul egredientis cum calido: sales enim humidi solius priuatione coagulantur, & quæcunque syncera terræ. glacies autem, calidi solius) hæc vtiq; amborum. Quapropter ab ambobus, & habebant ambo. Quorumcunque igitur totum exudauit, velut later aut electrum, (etenim electrum & quæcunque dicuntur, vt lachrymæ, infrigidatione sunt, velut myrrha, thus, gummi. Et electrum autem huius generis esse videtur, & coagulatur, intercepta enim animalia in ipso videntur. A fluuio autem calidum exiens, velut cocti mellis cùm in aquam admissum fuerit, euaporat humidum, hæc omnia sunt terræ. Et hæc quidem, illiquabilia & immollificabilia, velut electrum, aut lapides quidam, velut pori, qui in speluncis: etenim hi similiter fiunt his, & non vt ab igne, sed vt à frigido, exeunte calido coegreditur humidum ab eo, quod ab ipso exit calido: in aliis autem, ab extrinseco igne. Quorumcunque autem non totum, terræ quidem sunt magis, mollificabili autem, vt ferrum & cornu: thus autem & alia, similiter vt ligna vaporãt. Quoniam igitur liquabilia ponendum est, & quęcunque liquefiunt ab igne, hæc sunt aquosiora: quædam autem & cõmunia, velut cera. Quæcunque autem ab aqua, hæc terræ. Quæcunque aũt neq; ab altero, hæc aut terræ, aut amborũ.*

Qm̃ aũt anomœomera qdẽ corpora, alias, inquit, cãs hñt: horũ. n. ꝓpinqua mã homœomera ipsa sunt, efficiẽs aũt ipsummet semẽ, eorũ uerò, ex q̃bus anomœomera constãt, (ex homœomeris. n. constãt) ut dixit mã q̃dem (ut iam dictũ est) siccũ & humidũ existunt: quorũ hoc quidẽ aqua, hoc aũt terrã: (euidentissimã. n. hñt potentiã aqua qdẽ humidã, terra uerò siccã) facientia aũt calidũ sunt & frigidũ. Hæc. n. homœomerorũ consistentiã ex illi faciũt, ex terra, s. & aqua. Accipiamus, inq̃t, igit̃ ex homœomeris ipsis, ex aqua & terra tanq̃ ex mã cõsistentiã hñtib' quænã ipsorũ terræ sunt magis, & quænã aquæ, de q̃bus iã dixit prius, nunc uerò de ipsis sermonẽ reiterat. Homœomerorũ itaq; corporũ, conditorũ & ꝓcreatorũ, siue qdẽ simplr̃, siue cũ calido & frigido ꝑmixtorũ, hæc qdẽ humida, inq̃t, sunt, hæc aũt mollia, hęc uerò dura. At uerò, q̃nã sint ea, q̃ ꝑ ꝑ hoc, ꝙ quoquo mõ cõgelant̃, mollia sunt uel dura, dictum est prius. Humidorum igitur (inter humida autem connumerat etiam & mollia) quæcunque quidem euaporant, aquæ sunt, quæ uerò euaporationem non patiuntur, aut terræ sunt, uel communia terræ & aquæ. Cùm uerò inquit, {aut terræ.} non quidem quòd sint terræ tantum intelligit, (quomodo enim Cõm. 39.

fieri

fieri pôt, ut illud quod humidũ existat, ex sola terra esse possit?) uerũ quod aut plus habeat terrę, aut amborum æqualiter quẽadmodũ lac: humidum.n. existens non euaporat adeo ut per uapores totũ consumatur, sed consistit magis, aut sunt terræ & aeris, ueluti ligna, (de uiridibus aũt lignis intelligit, illa.n. & humida & sicca sunt. aut aquę & aeris, ueluti oleum: insuper quæ à calido quidẽ ingrossantur, cõia sunt terræ & aquæ. Dubitationem aũt circa hæc affert de ipso uino, utrũ, s. inter humida poni habeat, aut intra communia inquantum: quidem enim euaporat, cum hæc passio humidorum sit, & ipsum illorũ erit: quatenus uerò rursus ingrossatur à calido, quemadmodum nouum facit, (elixatum.n. consistit tunc quoniam passio hæc competit communibus terræ & aquæ, & horum igitur rursus uidebitur & ipsum esse. Soluit autem dubitationem distinguendo de uino: quæcunque enim uina ingrossantur à frigido, palam inquit, quòd terræ sunt: quæcunque uerò ab ambobus, à calido, scilicet & frigido ingrossantur, cõmunia plurium. Oleum namque & aeris & aquæ, mel uerò terrę & aquæ: similiter etiam & uinum, quod mustum est. Consistentium autem, hoc est, coagulatorum & durorum quæcunque quidem à frigido coagulata existunt, aquæ sunt hæc: terræ uerò quæcunque à calido: quæcunque autem à calido & frigido coagulari uidentur, (hæc autem sunt, quæ post calefactionem, trigefacta coagulantur) priuatione calidi & humidi coagulationem utique patiuntur: nam coagulata quidem ab igne, priuatione humidi coagulantur: priuatione autem calidi, quæ à frigido coagulationem sunt passa: amborum uerò, quæ ab ambobus. A quibuscũque quidem igitur (ab ambobus scilicet congelatis) humidum omne exudauerit, ueluti à latere & ab electro, hæc omnia inquit, ab infrigidatione magis congelantur, & terræ, quidem sunt. Horum autem hæc quidem illiquabilia, inquit, & immollificabilia existunt, ueluti electrum, & lapides aliqui, quemadmodum sunt hi qui in speluncis existũt pori: hi enim coagulati à frigido sicut accidit in electro, exeunte calido quod in ipsis est, quòd quidem calidũ prius quàm penitus deficiat, coagulationem coadiuuat. In cæteris enim quæ ab ambobus congelantur, uel à calido solum, qui ab extra apponitur ignis coagulationem ipsorum perficit: quorumcũque autem non totum exudauerit humidũ, hæc quidem terræ sunt magis, mollificabilia autem existũt. Amplius quæcũq; quidem ab igne liquescunt, aquosiora sunt, quæ uerò ab aqua, terræ magis: quæcunq; autem neque ab altero, aut terræ, aut amborum.

Tex.40. *Si igitur omnia quidem aut humida aut coagulata, horum autem, quæ in dictis passionibus & non est intermediũ, omnes utique erunt dictæ, quibus discernemus utrum terræ, aut aquæ, aut plurium commune, & utrum ab igne constat, aut frigido, aut ambobus. Aurum itaque, & argentum, & æs, & stannum, & plumbum, & vitrum, & lapides multi innominati, aquæ sunt, omnia enim hæc liquefiunt calido: amplius vina quædam, & vrina, & acetum, & lixiuium, & serum, liquor aquæ, omnia enim coagulantur frigido. Ferrũ autem, & cornu, & vnguis, & os, & neruus, & lignum, & pili, & folia, & cortex, terræ magis sunt adhuc electrum, myrrha, thus, & omnia, quæ dicuntur lachrymæ, & porus, & fructus, velut legumina & frumentum: talia enim, hæc quidem valde, hęc autem minus horum, attamen terræ sunt: hæc enim mollificabilia sunt, hæc autem exhalabilia & infrigidatione facta. Amplius, nitrum, sales, lapidum genera, quæcunque neque infrigidatione neque coagulabilia. Sanguis autem & genitura, cõia sunt terræ & aquæ & aeris. Sanguis quidem habens inas, magis terræ, quapropter & frigore coagulatur, & humido liquescit. Non habens aũt inas, aquæ, quare & non coagulatur. Genitura autem coagulatur infrigidatione, exeunte humido cum calido.*

Cap.9. Quomodo cognoscantur corpora magis calido, aũt frigido participare.

QValia autem calida sint aut frigida coagulatorum aut humidorũ, ex dictis oportet considerare. Quæcunque igitur aquæ, vtplurimum frigida sunt, si non alienam habeant caliditatem, velut lixiuium, vrina, vinum. Quæcunque autem terræ, vtplurimum calida sunt, propter calidi operationem, velut calx, & cinis. Oportet autem accipere, secũdum materiam frigidissima quædam esse: quoniam enim siccum & humidum, materia sunt: (hæc enim passiua sunt.) Horum autem corpora maxime terra, & aqua sunt, hæc autem frigiditate determinata sunt: palam est, quòd omnia corpora, quæcunque sunt vtriusque, simpliciter elementi frigida magis sunt, si non habeant aliẽa caliditatem: velut feruens aqua, aut per cinerem colata. Etenim hæc, habet eam, quæ ex cinere, caliditatem: in omnibus enim ignitis, est caliditas, aut amplior, aut minor. Quapropter, & in putrefactis animalia innascuntur: inest enim caliditas, quę corrumpit propriam vniuscuiusque caliditatem. Quæcunque autem communia sunt, habent caliditatem: constant enim plurima, à caliditate, quæ digessit: quædam autem putrefactiones sunt, uelut syntegmata. Quare habentia quidem secundum naturam calida, & sanguis, & genitura, & medulla, & lac, & omnia talia: corrupta autem & egrediẽtia à natura, non amplius: relinquitur enim materia terra existens, aut aqua. Quapropter ambo videntur quibusdam, et hi quidem frigida, hi autem calida hęc aiunt esse, videntes cùm in natura quidem fuerint, calida, cùm autem separata fuerint, coagulata. Habet igitur sic omnino, vt determinatum est. In quibus quidem materia aquæ plurimum, frigida: opponitur enim maxime hæc, igni. In quibus autem terræ aut aeris, calidiora. Accidit autem aliqñ, eadem fieri frigidissima, & calidissima aliena caliditate. Quęcũq; enim maximè coagulata sunt, & solidissima sunt, hæc & frigida maxime sunt, si priuentur caliditate, & vrũt maxime, si igniãtur: velut aqua, fumus. & lapis, aqua vrit magis.

Cùm autem, inquit, homœomera omnia aut humida aut coagulata existant, hæc uerò in prædictis passionibus sint: (humidorũ quidem enim hæc quidem euaporant, hęc uerò non, quinetiam & hæc à calido ingrossantur, hæc autem à frigido, hæc uero ab ambobus: insuper hæc quidem ipsorum ab igne liquescunt, hæc uerò ab aqua) & cùm pręter has nulla in his, q̃ dicta sunt, alia existat passio, & de qualibet ipsarũ, quibus nam corporibus accidat, dictũ sit, in promptu utiq; erit de quolibet homœomerorum accepto corpore, cognoscere posse, utrum aquę uel terræ sit, uel utriusq; ac utrũ effectiuũ ipsius, ac suæ cõsistentiæ causa, frigidũ sit, aut calidum, aut utrũq; magis. Cõsequẽter aũt homœomera ipsa ante oculos nobis ponens, & ex pdictis passionibus diiudicans ipsa, oñdit quęnã ipsorũ magis sint aquę, & quę terræ, & quæ amborum æqua portione participant. Subdens aũt, quòd ex prædictis considerare oportet, Cõ.40.

tet, quænam coagulatorum, aut humidorum calida sunt uel frigida, uniuersaliter de ipsis sermonem facit, inquiens, ꝙ quæcunque quidem ipsorum aquæ sunt, hęc ut plrimum frigida existunt, dummodo externam ac alienam caliditatem non habeant, ueluti lixiuium, urina, uinum. Lixiuium enim, ex hoc quòd per cinerem caliditatem habentem percolatur, calidum est: quinetiam & urina, ex eo quia ex digestione prouenit, atque ex cibi siue alimenti subactione, quæ à caliditate est, calida existit: uinum etiam propter hoc quod pepansim siue maturationem ac caletactionem à Sole passum est, caliditatem habet. Quæcunque uerò terræ rursus sunt, ut plurimum calida sunt, propterea ꝙ à calido procreantur & fiunt, uelut calx & cinis: utrunque enim horum, illa quidem combustis lapidibus, hic autem adustis lignis, à caliditate fit. Cùm autem dixerit, ꝙ homœomerorum quæcunq; magis terra sunt, propter calidi opificium calida existunt: consequenter causam huius assignat, materia quidem enim & ꝙ corporibus hisce omnibus subiectum est, frigidum quidem est siue frigiditas quædam. Nam materia horum humidum & siccum est, ex quatuor enim uirtutibus ipsis siue potentiis, passiuæ quidem hæ sunt: harum uerò passiuarum uirtutum maximè sunt aqua & terra: quorum ambo ab ipso frigido specificantur, aqua enim frigida & humida est, terra uerò frigida & sicca. Quare omnia quidem corpora quæcunque terrę uel aquæ sunt frigida existunt secundum subiectum siue materiam, nisi ab extrinseco alienam caliditatem accipiant, ueluti aqua feruens, uel per cinerem percolata lixiuium, s. Cùm autem dixit, cineres ipsos caliditatē habere, uniuersaliter statim subdit, ꝙ in omnibus per caliditatem uel ignitionem productis, caliditas inest uel amplior uel minor: propter hoc enim in putrefactis animalia fiunt, quoniam in ipsis caliditas quidem est, quæ putrefactionis est causa, putredinis enim causa, ut à principio dictum est, externus ac alienus est calor: qui ex eo quia amplior est, propriam quæ in putrefacto est, caliditatem corrumpit. Quæcūque aūt cōia sunt aquæ & terræ, caliditatem hęc, inquit, habent propterea, ꝙ à calido fiunt: plurima nanque horum à digerente calido, cōsistentiā ac coagulationem habent: quædā aūt horū putrefactiōes sunt, uelut syntegmata siue colliquamenta. Vnumquodque quidem igitur horum corporum, quæ communia sunt terræ & aquæ, quousque propriam naturam seruat, calidum est, caliditas nanque est quæ ipsum continet atque specificat: talia autem sunt, sanguis, genitura, & medulla: corrupta uerò, ac propriam naturam egredientia, ac formam pristinam amittentia, calida non sunt amplius, relinquitur enim sibi materia: hæc autem erit terra & aqua, ambo quidem frigida. Et ꝑpter hoc huiusmodi, inquit, corpora, alij quidem calida existimāt, alij uerò frigida: propterea, quia cùm in propria existunt natura, calida sunt: hanc autem egredientia, frigida & coagulata redduntur. Sic igitur, inquit, se res habet ut determinatum est: ut, s. in hisce omnibus, subiectum ac materia frigidum sit, uerūtamen, quēadmodum declaratum est, in quibus quidem aqua materia est, hæc utique ut plurimum frigida sunt: aqua enim maximè opponitur ipsi igni, cùm secundū ambas uirtutes humiditatem, s. & frigiditatem, contraria illi sit, qui siccus & calidus est: in quibus uerò materia est terra uel aer, hæc calida erunt utique. Accidere autem quandoque asserit eadem fieri frigidissima & calidissima, cùm, s. alienam caliditatem coassumunt quæcunq; enim ex aqua existentia, propter caliditatem coagulata sunt, ac solidissima existunt, hæc utique propter absentiam caliditatis, maxima frigida sunt, & maxime etiam comburunt si igniantur. Crassio. n. comburunt magis, cùm incendūtur, aqua uidelicet magis quàm fumus, feruens. n. flamma magis uritur q̃ flamma quæ fumus ardens est) & lapides rursus magis quàm aqua.

Cap. 10. Quæ dicta sunt, dicendis continuantur, & in corporibus magis, quàm in ipsorum substantia, operationes, manifestæ fiant, declaratur.

QVoniam autem de his determinatum est secundum vnumquodque, dicamus quid sit caro, aut os, aut aliorum homœomerorum. Habemus enim ex quibus homœomerorum natura constituta est, genera ipsorum, cuius generis vnumquodque per generationem. Ex elementis enim homœomera, ex his autem vt materia, tota opera naturæ. Sunt autem omnia, vt ex materia quidem, ex dictis: vt autem secundum substantiam ratione. Semper autem magis palam est in posterioribus, & omnino quæcunque velut organa, & alicuius gratia. Magis enim palam est, quòd mortuus homo, æquiuocè. Sic igitur manus mortui æquiuocè, quemadmodum & si fistulæ lapideæ dicantur: velut. n. & hæc organa quædam videntur esse. Minus autem in carne & osse talia manifesta sunt, adhuc autem in igne, & aqua minus, ipsum enim cuius gratia, minimè hic palàm est, vbi plurimum est materiæ. Sicut enim & si extrema accipiantur, materia quidem nihil aliud præter ipsam, substantia autem nihil aliud quàm ratio: intermedia autem proportionaliter, eo quòd propè sit vnumquodque, quoniam horum quodque est alicuius gratia. Et non omnibus modis habens, aqua aut ignis, sicut neque caro, neque viscera: his autem adhuc magis, facies & manus. Tex. 41.

Cùm dixisset quidnam subiectum & materia sit, in ipsis corporibus homœomeris cuiusnam sit magis unumquodque ipsorum: consequenter modò quoniam homœomerorum sunt caro, & os, & nerui, & alia id genus: (ex his nanque animalis partes consistunt, ex quibus quidem animal tandem constat) de his utique dicendum proponit, quid horum, s. unumquodque nam sit, non quidem secundum subiectum, (de hoc nanque dictum est) sed secundum rationem. Habemus iam enim, inquit, homœomerorum genera, ex quo uidelicet quodlibet eorum est, aut ex terra, aut ex aqua, aut ex utrisque magis. Et hoc quidem propter eorum generationem accipimus: ex quo nanque subiectum unūquodque fit, ex eodem constat iam genitum. Ex quibus quidem homœomeris nanque anomœomerorum constat natura, ex homœomeris nāque anomœomera fiunt: ex his uerò tanquam ex subiectis & materia tota opera sunt naturæ, ueluti plantæ & animalia. Dixit autem, {ex his autem ut materia.} qm̄ ipsorum species siue forma, secundum quam maximè sunt, quæ sunt, talis utique non existit. Esse autem subdit homœomera omnia tanquam ex materia ex dictis, aqua, scilicet & terra: tanquam uerò Cō. 41.

uerò secundum substantiam, ac sc̄dm q̄ est uniuscuiusq; ipsorum esse, ratione, hoc est, per rationem ipsam ac formam, unumquodq; ipsorum est quod est. Quod autem s̄m rationem proprium esse habeant quęcũque sunt, manifestum inquit est, in posterioribus magis. Per posteriora ītelligens ipsa anomœomera: hæc.n. homœomeris posteriora sunt, siquidē componunt̄ ex illis. Et omnino palàm inquit est, in his quæcũque uelut organa corporum sunt, atq; alicuius usus gratia largita nobis esse uident̄: horũ.n. esse atq; substantiam in rōne cōsistere in propatulo est, q̄m eorũ esse in aliquid posse consistit. Quod aũt & in homœomeris ipsis uerius esse s̄m rationem est, ōndit, mortuũ hominem pro argumēto accipiens: manifestius.n. est, q̄ mortuus homo æquiuocè dicat̄ homo, & non uerè ac propriè homo sit. Verus nāq; homo est, cui ratio hoīs competit, minimè aũt competit homini ipsi mortuo: nullus.n. mortuũ hoīem animal rōnale mortale diffiniret: in hoīe igitur ipso notior est hmōi æquiuocatio, q̄ in sanguine & in homœomerorum. quolibet est enim quidem & in illis æquiuocatio, si uiuentiũ utique ac mortuorũ esse dicantur, uerũtn̄ non adeo in ipsis manifestè apparet. Quēadmodũ aũt mortuus homo æquiuocè homo dicit̄, sic & mortui manus æquiuocè manus. Incæpit uerò ab ipso postremo, q̄ p̄fectũ animal est, dehinc ad ea, quæ priora ipso sunt consequenter pertrāsit. Quæ aũt perfectis, atque ultimis propius accedũt, anomœomera sunt, propīqua uerò his, homœomera priora existunt. Quod aũt quæcũque alicuius gratia sunt, cùm illud amplius efficere nequeant, sed solam adhuc figuram retineant, æquocè talia dicantur ōndit ex ipsis fistulis lapideis. Nā quēadmodũ fistulæ organa quędam sunt, sic etiam & manus & cęterę aīaliũ partes, organa quædam à natura ipsa alicuius usus gratia producta existunt: minus tn̄ palàm est in carne & osse, & aliis homœomeris partibus, q̄, s. & organa & ipsæ sint, ac ad aliquem usum, siue in manu, siue in facie, aut pede, aut quauis alia anomœomerarum partium relationem habeant. Adhuc aũt & minus clarũ hoc est in simplicibus ipsis corporibus, quæ & elementa dicunt̄, uidelicet in igne, aqua, & reliquis. In q̄bus nāque plurimũ est materiæ, hoc est in his, quæ maximè prope materiam sunt, minime palam est, cuius nam gratia quodlibet ipsorũ sit: propinquissima aũt materiæ sunt, quæ prima ex materia fiunt corpora, quēadmodũ & elementa sunt, & propter hoc rōnem materiæ in compositis obtinēt. Quare, si extrema ipsa (ex quibus componitur quod ex utrisq; est) seorsum accipiant̄: hæc aũt sunt materia ipsa atque forma: materia utiq; nihil aliud quidem est præter, seipsam: hæc.n. ultima est materia, q̄ cùm simplex quædam natura fit, primũ corporibus ipsis subiectũ est. Similiter etiam & forma siue substantia (per substantiam nāque formam significat, q̄m ab ipsa unũquodq; compositorũ esse habet) nihil utique aliud est præterq̄ ratio à qua materia ipsa specificat̄ ac terminat̄: quæ uero intermediæ fiũt species, & ex his sunt, proportionabiliter horum erunt magis, q̄bus accedent magis: propinquiora q̄dem materiæ materialiora erunt, formaliora uerò quæ magis ad substātiam ac rōnem accedent: proximiora uerò rōni ac formæ extiterint, quæcũque ex iam specificatis, quatenus specificata sunt, componunt̄: ueluti facies ex homœomeris quibusdam cōstituit̄, quatenus specificata existunt. ex oculis.n. quatenus oculi sunt, ac de aliis eodem pacto. Materiæ autem subiectũ materiam habet absq; specie, tali.n. elemētis ipsis est subiectum, q̄m & simpliciũ, inquit, ac primorum corporũ, unũquodq; alicuius gratia, & non q̄uocũque contingat, existit, hoc, s. aqua, illud uerò terra, & de aliis similiter, & quēadmodum neque caro, neque hepar. Verùm, sicut hęc tunc quidem sunt cùm id possunt, cuius gratia sunt: sic etiā & illa, cùm unũquodq; illorũ propriam naturam, ac proprium opus conseruat. His aũt, inquit, adhuc magis (his uidelicet carne & uisceribus, & oīno homœomeris) manifestum habent id, cuius nam gratia sunt, facies ipsa & manus, & anomœomerorum unũquodque.

Omnia autem, sunt terminata opere: omina enim, quę possunt facere suum opus, verè sunt, vt oculus si videt: quod aũt non potest, æquiuocè, vt mortuus, aut lapideus: neque.n. serra lignea, nisi vt imago. Sic igitur & caro: sed opus ipsius minus palā est quàm quod linguæ: similiter aũt & ignis: sed adhuc fore minus manifestũ naturaliter, quā carnis opus. Similiter aũt & quæ in plantis sunt, & inanimata, velut æs & argentum: oīa.n. potentia quadam sunt aut faciendi, aut patiendi, sicut & caro & neruus, sed rōnes ipsorum nō certæ. Quare, q̄n existunt, & quādo non, non facile est perspicere, nisi valde deperditum fuerit, & figuræ solæ fuerint reliquæ, velut inueteratorum mortuorũ corpora, quæ subitò cinis fiunt in sepulchris, & fructus solum figura, secundũ sensum aũt non videtur inueterati valde, & quæ ex lacte coagulantur. Tex. 42.

Cùm dixerit, q̄ unũquodque anomœomerorum, quēadmodum & homœomerorũ, & adhuc magis id habet, cuius gratia est, & s̄m illud, propria eius substātia terminat̄ ac definitur: modo subdit, quidnam illud sit, cuius gratia & fit, & est, & specificat̄ unumquodq; illorum. Omnia.n. talia, opere, inquit, quodā terminata sunt, quorũ quæcũque quidem opus suũ efficere possunt, uere sunt quę dicunt̄. Oculus nāque est, qui suũ efficit opus, uel saltem efficere pōt: oculi aũt opus uidere est. Quæcũque uerò opus propriũ exercere non possunt, ęquiuocè dicunt̄ id, cuius nomine nuncupant̄: queadmodũ oculus mortui, aut lapideus. Neque.n. serra lignea, serra est, nisi æquiuocè, quemadmodũ Socratis imago Socrates dicitur: lignea nāque serra imago serræ est. Quemadmodũ aũt in his, sic etiam & in carne, & in sanguine se habet, & in hmōi cæteris partibus. Verum q̄m non sic horum opera dignoscunt̄, latet utiq; magis nos, quænam eorum propriè ac uerè ea sint, quæ dicunt̄: & q̄ rursus æquiuocè illi existant. Adhuc & immanifestũ hoc magis in ipsis corporibus simplicibus, quidnam eorum sit opus s̄m naturam, & quonam munere terminentur. Similiter, inquit, se habent & quæ in plantis particulę sunt: etenim hę proprium opus habent, secundum quod earum esse terminatur ac clauditur. Quinetiam & inanimata naturalium & homœomerorum corporum, operę quodam præfiniuntur, ueluti æs, argentum, aurum, & cæterorum quodlibet. Omnia.n. naturalia corpora potentia aliqua terminātur, aut actiua, aut passiua. Ignis enim per hoc, q̄ aliquid agat, terra uerò ex eo, q̄ aliquid patiatur, quemadmodum etiam & caro, & neruus, & omnino animalium ipsorum partes: sed rationes ipsarũ, hoc est, earum potentiæ, secundũ quas ipsarum substantia terminatur, non ualde efficaciter dignoscuntur. C6. 42.

Quapropter, quando huiusmodi potentiæ in ipsis existunt, & uerè sunt quæ dicũtur, & q̃n rursus æquiuocè, non facile est dignoscere atque perspicere, nisi potentia ipsa, secũdum quam quodlibet est quod dicitur, exilis existat, adeò ut figuras tantum uel colores retineant corpora, & hoc quidem ualde superficietenus: quẽadmodum inueteratorum mortuorum corpora, quæ, cùm figuram usque ad aliquod tempus conseruasse uidentur, confestim tñ soluũtur in cinerem. Similiter aũt & fructus solum figura, qui inueterati iã sunt: sensum aũt non mouent quatenus tales: sic etiam se habent quæ ex lacte coagulantur.

Tex.43. *Tales igitur partes caliditate & frigiditate, & harũ motibus contingit fieri coagulatas calido & frigido. Dico aũt quæcũque homœomeræ, vt carnem, os, pilos, neruos, & quæcunque talia: omnes enim differunt prius dictis differentiis, tensione, tractione, comminutione, duritie, mollitie, & alijs talibus. Hæ autem à calido, & frigido, & motibus fiunt mistis. Constitutæ autem ex his, anomœomeræ nulli vtiq; videbũtur, vt caput, aut manus, aut pes: sed, vt & fiendi æs quidem, aut argentum causa frigiditas, & caliditas: & motus serram autem aut phialam, aut arcam non adhuc, sed hic quidem ars, ibi autem natura, vel alia aliqua causa.*

Cõ. 43. Cùm hæc quidẽ dixerit & declarauerit, q̃ homœomerorum corporum ac partiũ in animalibus ipsis inexistentium, substantia secundum rationem & formam terminatur: inquit modò, quænam in homœomeris animalium partibus ratio sit, & quo quidem specificantur. A caliditate itaq; terminari illas asserit ac frigiditate, & harum motibus. A calido enim & frigido, unaquæq; ipsarum coagulationem ac consistentiam accipit: qui autem sint huiusmodi quidẽ à calido motus, deinde subdit. Differunt enim, inquit, omnia hęc & tensione, & tractione, & comminutione, duritie, ac mollitie, & aliis, de quibus iam dixit, cùm passiuas potentias ac impotentias, quænam essent determinauit. Ex his nãque differentia abinuicem eorum est. Fiunt enim hæc quidem eorum à calido, & à motu qui à calido est: hæc uerò à frigido, hæc autem ab ambobus. Constituta autem ex his, ex homœomeris, s.) ueluti anomœomera, non per has adhuc differentias differre dicimus. Non.n. caput à manu, uel pectus à pede, tẽsione ac tractione, aut duritie, siue mollitie, siue alio quodam tali, differre dicentur, uidelicet quoniam per illud esse habeant: uerùm quemadmodum faciendi quidem aurum, & argentum, & ferrum, & horũ quodlibet, frigiditas uel caliditas, & qui ab his est motus, causa existit: quod autem fiant quæ ex ipsis sunt, ueluti phiala & serra, non amplius illamet erunt causa: sic etiã se habet in anomœomeris aĩalium partibus, quæ ex homœomeris constant. In hoc aũt differunt, quod phialæ quidem & serræ, & eorũ quæ ex argento uel ferro fiunt, ars causa est: anomœomerorum uerò partium natura existit causa, uel aliud quoddam: homo enim hominem generat ꝭm naturam, & equus equum.

Tex.44. *Quoniam igitur habemus cuius generis vnũquodque homœomerorum sit, accipiendum secundum vnũquodque quid est, vt quid sanguis, aut caro, aut sperma, & aliorum vnũquodque. Sic.n. scimus vnũquodq; propter quid, & quid est, si materiam aut rationem habeamus, maximè autem, cùm ambo, & vnde sit principium motus. Manifestis autem his, similiter anomœomera speculari oportebit, & tandem ex his constituta, aut hominem, plantam, & alia talia.*

Cùm hæc dixerit, ad sermonem pertransit de homœomeris ipsis partibus. De his nãque sibi propositum est dicere, q̃ quidem unaquæque harum secundum materiam, & secũdum rationem existat. Inquit autem, q̃ ex dictis habemus, cuiusnam gratia unumquodq; homœomerorum sit: aut enim humidi, aut sicci, aut amborum sunt: qualia nam sint, & quomodo constantia, siue humida, siue sicca, siue mixta ex ambobus, dictum iam, atque ostensum est. Oportet autem, inquit, q̃ qui unamquãque istarum partium exprimere, & quid nam sit assignare intẽdit, primò quidem genus accipiat, ut est dicere quod humida uel sicca sit, dehinc qualis & quomodo facta sit consequenter apponat. Sic.n. scimus, quid unumquodque sit, ac eius rationem assignamus, siue ad subiectum quidem ac materiam ipsam respiciamus, siue ad rationem & formam, maximè uerò quando ambas comprehendimus. Conformiter aũt dicta sunt hæc, his, quę in Primo de Anima ipsemet declarauit: ibi enim dixit, q̃ alij quidem per materiam, alij uerò per formam, definitionem assignant. Perfectissimè autem definitiones in naturalibus sunt, quę formam dicunt eius quod diffinitur, ac insuper apponunt, q̃d in tali & tali materia. Cùm autem dicit, { sic enim scimus, unumquodque propter quid, & quid. } intelligit, q̃ ambas causas generationis & corruptionis scire oportet, materialem, s. quã dixit, { propter quid. } & specificam siue formalem, quam significauit per illud, { & quid est. } Subdit aũt, q̃ scire etiam oportet, & effectiuam, ipsam causam, quam intellexit per id, { & unde sit principium motus, } Quapropter omnia hæc ex iam dictis accipere possumus, materiam quidem, cùm dixerimus, unumquodque horũ homœomerorum, s. uel humidũ uel siccum esse uel ambo: formam uerò exprimemus per coagulationem, siue aliam quãuis cõsistentiã, talem quidẽ qualis uniuscuiusque extiterit: quam quidem formam accipere possumus ex iam dictis, ex congruentiis considerantes. Effectiuam autem habebimus ex eisdem causam, utrum, s. à calido, uel à frigido, uel ab utrisque factum sit unumquodque. Cognitis ipsis homœomeris, ac manifestis per hũc modum factis, oportet, inquit, similiter post hoc de ipsis anomœomeris partibus cõsiderare, ac dehinc tandem de his quæ ex hisce constituuntur, ueluti sunt, plantæ & animalia. Quare ex his manifestum est, quod post hunc quidem librum, sequi uidentur quę de partibus animalium pertractantur. In secundo enim de ipsorum partibus, de his quidem pertractat de quibus pertractari oportere hic inquit. Dicit.n. in illo secundo. Primo quidẽ de homœomeris partibus, dehinc de anomœomeris, quæ constituuntur ex illis. Cõ. 44.

Cõmentariorum Alex. Aphrodisiensis super Quatuor lib. Meteorologicorum Arist. Alexander Piccolomineo interprete, Finis.

NOBILISSIMIS AC DOCTISSIMIS

M. Antonio Cinuzio, & M. Antonio Piccolomineo, Quorum hunc quidem apud Intronatorum Academiam. Sodum, illum vero Scacciatum appellant. Alexander Piccolomineus in eadem Academia Storditus nuncupatus. S. P. D.

CVM ad VI. Idus Septembris, vt honestissimæ sororis Portiæ felicibus interesset nuptiis, Patauium acceßisset Alexander Sozinus, legalis Philosophiæ sibi penè hæreditariæ consultißimus, ac intra iuuentutis adhuc limites per hora hominum felicißimè cursitans. Mariani vtique iunioris filius, viri & singulari prudentia atque animi integritate insignis, & Iurisconsultorum hac tempestate absque vlla controuersia, maximis: ipsum inquam Alexandrum diligenti inuestigatione, tum de vestra valetudine amici optimi ac dulcißimi, tum etiam de studys ipsis literarum, quibus ardenti animo sedulò incumbitis, percontatus, tandem præter cætera id accepi, vos scilicet Meteora Aristot. præ manibus nunc habere. Quare oblatam mihi fore occasionem censui, qua amoris mei erga vos maximi testimonium vobis aliquid afferre possem. Etenim cùm canicularibus elapsis diebus Meteorologicos Arist. libros, ac expositores eius maximos Alexandrũ & Olympiodorum, satis accuratè perlegerem, ac ad Tertium Librum, ad negotium, s. de Iride peruenissem, existimaui quod satis quidem obscurè, non solùm Aristoteles sententiam suam de Iride enunciasset, sed & expositores ipsimet Græci, eadem ferè obscuritate eam explicassent. Ex qua quidem obscuritate, ac simul etiam ex inscitia disciplinarum mathematicarum, orta est occasio inter Latinos, vt maximis quæstionibus in hac re, adinuicem digladientur. Quæ quidem quæstiones si rectè sententia Aristotelis & Græcorum haberetur, inanes essent omnes, & facillimè dissolubiles. Quamobrem cùm diligenti animaduersione rem ipsam de Iride, tum naturalibus inquisitionibus, tum etiam maximè mathematicis ac linearibus demonstrationibus, non paruo quidem labore inuestigassem, ac veram Aristotelis sententiam rationibus ipsis consentire comperissem, operæpretium fore duxi, si totum negotium de Iride, vno tractatu, breuiter quidem, sed dilucidè satis tamen perstrinxissem: futurum ex hoc arbitratus, quòd omnes de Iride Latinorum quæstiunculæ, declarata Aristotelis sententia, & ex rationibus demonstratiuis comprobata tandem euanescerent. Tractatum itaque, amici optimi, de Iride ipsa conscripsi, in quo veras eius causas, ac generationis modum, quinetiam & figuram & colores, necnon colorum ordinem, ac reliqua eius accidentia, breui admodum verborum serie, inanes omnes ac futiles quæstiones effugiens, explicaui. Intentio enim mea in illo tractatu est, mentem Aristotelis & Græcorum dilucidare, ac de eorum sententia, quicquid obscurè & nimis breuiter dixerint, apertiori ac fortaßis longiori sermone explanare. Quem quidem tractatum vobis dedico, iuuenes nobilissimi, eum, quoniam Meteorologicum vobis negotium, vt accepi, pertractantibus, ampliorem ac faciliorem aditum ad Tertium Librũ Meteororum, præstari per ipsum posse confido, cùm de videndi modo, ac de fractione & reflexione radiorum, satis abunde in ipso disseruerim: tum etiam maximè, vt amoris erga vos mei, quos præ cæteris maximè diligo, signum aliquod apud vos maneat. Valetudini vestræ consulite, ac mei memores estote: quemadmodum ego ipse diu noctuq; vos mente conspicio. Cuius rei testes adsunt, tum Troilus Ilicæus Comes, iuuenis studiosißimus, ac iamiam Philosophiam ipsam satis feliciter attrectans: tum etiam Ioan. Baptista Pic. frater meus amantißimus: quibus cum valde frequenter de beneuolentia, qua vos prosequor, sermonem habeo. Patauij XV. Calend. Octobris. M. D. XXXIX.

ALEXAN. PICCOLOMINEI, apud Academiam Intronatorum Storditi nuncupati, TRACTATVS DE IRIDE

in quo quamplurima tum Aristotelis, tum etiam Alex. Aphrodisiensis, ac Olympiodori dicta dilucidantur.

TRACTATVRVS de Iride, atq; eius colores, & colorũ ordinem, quinetiã & ipsius quantitatem & figuram, & apparitionis insuper determinata tẽpora, ac si qua alia illi ĩsunt accidentia ostensurus: amplius & simul quę ab Arist. Alexandro, & Olympiodoro dicuntur, dilucidaturus, secundum hunc quidem modum Deo Opti. auxiliante procedendum esse arbitror. In primis ordine quodam ea cuncta proponã quæ circa Iridem demonstrare intendo: dehinc aliquas mihi suppositiones constituã, atq; illos simul ordinatim probauero, postremò tãdem proposita prosequar: ita, ꝙ nihil inostensum pertransire in animo est, tum ex his, quę in suppositionibus cõstituero, tum ex his etiam, quæ in executione propositorum pertractauero: uerum quidem omnium à me dicendorum uel propriam demonstrationem afferam, uel ne nimis in longum tractatus hic protẽdatur, grauissimorum scriptorũ authoritates, ac propria adducam loca, in quibus quæcunque asseram habeantur ac demonstrẽtur. Quapropter quisquis diligenter hæc legerit, ac quæ dicam recte perpenderit, & allegatas siue adductas authoritates ponderauerit, nulla utique (quantũ ad Iridem spectat) dubitatione amplius laborauerit. Sed, antea quam ad rem ipsam accedamus, tria ualde notanda esse censemus.

Primò notandum est, ꝙ quemadmodum Aristo. ĩ capite de Iride sequitur opinionem Mathematicorum sui temporis, qui ponebant qualibet uisionem tum rectam, tum etiam reflexam, fieri per extramisionem radiorum uisualium: rectam quidem, cũ per rectos radios ab oculo egredientes uidemus, ac ad rem uisam terminantes, & pyramidem constituentes, cuius conus in oculo & basis in re uisa: refractam uerò uisione fieri dicebãt per extramisionem

nem similiter radiorum ab oculo, ac à quodam consistenti ad uisibile ipsum refractorũ: sic etiam & ego ipse eandemmet positionem insequar in hoc tractatu. Quam quidem opinionem refellit Aristo. in his, quæ de anima. Existimat enim ipse, ac simul etiam recentiores perspectiui, ꝗ per susceptionem specierum ipsorũ uisibilium, uisio fiat. recta quidem cùm productæ species per medium eiusdem diaphaneitatis ad oculum accedũt: ita ꝗ medium à uisibili colore patiatur, ac huiusmodi passionem distribuens, uisui elargiatur, cùm & uisus etiam ipse siue oculus diaphanus existat. Ea uerò quæ per refractionem apparent, ex hoc uideri autumant ipsi, propterea quia primò quidem in speculis ipsis, siue in quibusdam speculorum uice fungentibus, uisibilis rei emphãsis, per ĩtermedium diaphanum fiat: dehinc ab ipsis rursus ad uisum accedat, per intermedium adhuc diaphanum quod inter specula & uisum est, ita ꝗ res ipsa quæ uideri habet propter aliqualem habitudinem uel situm ad speculum, per ĩtermedium diaphanum patiens quidem atq; affectum, emphãsim faciat in speculo, quod non solum à colore taliter pati possit, ut alteri diaphano acceptam qualitatem elargiri ualeat, uerũetiam & cõseruare propter planitiem & splendorem emphãsim posiit, ita ꝗ ab ipso dehinc tanquam ab aliquo colorato patiatur rursum diaphanum ipsum quod intermediũ est. Cæterũ quoniam in præsenti negotio nihil refert, siue hãc siue illam insequi opinioné, ideo Arist. insecutus fuit positionem mathematicorum tanquam ea tempestate famosiorem. Quam opinioné de extramissione, s. radiorum uisualium, ĩsequemur etiam & nos, ne à uia Arist. discedamus: hoc tñ satis sit, ꝗ quicq̃d dicemus de ꝓgressu, & refractione radiorũ uisualiũ, illudmet poterit etiã applicari ad ꝓgressum & refractionẽ spẽrũ ipsarũ à reb' uisibilib'.

Visio quõ fiat secundũ Arist.

Secundò sciendum, ꝗ quædam prima principia Mathematicorum maximè cognita, nõ explicabo, sed illis tanquam suppositis utar: ueluti quid sit circulus, quæ figura semicircularis, quid angulus, quid sectio minor circuli uel maior, quid polus sphæræ, seu polus circuli, & alia id genus. Hæc enim qui tractatum hunc legerint, aut non ignorauerint, & tunc superfluũ esset, ipsis illa exponere: aut inficias ibũt, & tunc etiam superflua esset horum expositio. Nam ego præsuppono, ꝗ qui tractatũ hunc lecturi sunt non penitus mathematicas ignorent literas, saltem prima illarũ principia, ac terminorum definitiones quæ in primo Elementorum Euclidis habentur. Nã qui saltem hæc principia non percallebit, impossibile est quod tractatum de Iride unquam intelligat.

Tertio notandum est, ꝗ in hoc tractatu intentio nostra omnis est circa Iridem ipsam cœlestẽ, & præsertim solarem. De illa autem, quæ fit flante austro circa lucernas. aut quæ in mari ab eleuata aqua ab ipsis remis, aut forte ex irroratione ipsa, nullus erit sermo. De huiusmodi enim Iridibus, quãuis meminerit Aristo. tamen breui sermone eas perstringit, nec circa ipsas immoratur, quippe quæ extra primũ intentum ab ipso existimabantur. Aristo. enim cùm de his quæ in sublimi, in libris Meteorologicorum pertractaret, principaliter de Iride cœlesti considerauit, quemadmodum cùm pertractanda proponit, est uidere. Quapropter neglecta qualibet altera Iride solam cœlestem intendemus.

Hæc igitur primò notãda sunt quę iam diximus: quæ autem à nobis declarari ac ostendi habent in hoc tractatu, hæc erunt, quę proponam.

Primò explicandum erit, quænam sit materialis causa ipsius Iridis, & quæ formalis, & quæ tandem effectiua, (finis. n. cum forma teste Alexandro coincidit in naturalibus:) ac simul etiam docebimus modum generationis ipsius.

Secundò ostendemus ꝗ Iris tam s̃m figuram q̃ secundum colores sit forma realis, ac saltẽ s̃m colores subsistentiam habeat, & non tñ apparentiam

Tertiò consequenter demõstrabimus, quòd tres tantum sunt colores Iridis ueri, & unus apparens: & quare non plures, & qui nam sint.

Quartò de secunda Iride pertractabimus, & de ipsius coloribus, & quare opposito modo se habeat horum ordo ad primàm docebimus: ac etiam cãm assignabimus, propter quam quod inter primam & secũdam Iridem interuallum est, & quod etiam intra primam, & quod tandem extra ultimam, spatiũ existit, eisdem coloribus infectum non appareat.

Quintò de figura Iridis determinantes ostendemus, ꝗ semper ex sui natura est circularis, quamuis tota ac integra non appareat.

Sextò linealiter demonstrabimus ꝗ oriente uel occidente astro, semicircularis est Iris.

Septimò eadem demõstrationis uia docebimus ꝗ eleuato astro, Iris est minor semicirculo, & quantò magis eleuabitur, tantò minor.

Octauò naturali medio probabimus, ꝗ quãtò maior circuli portio Iris est, tantò minoris circuli sectio est, & è contra.

Vltimò q̃bus nã t̃pibus fiat Iris determinabim'.

Hæc sunt igitur, quæ in hoc tractatu de Iride, satis mihi erit pro uiribus demonstrasse. Verùm, quia in horum demonstrationibus, necessarium erit aliqua quidem adducere, quibus dehinc tanquam manifestis in ostensione propositorum uti possimus: quamuis illa quidem tãquam uel in mathematicis, uel in naturalibus ostensa, absque aliqua alia probatione, ut cęteri faciunt, supponere possem, tamen ꝓ euacuatione omnium dubitationum ĩ hac materia & ut ipsa hæc res completa hoc in loco habeatur, eadem hæc ipsa declarare intendo. Et quoniam inter ipsas principales demõstrationes, secũdariæ istę ostensiones adductæ longiori periodo quàm opus esset, ac quadam uerborum ordinis peruersione, ac confusione, sententias ipsas primò intentas, obscuriores redderent: iccirco optimum duxi, hæc omnia seriatim primò, non solùm ponere, sed etiam satis ad uiuũ resecãdo declarare: ita ꝗ nihil sit, q̃d uel rõne ipsa, uel grauissimorũ atq; antiquorũ scriptorũ authoritate non cõprobetur. Quibus suppositis & declaratis, ad principale dehinc ꝓpositũ utens, q̃ breuissimè ac facilimè totam rem ipsam explicabo.

Primò igitur, cùm mẽtio fieri debeat de datis pũctis, ac datis lineis ac etiam datis rationibus, iccirco supponendum est ex his, quæ ab Euclide in libello de Datis, scribuntur, ꝗ duobus modis, quantum spectat ad propositum, põt dari aliqua magnitudo, uel põne. s. uel magnitudine. Magnitudine quidem dabitur aliqua linea, cùm æqualẽ illi possumus exhibere: & similiter angulus uel area, & si aqua alia dabitur

tur magnitudo,ita ꝙ ferè nihil aliud eſt,dari aliquid magnitudine,q̃ cuius ſit magnitudinis,ſeu quantitatis cognoſcere. Hæc recte exiſtimāt hi q̄ magnā ponunt drīam inter magnitudine datū & notum,propterea q̄ a aliqua magnitudo,ut dicunt ipſi,irrōnalis erit q̄ dari quidē pōt, cognoſci tñ nequaquā : quod falſum eſt.Nā & magnitudines irrōnales notæ eſſe pñt,quāuis ab aliquo numero primaria denominatione denominari non poſſint : ſicut eſt radix quadratæ areæ q̄ decē ſit uel diameter quadrati ad eius coſtā:cuius rō q̄uis primaria aliqua denominatione denominari nō poſſit, dicimus tñ multiplici denominatione,qđ dimidiā duplæ rōnem ad illam habet. Data igitur magnitudine erit aliqua magnitudo,cùm æqualis ſibi ex haberi poterit: ſicut eſt diameter ipſius terræ,diameter mundi, & ſic de ſingulis conſimilibus.Poſitione uerò data erit magnitudo,quę eūdem ſemper locum obtineat,quaſi ꝙ eius pō & ſitus dignoſcatur:ſicut dicimus dari pōne centrum ipſius mundi latitudinem ciuitatis, punctum uerticis,& alia id genus.Quare notādum eſt,ꝙ omnes magnitudines, tam lineares & ſuperficiales, q̃ etiam corporeæ, magnitudine dari poſſunt,ac etiā poſitione: puncta uerò tm̄ poſitione dari queunt. Puncta enim,cùm magnitudinis expertia ſint, magnitudine etiam dari non poterunt, ſed tm̄ pōne, cum ,ſ.determinatam poſitionem uel ſitum obtinebunt. Rationem autem dari dicimus cum eandem poſſumus exhibere.Exempli gratia:Rationem diametri circulis ad eius circunferentiam datam eſſe dicimus,quia aliam eandem exhibere poſſumus.uidelicet,ſub triplam ſeſquiſeptimā,quæ eſt.7.ad.22. ut habetur ex Archimede.& in hoc non admittantur quæ dicit de datis Doctor Sueſſanus,qui per datum,terminatum exponit,& ſic tale,quod nō aliud. Hæc igitur de datorum ratione uolui dixiſſe. Nam quæ ſit magnitudo magnitudine dato maior & quæ minor,& alia quamplurima prætermittenda eſſe cēſeo,cùm ad propoſitum non faciant:ea enim tantūmodo tangenda eſſe arbitror, quorum ſuppoſitione ac notitia,circa pręſens negotium indigebimus.

Secunda ſuppoſitio eſt, ꝙ ſi trianguli æquicruris ambligonij duo latera æqualia data fuerint, & angulus ab ipſis comprehenſus datus erit, reliquum etiā dabitur latus,ꝙ,ſ.dato ſubtenditur angulo.Hāc ſuppōnem ꝓbo.Sit triāgulus iſoceles ambligonius A B C,cuius ſit datus angulus A B C, qui obtuſus eſt, ac data,etiā latera æqualia, A B, & B C. Dico ꝙ A C latus datum erit : qm̄ enim angulus A B C datus eſt, dabitur etiā per.32.Primi Elemētorum, aggregatum ex angulis A C, qui cùm per quintam eiuſdē primi æquales ſint , uterque igitur ipſorum datus erit.

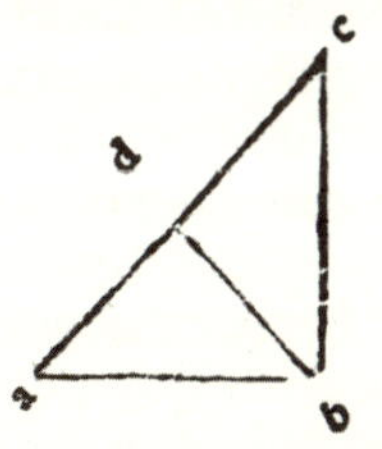

De mittatur ergo ꝑpēdicularis à puncto B, ad latus A C,quæ ſit B D, quæ per ea quæ dicuntur à Ioan.de Regio Monte in primo de triangulis , intra triangulum cadet:tunc quidem cùm angulus C D B, rectus ſit,ac ideo datus,(omnis enim rectus datus eſt, cū.90. partiū ſit) ac etiā cū ſit datus angulus C, erit p.32.primi elem.datus reliquus angulus D B C, oēs igiť anguli triāguli rectāguli B D C dati erūt. Si igiť circulus circa rectāgulum triangulum D B C, deſcribať, cū datus ſit angul⁹ D B C, datū erit p.20. primi de triangulis Ioā. Mōtis Regij, latus D,C, ſ̄m qđ latus B,C ,eſt ſinus totus: ergo data erit eoꝵ laterū rō D C,ſ.& B C, nota ergo erit hæc rō ſ̄m unā mēſurā. Sed cum ex hypotheſi latus B C, ſ̄m

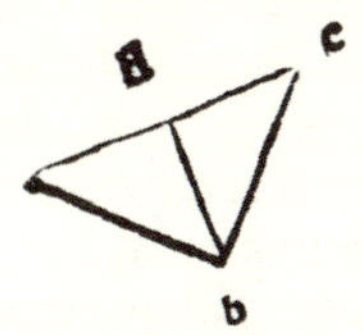

mēſurā q̃ qrimus datū ſit, erit etiā p.16.ſexti Euclidis, datū latus D C, ſ̄m eandē menſurā,ſ̄m q̃,ſ.datū eſt ex hypotheſi latus B C. Ac eadē rōne & uia ꝓbabo ꝙ latus D A, in eadē menſura datū erit:& ſic habebimus totā lineā A,C,datū in menſura qua ex hypotheſi latera A B. B C,data ſunt:& hoc eſt propoſitū.Si q̄d aūt dubitabiť ꝑp id qđ de ſinibus dictum eſt,poterit idē oſtendi ex uia arcuum & chordarum quæ habetur ex primo Almageſti, ſed facilior & expeditior eſt uia ſi unum,q̃ quiſq; facillime addiſcere poterit ex Gebro,& ex Appiano,ac ex aliis pluribus.

Tertiò ſit hæc ſuppō,qđ,ſ.à duobus eiſdē punctis,ī diametro circuli ſumptis, quoꝵ alter ſit cētrū circuli,alter uerò extremitas diametri,plures q̃ duę lineę ī eodē plano,ad eaſdē ꝑtes,ad aliud,& ad aliud circūferētiæ ſignū ī eadē rōne nō cōſtituenť. Ac ꝓ huius ꝓbōne deſcribať figura ſemicircularis,cui⁹ cētrū ſit K, extremitas diametri G, & ꝓtēdanť ab iſtis duob⁹ ſignis ad ſignū circūferētiæ ꝙ cōtigerit,& ſit M duę

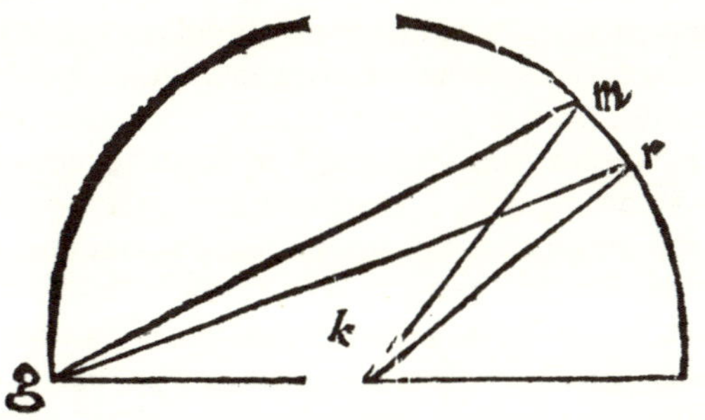

rectę lineę G M,& K M. Tūc dico,ꝙ ī eadē rōne ab eiſdē ſignis in eodē plano,alię duę lineę ad aliud ſignū nō cōſtitueť. Nā,ſi ſic,ducanť igiť aliæ duæ lineæ ab eiſdē ſignis ī eadē rōne,ad aliud ſignū q̃ M,ī eodē plano ad eaſdē partes,& ſit illud R, ſint uerò lineę G R,& K R. Qm̄ ergo ſicut ſe hēt G M,ad M K, ſic ſe habet p ſe G R,ad K R: & pmutatim,igiť per.16.quinti elem.ſicut eſt G M,ad G R, ſic K M, erit ad K R: eſt aūt K M,æqualis ipſi K R.(ambæ.n.ex cētro)æqualis igiť erit G R,ipſi G M, ſed & maior qđ eſt īpoſe. Quod āt ſit maior ex.18.primi elem.patet,qm̄ maiori, angulo ſubtēdiť ipſi F G,K R: G M uerò ſubtendiť angulo G M K, q̄ minor eſt p cōem conceptionē.inſup ꝓpinquior eſt G R, ipſi diametro,q̃ G M,quare & maior p 7.tertij elem.Sil'is etiā rō erit etiā ſi q̄libet alię ī eodē ſemicirculo capianť lineę tanq̃ habētes eādē adīuicē rōnē,quā habeat G M,ad M K,qđ erat ꝓpoſitū.

Quartò ſupponendū eſt, ꝙ non ſolum à ſpeculis ſolidis lenib⁹ ac terſis ſit refractio, ſed etiā ab aquis & ab aere.ad cuius euidentiā notandū eſt, ꝙ triplex inueniť radius uiſualis. Per radiū aūt uiſualem intellige, uel radiū egredientē ab oculo ſ̄m pōnē antiquoꝵ Mathematicorū, quā ſequiť hic Ariſt.uel à re uiſibili ad oculum accedentē , ſ̄m Peripateticorum opinionē:nihil.n.referť ī hoc negotio q̃ uiam magis inſequamur. Triplex itaque exiſtit radius uiſualis, aliquis

aliquis enim rectus est, alius fractus, reliquus uerò refractus uel reflexus: pro eodem enim accipiendũ est reflecti radiũ siue refrangi, quicquid dicant Gaetanus & Thimon, & quamplurimi ex Latinis: per refractionem enim fractionem intelligunt. Græci autem pro eodem habent refractionem & reflexionẽ fractionem autem, quam κλάσιν dicunt, illam uocãt quam refractionem Latini appellant. Radius itaq; rectus est ille, qui à cono pyramidis uisualis ad medium basis eiusdem protẽditur: nam quęlibet uisio fit per piramidẽ, cuius basis est superficies rei uisę, conus autem in oculo. Axis autem istius pyramidis uocatur radius perpendicularis siue rectus: nunquã enim frangitur, nec etiam reflectitur præterquam à solidis in seipsum. Radius uerò refractus siue reflexus est cum alicui solido obiecto occurrens, cùm ꝑtransire non posit, ab ipso retrorsum reflectitur: & cùm perpendicularis non sit in seipsum non regreditur, sed angulum causat in puncto refractionis, à quo puncto si ad superficiem obiecti erigatur perpendicularis, illum dictum angulum bifariam secabit, ita ꝙ angulus incidentię, qui causat à radio progrediente ab oculo ad obiectum, simul cum erecta perpendiculari, erit æqualis angulo reflexionis, qui causatur à radio reflexo, simul cum eadem perpendiculari. Quinetiam & angulus qui causat ex radio ab oculo, cùm superficie obiecti uisibilis, (quẽ etiã quidam uocant angulum incidentiæ) æqualis erit angulo causato à radio reflexo, simul cum eadem superficie. Primus autem uocatur angulus incidentiæ, alter uerò, angulus reflexionis. Si autem obiectum aliquod fuerit tersum & politum, ac nullo modo asperum, tunc, cùm æqualis ac regularis fiat reflexio omnium radiorum, simulachrum rei uisæ, ubi reflexione radij peruenerint representabunt, ita ꝙ simul fiet reflexio, ac simulachri representatio. Si autem obiectum asperum aliquo modo fuerit, tũc reflexio quidem fiet, sed quia non regularis, representatio nequaquam cõtigerit. Radius uerò fractus ille dicit, qui ex uno medio diaphano, in aliud medium diuersa diaphaneitate affectum, pertransiens, non omnino refrangitur, cùm solidum obiectũ non inueniat, sed tãtummodo frangitur, siue rumpitur, non autẽ obliquatur, sicut asserit Gaetanus. Radius enim, cùm ex sui natura, donec medium uniformis diaphaneitatis inuenerit, recte procedat, si solido quidem obiecto occurrit) statim nullo modo pertransire potẽs, reflectitur, & non est amplius radius rectus, sed refractus. Si uerò alicui corpori diuersa diaphaneitate affecto obuiauerit, tunc, cùm nõ oĩs progrediendi uis sibi auferatur, nec etiam eadem potentia procedendi, propter diuersitatem diaphaneitatis sibi maneat, frangitur tandẽ, & ulterius fractus procedit. Hęc autem fractio dupliciter fit, uel à perpendiculari, uel ad perpendicularem. Nã, cùm à minus diaphano in magis diaphanum transit, tunc fit fractio à ꝑpẽdiculari, uim.n.accipit radius ex minori medij resistentia: maior nanque diaphaneitas minus resistit. E contrà uerò si ex magis diaphano in minus pertransit, ad perpendicularem frangetur cùm uires deperdat, propter maiorem medij resistentiam. Causatur autem in puncto fractiones angulus obtusus, si enim acutus esset, retrorsum rediret radius, & sic esset refractus, & non fractus. Hic autem angulus, à perpendiculari erecta à pũcto fractionis bifariam diuiditur, ita ꝙ angulus qui causatur à radio ab oculo cum dicta perpendiculari, ęqualis est angulo qui causabitur à radio fracto cum eadem ꝑpendiculari. Primus aũt uocatur angulus incidẽtiæ, reliquus uerò angulus fractionis. Iste aũt fractiones radiorũ uisualiũ, fiũt ab oĩ corpore diaphano, uelut est crystallus, & aqua, & aer, & alia id genus: tunc quidẽ cùm radius in confinio duorum corporum diuersimode diaphanorum extiterit, sicut est uidere in lapillo in aqua, qui maior apparet: & in stellis ipsis quæ apud horizontem maiores uidẽtur. His autem per hunc modum declaratis tunc suppositionem probo, ꝙ, s. refractio fiat non solum à corporibus solidis siue politis siue non, sed etiam ab aqua & ab aere: pro quo etiam est sciendum, ꝙ causa refractionis radij uisualis, est debilitas huius radij quæ debilitas cùm ex duobus posit causari, ex minori, scilicet diaphaneitate, & ex debilitate uisus: duplici etiam ex causa poterit, refractio radiorum cõtingere. Sit enim, uerbi gratia, ꝙ fractio ad minus habeat fieri, cùm debilitas radij erit ut. 4. tunc, si radius progrediens ab oculo meo inueniat medij diaphaneitatem minorari ut. 2. tunc refractio non fiet, sed tantum fractio: si autem eidẽ diaphaneitati occurrat, alicuius radius, cuius uisiua potentia deficiat à mea, ut duo, tunc huius radius refrãgetur: nam ex duabus causis cõficitur debilitas ut quatuor, quàm supposuimus ad refractionem satis esse. Ad propositum ergo dico, ꝙ non solùm ab aqua & ab aere cõspissato, sed etiam ab aere non inspissato, refractio cõtingere potest. De aqua quidem manifestum est: nam & nubes, & Solem, & stellas, & alia quamplurima uidemus, aspicientes in aquam tanquam in speculum: quod alia rõne fieri non potest quàm ex sola ipsa refractione. De aere etiam aliqualiter inspissato, patet hoc, sicut apparet in Iride circa lucernas, & in promontoriis ipsis, quæ diuisa ab ipso apparent mari. Quinetiam & hoc ipsum patere potest in ipsa Halo, quæ per refractionem fit, quicquid dicat doctor Suessanus & alij Iuniores. Tota ergo huius rei difficultas uidetur esse circa aerẽ ipsum non inspissatum, à quo tamen fieri refractionem confitebimur, si rationem adductam ponderabimus. Potest enim alicuius uisiuæ potentiæ talis esse debilitas, quæ supplebit uicem condensationis aeris cùm ex duplici, (ut diximus) causa fieri accidat debilitas radij, & ꝑ consequens refractio ipsa. Insuper & Aristo. authoritate idem comprobatur, & per historiam etiam munitur. Aristot. enim exemplum de Antipheronte adducit. (de illo enim mentionem facit in libello de Reminiscentia) qui quocunque progrediebatur, imaginem suimet uidebat semper: & eandem historiam affert Alexã. Vitellio, & alij: quare concludi potest suppositio hęc, quam adduximus.

Quinta suppositio erit hæc, ꝙ, scilicet existente oculo, ac re uisa, quinetiam & corpore, à quo fieri habet refractio, in eadem recta linea, quælibet refractiones eiusdem potentiæ secundum circulum fiẽt. Et ut intelligatur quid per eandem potentiam intelligam, notandum est, ꝙ sicut perpendicularis linea, siue axis pyramidis uisualis, cùm sit omniũ fortissima, refrangi ad angulum non potest, aliæ omnes, cum secundum distantiam à perpendiculari, à tali

tali uirtute à fortitudine deficiant:ſecundũ eiuſdem etiam diſtantiæ quãtitatem, refrangent.Nã quantò magis diſtabunt à perpendiculari, tantò debiliores exiſtent, & per conſequens,ſecũdũ tanto maiorem angulum refrangentur.Quæcũque igitur refractiones eiuſdem erunt debilitatis & eodem defectu deficient à perpendiculari,has utiq; uoco eiuſdem potentię refractiones,& ex hoc patere poteſt ſuppoſitionis declaratio. Nam refractiones quæ eiuſdem erunt debilitatis, ad æqualem angulum contingent fieri:& per cõſequens ſecundũ eandem diſtantiam à perpendiculari. Quare neceſſario circularis figura cauſabitur ſemper atque infinitæ circulares figuræ, ſicut in infinitum poteſt augeri debilitas ipſa radiorum,& ſic patet propoſitũ.Et notandũ eſt ꝙ quanto magis radius ipſe diſtat à perpẽdiculari, maioris eſt debilitatis, ac ad maiorem angulum refrangetur, & per conſequens maiori refractione reflectetur.

Sexta ſuppoſitio erit iſta, ꝙ ab aliquibus ſpeculis poterit radius uiſualis reflecti, repreſentans ſolum colorem,non aũt figuram:pro cuius notitia aĩaduertendum eſt, ꝙ aliqui uolũt ꝙ ad hoc quod figura rei uiſæ uideatur per ſpeculum, oportet ꝙ ſpeculum ſit æquale rei uiſæ.quod quidem falſum eſt,ut ad longũ patere poteſt per multa dicta in prima parte perſpectiuæ,& in quinto & ſexto & ſeptimo Vitellionis libro:ſicut etiam uideri poteſt in ſpeculis ipſis conuexis & concauis & calũnaribus, & etiam in planis per maiorem uel minorem diſtantiã rei uiſæ ab ipſo ſpeculo.Poteſt igitur aliqua res uiſa maior, per minus ſpeculum uideri. Neceſſarium tñ eſt ad hoc, ut figura rei uiſæ uideatur in ſpeculo, quod ſpeculum illud ſit ſenſibilis quãtitatis, ac habeat ſuperficiem ſimplicem & bene lenem per totum:non enim appa ret imago niſi reflexio ſit uniformis. Et hoc patet, quia ad ſenſum uidemus, qñ frangimus unum ſpeculum in multas partes, qđ nõ poſſumus uidere unam faciem integram.Figura igitur tunc quidem in ſpeculo apparebit,cùm illud alicuius ſenſibilis quãtitatis ac ualde lenis, & continuæ ſuperficiei extiterit: ſed ſi ſpeculũ erit adeo parũ, ut ad ſenſum eius quãtitas dignoſci non poſsit,tunc utique per ipſum aliqua determinata figura uideri non poterit. Omnis enim figura partibus conficitur: ſpeculum aũt ꝙ indiuiſibile ad ſenſum ſit,partes non habet q̃ ſub ſenſu cadant:nam ſi figura uideret̃,cũ ſit ſenſibiliter quanta,ſpeculum etiam eſſet ſenſibiliter quantum:qđ eſt contra hypotheſim. Quare cùm figura ipſa ſpectari ibi non poſsit,& aliquid tñ ſpectari debeat,cùm ſpeculum quãuis paruũ, aliquid repreſentare natũ ſit, relinquitur ut colorem tantũmodo repræſentet: & hinc eſt ꝙ irregularitatem lenitiei in pariete, quãuis quandoq; paries ipſe repræſentet colorem ſimilem coloribus obiectorum ſibi præſentium, nullam tamen repræſentare poteſt figuram. Quinetiam & idem ſpeculum alicui figuram rei uiſæ repræſentabit,alicui uerò colorem tantũmodo: quod propter diuerſitatem debilitatis uiſus contingit, ut ex his q̃ diximus circa quartã ſuppoſitionem manifeſtũ eſt. Idem enim ſpeculum mihi,uerbi gratia,erit ſenſibilis quantitatis,alteri uero minimè,ſicut de Antipheronte affirmatur: nam hoc idem accidit non ſolum circa ſpecula ſolida,ueluti chalybea, & id genus, ſed etiam circa diaphaneitatem habentia, ut eſt aer & aqua:quod quidem eadem ratione oſtendi poteſt.

Septima ſuppoſitio erit hæc, nigrum colorem,ſ. negationem uel priuationem eſſe uiſus:& ex debilitate uiſus, & ex diſtantia, colorem omnem ad nigrũ accedere. Hæc ſuppoſitio ſatis clara eſt, & ab ipſo ſenſu ſiue ab experientia probari poteſt.Nam idem color quantò magis à nobis diſtabit, tantò magis ad nigredinem accedere uidetur: ac ſimiliter quantò magis debiliori uiſui obiicietur,tantò magis etiã nigrior apparebit.Nam ſciendum eſt,ꝙ ad hoc ꝙ aliqua res uiſibilis uideatur taliter colorata,ſicut uerè eſt, neceſſaria eſt quædam determinata diſtantia inter uiſum & rem uiſam,quæ quidẽ diſtantia aut maior aut minor erit,ſecundum quod fortior uel debilior erit potentia ipſa uiſiua uidentis. uerbi gratia, ſi alicui potentiam uiſiuam fortem habenti ut quatuor,requiratur ad hoc,ut uideat aliquod determinatum uiſibile,ſicut eſt,diſtantia ut ſex, alteri cuius uiſus ſit fortis ut duo, requiretur diſtantia ut tria:& ſic de aliis proportionabiliter. Cùm igitur propter alteram iſtarũ cauſarum,ꝓ debilitatem,ſ.uiſus,uel diſtantiã rei uiſibilis,corrũpetur determinata ac ꝓportionata diſpóſitio rei uiſæ ad uiſum, tunc color eius ab albedine deficiet, & ad nigredinem accedet, uel magis uel minus, ſcđm maiorem uel minorem dictæ diſpõnis corruptionem. Et quicquid dixi de debilitate uiſus, intelligo etiam & de debilitate refractionis.Quod.n.per debiliorem refractionem uidetur,nigrius ſpectatur: & talis etiam refractio poteſt augeri uel minui in debilitate, ꝓpter maiorem uel minorem debilitatem ac imbecillitatem potentiæ uiſiuæ uidentis. Et hoc eſt in cauſa, ꝙ nubes quæ recte mihi aſpicienti albeſcere uidetur,ſi in aqua ipſam aſpexero,nigrior apparebit:debilius.n.uidetur ꝙ per refractionem,q̃ quod per lineam irrefractam ſpectatur. Et in hoc ualde miror de quodam moderno doctisſimo, qui huius apparentiæ (ſi recte eius ſcripta percepi) cãm eſſe dixit maiorem ipſam diſtantiam,quod ut melius intelligatur,ſit ſuperficies aquæ A B C D,ſitq; oculus D,nubes uerò in quo E,punctus aũt refractionis in quo F.Tunc ipſe dicit ꝙ cauſa qua nigrior apparet E,nubes,ſ.ſi uideatur in puncto F,per lineas,ſ. D F, & F E, q̃ ſi per lineam irrefractam D E,ſpectetur, eſt iſta, quod per longius ſpatiũ ſpectatur refracte:nã per 20. primi elem. duæ lineæ cuiuſlibet triãguli reliqua ſunt maiores. Hæc ille,de quibus non poſſum ſatis mirari:nam cũ nulla admodum ſit diſtantia oculi D, ab ipſo F, reſpectu ualde lõgioris diſtãtiæ nubis E, ab eodẽ F, nõ eſt dicẽdũ ꝙ talis paruus exceſſus ſenſibilem uariationem faciat in coloribus.

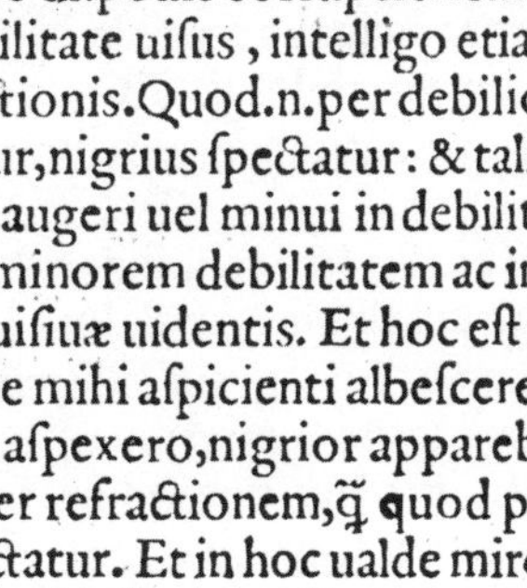

Nam ut habetur ex Vitellione,& ex ratione ipſa, nubes qñque ad quatuor germanica miliaria, qñq; ad quinq; diſtant à terra: talis igitur diſtãtia ac longitudo erit ipſius lineæ F E. Oculus uerò per tres uel per quatuor pedes diſtare ab eodem F contingit. Quid igit̃ differentia trium pedum ad tantam diſtantiam cauſare poterit in uariatione colorũ? nihil. Sed tñ eſto ꝙ ſenſiꝙ ſenſibilem faciat uariationem, dria ipſa linearum D F, & F E, ad lineam D E, quæ differentia eſt triũ pedum, uel ſit quatuor uel quinque, tũc certe offenſione aliqua facta in ipſa terra, uel quadam alia diſpoſitione, ponat oculus in loco ibi, & à nube diſtet per lineã rectam, quæ æqualis ſit lineis D F, & F E, quod quidem effici poterit, cum tantum trium pedum uel quatuor ſit earum differentia. Tunc quidem ſecundum huius uiri doctiſsimi rõnem, eadem nigredine nubes infecta uidebit, ſicut cùm prius ex refractione uidebatur: quod tñ falſum eſt, ut ad ſenſum experimur. Ergo ex ſola ipſa refractione procedit hæc di uerſitas colorem, cùm debilius uideamus ex refractione q̃ ex linea recta cæteris paribus: & hoc intelligunt Alexander & Olympiodorus: & non ſpatium ipſum, ꝙ ridiculum eſſet, ut demonſtraui. Concludere igitur poſſumus, ꝙ niger color negatio uiſus eſt, ac albedinis priuatio: & ex debilitate uiſus, ac etiam ex diſtantia, album ipſum ſiue fulgidum ad nigredinem accedit, quod etiam alia experientia ſentiri poteſt, nam ſi apertis oculis ſolem ipſum ſiue aliquod ualde fulgidũ conſpicimus, tunc ſi conniuentes claudimus oculos, paulatine color ille albus uidetur nobis prius ad puniceum, dehinc ad uiridem, poſtmodum ad alurgum, ac tandẽ ad nigrum accedere: qm̃ ſpeciem illam coloris albi, gradatim amittentes, magis continue ad eius contrarium accedere illam uidemus, & tandem in nigrum diſſolui. Ex quo clarè patet nigredinem eſſe priuationem albedinis, ac negationem uiſus.

Octaua erit ſuppoſitio, ꝙ lumen ipſum colorari contingit, ac fulgidum uel album cum colore nigro permixtum, uel ſi per colorem nigrum uideatur, nigrius apparet: ac ſecundum hanc mixtionem uariatur colorum differentia, pro quo notandum ꝙ quãuis lumen ſit quædã qualitas quæ realiter eſt in medio, ſicut realiter eſt in corpore luminoſo, tñ debilius eſt in medio. Quod ex hoc patet, quod dum in medio exiſtit debilius operatur, in calefaciendo, ſ. & illuminãdo. Cum autem qualitas iſta quæ eſt lumen, ſit alterum ex propriis uiſibilibus, (lumen. n. & color uiſibilia per ſe ſunt,) ſic ſe habent adinuicem, quod lux abſque colore uideri poteſt, color autem abſque luce nequaquam. Cùm igitur utrũque iſtorũ alicui ſpeculo occurrit, ſi ſpeculũ abſque colore fuerit, tũc purus ipſe color, uel purum lumen ueluti eſt, uiſui repręſentabitur. Si autem ſpeculum aliquo colore infectum erit, tunc eodẽmet colore repræſentabitur uel lumen, uel color: & hoc ſi ſpeculum ſolidum fuerit. Sed ſi ſpeculum erit tranſparens, ſicut in uitro accidit, & in aqua, & in aere, tunc quidem lumen ipſum quod per ſe album eſt, cum ſpecies fulgidi ſit ſecundum Alexandrum, non totaliter ſpeculi color, inficietur, ſed cum colore illo permixtum nouum, quendam colorem efficit. ſicut patet in uitrea colorata feneſtra, per quam tranſiens lumen ſolis, uiride quidem, ſed aliquãtò clarius apparet: quoniam, ſ. albedo luminis in trãſitu cum uiri permiſcetur. Nubes uerò cum in aqua conſpicitur propter nigredinem aquæ nigrior apparet, ſol etiam ſi per fumum ſpectet, puniceus uidetur: nihil enim refert lumen ſeu fulgidum ipſum, ſiue cum nigro permiſceatur, ſiue per nigrum uideatur, eadem enim ratio eſt. Lumen igitur, ſiue fulgidum cum colore radij permixtum, ſiue per coloratũ medium ſpectatum, nigrius ſemper apparet. Et ideo colorari ipſum neceſſe eſt. Quod aũt ſecundum hanc mixtionem, fiat colorum differentia, hinc patere poteſt, quoniam ut in ſeptima ſuppoſitione declarauimus, nigrũ ipſum eſt negatio ſeu priuatio uiſus. Cùm igitur fulgidum ſiue album nullam obſiſtentiam in medio inuenerit, eodem fulgore incorrupto ſemper procedet: uerùm ſi obſtaculũ reperit, alium medij colorem, ſ. tunc cum illo permixtum deficit quidem à ſimplici fulgore ſuo atque albedine, & ad nigrũ tendit, tanquam ad albedinis priuationem: ac ſecundum quod maius uel minus erit obſtaculũ quod inuenerit, magis etiam uel minus ab albedine deficiens ad nigredinem accedet: qui quidem defectus, aut ex maiori uel minori nigredine ipſius medij prouenire poteſt, aut ex debilitate uiſus. Alicui enim idem obiectum magis fulgidum quidem uidebit, quod mihi è contrà minus fulgidum apparebit: pp diuerſitatem, ſ. in debilitate potentiæ uiſiuæ. Satis igit hoc erit, quod quacunque ex cauſa fulgidũ ipſum propter mixtionem cum colore medij, à fulgore deficit, ſecundum defectus proportionem, eius etiam acceſſus ad nigredinem erit. Nam ſi radius uiſualis, ad fulgidũ refractus, ſatis fortiter refranget, puniceus color apparebit, ſi debilius aliquantulum, uiridis, ſpectabit, & ſic de aliis. Semper. n. quantò minus uel ex fortitudine uiſus, uel ex debilitate refractionis, ex parua admodum mixtione ab albedine deficiet fulgidum, tantò minus ad nigredinem accedere uidebitur, & è contrà. Dixi autem uel ex fortitudine uiſus, uel ex debilitate refractionis, quoniam quantò fortior eſt radius uiſualis, tantò debilior, ſiue ad minorem angulum eſt refractio, ut habetur in prima parte perſpectiuæ: quicquid dicat Albertus in hoc.

His in hunc modũ ſuppoſitis ac declaratis, nunc ad rem ipſam accedentes, primò demonſtrabimus modũ generationis ipſius Iridis, ac principia & cauſas ipſius, tam ſecundum formam & materiam, q̃ ſecundum ipſum efficiens: de fine enim nulla erit mentio, qm̃ ut ait Alexander in Quarto Meteorologicorum, finis in naturalibus coincidit cum forma. Cùm igitur iam in guttas uertit nubis mutatio, nec dum tñ pluit, ſi è regione huius nubis contigerit ſol, paruæ & uix ſub ſenſu cadentes guttæ ſpecula uiſui fiunt, ſolis colorem tantummodo oſtendentia: propter paruitatem enim ſpeculorum figura repręſentari nõ poterit, cùm quælibet figura ad ſenſum quãta ac diuiſibilis ſit, ſicut in ſexta ſuppoſitione explicauimus. Omnibus igitur ſpeculis his coeũtibus ſimul quãuis diſtantia abinuicem ſint, tamen ob denſitatem appoſitionis, quandam continuitatem uiſui repræſentant. Quare neceſſe etiam eſt, ꝙ color etiã per illa uiſus continuus appareat: nam quodlibet horum exiguorum ſpectrorũ ad quantitatem magnitudinis toti facit continuo, in quo uniuerſa comparet apparitio Cùm ergo tranſmutata in aquam nubes aduerſum habuerit ſolem, uiſus autem ſpectans fuerit inter ſolem & nubem, cùm ſit nubes caua, tũ uiſus quidem refractus ab eis quæ in nube fiunt iam ſtillis ad ſolem, ita ꝙ per has ipſas tanq̃ per ſpecula, ſolaris color uideatur, Iridis apparentiam perficit. Materia igit ipſius Iridis ipſæ ſunt ſtillæ quæ in nube rorida exiſtũt, cùm in guttas uertitur nubis mutatio,

tatio, non tamen adhuc pluit, uel pluuia iamiam præcesserat. Principium autem effectiuum ipsius Iridis est lumen ipsius Solis: ꝙ cũ ex refractione uisus permisceatur cum nigro nubis, secundum minorem uel maiorem permixtionem, diuersorum colorum efficit phantasiam: ut suo loco declarabimus. Formalis uerò causa eiusdem Iridis, ut quidam uolunt, est ipsa refractio, moti authoritate Arist. atque Olympiodori, male intellectæ: qui dicunt eandem esse causam Halo & Iridis, refractionem, s. Sed uera causa formalis est ipsamet emphansis, forma enim totum est esse rei: Iris autem nihil uerè est formaliter, nisi emphansis quædam. Definitio igitur completa ipsius Iridis talis quidẽ esse potest: quod, s. Iris sit emphansis quædam tricolor arcualis, ꝓueniens ex refractione uisus ad solem, à nube è regione solis existente, ac in stillas iamiam conuersa, non tamen in aquam adhuc mutata. Cuius definitionis quælibet pars melius manifestabitur in sequentibus, satis. n. nunc sit ꝙ causas ipsius Iridis exposuimus, ac modum generationis eiusdem.

Vtrum autem Iris ipsa sit forma quædam realis, necne maxima est dissensio inter Latinos. Aliqui. n. nolunt ꝙ sit realis: nam si sic, sequeretur ꝙ simul & semel in eodem esset rubedo & uiredo, quod falsum est. Illationem probant, quia cum Iris, per accessum ad ipsam, uideãtur & ipsa ad accedentem accedere, necesse est ꝙ respectu diuersorum, illa eadem pars q̃ alicui rubea apparet, alteri uiridis uideatur. Alij aũt uolunt ꝙ sit forma realis: non. n. uidetur ꝙ talis forma possit agere in sensum brutorũ, quin sit aliquod tale reale. Verum quicquid dicat Albertus, omnes isti laborant in æquiuoco: nam si distinguat de forma reali, & intelligatur realis forma, omne quod est aliquod ens præter materiam primam, & compositum ex materia & forma, tũc nulla erit dissensio, oẽs enim concedẽt Iridem formam realem esse. Si uerò intelligat forma realis, illa quæ existit in subiecto, & est extẽsa, neque causat̃ neq; cõseruat̃ ab extrinseco particulariter agente, sicut est caliditas, albedo, & alia id genus, tunc rursus etiam nulla erit dissensio: nullus. n. affirmabit Iridem formam realem esse, & sic tolluntur omnes contradictiones. Vtrum uerò Iris secũdum figuram, habeat ueram subsistentiam, uel apparentem tantum, maxima etiam quæstio est, q̃ inquirere ac uentilare non intendo. Tota enim quæstio inter Latinos est, de qua re, cùm non ambigant Græci expositores, neque etiam ego ambigẽdum esse censeo. Alexander nãq; atq; etiam Olympiodorus conueniunt in hoc, ꝙ Iris secundum figuram, solummodo apparentiam habeat, non autem ueram subsistẽtiam. Circa autem Iridis colores, dissentiunt abinuicem: ac Olympiodorus ipse Alexandrum reprehendit, qui asserebat Iridem secundum colores habere, subsistentiam, cùm habeat ueros colores. Olympiodorus autem affirmat, ꝙ Iris habet tantum apparentiam, nihil autem habet subsistẽtiæ, neque quo ad figuram & substantiam, neque quo ad colores. Tamen ego arbitror, ꝙ tenendum sit cum Alexandro in hoc, tum propter uiri authoritatem, tum etiam propter rõnes, quibus omissis aliis, hanc solam afferam. In Iride enim sunt causæ ueri colores, qm̃ est ibi perspicuum terminatum per opacum tanq̃ materia, lumen autem tanquam forma. Præterea aliam rationem adducit Aluerniata, qui in hoc tenet cum Alexãdro: ratio autem talis est, quia illud quod uisus iudicat se comprehendere per se & primò, est color secundum ueritatem: non enim sensus decipitur circa per se & proprium obiectũ. Verum cum apprehendit colores Iridis, iudicat se uidere colorem, ergo Iridis colores sunt ueri colores. Et hoc præsertim arbitror esse uerum, quoniam ratio illa in qua fundantur qui oppositum tenẽt, nulla est: dicunt enim ꝙ color uerus ille tantum est, qui causatur ex mixtione primarum qualitatum. Ad quod dicendũ ꝙ bene propter hoc colores Iridis non habent esse permanens, quia non causant̃ ex dicta mixtione primarum qualitatum, tamen quia causant̃ ex permixtione luminis cum opaco, quod de rõne generationis colorũ est, ideo sunt ueri colores, quãuis non permanentes. Præterea Arist. ipse, huiusmodi colores, semper colores uocat. non autem colorum apparentias. Quòd autem dicit Seneca non esse ueros colores, quia fiunt in instanti, nihil est, ut clare patet de lumine: & in hoc immorari est superfluum. Quòd uerò ad hoc propositum dicit Arist. ꝙ colores Iridis, non potest perfectè pingere pictor, multis rationibus probari possit: quibus omissis, unam solummodo afferam quam adducit Albertus. Dicit enim ꝙ colores quos potest pingere ꝑfecte pictor, potest etiam illos perfectè seiungere, ducẽdo lineas inter ipsos. sed in medio colorũ Iridis, si etiam alia impossibilia admitterentur, non posset perfecte ducere lineam & illos separare, propter eorũ mutuam atque arctissimam affinitatem.

De tribus autem coloribus Iridis, dubitant quidam, utrum tantum tres esse debeant uel plures: & prima fronte uidetur esse dicendum, ꝙ non solùm tres, sed & multò plures esse possunt. Nam cùm horum colorum differentia pro tantò sit, qm̃ radius uisualis refractus, in debilitate siue in fortitudine diuersificatur: & cùm hæc debilitatio infinitis modis contingat debilitari, cũ remittatur cùm à certo gradu ad non gradum, uidebitur dicẽdum, quòd etiam ualde multiplex color causari possit. In oppositum tñ est Arist. ipse, Alexander, Olympiodorus, & fermè omnes. Quare sciendum est ꝙ ex eo causantur colores Iridis, quoniam ut in octaua suppositione declarauimus, fulgidum ipsum, siue albus color, cum nigro permixtus, secundum maiorem uel minorem permixtionem, magis uel minus albus apparet. Cùm igitur sol ipse qui fulgidus & albus est, in guttis roridæ nubis uideatur, ac propter earum paruitatem eius figura non appareat, sed tantum color, albedo ipsa ex refractione uisus cum nigro nubis permixta, aliorum colorum efficit phantasiam: qui quidem colores abinuicem distinguuntur, quoniam ex septima suppositione ꝓbatum iam est, quòd secundum proportionem distantiæ uel debilitatis uisus, seu fortitudine refractionis, magis uel minus, album ipsum tendit ad sui priuationem ad nigredinẽ, scilicet non autem infiniti producuntur ex hoc colores, sicut secundum infinitas permutationes potest uariari talis proportio. Pro quo est maxime notandum, (& hoc magni refert,) quod de mente Alexandri, non quælibet distantia, nec quælibet debilitas refractionis uisus. nec quælibet permixtio luminis solis cũ nigredine nubis, sufficiens est ad hoc ut

fulgor

fulgor siue albedo solis producat colorem in nube: sed quædam determinata distantia, ac fortitudo refractionis, necessaria est ad hoc, ut uel hic uel ille color appareat. Radius enim uisualis, si nimis fortis extiterit, tunc aut nubem penitus pertransit, sicut radius perpendicularis, aut ualde penetrans, quãuis maxima fiat dicta permixtio, debiliter tamen ualde refrangetur, cum propinquior sit ipsi perpendiculari, ac naturam ipsius nimis sapiat, & ex hoc coloris phantasiam non causabit. Atqui è contra si radius magis q̃ necesse fit distabit à perpendiculari, tunc quãuis ad maximum angulum refrangatur, tamen modica fiet talis permixtio q̃ diximus luminis cum nigro nubis, & propter hoc etiam coloris emphansim non produxerit. Necesse est igitur quod radius ipse, nec nimis accedat ad perpẽdicularem, nec etiã nimis elongetur ab ea. Nam ad coloris productionem, non solum requiritur sufficiens ac debita permixtio luminis cũ nigro nubis quæ ex sufficienti pẽnetratione causat, quod non nimis longe à perpendiculari contingit fieri, sed etiam requiritur quod sufficiens refractio fiat, ad sufficientem, s. angulum: adeo quod non intantum penetret, quod ad nimis paruum angulum reflectatur. His igitur in hunc modum stantibus, clarè patet, ꝙ tricolor tunc erit Iris. Nam in exteriori peripheria, cum minor fiat radij penetratio, & per cõsequens minor permixtio, sufficiens tamen, ac etiam maior refractio q̃ in cæteris duabus peripheriis, necesse est, quod fulgidum ipsum minus ab albedine deficiat, quam in aliis peripheriis, & sic ꝓducit colorem puniceum, qui ualde propinquus albo est. Puniceus enim color, ille est quem croceum dicimus, qualis uidetur in Aurora, cùm, s. medium crespuli est, non ualde tamen prope ipsum horizontem, sed aliquantulum superius. De illa autem parte nubis quæ extra extimam peripheriam est, suo loco dicemus. In secunda autem peripheria cum maior fiat dicta luminis penetratio, ac cum nigro permixtio, & minor etiam refractio, sufficiens quidem non est ut fulgidum ipsum adeo album ostendat, sicut in prima, sed magis ab albedine deficiens: & sic causabitur color uiridis, non tamen ualde obscurus, sed apertus, qualis est color foliorum arboris castanearum, cum primo uere recentia adhuc existunt. In tertia uerò atque intima peripheria, cùm minor adhuc siue debilior refractio fiat, maior autem permixtio ac penetratio, ad nigrũ etiam magis fulgidum ipsum accedit, atque ex hoc causatur alurgus color, quem multi azurrum intelligunt, alij purpureum. Ex tamen illum esse existimo, quem uulgo pauonaceum uocant, ut tribus iam annis elapsis, diligenter, ac intẽtisſimo intuitu obseruaui, cũ in uilla quadam amænisſima, Nobilisſimi uiri, ac cõsumata prudentia, ac simul etiam Munificentia insignis, Hieronymi Mandoli Piccolominei existerem, quam quidem uillam Amorosam uocant. ubi tunc de mane apparuit mihi Iris ualde syncera. Intra autem hanc intimam peripheriam, nullus amplius color apparet, cum longè maior fiat penetratio quàm oporteat, ac etiam ad nimis acutum angulum uisus ipse refrangatur. De quarto autem colore, quem xanthum appellant, siue flauum, & uulgò fere giallum dicunt, non est dicendum ꝙ ternarium dictum numerum diuersificet. Iste enim color xanthus, non uerè ibi inexistit, sed solum ex iuxtapositione punicei ad uiridem causatur: extremitates. n. uiridis peripheriæ, ac exterioris puniceæ, propter mutuam uicinitatem, xanthi coloris emphansim faciunt, & propter hanc etiam iuxtapositionem quãdoque punicea peripheria, pene alba uidetur: quod tunc accidit, cùm ex densitate nigerrima est nube: puniceus enim, ut dixi, color iuxta nigrũ albus quodammodo apparet. Et hoc olim, ego ipse una cum doctisſimo, ac sodali meo dulcisſimo M. Antonio Piccolomineo, quem Sodũ dicũt, diligẽtisſimè obseruauimus, cùm essemus in quadam uilla, Munificentisſimi uiri Comitis de uenturis, quam Potentinum appellat, non solum amœnitate loci, sed etiam ædificiorum ornatu, ac alijs etiam ex causis, maximè nobilem. Quòd autem unus & idem color iuxta alium & alium positus, alterius & alterius coloris emphansim faciat, non arbitror manifestatione indigere, cùm non solum ab Aristo. apertisſime declaratur, sed etiam ad sensum pateat, cùm in picturis, ac intexturis florum, ac in aliis quãpluribus rebus, clarisſime sit uidere. Tricolor igitur est Iris, ꝙ ostendere intendebamus.

De colore autem secundæ Iridis, & quare se habeant opposito ordine ad primã, dicamus. De hoc enim ualde perplexè loquuntur non solum Aristo., sed & Græci expositores, quare & ualde dubitant iuniores. Arbitror tamen quod luce clarius, totam rem ipsam declarauero. Primò igitur, omissis omnibus difficultatibus, per quas ab aliis frustra, res ipsa obuoluitur, in mentem reuocandum esse censeo, non solum quicquid in septima suppositione declarauimus, sed illud etiam quod parum suprà, circa colores primæ Iridis, de mente Alexandri asseruimus: quod, s. non quælibet distantia nec quælibet permixtio luminis cum nigro nubis, nec omnis refractio, sufficiens est ad productionem apparentiæ alicuius coloris, sed aliqua certa determinatio in his oĩbus requiritur. Cùm igitur è regione solis rorida nubes constiterit, atque id Iridis phantasiam secundũ stillas disposita fuerit, tunc quædam determinata distantia est inter nubem & solem, ac inter nubem & uisum, secundum quam non solùm luminis cum nĩgro nubis permixtio ac penetratio, sed etiam refractio sufficiens est, ad hoc quod fulgidum ipsum non multum ab albedine deficere uideatur, adeo ut puniceus, color producatur. Et hæc determinata distantia incipit in exteriori Iridis peripheria, ac perdurat extra ipsam, usque ad aliquam nubis partem, quod totum interuallum ex sui natura puniceum apparere debet. Sed quoniam, ut superius explanauimus, quilibet color iuxta nigrum positum, albior uidet, iccirco cùm puniceus hic color, qui in dicto interuallo est, iuxta partem illam nubis ualde remotam, situs est, à qua propter hoc quod nimiũ distantia superexcedit, refractio nobilisſima est, (uisus. n. tum propter nimiam approximationem ad perpendicularem, tum etiam propter nimiam ab illa remotionem, debiliter refrangi potest) propter hanc, inquam, iuxtapositionem albus apparet, ut etiam in coloribus Iridis quæ ab ipsa luna fit, est uidere. Cùm igitur nubes ipsa, in illa quidem parte ad quam interuallum dictum terminatur, nõ multum densa sit, & bene ſm stillas disposita, tunc quidem secunda fit Iris.

Iris. Nam in fine dicti interualli, cum propter minorem densitatem nubis, minor nigredo appareat: ne-

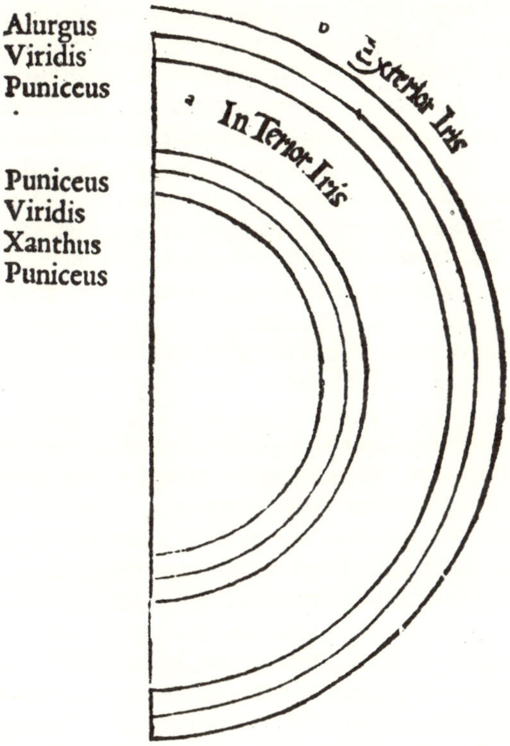

cesse est ꝙ puniceus ille color, non adeo albus per iuxtapositionem uideatur: & sic cùm iterum ab albedine deficiat in puniceum uertitur. Distãtia enim pro colore puniceo generando sufficiens est, quare inferior peripheria secundæ Iridis punicea est, cùm intermedium ipsum inter duas Irides, albius admodum remaneat. Secunda uerò peripheria, cùm iam determinata ac proportionalis illa distantia defecerit, ex qua talis refractio fieri habet, ut color puniceus generetur: tunc quidem cùm refractio ex nimia distantia debilis iam fiat, (ex nimis longa enim & nimis breui distantia, debilitatur refractio, ut diximus) fulgidum ipsum tendit magis ad nigrum, ac uiridem colorem producet. & consequenter alurgum in extima peripheria secundum eandem rationem, extra quam peripheriam nullus amplius color apparet, propter elongationem partiũ nubis à debita distãtia pro refractione sufficienti ad colorum generationem. Color igitur uiridis secundæ Iridis, non ex eadem causa producitur qua factus est uiridis color primæ Iridis: in prima enim Iride causabatur, ex minori penetratione & luminis permixtione. In secunda uerò propter nimiam elongationem: ex utraque enim harum causarum produci potest, ex maiori, scilicet permixtione fulgidi cum nigro, & ex maiori distantia, & minori quàm oporteat. Album enim ut in septima suppositione dictum est, ex utraque harum causarum ad nigredinem tendit: & idem dicendum est de alurgo. Quare autem in secũda Iride languidiores sunt colores, facile est uidere. In secunda enim Iride, magis albedini prodest parua penetratio, quam noceat longa distantia: in prima uerò Iride magis penetratio nocet, quàm debita distantia conferat, ut facillime patere potest cuilibet parum exercitato in mathematicis disciplinis, ac præcipue in perspectiuis. Tricolor igitur etiam est secunda Iris, ac minus syncera siue pura, quinetiam & opposito ordine ad primam colores habet, quod utique probandum erat. De xantho autem colore, idem est dicẽdum, ꝙ circa primam Iridem diximus.

Deinceps, ꝙ Iris ipsa semper sit circularis, quamuis tota non appareat, facillime intelligetur, si ea quæ in quinta suppositione manifestauimus, in memoriam redigantur. Ibi enim explicauimus, ꝙ existente oculo & re uisa, quinetiam & corpore à quo fieri habet refractio, in eadem linea quælibet refractiones eiusdem potentiæ, secũdum circulum fient. Si ergo declarabo ꝙ Iris causatur ex refractionibus eiusdem potentiæ, existente oculo, & re uisa, & corpore ipso à quo refrangi habet uisus in eadem recta linea, tunc propositũ habebitur. Primò igitur, quod existente uisibili quod est sol, atque oculo, & nubis cẽtro à qua refractio habet fieri in eadem linea, Iris generetur, attestatur Aristo. & Alexand. ac etiam ex hoc probari potest, quod cùm Iris fiat existente nube è regione solis, tũc si oculus non existeret in eadem recta linea, cum centro nubis, & centro solis, sequeretur ꝙ pyramidalis refractio, cuius conus est in oculo, non fieret secundum æquales angulos ab omnibus illis punctis, quæ æqualiter distarent à centro nubis. Quare secundum æqualem angulum radij non refrangerentur, & ex consequenti eadem una Iridis peripheria diuersorum colorum appareret: nam: ut probauimus, refractiones quæ fiunt secundum æqualem angulum in nube eiusdem coloris efficiunt phantasiam. Vltimum cõsequens ad sensum patet ꝙ falsum est. Prima autem illatio, (secunda. n. est clara) probatur, quia si oculus non existeret in dicta linea, tunc ad unam partem nubis accederet: ad quam partem radius occurrens, in puncto, uidelicet G, per quatuor diametri partes à centro distante obtusiori angulo refrangeretur, quam radius qui ab alia diametri parte per quatuor easdem partes à centro refrangetur. Et hoc satis clarum est, & longiori ostensione non indiget. Oculus igitur in prædicta linea extiterit: quare si Iridem fieri demonstrauero per refractiones eiusdem potentiæ, propositi intentum habuero. Hoc autem facillimè demonstratur: nam refractiones omnes quæ in nube fiunt,

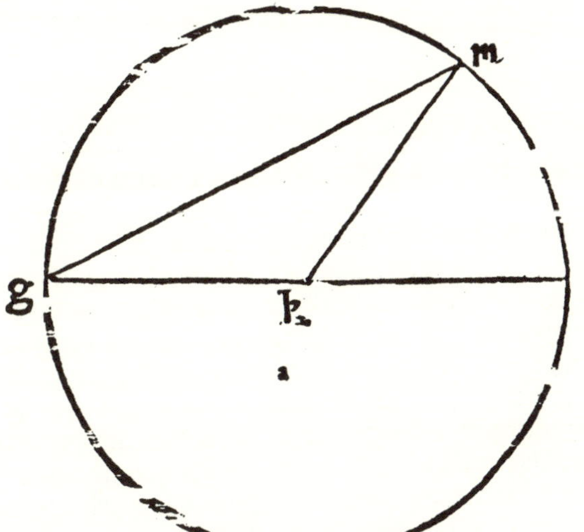

ad æquales adinuicem angulos, eãdem etiam, ut superius iam probauimus, coloris producent emphi-

Alex. Aphr. super. Meteo. I sim:

sim; quæ aũt fiunt ad æquales angulos eiusdem potentiæ sunt,(uisus.n.ut diximus, in linea transeunte per centrum nubis existit,)quare si eiusdem potentiæ erunt, eiusdem etiam fortitudinis, & ideo eiusdem à centro distantiæ fuerint. Quapropter ex circuli diffinitione habetur propositũ,quod,s.quęlibet colorata Iridis peripheria, quantum est ex se circularis existit. Quod etiam alia uia ostendi potest. Sit enim circulus A,cuius centum K,in quo uisus:sol aũt sit in puncto G: in eadem.n.linea & sol & oculus, in generatione Iridis esse debet, tunc refrangatur uisus à nube in puncto M. Quoniam igitur ad hoc ut fiat idem color in Iride, oportet ꝙ secundum eandem rationem refractiones fiant, necesse est ꝙ omnis refractio unius peripheriæ sit eiusdem rationis. Sed à punctis G K, per tertiam suppositionem non possunt extrahi lineæ ad alium punctum in eodem plano eiusdem rõnis, cuius rõnis sunt q̃ ad M,necesse est ꝙ omnes istæ refractiones in qbuslibet planis ad angulum fiant ęqualem angulo M,quare & circulus producetur,ut ex.3.elem. satis patet.Circularis igitur erit Iris. Vnde sequitur, quòd si quis existeret in centro mundi, & terræ molles non obstaret, circularem uideret Iridem, cum integram ac completam ipsam spectaret.

Consequenter demonstrandum est quòd oriente astro uel occidente, Iris ad sensum semicircularis causetur, hoc est, Iridis semicircularem portionem spectamus. Describatur itaque semicirculus hemisphærij supra terminantem circulum, siue supra horizontem,& sit in quo A, cuius diameter erit G E, & centrum K, in quo uisus, (insensibilis.n.quantitatis ad hemisphærium dictum, est semidiameter terræ.) Centrum uero solis sit in horizonte uel oriens

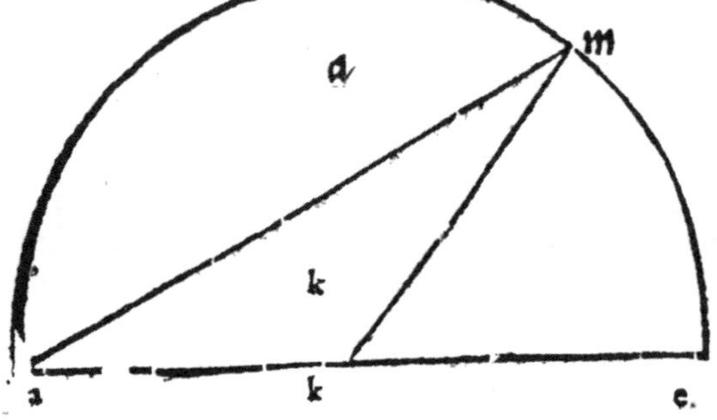

uel occumbens in quo G, & refrãgatur uisus à nube ipsius Iridis ad solem in pũcto M,& fiat refractio ad angulum obtusum.Nam quia,ut probauimus,generatio Iridis fit è regione solis existẽte nube,necessario sequitur ꝙ angulus G K M,obtusus.Tunc quidem quoniam data sunt puncta G K M,G enim punctus horizonti in quo existit sol, K uero centrum uisus,M autem est eleuatio nubis:nam ex astrolabio habebitur notitia eleuationis Iridis,quæ eleuatio in circulo altitudinis designatur per arcum E M, supponitur enim circulus G M E, erectus super ipsum horizontem.Quare angulus M K E,acutus datus erit, ut habetur ex tertio elem. quare & reliquus G K M, datus erit per.13.primi elem.Cùm autem linea G K,& G M, magnitudines datæ sint,quia ambæ ex centro:semidiametri enim datæ habentur,cum supponantur esse partium sexaginta. Quare per secundam suppositionem, cùm constitutus sit triangulus isoceles & ambligonius,data erit linea G M,reliquum,scilicet latus trianguli G K M.quare proportio G M,ad M K, data erit.(quod autem intelligatur per datum punctum, lineam proportionem siue rationem, in prima suppositione manifestauimus.)Quando autem Aristo.& Alexand. dicunt quòd datus est locus intersectionis in puncto M,intelligit quòd data est eleuatio Iridis, hoc est, arcus M E, quæ ut dixi, habetur ex armilla siue ex astrolabio. Cum igitur data sit linea G M,respectu G K sit, uerbi gratia. qualiũ G K, est 60.G M. 90. data erit igitur ꝓportio. 90. ad 60. sesquialtera, scilicet. Et quia qualis est proportio alicuius lineæ primæ ad secundam,talis est alicuius tertiæ ad quartam,ut habetur ex tertia primi Vitel. Sit igitur tertia linea B,quæ ad quartam sibi continuam D, eandem habeat proportionem & sit,uer.g.B, sex partium, D uerò quatuor.6.enim ad.4. sic se habet, ut 90. ad 60. Tunc tota linea B D, protendatur ad punctum F,ita quòd linea D cum F,simul puncta,habeant se ad B,sicut B ad D.Cùm igitur data sit B,q̃.6. est,data etiam erit tota D F, cũ ex quatuor lineis ꝓportionalibus, si tres habẽtur datę, dat̃ etiam & reliqua,per 16.sexti elem. nouem igitur erit tota D F. Cũ igit̃ tota D F, data sit, ac etiam eius pars D,dabit̃ quoq; & ipsa F, q̃ uidelicet erit cum linea K M,& per cõsequens etiam G K, ut probatũ est, data sit, & data sit etiã F,dabitur quidẽ proportio F, ad G K, erit enim.5.ad 60.sub duo decupla, scilicet sed D,etiam datam esse diximus.4.uidelicet, tunc & quarta sibi proportionalis, dabitur etiam quæ accipiatur in semidiametro,taliter quidem ut qualis est proportio F,ad G K, talis sit D, ad aliam lineam quæ accipiat̃ in semidiametro K E, minor enim erit ipsa K E. Nam quia sicut se habet G M,ad M K, sic se habet B,ad D,ut diximus;minor autem est G M,ipsa K M,per.18.primi elem, quia maior angulo subtenditur: maior igitur erit B, ipsa D, & eadem ratione, tota D F, maior erit ipsa B,quare ex supputatione arithmetica, ut habetur ex Fratre Luca F, maior erit ipsa D. Quare cùm sumpserimus quòd sicut se habet F,ad G K,quę ęqualis est ipsi K E,sic se habet D,ad aliam sumptam in semidiametro K E,necesse est quòd quoniam F,maior est ipsa D K G, etiam siue K E, maior sit ea quæ sumitur.Sit ergo K P,eritq; K P, ex his quæ dicta sunt da-

B	D	F
6	4	5

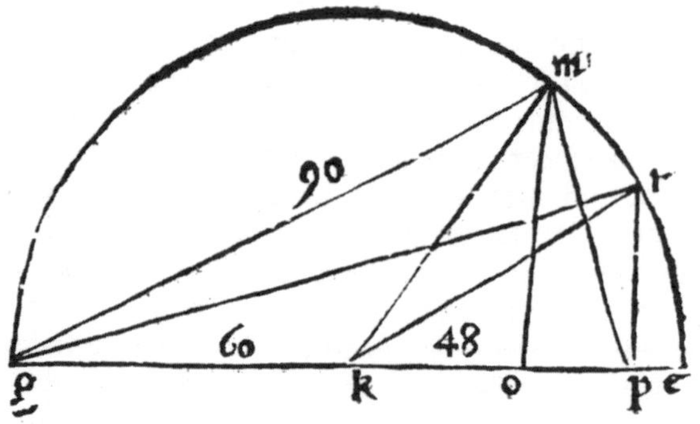

ta.erit igit̃.48. Protendatur itaq; linea à puncto P, ad M,& sit P M, tunc necesse erit quod quæ est proportio

portio F, ad G K, & D, ad K P, talis etiam sit lineæ B, ad P M. Quod si dicatur quod hoc possibile non sit: quę est ergo ꝓportio F, ad G K, & D, ad K P, eadem erit B, lineæ ad aliquam maiorem uel minorem quam sit P M: sit igitur pro nunc ad minorem, quæ sit P R. Quæ est ergo proportio F, ad G K, & D, ad K P, eadem erit ipsius B, ad P R, proportionales igitur erunt tres lineę F D B, tribus lineis G K, K P, P R, ergo per conuersam. 17. quinti elemē. sicut in primis quantitatibus, quemadmodum se habet B, ad D. sic etiam coniun-
B D F ctim tota ad F, ad B. sic etiam in secundis, sicut se ha-
6 4 5 bet R P, ad P K, sic & coniunctim tota G P, ad R P. Ducantur ergo lineæ G R, & K R, producenturque duo triangula G R P, scilicet & K R P. quorum communis est angulus, qui ad P, & latera dictum angulum ambientia respectu diuersorum triangulorum proportionalia sunt: sumendo enim pro antecedentibus latera maioris trianguli, pro consequentibus uerò latera minoris, quæ proportio est lineæ P R, ad P K: eadem est G P, ad P R, ergo per. 6. sexti elem. illa triangula sunt æquiangula: ergo per quartam eiusdem latera eorum sunt proportionalia. Erit igitur proportio G P, ad P R, & P R, ad P K, sicut G R, ad K R, sed sicut se habet G P, ad P R, sic se habet tota F D, ad B, lineam: & sicut se habet tota F D, ad B, sic se habet B, ad D, & sicut B, ad D, sic G M, ad K M, per hypothesim per. 11. ergo quinti elem. sicut se habet G R, ad K R: sic se habet G M, ad K M, quod est contra tertiam suppositionem: ergo impossibile. Quæ impossibilitas etiam patet ex eo quòd si consequentes proportionum sunt æquales: ergo & antecedentes erunt æquales, sed K M, æqualis est K R, ergo G R, erit ęqualis G M. Sed & maior per septimam tertij elem. cum diametro propinquior sit, quod totum est impossibile: ergo non potest sic se habere B, ad aliquam minorem quàm P M, sicut se habet F, ad G K, & D, ad K P. Et totam ostensionem si quis uelit ex numeris ratiocinari, hoc facere poterit ex numeris quos à principio supposuimus, uel ex quibus aliis uoluerit: quā suppositionem breuitatis causa prætermisimus: nā facillime quisquis eam colligere poterit. Atque eadem ratione ostendi potest, quòd neque ad maiorem quàm P M, talem rationem habere poterit ipsa B. Quare relinquitur quòd sicut se habet F, ad G K, & D, ad K P, sic se habeat B, ad P M, & tunc ex reassumpta præmissa demonstratione per æquiangularitatem, scilicet duorum triangulorum G M K, & K M P, sequitur quòd eorum latera proportionalia erunt. Quare sumendo pro antecedentibus latera maioris trianguli, pro consequentibus uerum latera minoris, sicut se habet G P, ad P M, & P M, ad P K, sic se habebit G M, ad K M. Si igitur ducantur plures semicirculi altitudinis supra horizontem, & ad ipsos ducantur à punctis G K, lineæ secundum eandem rationem ipsis G M, & M K (necesse. n. est in Iride quod secundum eandem rationem ducantur cum refractiones eiusdem potentiæ ad æquales angulos adinuicem fiant, ut superius ꝓbauimus) tūc pūctus P, ab oībus refractionum lineis, quæ fient in punctis M, æqualiter distabit. Quare si polo existente puncto P, ac interuallo P M, circulum descripserimus, omnia dicta puncta M, per circulos altitudinis pertinget, ad quæ puncta cadent prædictæ proportionales lineæ, siue refractionum anguli producentur. Polus igitur erit punctus P, cùm dicto circulo æquidistet, & lineæ ab ipso ad dicti circuli peripheriā, ad angulum rectum non producantur, tunc enim centrum esset. Si autem dicatur quod circulus ductus secundum distantiam lineæ P M, non attinget omnia puncta M, oppositum eueneritt eius quòd in tertia suppositione declarauimus, quod est impossibile. Erunt igitur in quolibet semicirculo triangula G M P, adinuicem æqualia, ac etiam triangula K M P, etiam adinuicem æqualia, quorum omnium basis eadem est linea. Quare ex. 13. sexti elemen. si perpendiculares cadent ab angulis M, ad ipsam basim, utique omnes in eodem puncto basis coincident. Coincidant igitur in puncto O, ergo O, ex circuli diffinitione centrum erit circuli, ab interuallo P M, descripti, qui circulus refractionum est, & per consequens. Iridis circulus O, ergo centrum est Iridis. quod cum in horizontis diametro existat, necesse est, ut habetur ex tractatu Theodosij de Sphæris, quod medietas Iridis supra horizontem sit, reliqua uerò medietas sub horizonte, quia communis sectio superficierum horizontis & Iridis, est diameter Iridis. Et sic habetur intentum, quod scilicet existente astro in horizonte, solam medietatem Iridis, semicircularem, scilicet ad sensum spectare possumus. Dixi autem ad sensum, quoniam uerè medietatem non uidemus, quia in centro mundi non sumus: tamen semidiameter terræ, nullius ferè sensibilitatis est in hoc, ut probari habet in Astronomicis. Verùm dubitaret aliquis, quoniam uidetur quòd in tota hac ostensione supposuerimus semicirculum G M E, esse semicirculum altitudinis, ac lineam K M, esse semidiametrum mundi, sed hoc non uidetur posse stare: quia cùm nubes ipsa nunquam per maius spatium quam per quinque miliaria Germanica eleuetur ab ipsa terra, ut ostendit Vitellio, refractio quæ fit ad M, non poterit ad circulum altitudinis peruenire. Ad quod dicendum, quod quantum ad propositum spectat, nihil refert, siue semicirculum protendamus, cuius semidiameter, sit semidiameter mundi, siue sit tantummodo semidiameter circuli, qui causari potest ex eleuatione nubis: nam utroque modo proportionabiliter idem contingit. Quamuis enim nubes ipsa non amplius eleuetur, quàm ut dictum est, tamen ad sensum eiusdem altitudinis uidetur, quàm si ad cœlum tenderet ipsum, propter subtensionem, scilicet angulorum: ac pari etiam passu, quāuis sol in quarta cęlesti existat sphęra, tamen quo ad ea quæ à nobis sublimia prospiciuntur, idem contingit, quàm si per quatuor uel per quinque miliaria distaret à terra: propter eadem, scilicet causam quæ ex angulorum subtensione prouenit, ut facillime patere potest cuilibet superficialiter exercitato in mathematicis.

Quod aūt eleuato astro ab horizōte Iris fiat semicirculo minor, & tantò minor, quanto magis eleuabitur astrum, facillime ex his quę ostensa sunt demōstrabit: describatur. n. figura, in qua circulus horizōtis, sit ī quo A K B. circulus uerò altitudinis in quo A G M B. Centrum uerò solis sit eleuatum ab horizonte per arcū A G. Cùm igitur ex his q̄ ꝓbata sunt, centrum solis, centrum uisus, & centrum Iridis ac eius polus, in eadem recta sint linea. Et cùm centrum uisus ad sensum sit idem quod centrum mun-

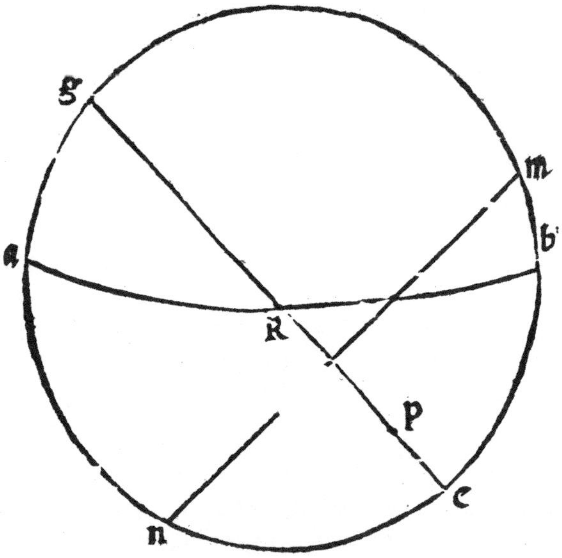

di, erit igitur uisus in K, quare in linea G K E. erit centrum & polus Iridis: sed quoniam, ut probauimus oculus debet esse in medio, inter solem & nubem Iridis, ideo centrum Iridis O, & polus P, nõ erunt in semidiametro G K. ergo in reliqua medietate K E. scilicet sit, igitur circulus Iridis ĩ quo M O N. Cùm itaq; semidiameter G K supra horizontem A B, existat, necesse est ꝙ semidiameter K E. sub horizõte occultetur: eadem.n. recta linea non põt esse partim in plano, & partim in sublimi, per primam. 11. elem. Tam igitur centrum Iridis O, quàm polus P, sub horizonte existit: quare per ea quæ dicuntur à Theodosio, horizon ipse per inæqualia Iridem dissecabit, sed cũ sectio maior circuli sit, ĩ qua cẽtrũ eius est, sectio igitur maior Iridis erit sub horizõte, sub quo, s. centrum eiusdẽ existit. Quapropter minus quàm medietatem Iridis tunc uidere poterimus, & tantò minorem quantò magis eleuabitur astrum: nam centrum Iridis O, distabit semper ab horizonte sub terra per angulum B K E. qui æqualis semper erit angulo A K G: sed angulus B K E. per tertium librum elementorum ostendit quantitatem circunferentiæ Iridis sub horizonte depressæ: angulus uerò A K G, eleuationem solis ostẽdit ab ipso: qui anguli ad uerticem sunt, & ideo equales per. 15. primi elem. ergo eleuatio solis erit semꝑ æqualis arcui Iridis depresso sub terra. Quare habetur propositum, quod, scilicet quantò magis eleuabitur sol, tantò minor semicirculo apparet Iris.

Asserit Arist. ac etiam Græci expositores, ꝙ quãdo portio Iridis quæ uidetur, maior est circuli portio, tunc minoris circuli portio existit: & è contrà, quando minor apparet portio, tunc maioris circuli sectio existit, & per consequens cùm semicirculus apparet, tunc eius circulus minimus constituitur quàm esse posit. De qua quidem re ambigunt Iuniores, quorum quæstiones afferre non operæpretium esse arbitror, cum inutiles ab ipsam ueritatem inuestigantibus habeantur, & præcipue cum in propatulo appareat huius rei ratio. Nam hoc non prouenit, quemadmodum cætera Iridis accidentia, ex refractione ipsa, sed ex fractione potius, de qua in quarta suppositione explicauimus, quidnam sit, & in quo differat à refractione. Cùm igitur, ut probauimus, quãtò ꝓpinquior est sol ipsi horizonti, tãtò maior circuli portio appareat Iridis: ac etiã quoniam existente sole prope peripheriam horizontis, aer propter uapores grossior est, quàm cùm sol eleuatus illos dissoluit atque purificat, necesse est ꝙ in grosso aere minor fiat fractio à perpendiculari. Radij itaq; tũc fracti, magis approximat ꝑpẽdiculari, quàm postmodum aere purificato. Ad propinquiorem ergo locum ipsi Iridi fit aggregatio radiorum, quàm fiat in aere rariori. Cuius contrarium accidit, aere deinde à sole purificato. Quinetiam & alia ratio est, & in idem coincidit. Nam quando sol est in horizonte uel prope, tunc circunferentia Iridis maximè eleuatur ab horizonte, ut ostensum est, quare ab aere minus denso refractiones fient, quapropter & fractiones minus fient à perpendiculari. Sed cùm sol magis eleuatur, tunc uersa uice Iridis peripheria horizonti appropinquat: quare refractiones tunc fiũt iuxta aerem magis uaporosum & crassum, quapropter & fractiones magis à ꝑpẽdiculari fiũt. Et propter hoc peripheria Iridis amplior tũc uidetur, ac maioris esse circuli, sicut contingit cùm stellas in horizonte latiores uidemus propter radiorũ fractiones in aere uaporoso factas, ut satis clarum est, & in hoc immorari est superfluum, & hęc est mẽs Aristo. & Græcorum. Quare palam est ꝙ Iris fit per fractionẽ & refractionẽ, & non per alteram tantũ: ut asserit q̃dam modernus de mente Olympiodori, qđ falsum est, si recte intelligatur, ut probauimus.

Vltimò quibus nam tẽporibus fiat Iris uidendum est: pro quo sciendum, quod propter obliquitatem sphæræ in portione terræ quæ à parte septentrionis habitabilis est, non uidetur medietas circulorũ siue spirarum, quas sol motu diurno causat dum existit in signis meridionalibus ab æquinoctiali: quare in his signis, nunquam eleuatur sol supra horizontẽ per tantam distantiam, per quantam assurgit circulus æquinoctialis, & per tantò minorem eleuatur, quãtò magis ĩ zodiaco distat ab æquinoctiali. Quare in primo gradu Capricorni minimè eleuatur q̃ eleuari posit: è contrà uerò maiorem semicirculo portionem, uidemus nos qui dictam habitamus plagam in illorum circulorum quos facit sol eodẽ motu: dum uersatur circa septentrionales zodiaci partes ab æquinoctiali: & tantò maiorem, quantò magis sol ab æquinoctiali in zodiaco distat. Quare in principio Cancri, cùm maximè eleuetur ab horizonte, maximam etiam circuli partẽ uidemus, quàm uidere posimus. Cùm igiť sol magis eleuatus erit ab horizonte, q̃ sit maior eleuatio Iridis quàm esse posit: tunc quidem Iris ipsa tota sub horizonte occultabit, ac nulla nobis apparebit. Nam quoniam, ut probauimus, quanto sol magis eleuatur, tantò Iris ipsa magis occultatur, sequitur quòd si poterit sol in tm̃ eleuari, quod Iris tota occultetur, tũc uideri quidem non poterit. Sed quia ex pluribus obseruationibus obseruatum est, quòd Iris ipsa magis quàm eleuari posit, est per. 42. gradus (quãuis ego quãdam Iridem quam Bononiæ obseruari, per. 38. gradus tantummodo, ex astrolabio eleuatam inuenerint) nerim) sequitur, quòd cùm sol per plures gradus q̃ per.42. eleuatus fuerit, Iris ipsa non apparebit. In illis igitur diebus atq; dierum horis, ac etiã in illis climatibus, in quibus contigerit solẽ per plures quàm per.42. gradus eleuari, Iris uideri non poterit. Apud Senas autem cum per.47. ferè gradus eleuetur ęquinoctialis in meridiano, sequitur quod cùm sol non solum septentrionalis fuerit ab æquinoctiali, quod in diebus post uernale æquinoctium accidit, sed etiã cùm per aliquot gradus ultra ęquinoctialem extiterit, in omni hora diei Iris apparere non poterit. In hyemalibus autem diebus, post autumnale, scilicet æquinoctium omni hora contingere poterit, & ĩ aliquo climate plus & in aliquo minus, quod ex eleuatione poli sciri habet, de qua eleuatione tractatur ĩ secundo Almagesti. Cõcludendum igitur est, quod nõ ubique & in qualibet anni parte, & in omni hora diei apparere potest Iris, sed solummodo cùm contigerit quòd sol per pauciores gradus quàm p.42. eleuatus ab horizonte extiterit.

De Iride uero autem quæ è regione Lunæ, de nocte fit, atque eius quantum ad figuram accidẽtibus, idem utique dicẽdum est, sicut de solari Iride. Quãtum uerò ad colores magis ad albedinem accedent colores lunaris Iridis quàm solaris, propter nigredinem, scilicet nocturnarum tenebrarum: idem enim color, ut diximus, secundum diuersam iuxta positionem ad alium & ad alium colorem, diuersam colorum efficit phantasiam: omnis nanque color si iuxta nigrum ponatur, albior apparebit. Raro autẽ apparet Iris lunaris, quia multa concurrere simul habent ad hoc ut contingere possit. Oportet enim ꝙ plenilunium sit, ac apud horizontem existat luna, & alia etiam contingant quæ ab eodemmet Aristote. referuntur. Ego autem nunquam uidi talem Iridem nocturnam lunarem, Halo uerò iam uidi circa Lunã quidem, circa Solem uerò nequaquam. Mouet autẽ quandam difficultatem circa hoc quidam doctissimus atque acutissimus modernus, si rectè lectiones eius perceptæ ac scriptæ fuerunt, quam difficultatẽ ipse existimat ualde arduam & insolubilem esse, quę talis est. Cùm enim plenilunium requiratur ad generationem Iridis lunaris, ac etiam opus sit ꝙ luna existat in horizonte, tunc quidem quoniam tunc temporis dum luna existit in horizonte, sol etiam in opposita horizontis parte reperitur, quare cùm adhuc dies existat, ipso diei lumine Iris ipsa offuscabitur? Quare uideri non poterit? & per consequens nunquam lunaris Iris spectari poterit. Et propter hoc dicit iste doctissimus Doctor, quòd Olympiodorus asserit, quòd Arist. per plenilunium intelligit, totum augmentum lunæ, quando eius, scilicet lux augetur. Quam difficultatem facillimè, iudicio meo, dissoluere poterimus. Nam sicut Iris solaris de die apparet, ac eius colores ab ipsa luce diurna nõ perturbãtur: sic etiam & Iris lunaris, circa occasum uel ortum solis offuscari nõ poterit, quamuis eius colores debiliores existant. Videtur enim Halo sub ipsomet Sole, ac uirgæ, & parelij à latere ipsius, nec tamen ipsorum colores à luce solis perturbantur. Et quod dicit Olympiodorus de plenilunio, pro tanto dictum est, quia credidit quòd non solùm in die plenilunij apparere possit Iris, sed etiam per aliquot dies antè & pòst, cùm luna, scilicet parum à lumine iamiam defecerit: & hanc credidit esse mentẽ Aristote. ut longiori sermone ostendere possem, si operæpretium esset: sed superfluum est circa hoc immorari.

Vtrũ tertia Iris uel quarta simul spectari possit, & utrùm à parte meridiei apparere habeat, necne, & de aliis huiusmodi introductis à Iunioribus debilibus quæstionibus, prætereundem esse censeo. Non enim mihi proposui in hoc tractatu, nisi declarare ea quæ ab Aristote. & Græcis expositoribus dicta sunt, & per aliquas ostensiones manifestius demonstrare ac dilucidare. Nam si rectè habeatur Aristote. mens circa hoc facillimè omnia alia quæ obiicientur, aut dubitabuntur dissolui poterunt. Solummodo notandum adhuc est, ꝙ cùm dicunt aliqui, quòd si quis à terra eleuetur sicut aquila, maiorem semicirculo sectionem uidebit ipsius Iridis, hoc non habet simpliciter intelligi, ut plurimi incõsiderate intelligunt: sed illud uerùm esse arbitrandum est, si remoueretur obstaculum ipsius terræ. Quo casu & nos etiam non solùm maiorem semicirculo partem, sed & totam Iridem uideremus, & iccircò illud dictum est inane & superfluum. Quod autem sic debeat intelligi, ex hoc patet, quòd Iris centrum non distat à nobis, per totam terræ diametrum, quinetiam nec per totam diametrum illius terræ partis, quam oculos ipsos circunducentes uidemus, quæ terræ pars horizon loci uocatur. Iridis enim centrum propinquius nobis est, quàm sit prædicta distantia: immo quandoq; in propinquissima loci parte è terra ipsa oriri uidetur, ac in arcum crescens assurgere. Quod ego ipse olim obseruaui, cùm ex pulcherrima quadam uilla doctissimi Iuuenis M. Antonij Cinuzij (quam Africam siue Caglianum appellant) discedens, ad aliam uillam Excellentissimi Mariani Socini Iunioris hac ætate Iurisconsultorum maximi, quam quidem Vicum uocant, accederẽ. Vidi enim tunc Iridem per centũ ferè passus mihi propinquam assurgere. Quapropter concludi potest quòd Iris quantum est ex se circularis fieret, ut probauimus, ac remota terra, circularem ipsam ac integram spectaremus. Sed propter obstaculum terræ, non solùm non uidetur tota, sed etiam non fit. Quòd si bene consideretur, uerissimum ac necessarium existimabitur. Et hoc pauci intellexerunt.

Explicit Tractatus de Iride, Alexand. Piccolominei, quem Storditum Intronatum appellant.
Quem quidem Tractatum composuit Anno Domini M. D. XXXIX.
Die Mensis Iulij, annum agens vigesimumnonum.